文化服饰大全

服饰造型讲座 ❹

套装·背心(修订)

（日）文化服装学院编

张祖芳　张道英　潘菊琴　王明珠等译

東華大學出版社

序

文化服装学院至今为止已推出了《文化服装讲座》以及新的《文化服饰讲座》教科书。

从1980年开始，为了培养服装产业的专职人员，有必要对各领域的教学课程进行专业细分，文化服装学院意识到了这一重要性，所以编写了《文化服饰大全》。

针对服装各领域而有以下五套教程：

《服饰造型讲座》教授广义的服饰类的专业知识及技术，培养最广泛领域的服装专业人才的讲座。

《服装（产业）生产讲座》对应于培养服装生产产业的专业人员，包括纺织品设计员、销售员、服装设计师、服装打板师及生产管理专业人员的讲座。

《服饰流通讲座》是服饰流通领域中的专业教材，主要针对造型师、采购员、服饰向导、服饰展示设计师等，也称为培养服饰营销类专业人才的讲座。

上述三套教程是相互关联的。这些基础教程同由色彩、设计绘画（稿）、服装史、材料等专业知识组成的《服装相关专业讲座》，是服装设计总体概念要考虑的重要因素。此外，还有学习帽子、包、鞋子、珠宝、饰品等专门知识和技术的《服饰工艺讲座》。总共有五套主要教材。

《服饰造型讲座》是学习与服装相关的综合知识及制作工艺技术，以及启发创造力和对美的感受性的培养。首先要学习服装造型的基础知识以及理解各种基本服饰的造型，然后再学习全部服饰的知识及其应用。

此外，如果想要更深层地进入服装产业，需要有相当高的专业知识及技术能力。

基于“制作就是创造商品”的意识，如果想要学习技术，就请仔细研究与阅读此讲座。

大沼 淳

文化服装学院院长

平成12年（2000年）初春

目录

第 2 章　背心 157

前言

时装产业越来越广泛地深入人们的生活。作为时装产业的一部分，成衣产业涉及的范围也很广。对于从事这一产业的人们来说，掌握服装制作的相关知识是必需的。

近年来随着人们生活方式的改变，日本人的身高普遍增高，尤其是年轻女性的体型发生了很大的变化。制作服装时必须考虑到这些实际情况。

在重新编辑《文化服饰大全》丛书时，文化服装学院对“服装制作的测量项目”进行了独家研究，并以学生为实验对象进行了人体测量。另外，对不同尺寸的原型进行了着装实验后，修订了以年轻女性为对象的原型及标准尺寸。同时针对这个年龄层次的制图方法进行了重点研究。

《服饰造型讲座》共分5册，由《服饰造型基础》以及以服装种类来划分的《裙子・裤子》、《女衬衫・连衣裙》、《套装・背心》、《大衣・披风》组成。

其中《套装・背心》一书以初次设计与制作套装和背心的人为对象来进行介绍。主要内容包括套装和背心的历史变迁、种类、相应设计之作图理论、试样补正方法、样板操作方法、样板制作、实样制作及部件缝制等。

实样制作以基础女式西服为例，运用大量的图例对假缝方法、审美、样板检查三要点，以及产业化工业样板制作、缝制工艺流程等进行了通俗易懂的介绍。

衷心希望所有学习服装制作并以成为专业人士为目标的人们能够从这本书中学到专业的知识与技术，借此提高自己的专业能力。

第1章

套装

suit

1 关于套装

套装的定义

所谓套装是指一套组合搭配的服装，可以是一套或由三件组合而成的三件套。男士套装往往是由上装、背心、裤子组合而成，女士套装往往由春秋上装、裙子组合而成。

女性套装，起初仿效有代表性的男士西装式样。后来发展为利用柔软质感的同种面料设计的套装与利用不同面料设计的套装，其名称是有所不同的，但现在从广义上讲，都把它称为套装。

套装的变迁

16世纪~18世纪（近代）

巴洛克外套及鞋子（16世纪）

巴洛克外套及鞋子（17世纪）

裘斯特克造型

外套・背心、及膝裤法国式造型

到了近代，男子上衣出现了从短的上装和连裤袜的组合，到长过腰围的外套与紧身背心以及紧身的短裤组合的几种套装款式。

进入18世纪罗可可时期，原套装的造型变得更加简洁、流畅。这个时期的上装、背心、裤子，还不是采用同种面料制作，而是采用有一定差异的面料，采用相同面料制作是在后来才出现的。

19世纪（近代）

燕尾服（1820年代）

燕尾服（1880年代）

西装便服（1880年代）

狩猎用套装

进入19世纪后，在产业化快速发展的英国，能够生产出优质的羊毛面料，同时也产生了新的裁剪技术。现在看到的宽背形的燕尾服，是由翻领和驳头构成的西装领上衣，就是新型裁剪技术的结晶。

后裙撑式套装

S形曲线的套装

19世纪（近代）

在19世纪，一部分女性套装几乎完全都是以连衣裙形式为主，而另一部分上层阶级女性们，为方便骑马都是穿着上装与裙子组合的套装。19世纪中叶以后，随着女性活动范围扩大，除了考虑工作和运动的实用性外，女装也设计了有利于穿脱、方便活动的二件套、三件套等款式。

进入1880年后，流行后裙撑式的西装。19世纪末，流行S形的西装与裙子，里面则配衬衣的造型，是由鲁道夫和克里多设计师们设计的。

20世纪（现代）

西装式套装
(20世纪初)

西装
(1910年)

西装
(1940年)

进入20世纪后，根据社会背景的不同，男性服装变得多样化。从日常穿着的西装到正式场合穿着的燕尾服，都符合了服装穿着的TPO（时间、地点、场合）原则。此外，第二次世界大战后，各个领域中女性的社会地位逐渐在转变，进入社会的机会增加了。由此产生某些女性穿着男式西装造型的上衣和裙子的组合套装，从而成为她们工作和日常生活的固定着装。面料则从休闲的到传统的，呈现多样化。

1960年圣洛郎发表的裤子式套装则丰富了套装的款式，穿着者可以根据穿着特点及个人爱好进行自由选择。

2 套装的种类 · 款式 · 材料

根据形态分类

套装的种类，根据上装形态来分类的情况比较常见。

翻驳领西服套装

像男式西装那样，感觉精致、硬朗。最初是因为在男装的裁缝店定做，有裁缝定制的套装的意思，因此而得名。

该款式在西装中是最基本的形状，穿用范围也比较广。

单排扣西服套装

左右前衣身叠合，单排钮扣上装组合的西服总称。

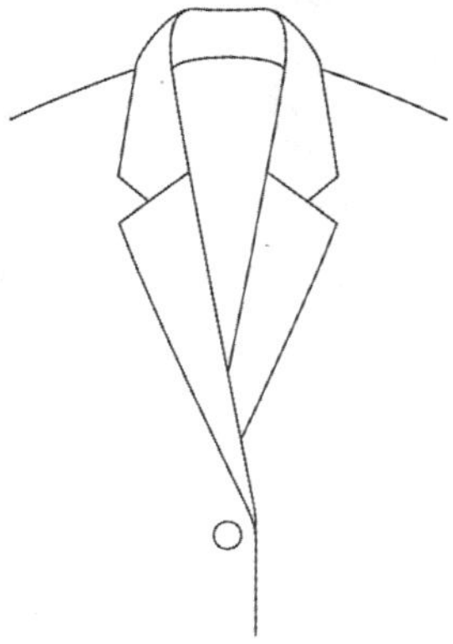

V字形领缺嘴驳折领

有领缺嘴的衣领。串口线为直线，驳头上部向下的衣领。

双排扣西服套装

左右前衣身叠合最多，两排钮扣的上装组合。

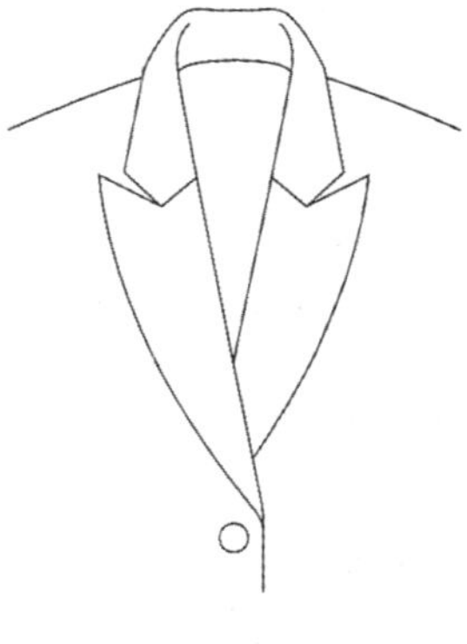

枪驳领

驳头的上部向上，如剑似的锐角的衣领。

火焰色西服套装

宽松轮廓的运动型春秋上衣。钉有金属钮扣、装饰用徽章等比较常见。

火焰一词出自英文“blaze”，“即将燃烧的色彩”的意思，由剑桥大学赛艇比赛时穿的红色春秋上装得来。

长披风套装

带有披肩的上装或披肩式的上衣套装。

由苏格兰的Inverness地方男性防寒用服装得来。

开襟毛衣式套装

前开口、用钮扣固定，圆领口或V形领口的无领上装组合的套装。

Gardigan一词源自美国战争期间活跃人物Gardigan伯爵，因常穿这种款式的编织毛衣而得名。

披肩套装

与装有能盖住肩部的短小披肩的上衣组合起来的套装。

肩部因为有两层，所以比较保暖，可防寒。

游猎套装

以狩猎家、探险家的服装为原型，呈直线型，具有机能活动性的套装。带有大贴袋、肩章、腰带等装饰特征。与裤裙、百慕达裤子及带有大折裥的裙子的组合搭配比较多。

衬衣式套装

衣领、袖口、前开口部分等类似衬衣风格的上装，与裙子或裤子组合的休闲风格的套装。

斯潘塞（Spencer）套装

与较短、较贴体型的春秋上衣组合起来的套装。

19世纪初期，英国的斯潘塞（Spencer）伯爵首次穿着这样的上衣。由此而得名。

跳伞装

上装与裤子连在一起的套装，是从飞行中跳伞部队服得到启发。即使跳跃也不困难，因此而得名。从休闲的衬衣风格到大圆领女背心的传统风格都有。

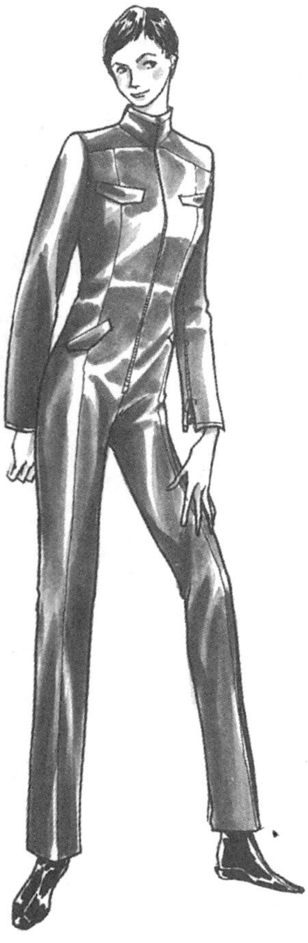

夏奈尔套装

由法国设计师夏奈尔（1883~1971年）设计的套装，在当时属运动型风格，现在则更被认作为优雅风格。

典型的造型是开襟毛衣上装与及膝裙组合的套装。无领、安装四个口袋、镶边、装饰扣、里料为衬衣类里料等特征。夏奈尔套装的表现，仅限于夏奈尔公司的套装。

束腰套装

与淡化臀部外形的细长形长上装组合的套装。

Tunic是古罗马时期的长衬衫式内衣，现在则指衣长超过并包覆臀部的衣服。

诺福克套装

后衣身加入了约克和褶裥，腰处用相同的布料做的腰带，只装在后面或者一直装到前面，是具有功能性的一种套装。从19世纪末到20世纪初在英国被用于狩猎、打高尔夫、骑自行车，常以诺福克州名和诺福克伯爵名来统称这类服装。

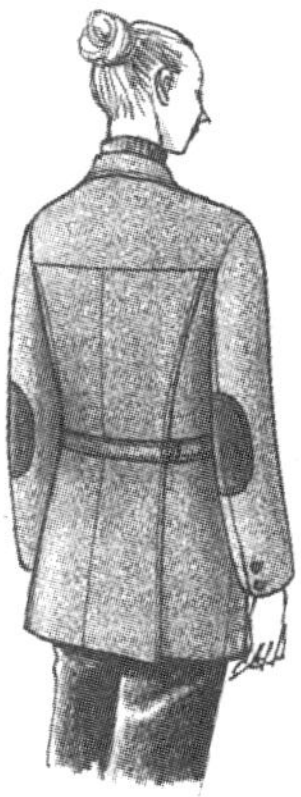

作战套装

因其造型像战斗服而得名。上装长至腰部，前面叠合处装拉链、暗门襟的情况比较多，而且有口袋。

常被年轻人作为紧身上衣和休闲上衣穿用。

腰部有装饰短裙的套装

上装在腰到臀部间装有裙子状的其他布料，这个部分采用折裥或抽褶，这类有分割线的上衣组合起来的套装。设计者的灵感来源于古希腊女性披在肩上的服装（Peplos）。

束带套装

装有腰带的套装的总称，也有在侧部和后部装腰带。

骑马装

骑马服，上衣的长度隐藏了臀，为与裤子的臀部窿起相吻合，增加下摆宽度，形成了整个造型。后中心和摆缝处加入了很长的衩，适合骑马用。上衣、骑马裤、衬衫、领巾状领带、帽子、长靴是该套装的组合。

根据材料分类

针织套装

用编织物或针织面料做成的套装。

皮革套装

用皮革做的套装,用以防寒或者四季搭配穿用的。

关于材料

可根据套装的款式、穿着目的来选择颜色、花型、编织方式。

若为设计有很多分割线的款式时，可选择素色或者比较简洁的面料；若为基本款式时，选择组织结构和花型变化的面料是普遍的做法。

正规的套装面料有：法兰绒、粗花呢、华达呢、双层乔其纱（双层女衣呢）、开司米（羊绒）、中厚型精纺毛织物、驼丝锦、法国斜纹（卡其）。

另外，还有陆续开发的各种化学纤维供选用。

3　春秋上装的设计与制图

关于春秋上装的原型省道分散

● 文化式原型是为了符合人体加入了省道的合体造型。

● 根据轮廓造型、垫肩厚薄情况来调整原型的肩和胸省。

● 春秋上装的样板、省道的一部分要分散到袖窿处、领窝处。

● 腰省虽应以符合腰部轮廓来调整省道，但省道的位置和量的平衡不要作太大的变更。

这里就原型胸省和肩省的分散方法进行说明。

● 加垫肩的情况下，必须给出因垫肩厚度而需要的松量。后衣身通常将肩省的一部分分散到袖窿处。前衣身则将胸省的一部分分散到袖窿处，并在肩点处加出不足的量，且保证前袖窿的松量不大于后袖窿的松量。

肩省处理要根据分散量作如下处理：

（A）垫肩薄，有后肩省时（垫肩厚度为0.5cm）

肩省的1/3分散在袖窿处，胸省的1/4~1/5作为袖窿松量分散。衣身宽松量比较少的时候，胸省就这样处理，垫肩量则在肩点处加出。

（B）垫肩薄，无肩省时（垫肩厚度为1~1.5cm）

肩省2/3分散在袖窿处，胸省的1/3~1/4作为袖窿的松量分散，与后面的分散量的差在作图上追加在肩点处，调整并平衡前后袖窿尺寸。

(A)

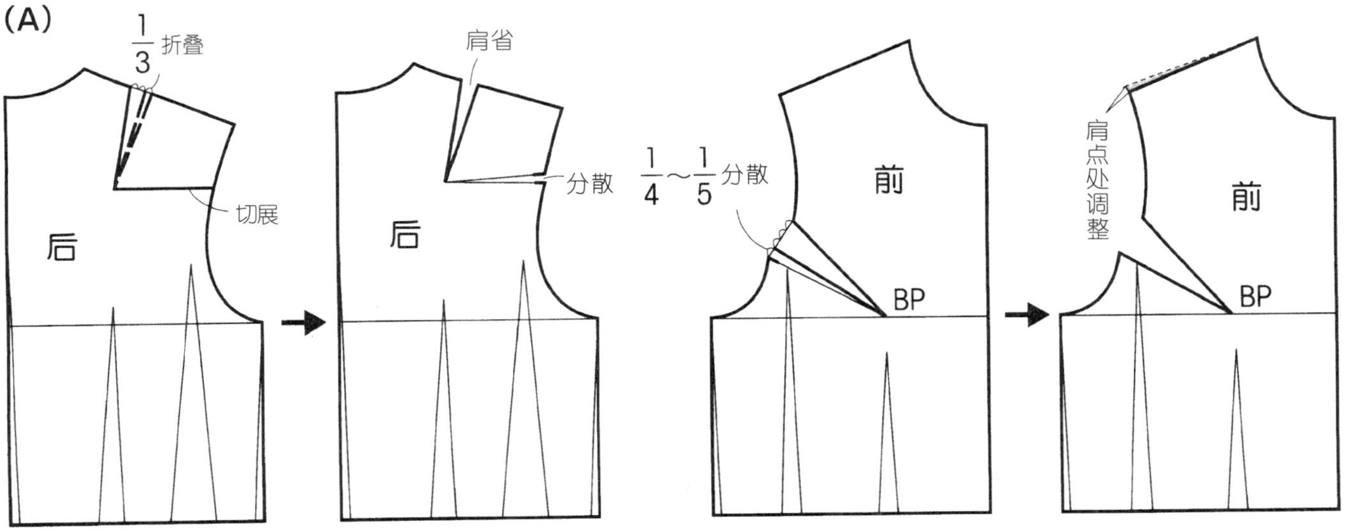

(B)

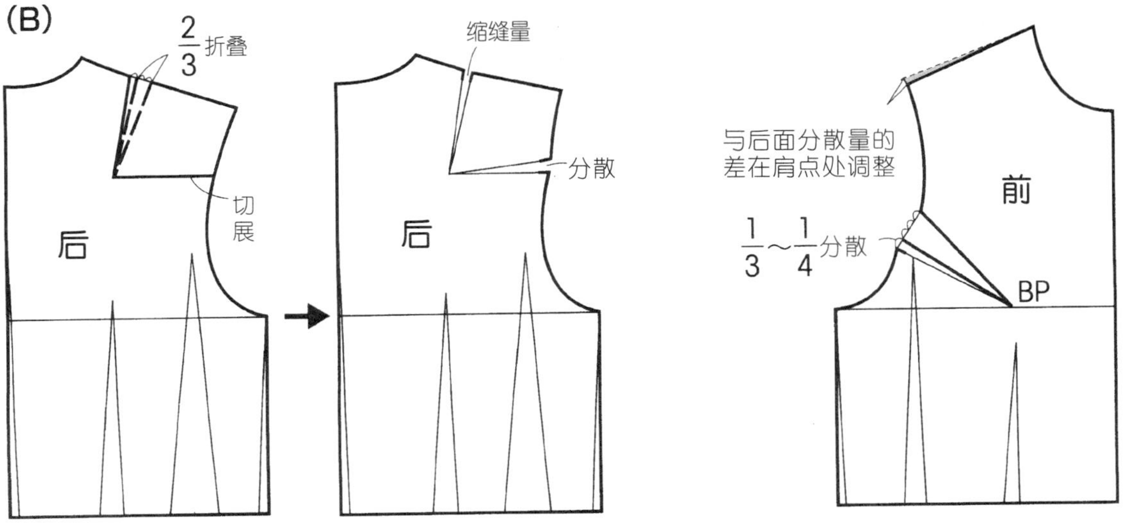

下装参考《裙子·裤子》篇，这里仅讲解上装。

作图及面辅料用量以文化服装学院女学生参考尺寸的标准值为基准。

西服上装

西服套装的上装是最基本的服装，可根据里面穿着的衬衫、背心或是下装进行搭配，从休闲到正式，不拘泥于流行，穿用范围比较广。

面料可采用中等厚度、熨烫比较容易、便于塑型的精纺毛料、法兰绒、粗花呢、双层乔其（双层女衣呢）等比较适合初学者。

色彩宜选用稍许浓一点的中间色。明亮色因为会隐现出衣身缝份和衬的形状、袋布等，所以要避免选用。

用料 面料 幅宽 150cm 用量 170cm

里料 幅宽 90cm 用量 230cm

粘合衬 幅宽 90cm 用量 前衣身长×2+15~20cm

垫肩厚度 0.8~1cm

原型省道处理

后衣身

因为是加入垫肩的造型，所以肩省的2/3移到袖窿，剩下的省量为缩缝量。

前衣身

为使前后袖窿的平衡不变，应将胸省1/3~1/4作为袖窿的松量，剩下的省量移到肩部及领窝处。移到领窝处的量作为驳头部分的松量。

移到领围处的量，可根据驳头的长度来确定。驳头越长，省量越大。

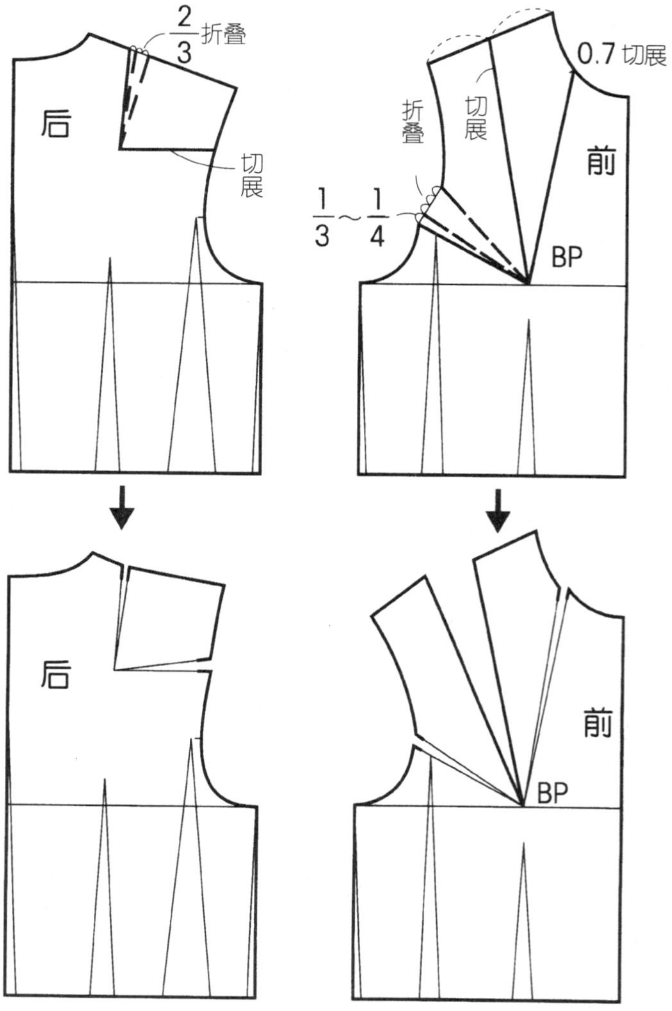

作图要点

衣身

● 由前衣身、侧衣身、后衣身三面构成。前后原型在侧缝处加1.5cm松量，前后腰节线对齐水平放置，稍高腰的造型。

● 作上装衣长线、臀围线及后中心线。

● 为使西装领后领窝处穿着稳定，后颈点处上抬0.3~0.5cm。

● 作肩线。前肩端点处加上垫肩厚度量。

● 后袖窿处加出背宽的运动量，前袖窿线也比原型袖窿线稍多考虑些许胸宽松量。

● 找到胸宽线与背宽线的中点，往前衣身方向偏1cm为对位记号点。

● 后片刀背分割缝与原型腰省d处于同一位置，与臀围线上的点相连。

● 驳折止点处于BL线与高腰节线的三等分处。

● 前衣身的刀背分割缝，处于袖窿底部对位记号点与原型胸宽线的1/3处，吸腰量为原型腰省b量的1/2。

● 三面构成作图时，臀围的成品尺寸不足量(●)在前衣身刀背分割缝处加出。

● 移到肩部的胸省，将其移到领窝处。连结串口线上驳折线与串口线的交点与领窝转折点的中点与胸围线上BP点前偏1.5cm处的点，作为剪切拉展线。

● 剪切拉展线往中心方向偏移，则省道可隐藏于驳头下方，若移动过多，则越偏离BP点，胸省的效果就没有了(胸部的立体感就无法表现)。

● 向领窝处移动的省量大时，省止点离BP点近；省量小时，离BP点位置远，能表现自然的胸部立体感。(参照第24页)

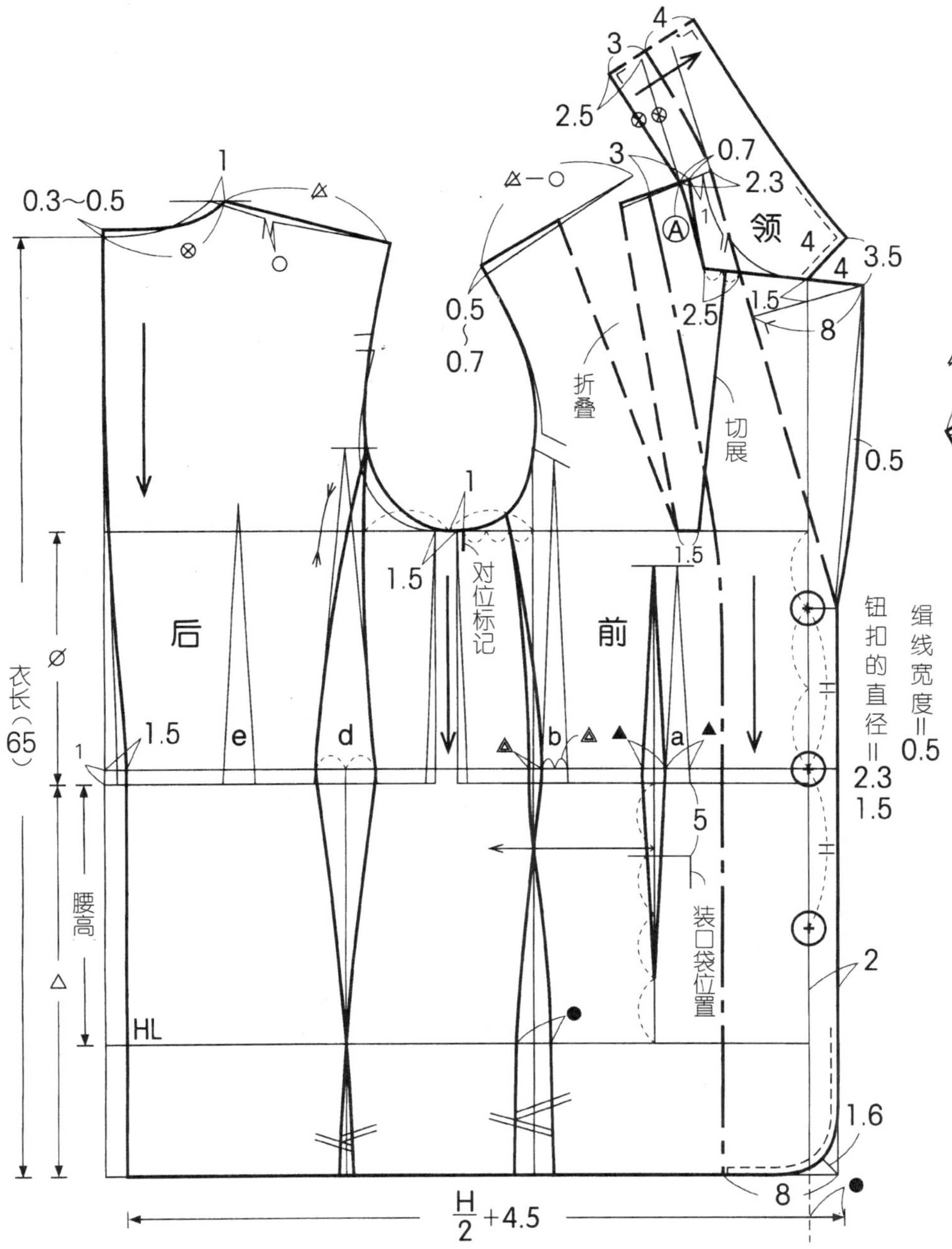

前肩线的画法

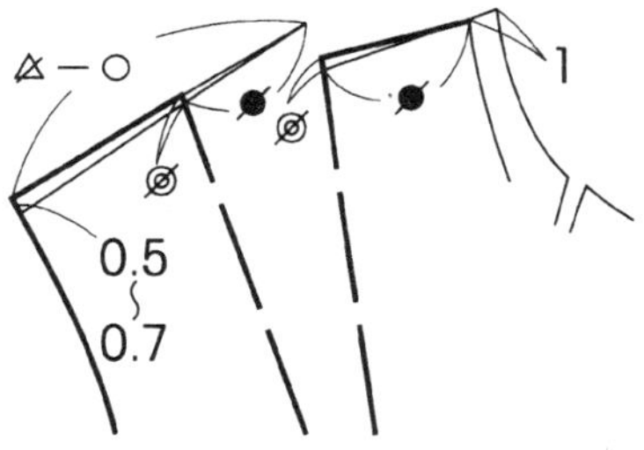

对位标记的确定方法

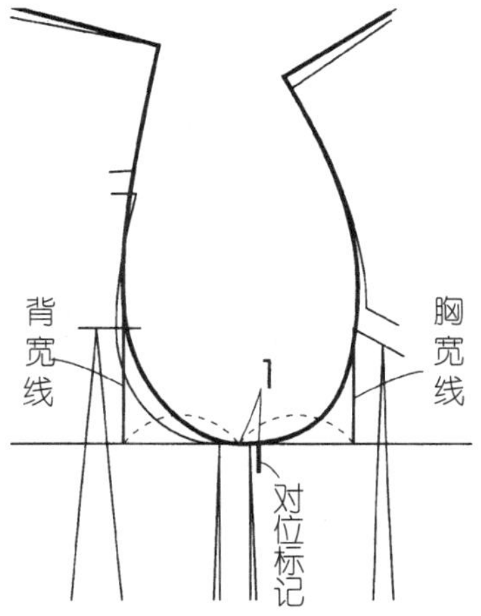

口袋的画法

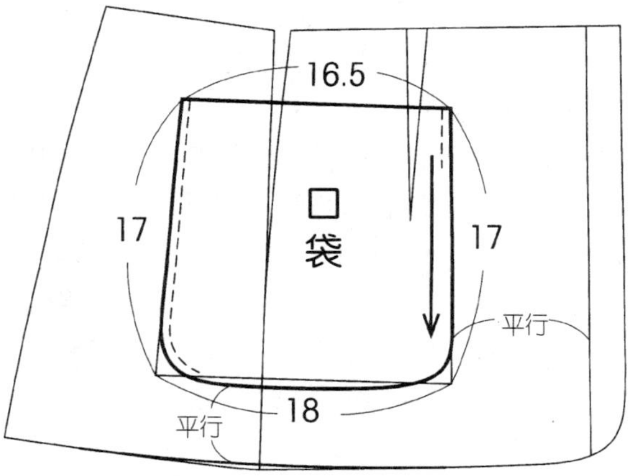

口袋在分割线缝合状态下，与前中心及下摆平行地作图

省道关闭位置的确定方法

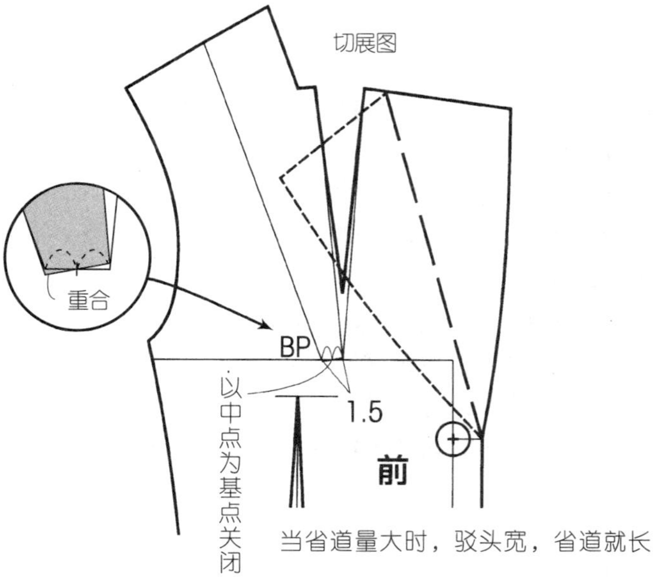

西装领的作图理论

● 前后的肩线合并对齐，从肩线延长线上A点开始量取侧领座高，连接驳折止点得到驳折线，在衣身的样板上画出领的形状。在后中心处作出领座高及翻领宽尺寸，并与前领处弧线连顺，得到后领处弧线长度(◬)。(图1)

● 以驳折线为对称轴，将驳头和前领的设计线反转描画出，从A点开始与驳折线引平行线，取后领围尺寸，并作垂线取后领座及翻领尺寸，与前领连结。(图2)

● 压住A点，逆时针旋转直至后领外口尺寸满足◬止（图3）。逆时针旋转的量即为西装领的倾倒量。

● 画顺领外口线。（图3）

西服领的作图顺序

① 前衣身的侧颈点开始进去0.7cm的位置为A点，延长肩线，从A点开始取侧领座尺寸，与驳折止点相连画驳折线。0.7cm尺寸不是定数，据设计可增减。

② 作驳折线的垂线，定出驳头宽，作出驳头及前领窝线。

③ 过A点与驳折线平行地画线，取后领围尺寸。

④ 以A点作为基点把后领围尺寸（⊗）作为半径画弧线。在这条线上取倾倒量尺寸（2.5cm）,与A点相连。

作这条线的垂线，取后领座尺寸（3cm）和后翻领宽（4cm）。

● 确定前领宽、画顺领外口线、前领窝线。

图1

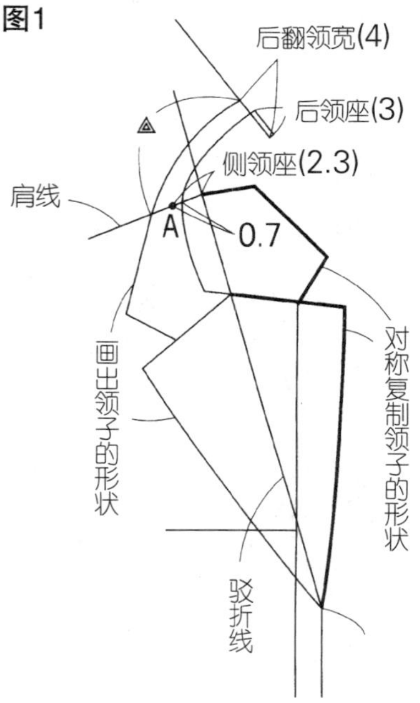

图2

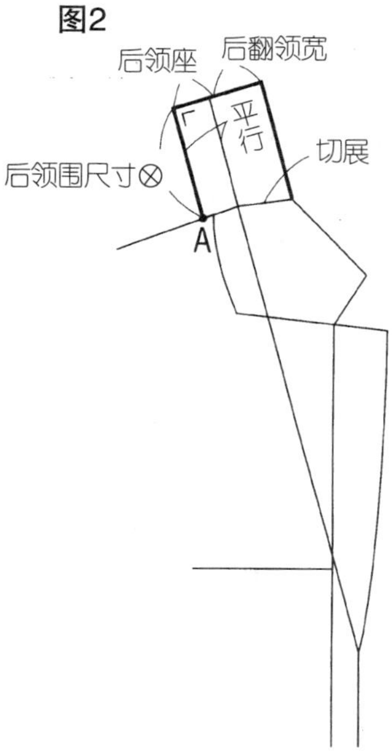

图3

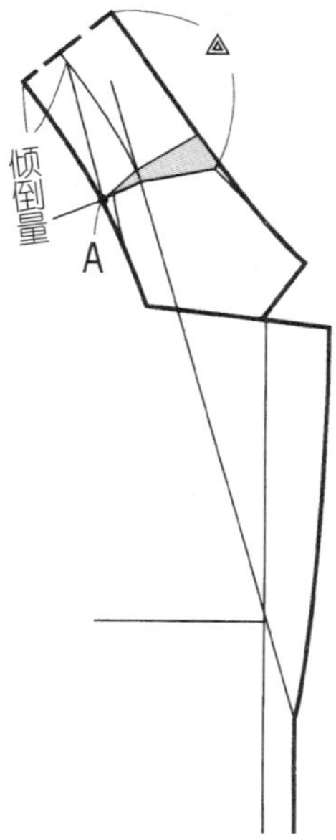

袖（二片袖）

由大袖（手臂外侧）和小袖（手臂内侧）组成的两片袖，主要用于春秋上装、大衣等服装上。因由两片纸样构成，能满足手臂往前方向的形态。

作图顺序

① 定袖山高

描画出前后袖窿形状。从袖窿底点处的对位标记点开始作铅垂线，该线即袖山线。从前后衣身肩端点高低差的中点到BL线间高度的5/6为袖山高。

② 作袖长线、EL线

从袖山开始作袖长尺寸+6cm。这个袖长尺寸是到手腕的长度，餍秋上装的袖长比它长3~6cm。EL线是从BL到原型的WL的长度。

③ 定袖山顶点，作前后袖山辅助线。

为了使袖子向前偏，从袖山线往后衣身方向移动1cm处作为袖山点。从袖山点到BL线上量取前AH尺寸，后AH尺寸+1+★。分别将前后袖肥二等分，并作垂线连结到袖口。

④ 画出袖山形状及袖身轮廓线

将衣身袖窿底部曲线向两端对称拷贝，袖山弧线光滑连顺。袖口尺寸为（袖肥/2）×(3/4)左右。确认袖山的缝缩量。袖山缝缩量为6%~8%的AH比较合适。

⑤ 分离大袖与小袖

前袖缝偏移量为⩍尺寸的1/3左右。后袖缝偏移量与袖衩、育克分割、设计等有关。外袖以翻折线为对称轴进行翻折即可。

⑥ 袖口线往上8cm处为袖开衩止点，画出钮扣位置。

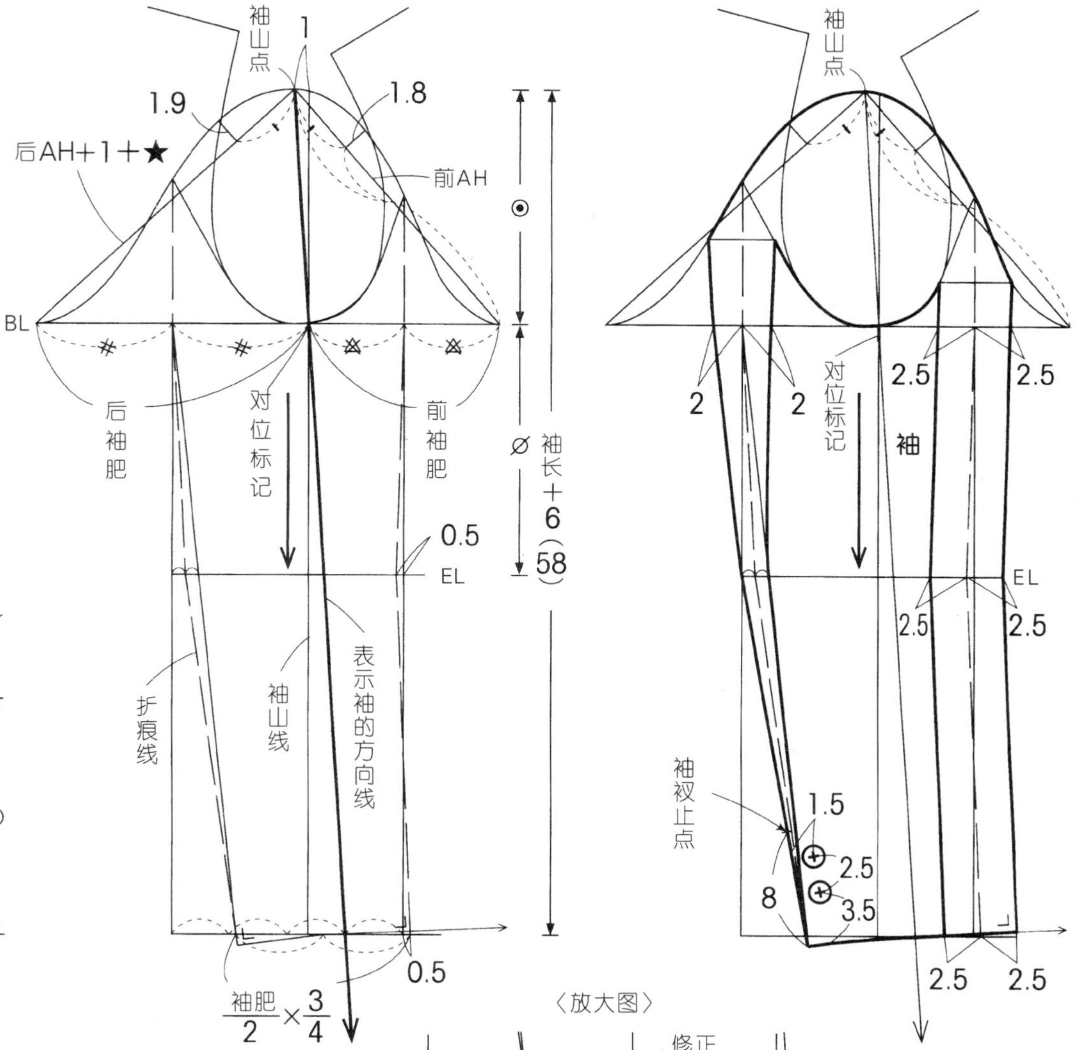

袖山高的确定方法

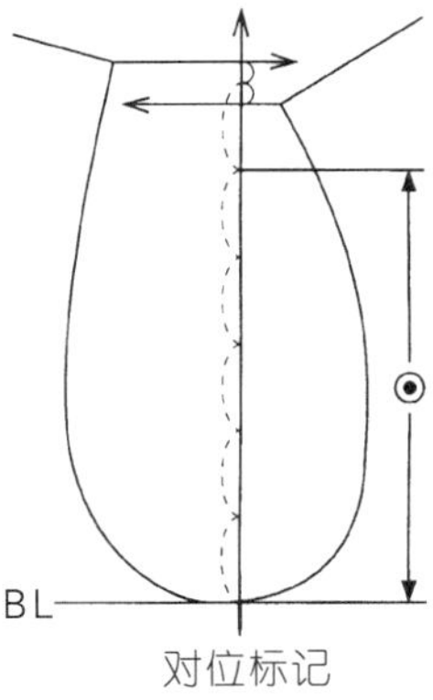

〈放大图〉

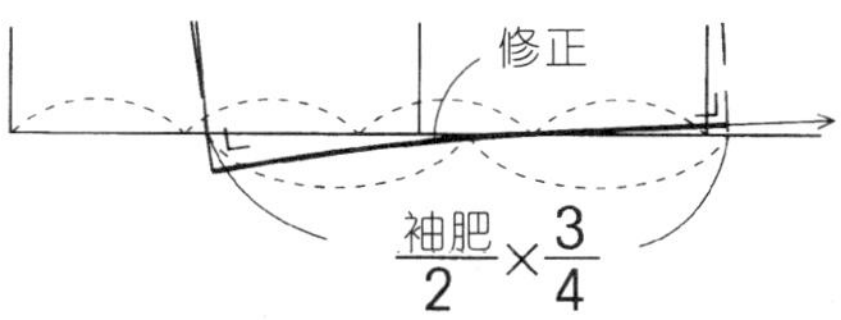

★表示随胸围尺寸变化的AH不足的量
关于这个尺寸请参考108页上的尺寸

双排扣、枪驳领上装

比单排扣西服上装更加男性化。

枪驳领是指领嘴尖锐的造型，由于驳头上部似剑状呈锐角，从而得名。

面料采用华达呢、礼服呢、羊绒、驼丝锦等比较有身骨的材料。

用料 面料　幅宽 150cm　用量 230cm

里料　幅宽 90cm　用量 230cm

粘合衬　幅宽90cm　用量 前身长×2+15~20cm

垫肩厚度　0.8~1cm

局部缝制

枪驳领的缝制方法参照第107页。

带袋盖的挖袋的制作方法参照第124页。

宽嵌线口袋的制作方法参照第133页。

原型省道处理

与西服上装相同的处理方法。

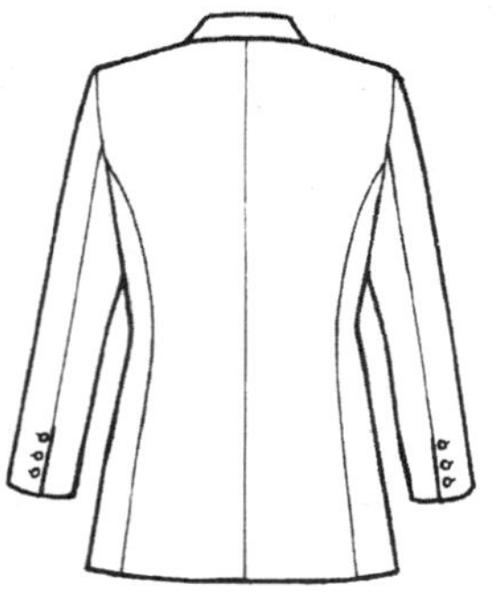

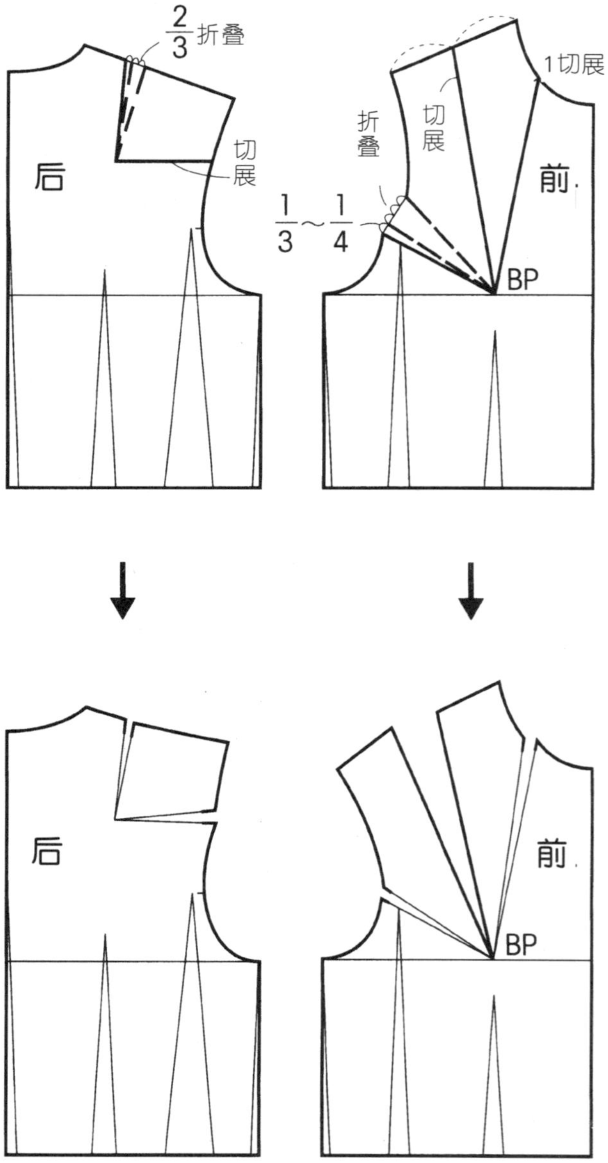

作图要点

衣身

- 因衣身是三面构成，可参考“西服上装”方法。
- 驳折止点，位于BL线与WL线间的1/4等分处。
- 前衣身的刀背分割缝从袖窿底部对位记号点与原型胸宽线之间的1/3等分处开始，经胸宽线与WL线交点，到臀围线上臀围尺寸不足量（●）的二等分点画顺。
- 胸省的移动参考“西服上装”。
- 肩缝处加上垫肩的厚度量。

领

- 驳头宽是经原型的前颈点往下4.5cm处，作驳折线的垂线，在此垂线上取驳头宽尺寸得到β点。连结β点及原型前颈点向下0.5cm处，将此连线与驳折线交点处延长2.5cm得到的点与颈侧点相连得到领窝线。
- 衣领的作图方法参考“西服上装”。

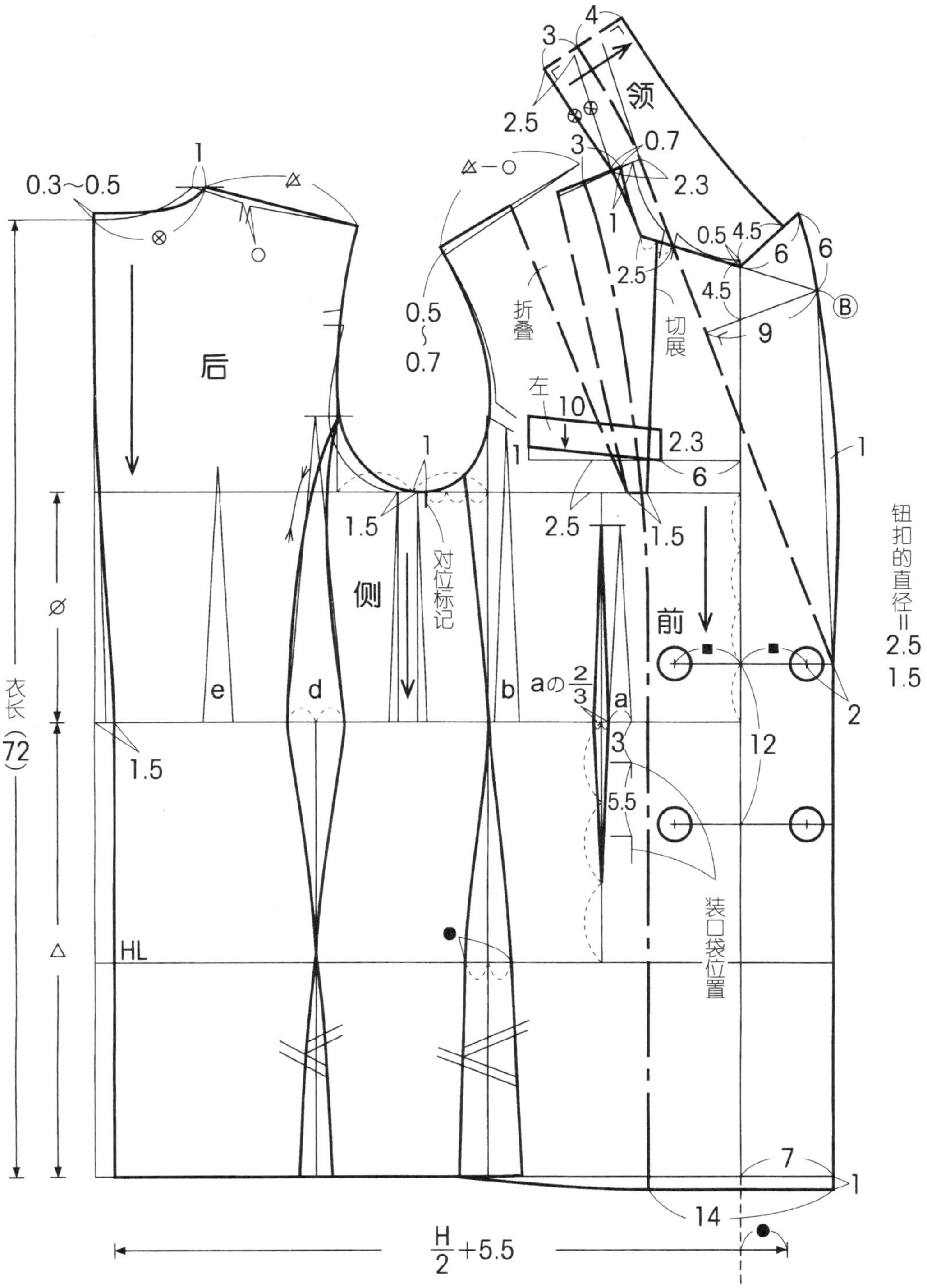

切展图

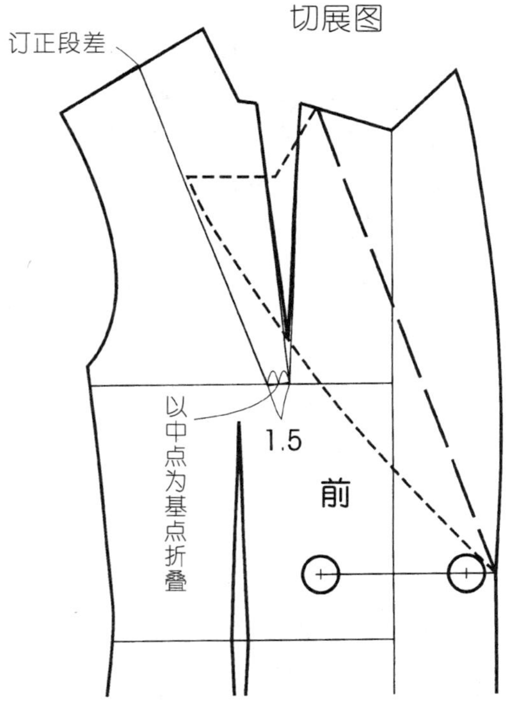

口袋的画法

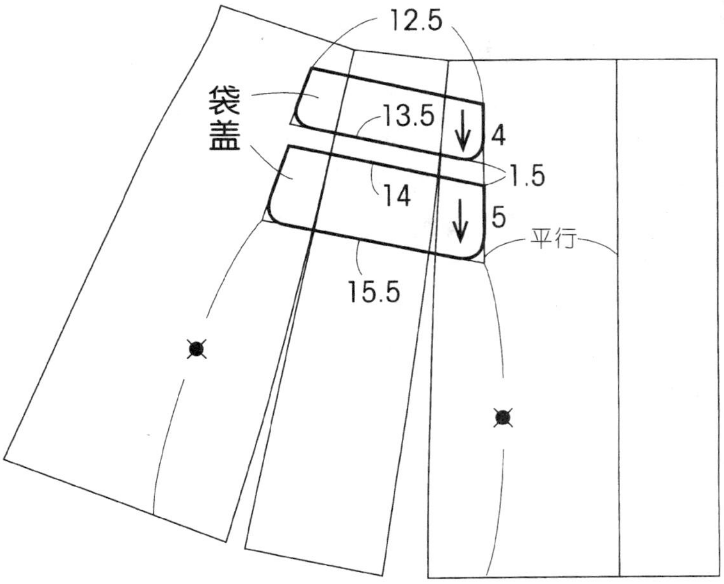

袖

● 与西服上装的画法相同，但枪驳领、双排扣的上衣为了更加强调男性化，根据手臂的形态更加强了袖子的方向性。

● 从袖中线向后2cm处作为袖山中点，袖子的轮廓造型更符合人体手臂形态，外袖缝更靠近袖成型线，是为了符合人体手臂形态。此外，直接将袖成型线作为外袖缝也行。

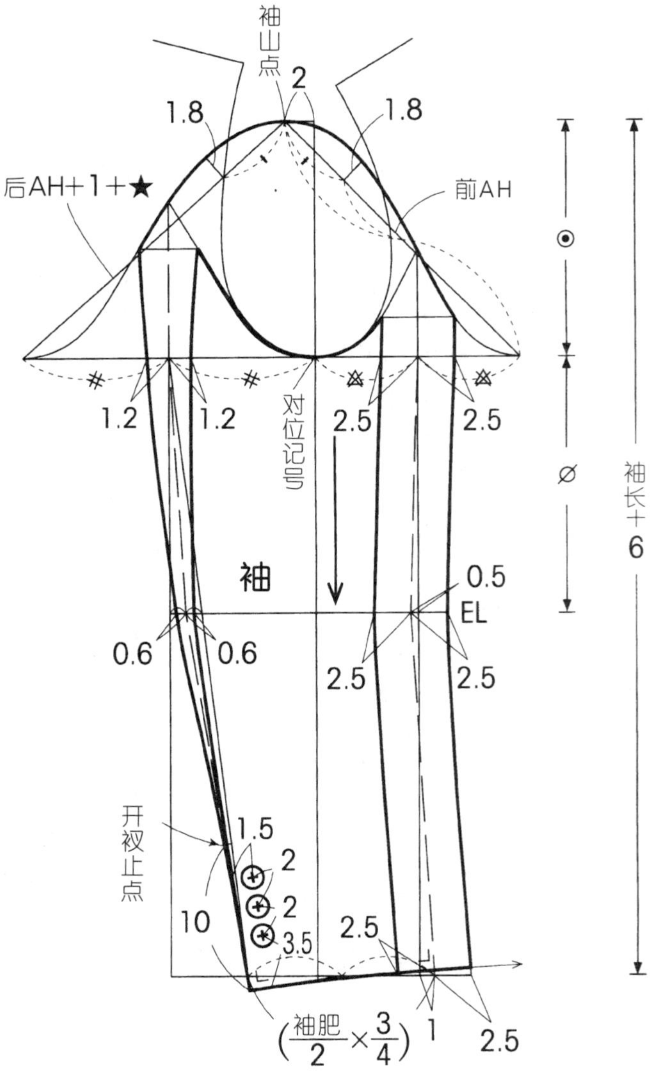

袖山高的确定方法

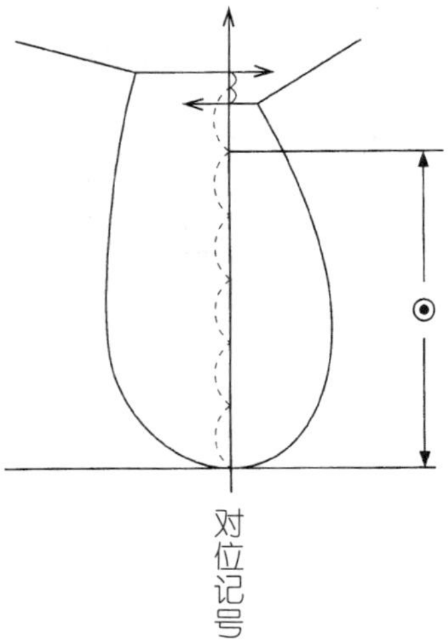

公主线分割、青果领上装

充满女性气息的上衣，小巧的青果领是领面与挂面连成一体裁剪而成的。

在突现身体的曲面处加入分割线条，使其很好地贴合身体。

采用与西服上装相同的面料。

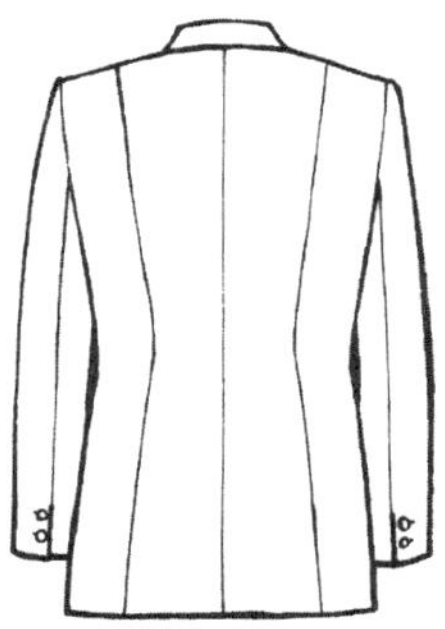

用料 面料　幅宽 150cm　用量 180cm
里料　幅宽90cm　用量 230cm
粘合衬　幅宽 90cm　用量 前身长+15~20cm
肩衬的厚度　0.8~1cm

局部缝制

青果领的缝制方法参照第111页。
双嵌线口袋的制作方法参照第143页。

原型省道处理

与西服上装相同的处理方法。

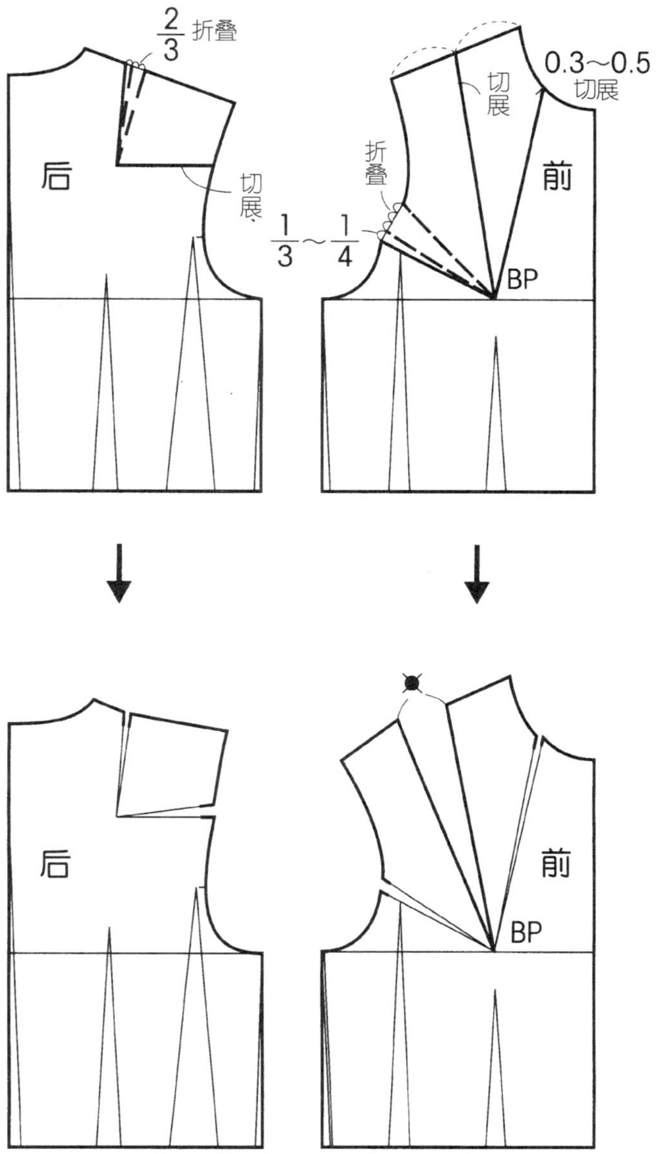

作图要点

衣身

● 由前片、前侧片、后片、后侧片四片组成。

● 后片公主缝是连接后肩线中点与腰省e的侧点而成。公主缝处省量与腰省d量相同。

● 前片肩线处加只垫肩厚度量。公主缝在肩线处与后片同一点，经BP点侧移1.5cm点到腰省a的侧点的连线，WL处省道a的侧点垂直向下作直线，前公主缝经过该线与WL围线的交点。

● 前片臀围线的松量，考虑口袋布的厚度，前片加放量大于后片加放量，故公主缝在臀围线处交叉。

● 口袋位于腰省a的垂线与中臀围线的交点附近。

领

● 这种领，领面与挂面连成一体，而领里则与衣身间有分割线。

● 与西装领一样作驳折线的垂线，定领造型及领座高、翻领宽，并分割领里与衣身。纸样的制作方法见第111页的部件缝制（青果领）。

袖

● 准备西装袖窿，并在其上作图。

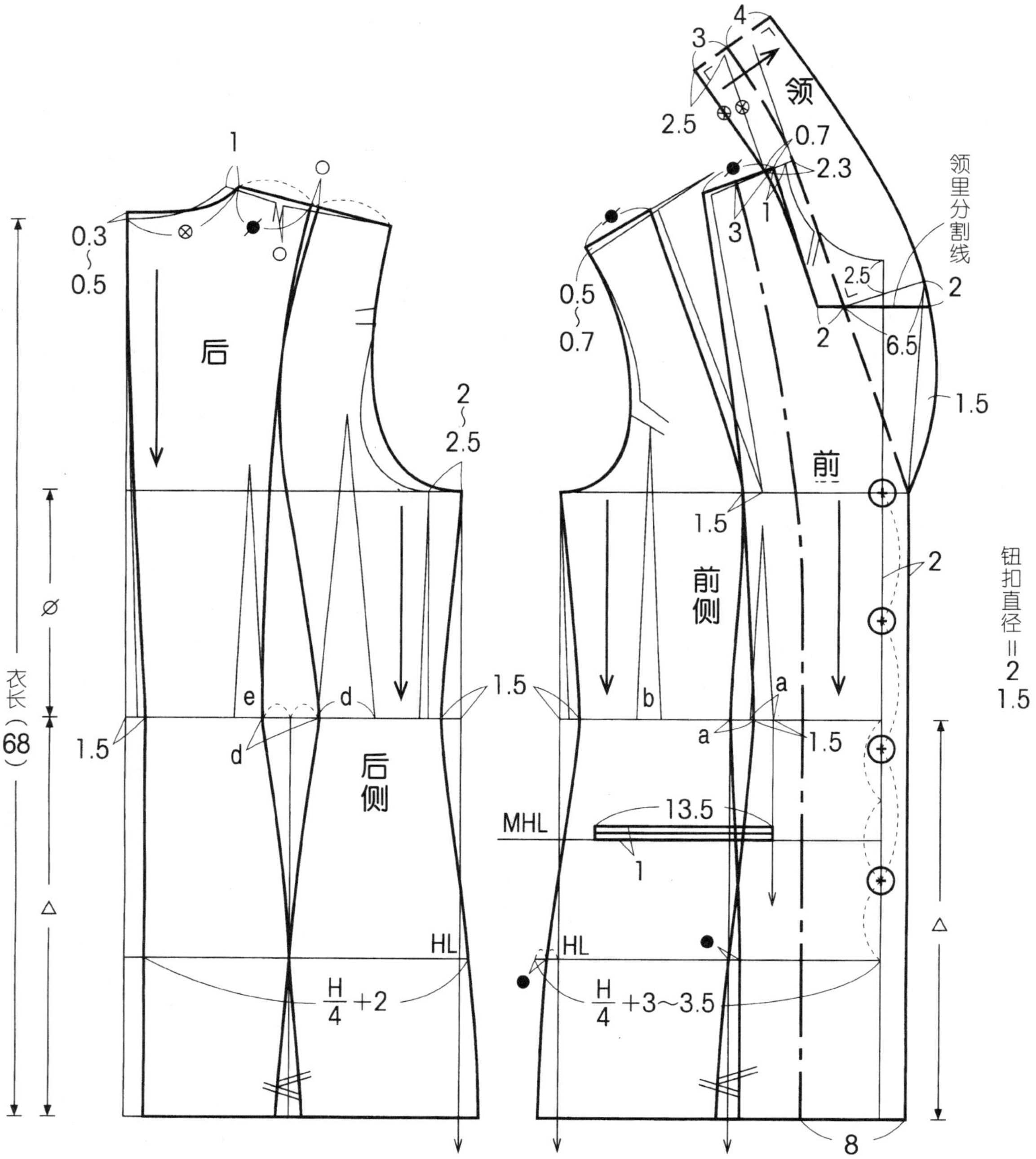

袖山高的确定方法

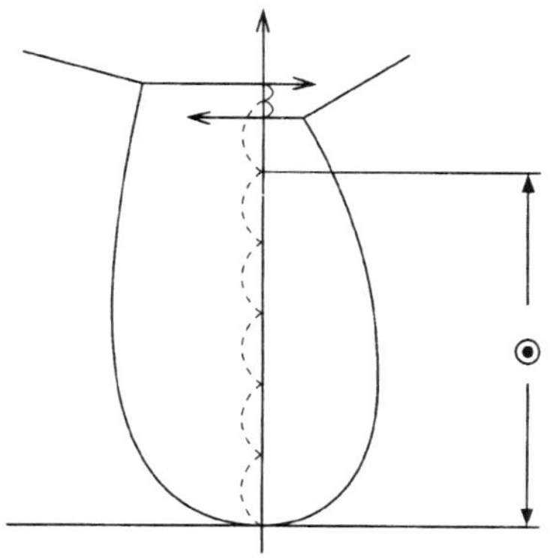
⊙

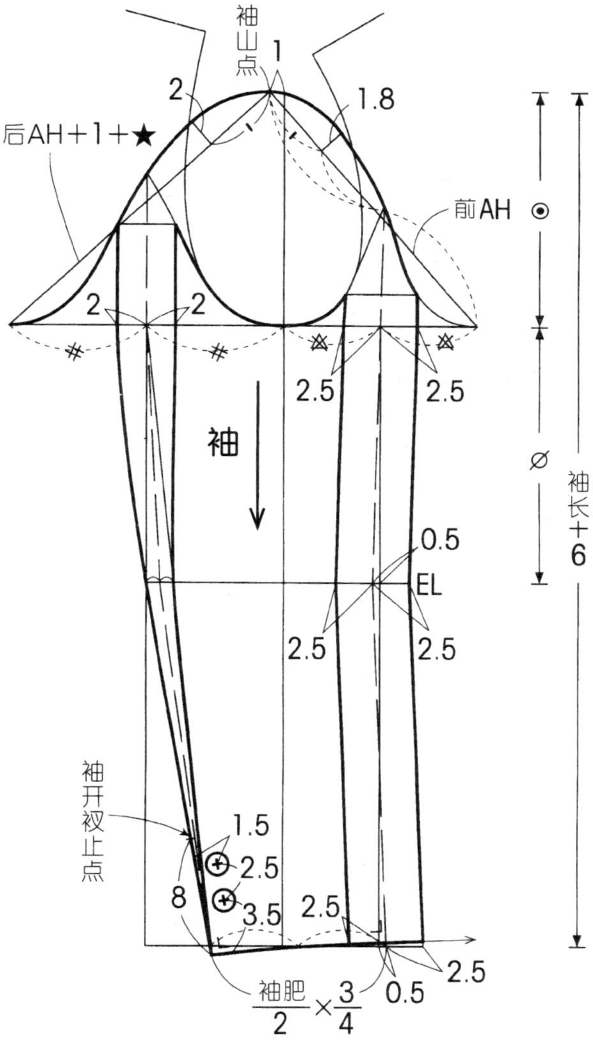
袖山点
1
2
1.8
后AH＋1＋★
前AH
⊙
2
2
2.5
2.5
袖
⌀
袖长＋6
0.5
EL
2.5
2.5
袖开衩止点
1.5
2.5
8
3.5
2.5
2.5
0.5
袖肥/2×3/4

刀背分割线、衬衫领上装

设计成刀背分割线形状的、贴合身体的短上衣，为了使衬衫领与人体颈部相吻合，用分领座处理。

采用与西服上装相同的面料。

用料 面料　幅宽 150cm　用量 140cm

里料　幅宽 90cm　用量 200cm

粘合衬　幅宽 90cm　用量 前身长×2+15~20cm

肩衬厚度　0.8~1cm

局部缝制

衬衫领的缝制方法参照第114页。

宽嵌线口袋的制作方法参照第133页。

原型省道处理

与西服上装相同的处理方法。

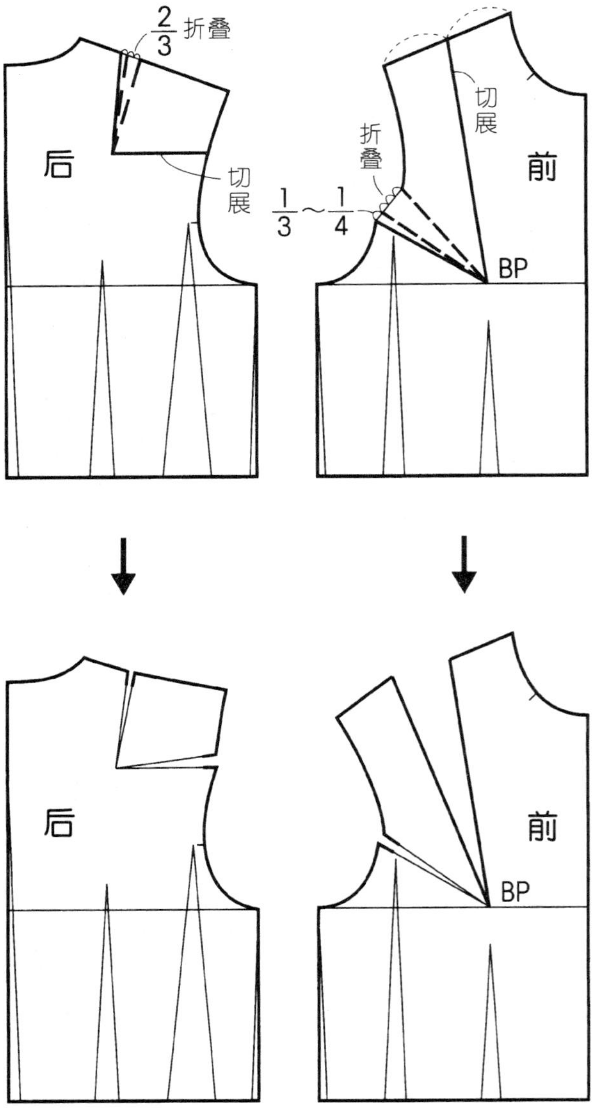

作图要点

衣身

- 由前片、前侧片、后片、后侧片四片组成。
- 后侧处追加2~2.5cm的松量。
- 转移到肩处的胸量再移入分割线，根据面料的厚度、拉伸、硬度等具体情况，可以用缝缩量处理或加入省道。

领

- 要求衬衫领非常贴合脖子时，用有弹性或比较硬的面料时，要作领座分割。
- 领座位置在翻折线下0.7cm处分割，如图示那样分割，再制作翻领、底领样板。

样板的制作方法参照第114页中的部件缝制《领腰切割的衬衫领》。

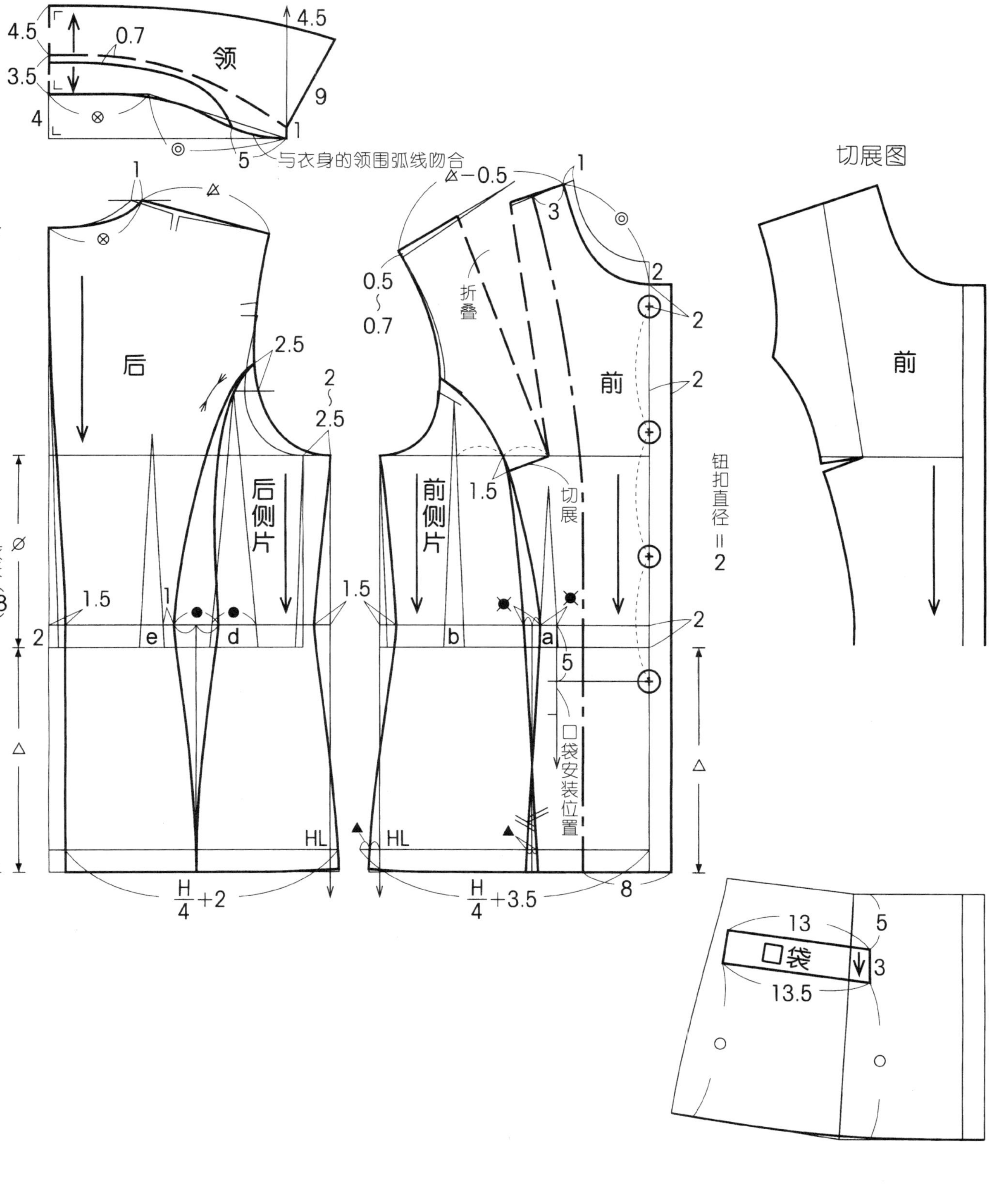

袖（一片袖）

● 一片袖样板主要用于有柔软感的春秋上装上。

● 拷贝前后袖窿的形状，确定袖山高。

● 袖山线往后衣身侧移动1cm得到袖山点。从袖山点到BL线上分别量取前AH尺寸，后AH尺寸+1+★。

● 分别将前后袖肥二等分，并作垂线连结到袖口。

● 画出袖山形状及袖身轮廓线。

● 连结袖山点与袖窿底部对位记号点，并一直延长到袖口。

画出前成型袖线，定袖口尺寸，得到C点。

连结袖山上的Ⓐ点和Ⓒ点，连结Ⓐ、Ⓑ、Ⓒ三点，得到后成型袖线，并画出袖口。展开前袖与后袖。前袖以前成型袖线为对称轴展开，在EL线及袖口线上都是两边对称相等。

后袖在BL和EL处作袖下线的垂线，并一边相等得到。袖山弧线也用同样方法得到，并连顺Ⓐ、Ⓐ'点。

从EL到袖口，以Ⓑ' Ⓒ' 线为对称轴进行展开。

袖山高的确定方法

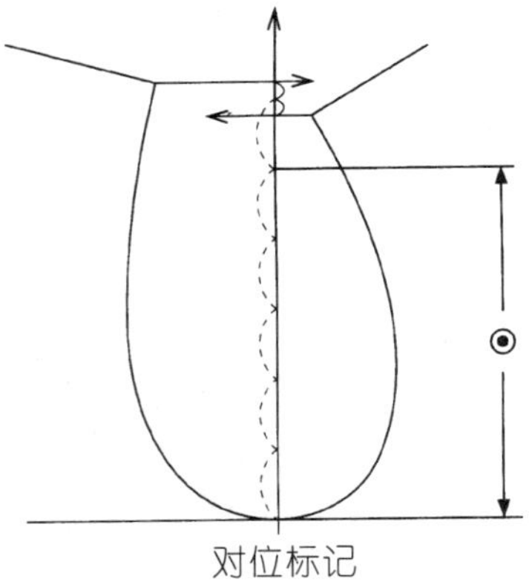

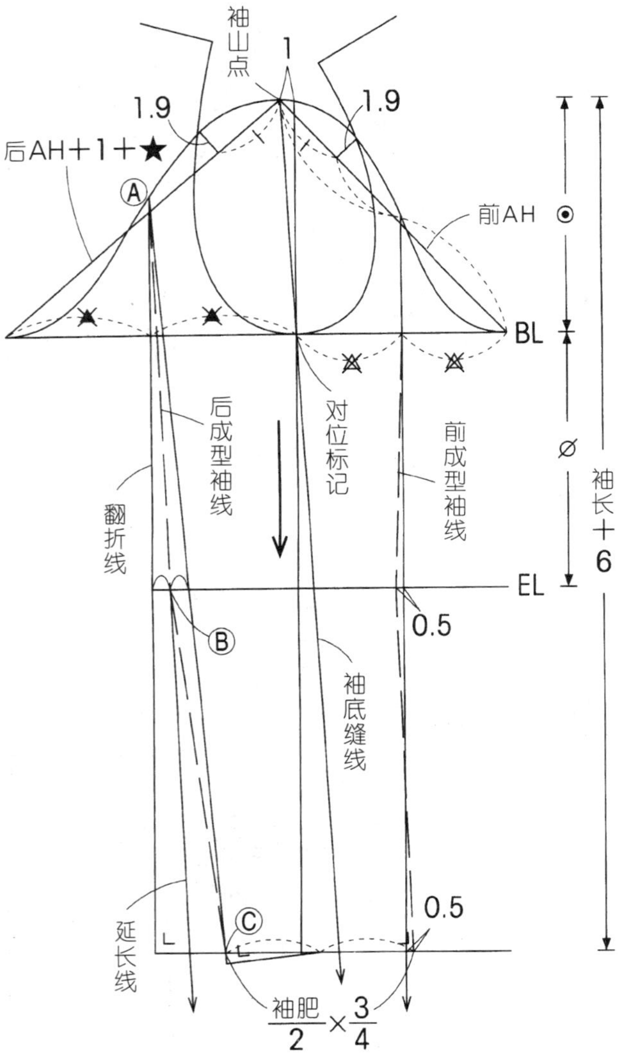

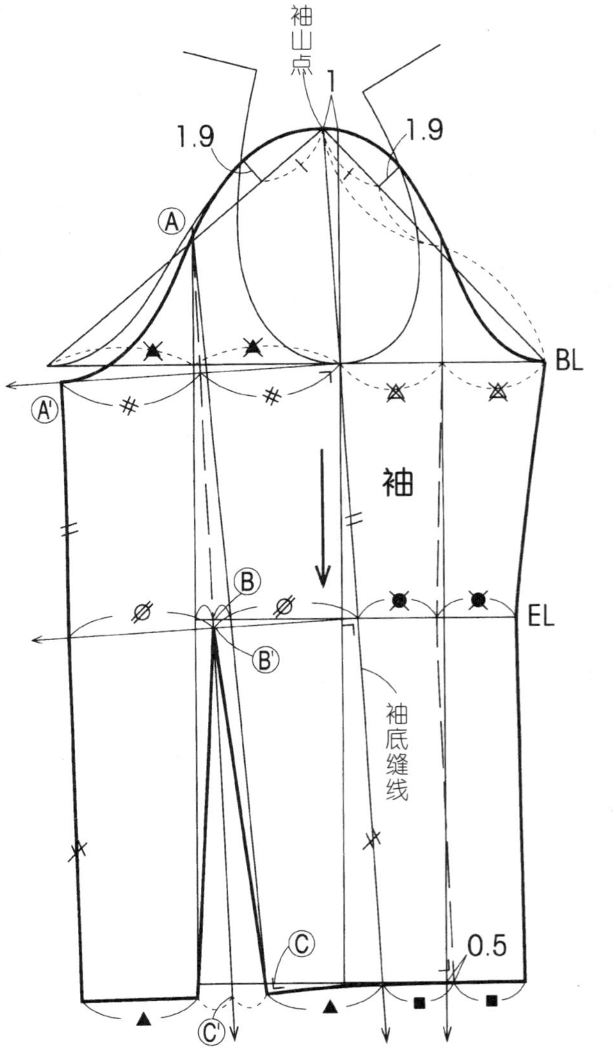

弧线型驳领上装

腰部合体、腰线以下部分为加入了波浪的荷叶边造型，是一款表现女性柔美及优雅气质的上装。领子是领窝开得较大的弧线型驳折领。

袖子是在袖山处加入抽褶，是感觉非常柔美的一片袖。

面料选择中厚型的粗花呢、海力蒙等柔软的材料比较好。

用料 面料　幅宽 150cm　用量 150cm

里料　幅宽 90cm　用量 180cm

粘合衬　幅宽 90cm　用量　前身长+20cm

垫肩厚度 0.8~1cm

局部缝制

弧线型驳领的缝制方法参照第116页。

原型省道处理

与西服上装相同的处理。

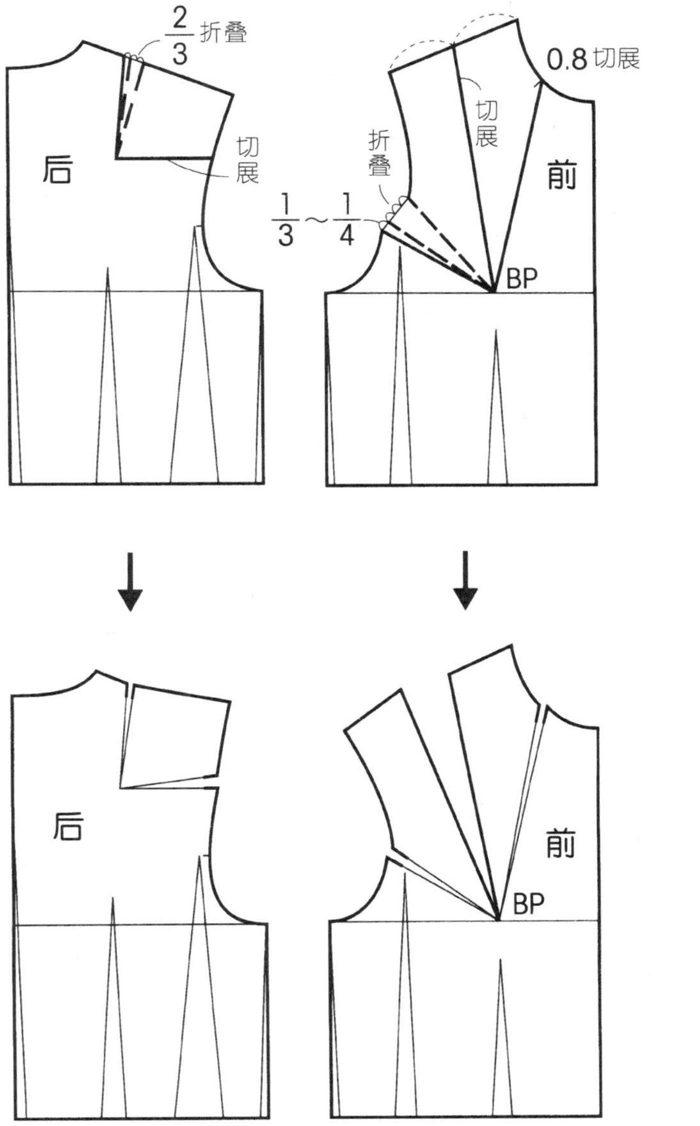

作图要点

衣身

● 因是离开颈部且较坦的衣领，领窝线也就开得较大。

● 后片的刀背分割线从袖窿开始，经过腰省d和e的中点连顺，侧片则以与腰省d量相同尺寸为准画顺。肩宽因袖子的袖山部分含折裥，比原型肩宽窄1~1.5cm。

● 领止点位于前颈点与胸围线的三分之一等分处，将SNP点与领止点直线相连并分成四等分，画出前领窝弧线。

● 前衣身的刀背分割缝，从袖窿开始，经过腰省a、b之中点连顺，侧片则以与腰省a量相同尺寸为准画顺。

● 前后腰线以下的荷叶边造型，要将中心侧纸样与侧片纸样连在一起后再拉开波浪量。

● 将胸省折叠并移到刀背分割缝中。

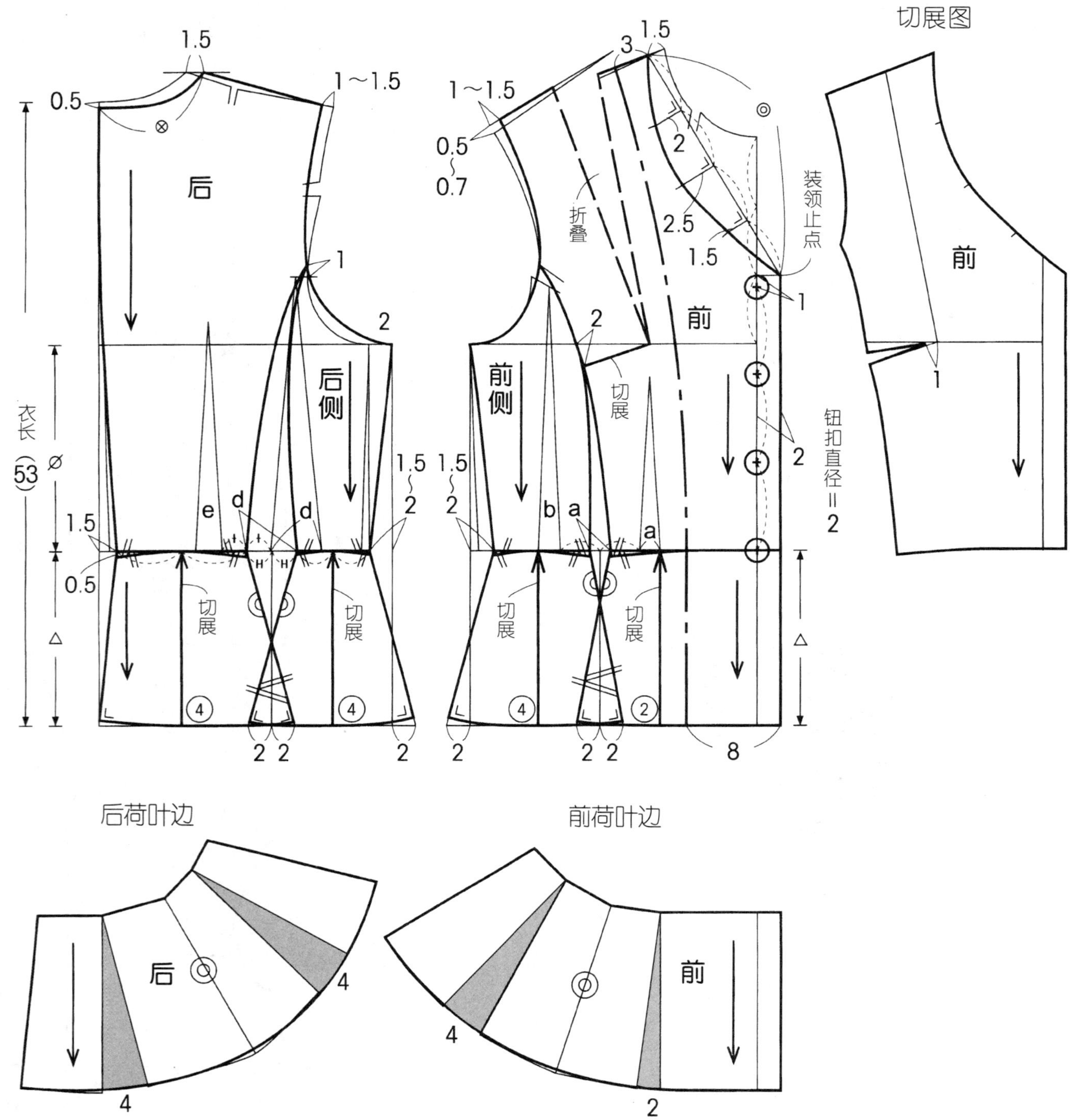

领

●作图时装领线比衣身上的领窝线短。这是为了在装领时，将装领线拉伸，使驳折弧线更漂亮的缘故。

袖

●同第34页，作出一片袖，并切展出折裥量。袖山点与后成型袖线间4等分作出切展线。（第38页图1）

●切展量，据面料厚度而异。

面料厚时，要多考虑些面料的厚度。(第38页图2）

●以展开前的袖山线为基准来确定折裥方向。第2个折裥，按切开方向折叠会使折裥向下，应以展开前的袖山为准画出。（第38页图3~4）

●袖底缝指向EL线，用光滑的线修顺。

●第一个折裥考虑到有0.5cm的袖山缝缩量能加进去，这个部分的缝缩量会变少，其他部分的缝缩量与无折裥的袖子一样加入缝缩量。

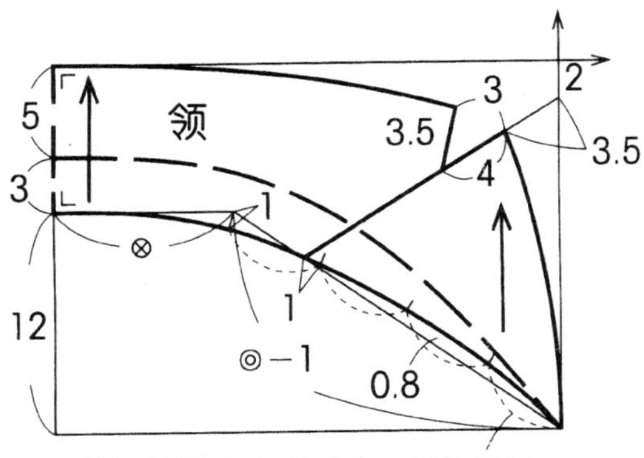

将前装领尺寸4等分作出对位记号

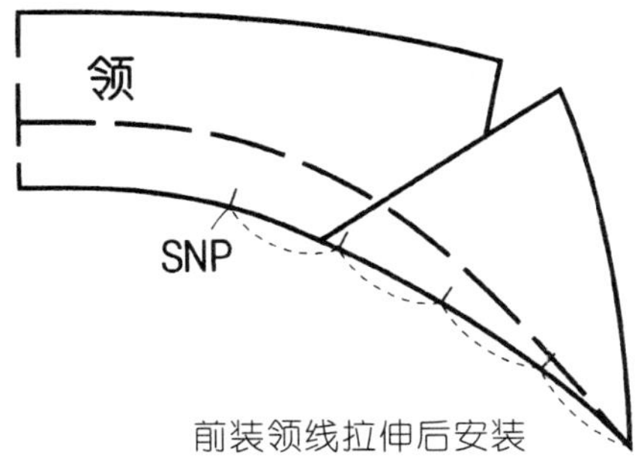

前装领线拉伸后安装

袖山高的确定方法

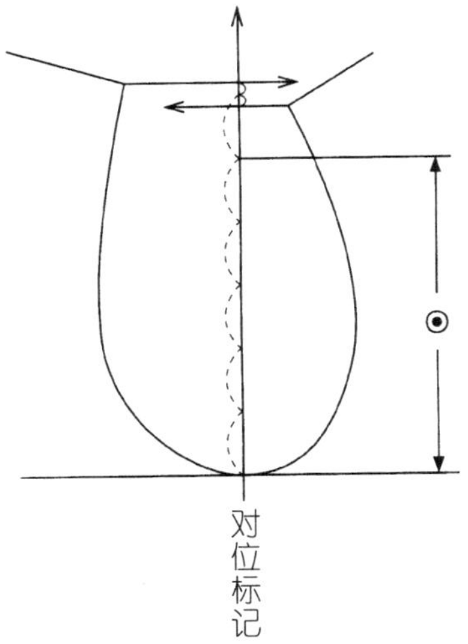

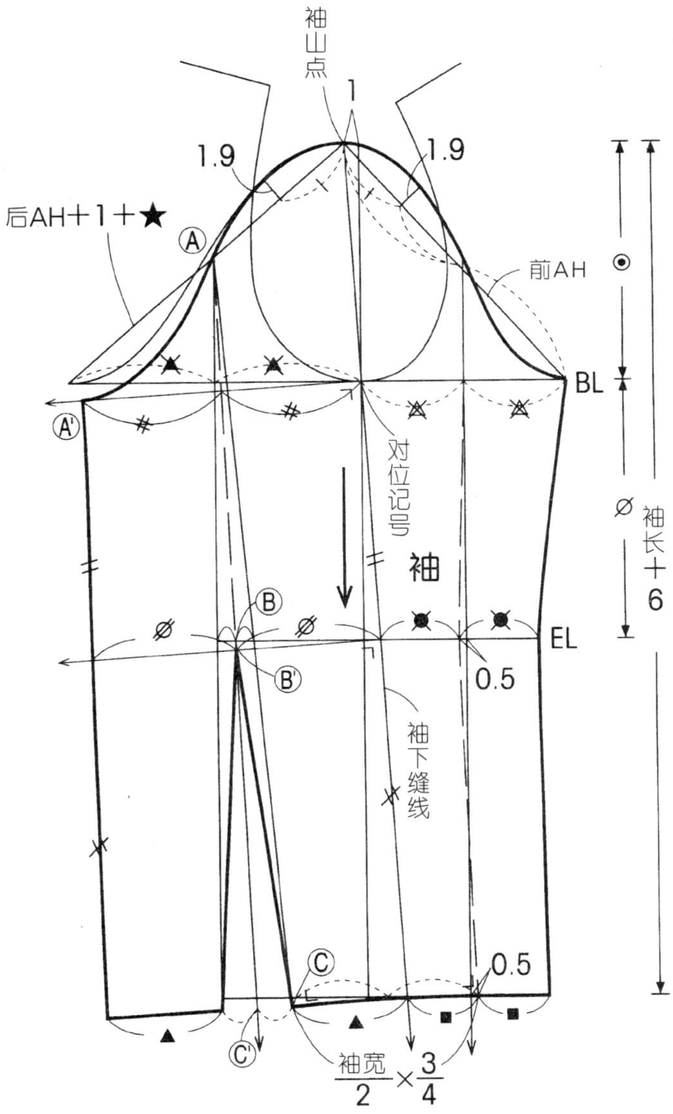

图1

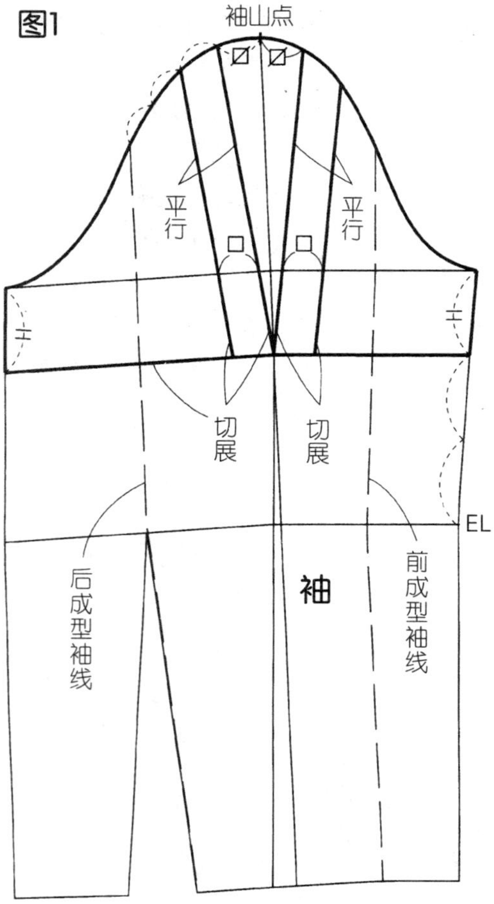
袖山点
平行
平行
切展
切展
EL
后成型袖线
袖
前成型袖线

图2

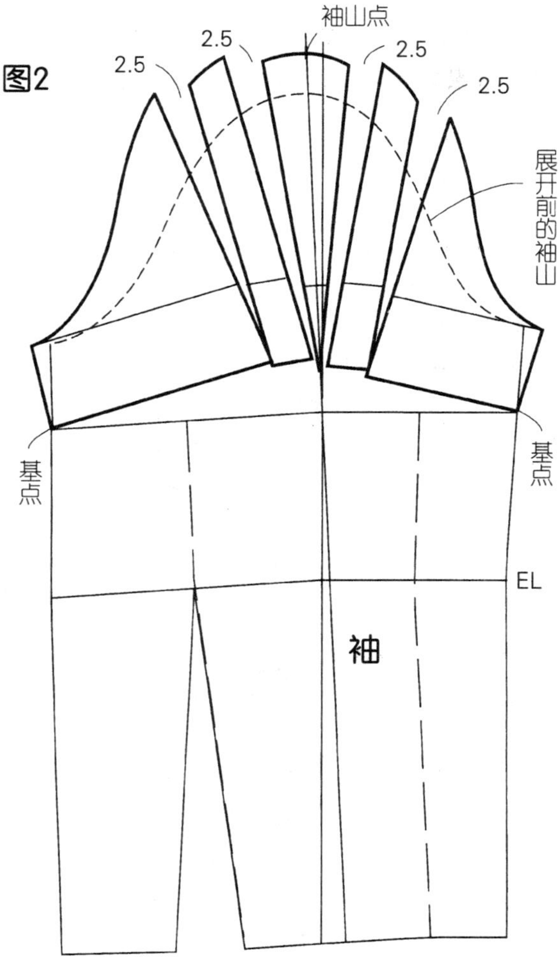
袖山点
2.5
2.5
2.5
2.5
展开前的袖山
基点
基点
EL
袖

图3

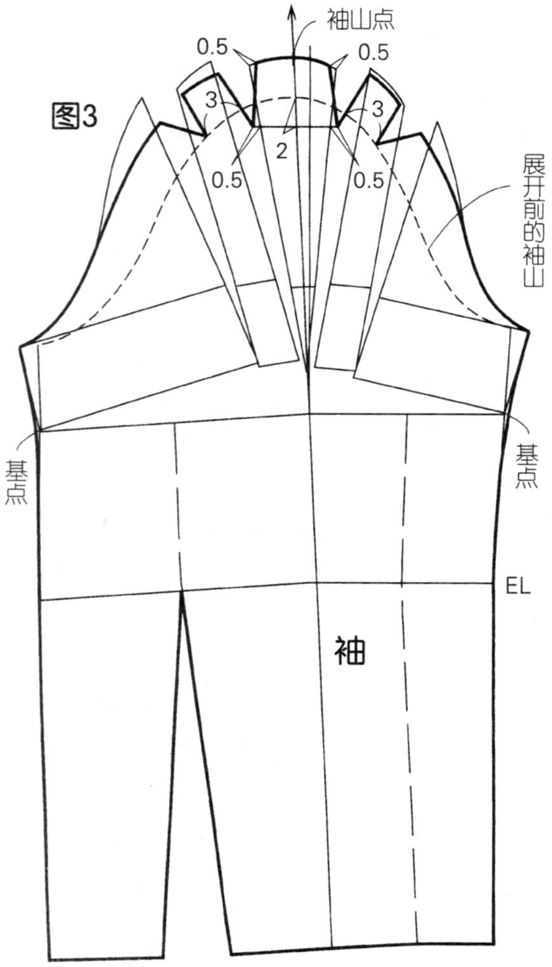
袖山点
0.5
0.5
3
3
2
0.5
0.5
展开前的袖山
基点
基点
EL
袖

图4

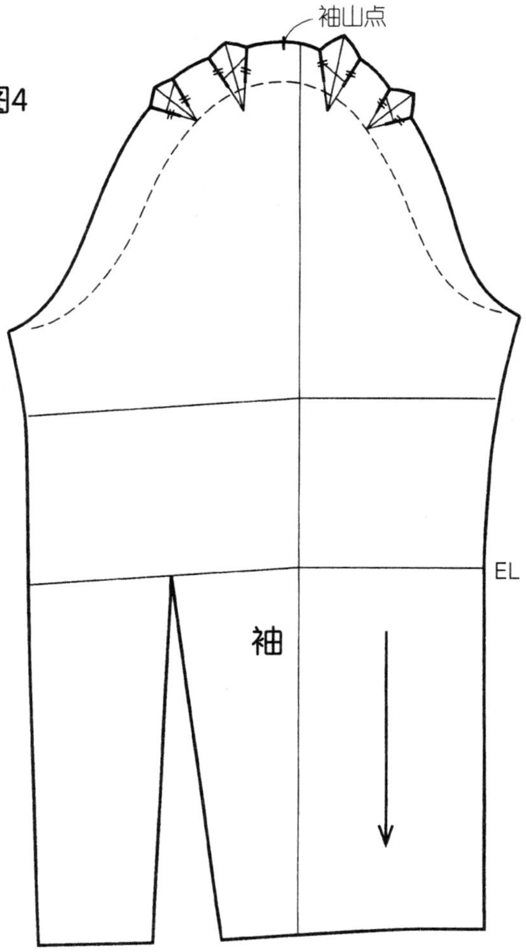
袖山点
EL
袖

开襟毛衣式春秋上装

无领的箱型轮廓上衣。胸省转移到下摆，用一个省实现造型。

选择粗花呢等感觉比较柔软的面料。

用料 面料 幅宽 150cm 用量 140cm

里料 幅宽 90cm 用量 180cm

粘合衬 幅宽 90cm 用量前身长+15~20cm

肩衬厚度 0.8~1cm

局部缝制

宽嵌线口袋的制作方法参照第133页。

原型省道处理

与西服上装的处理相同。

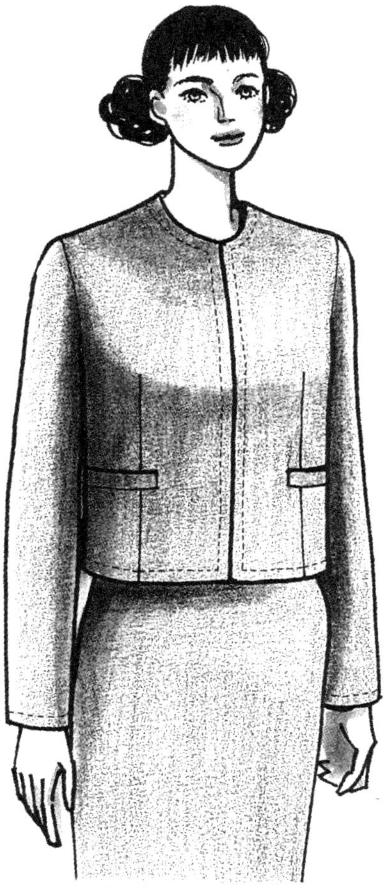

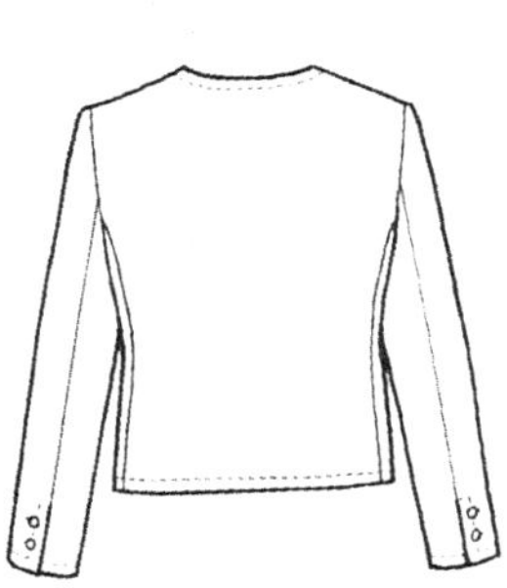

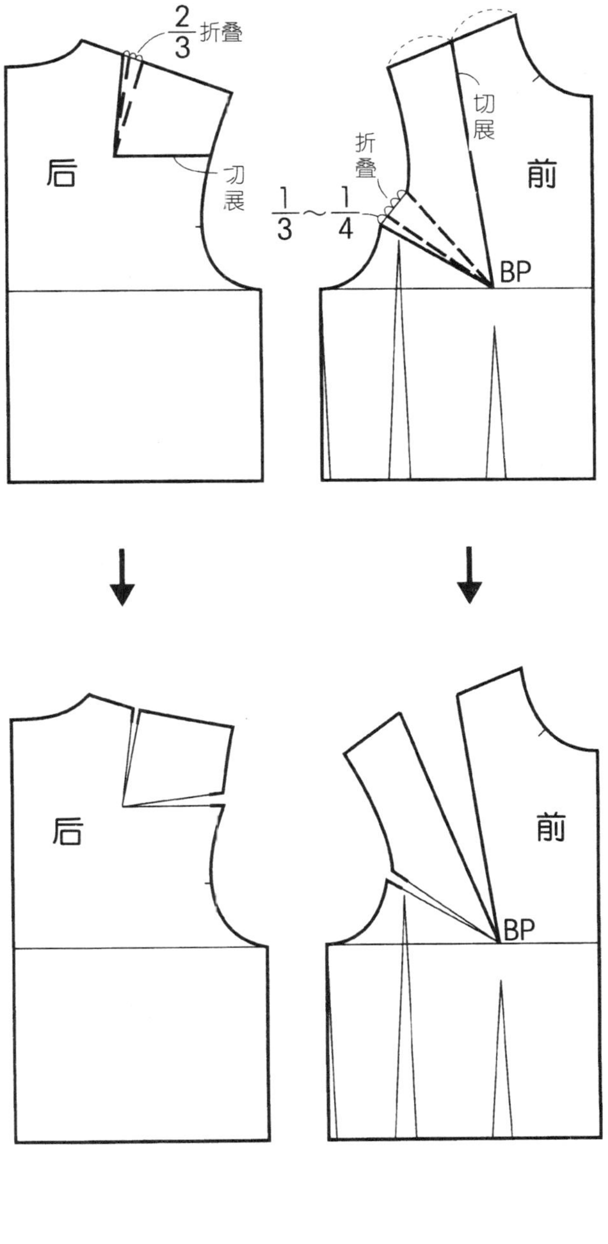

作图要点

衣身

● 二面构成的上装，侧缝向后衣身移动，前门襟处无叠门。

● 宽松的轮廓，后衣身下摆容易外翘，后中心线向侧边移动，与该线垂直作出后下摆线。

● 衣长较短的情况下，也要在臀围线处加上松量后作图。

● 因将胸省移到了腰省处，侧片的丝绺变化很大。

● 臀围尺寸大时，后衣身的分割线也可在HL线处交叉。

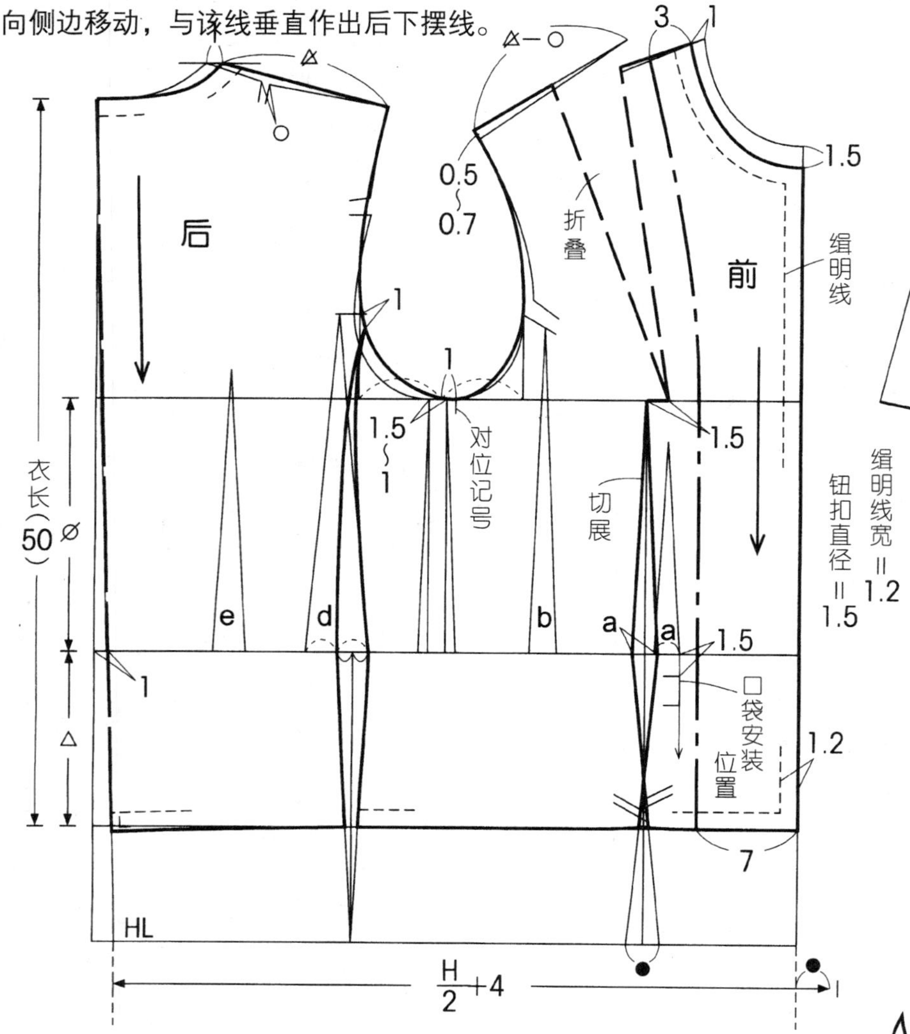

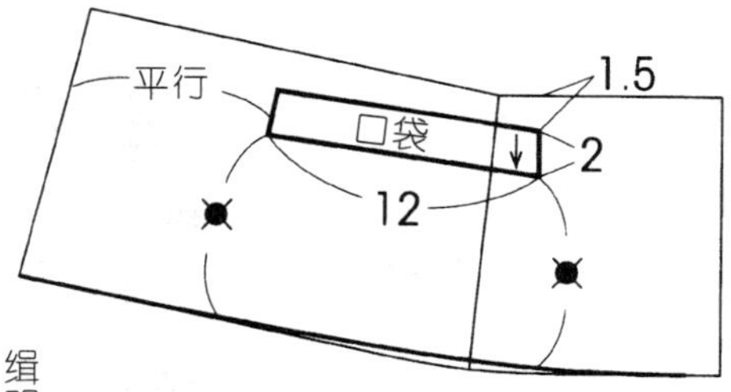

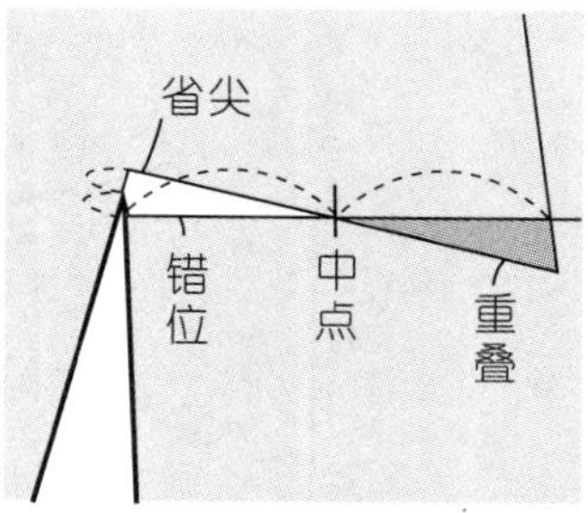

● 以中点为基点，关闭肩省，将其移到腰省处

● 腰省错位量的中点作为省尖点进行修正

切展图

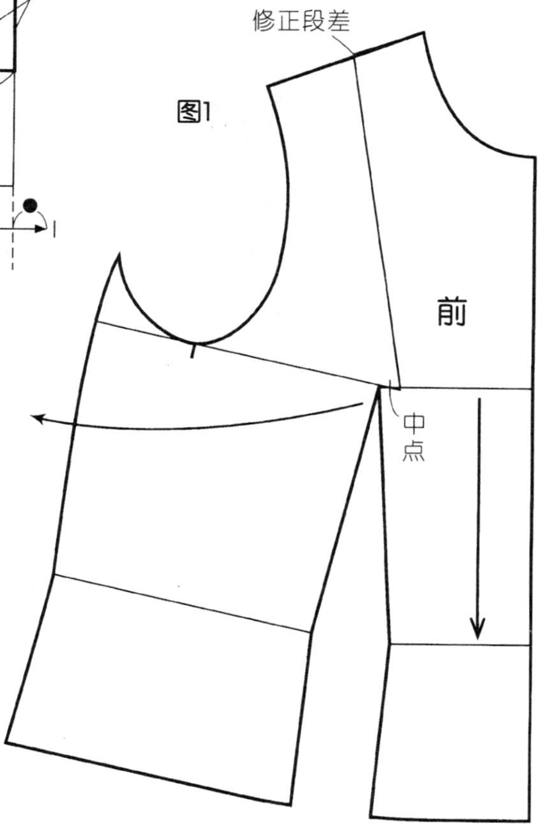

袖

- 与西服上装相同作图，袖口装有装饰钮扣。
- 为增加小袖的运动量，也可按如图2所示操作。

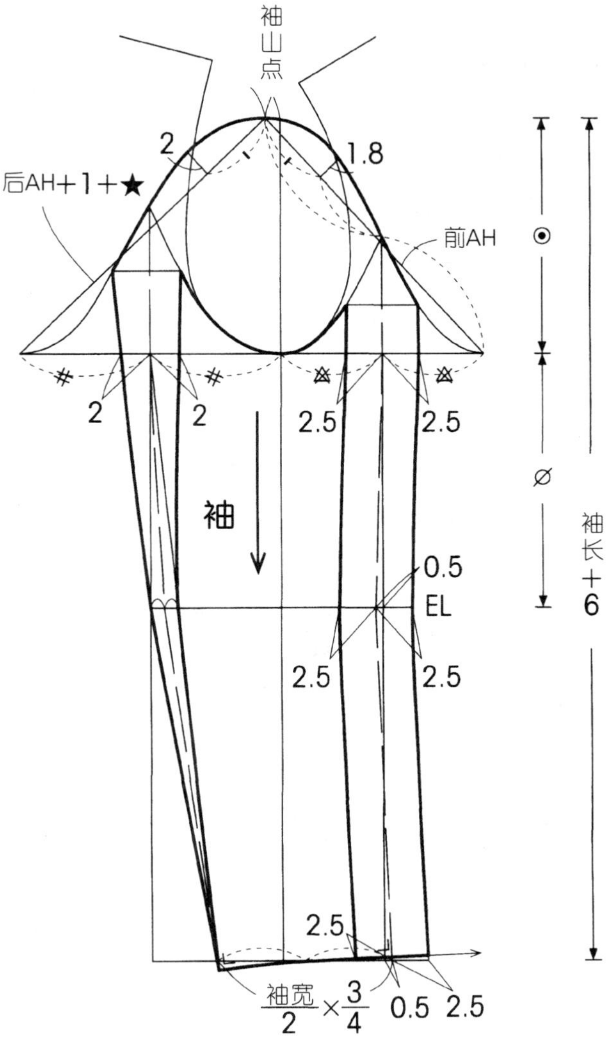

袖山高的确定方法

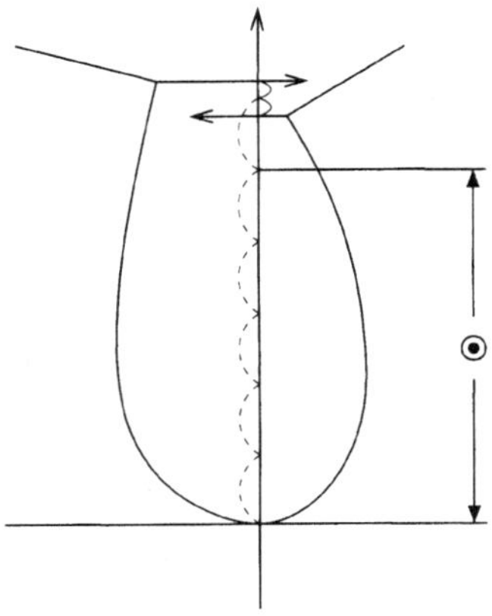

图2

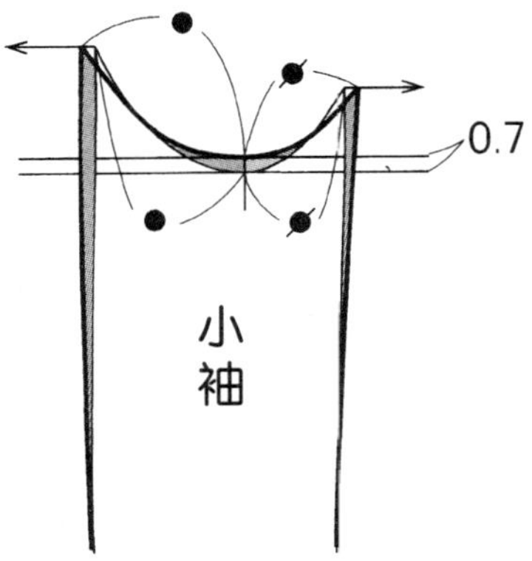

袖底向上0.7cm增大袖底尺寸，从这个位置开始如图那样修正装袖尺寸，小袖的袖宽增大了。

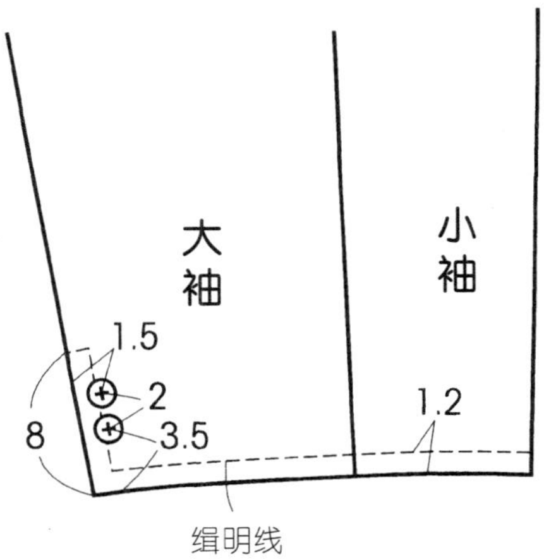

4 用白坯布假缝的方法和试样补正法

用面料裁剪前，首先用白坯布制作，观察是否达到所需要的轮廓、松量，并进行补正。

(1) 样板制作

净样板制作

- 从制图中拷贝出各部件样板。
- 为便于将白坯布上的布纹线对齐纸样上的丝绺线，纸样上的丝绺线要画到样板的上下端。
- 在各部件样板上要标出省道、钮扣位置、口袋位置以及纸样名称。
- 分别在BL、WL、EL、HL处作出对位记号。

净样板的检查

- 前后分割线尺寸的确认。（图1）
- 袖窿形状的确认。（图2）
- 将前后衣身肩缝对齐，检查肩缝缝缩量、前后领窝线是否连顺，前后袖窿线是否连顺。（图3）
- 检查下摆线是否连顺，不能出角，并进行修正。（图4）
- 大袖和小袖的袖山要连顺。（图5）
- 袖底弧线的确认。（图6）
- 袖山缝缩量的确认。（参照44页）
- 衣身的领围尺寸与衣领的装领尺寸的确认。（图7）

图1 纸样检查

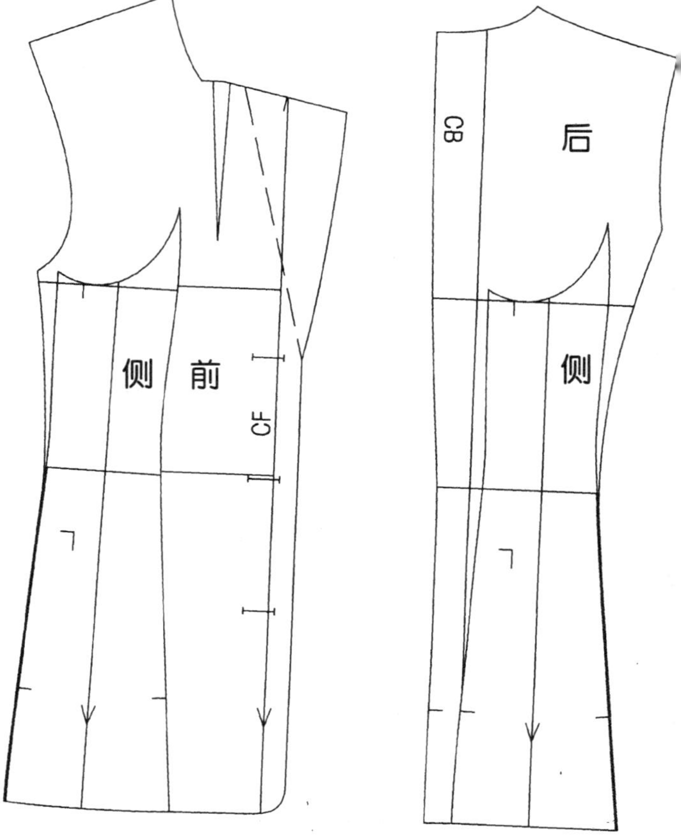

图2

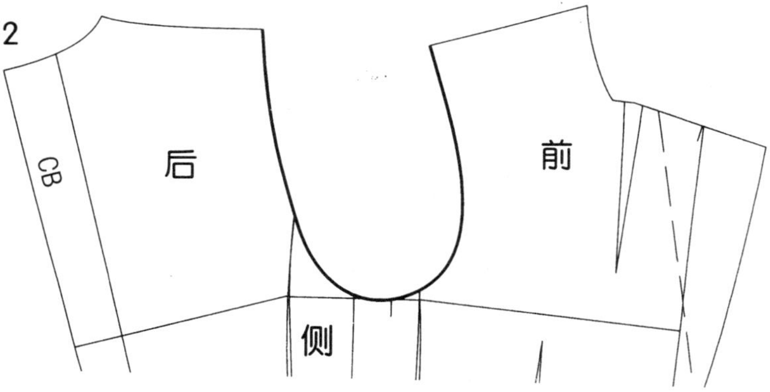

图3

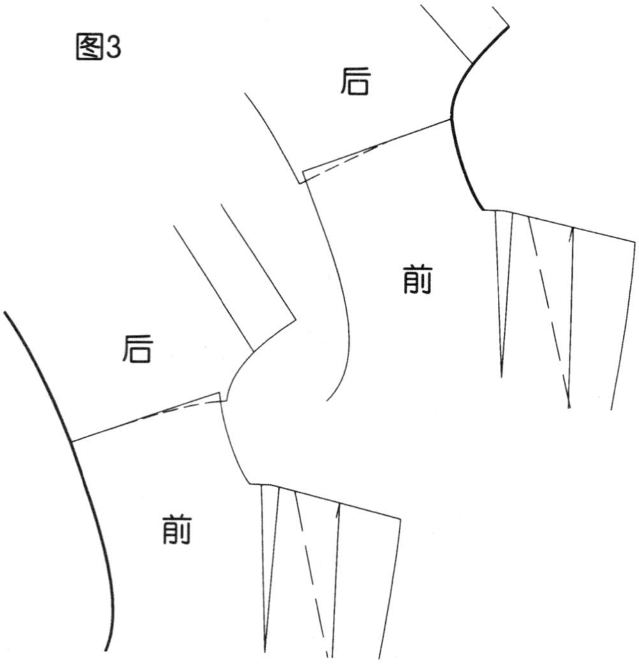

图4

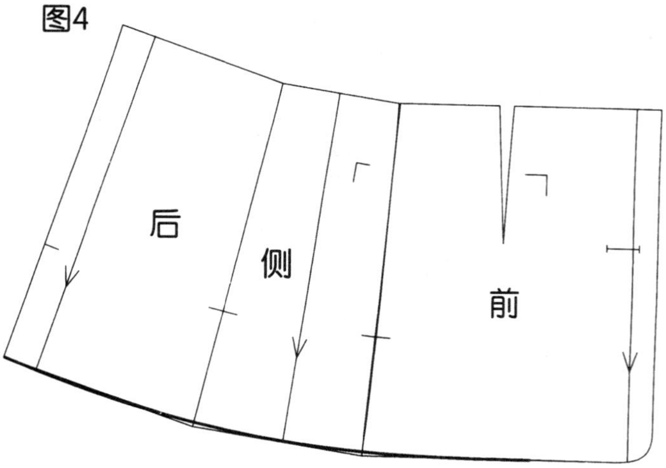

图5

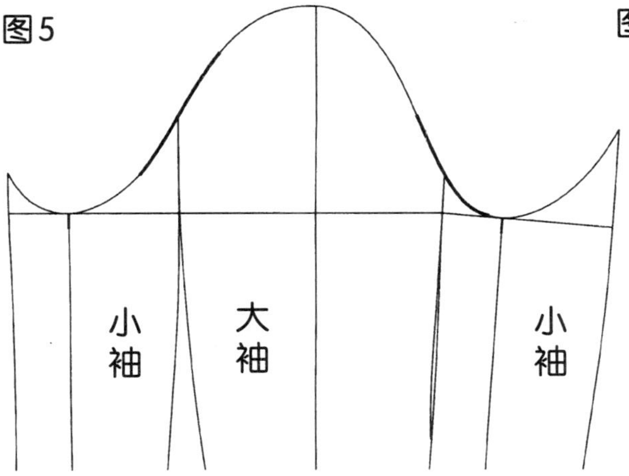

图6

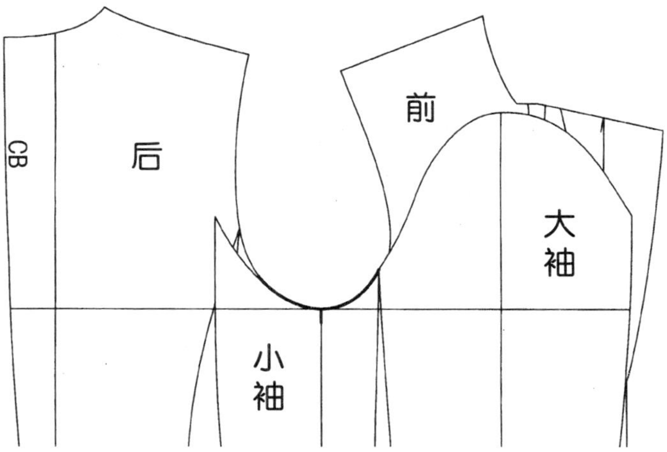

图7

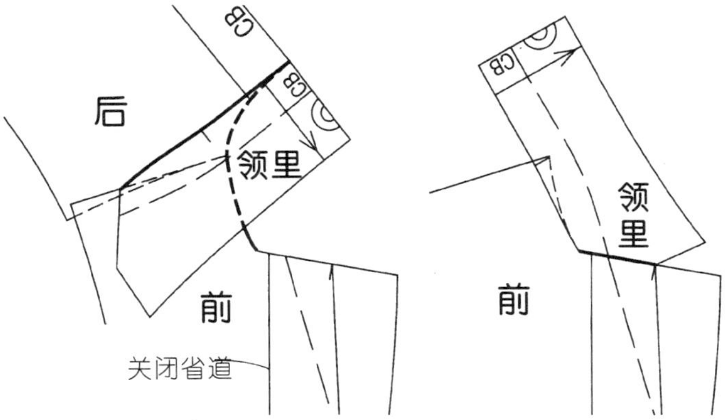

净样板对位记号的确定方法

- 后衣片、前衣片、侧片对位记号的标记。
- 袖窿与袖山对位记号的标记。

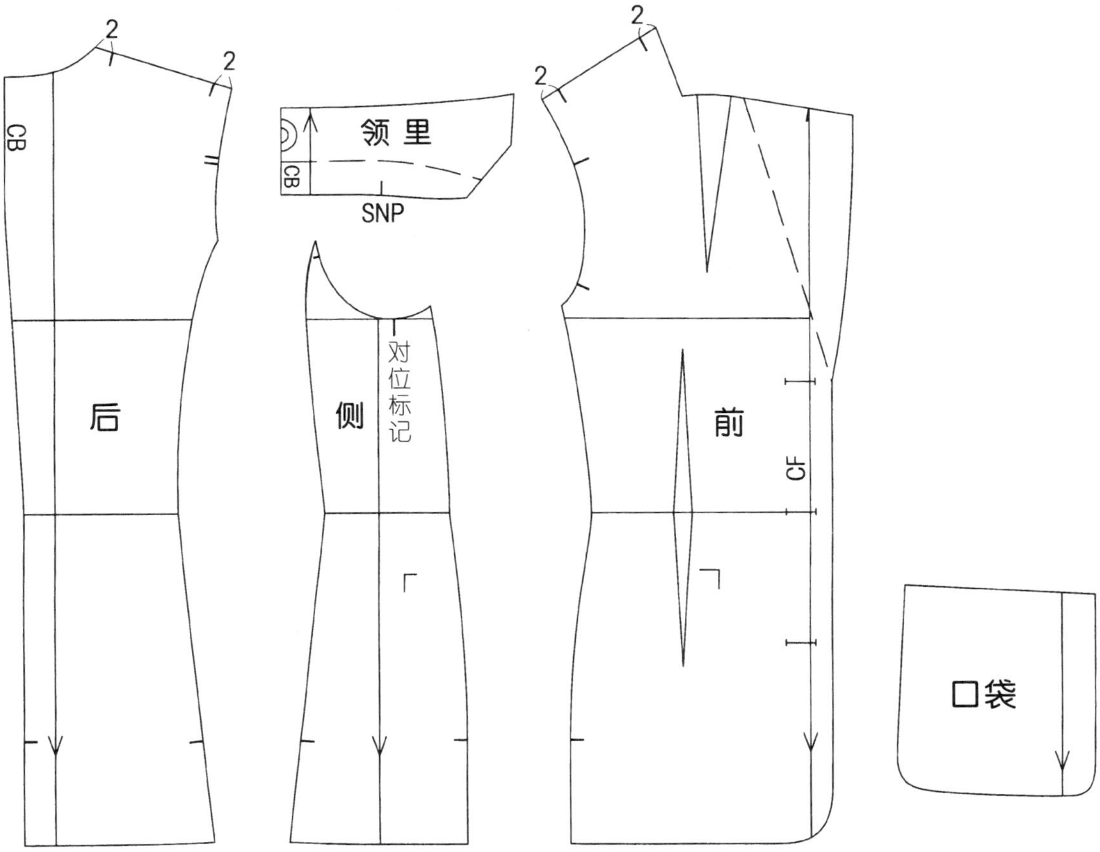

袖窿对位记号的确定方法

① 过侧衣身上的对位记号点（或是侧缝线）作铅垂线，与过SP点的水平线交于Ⓐ点。

② 在此铅垂线上，将Ⓐ点与对位记号点间距离三等分，在上面1/3等分向上1cm处作水平线，得到前后衣身袖窿上的对位点，分别是Ⓕ点及Ⓑ点。

③ 将下面1/3等分段再等分，并作水平线，得到前袖窿弧线底部的对位点。

④ 后衣身则将Ⓑ点与前后袖窿底部处的对位记号间二等分，得到后袖窿弧线底部的对位点。

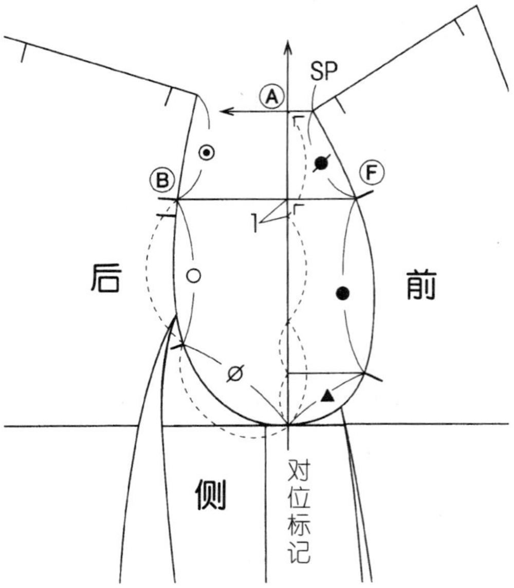

☆ 后衣身袖窿与后袖山弧线上的对位记号，为了区分前后，在离原对位记号1cm左右处又加了一个对位记号，成为两个连在一起的对位记号。

袖山对位记号的确定方法

① 缝缩量的分配根据面料、袖子造型的不同而不同。此处以22页的“西装上衣”为例。

袖窿处缝缩量的分配

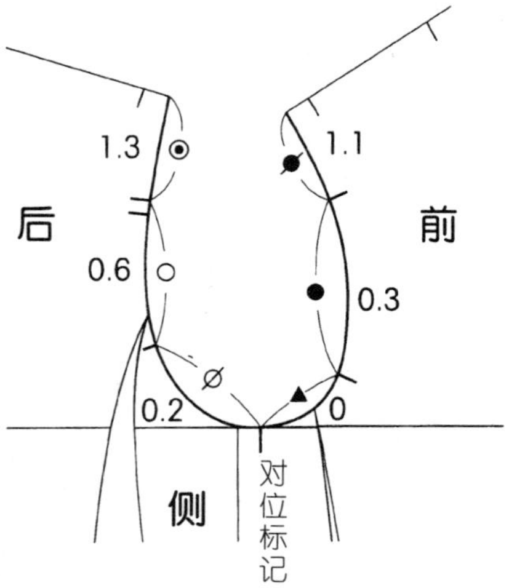

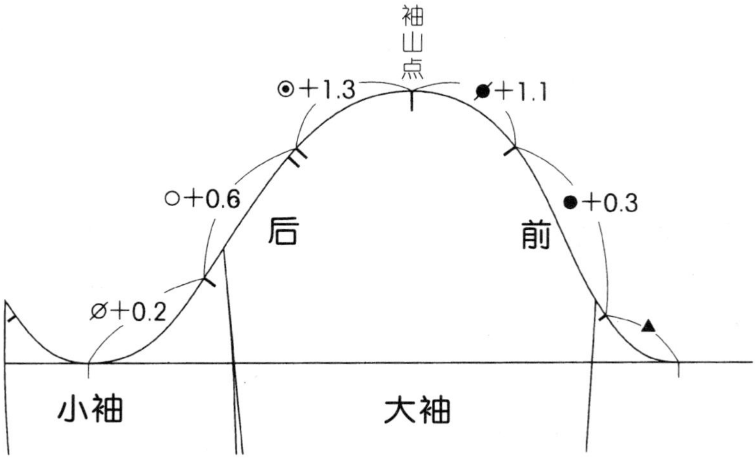

袖身对位记号的确定方法

① 将位于BL与EL间的袖山线二等分，并在中点向下1.5cm处作水平线，得EL线上方的对位标记。在EL线下方同尺寸处得到EL线下方的对位记号。

② 分别测量从袖山到对位记号的距离以及袖口到对位记号的距离，并在小袖片以相同尺寸找到小袖片上的对位记号。

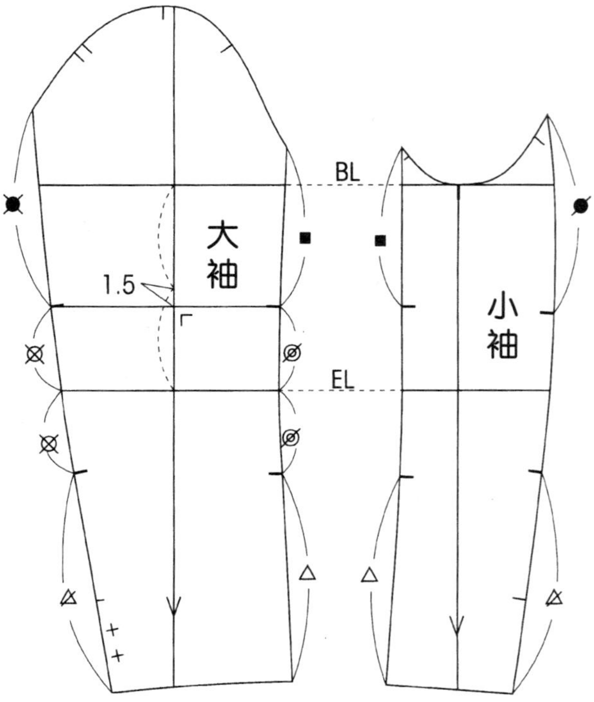

全夹里上装的放缝方法

缝份是在完成线上平行加出的。为使领窝线、袖窿线以及复杂曲线处能连顺并正确地缝合，这些地方的缝份往往作出角度。

● 因要进行假缝及试样补正，为使围度及长度能够进行补正，在必要的地方都将缝份放得较大。（参见第46页）

● 刀背分割线处的放缝方法是将成钝角侧（A）的净样线延长，与袖窿线相交，在交点处作直角放缝。另一片则在延长线上找到同尺寸，作直角放缝。

放缝的方法

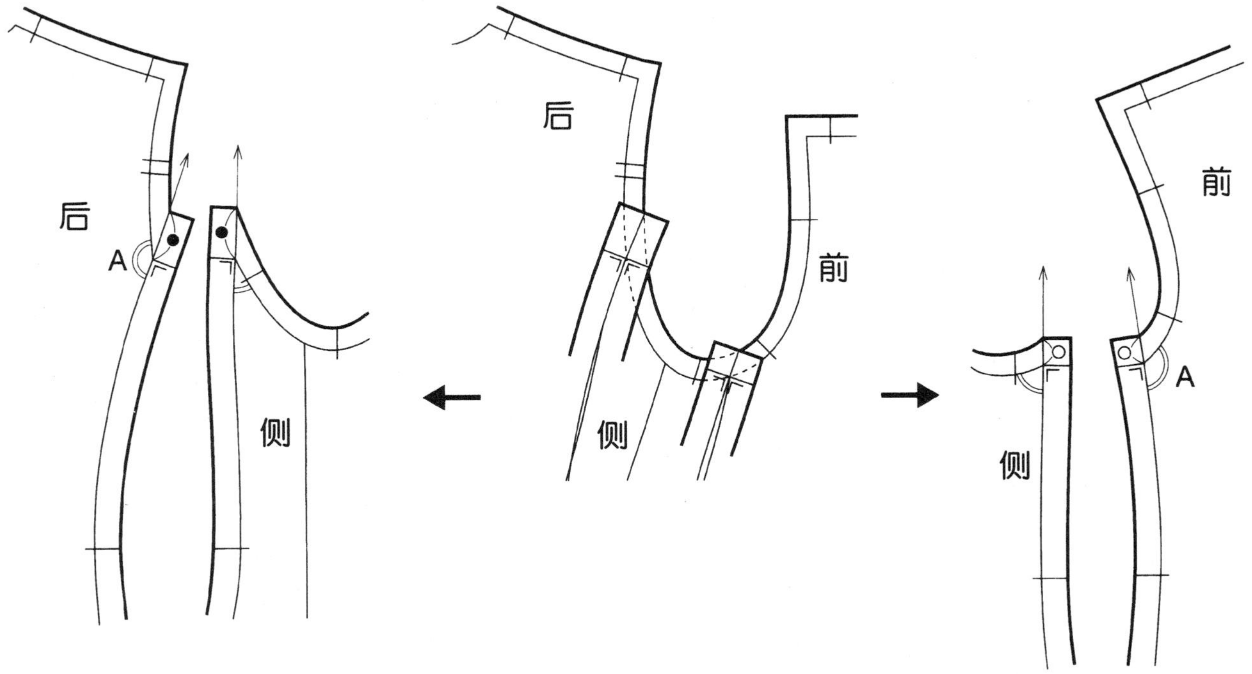

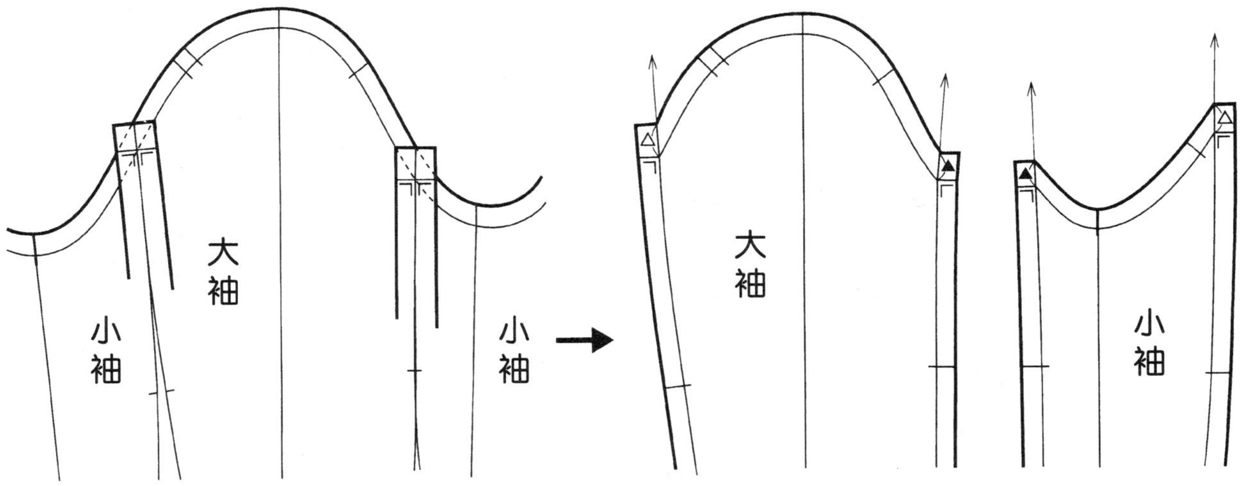

(2) 裁剪和作记号

裁剪

坯布是平纹的棉布，其品种有厚型、中厚型以及薄型，应根据面料的弹性、厚度选择合适的白坯布。

丝绺归正

因白坯布两端布边处丝绺歪斜，布边两端分别裁去2~3cm,熨烫归正丝绺。

作标记

坯布纵向对折，右身的样板在面料正面，布中央以放纸样的前中心排列为佳。

两片重叠时，布和布之间放入拷贝纸，用滚轮或刮刀等作记号。用薄型白坯布时，将预先粗裁下的每一片坯布放在纸样上面，用铅笔描出轮廓。

排料图

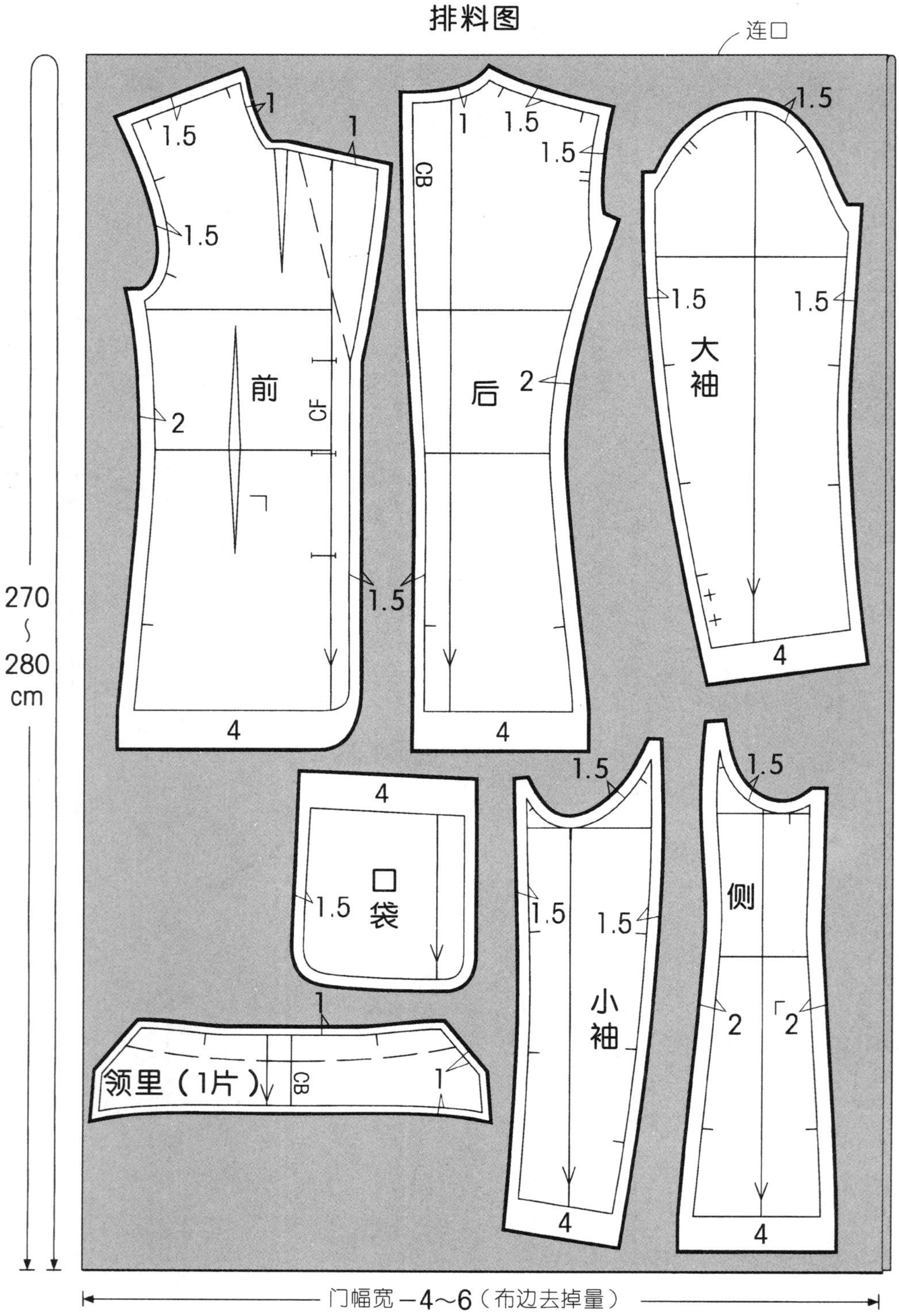

衬的裁剪和粘合

● 为了保持形态，使用薄型或中厚型的粘合衬。

● 与坯布一样，分别裁去两端布边2~3cm，粘合衬布纹与坯布的布纹同方向吻合。衬比坯布的裁边小0.2cm，把涂有粘合剂的一面向下，使其与白坯布重合。

● 为了不把粘合剂粘到熨斗的底板上，在粘合衬上面盖上牛皮纸或透写纸，再用熨斗进行熨烫粘合。

● 熨斗要干烫，要保证布没有一点空隙，用熨斗压烫。

温度一定要保持为150℃左右。

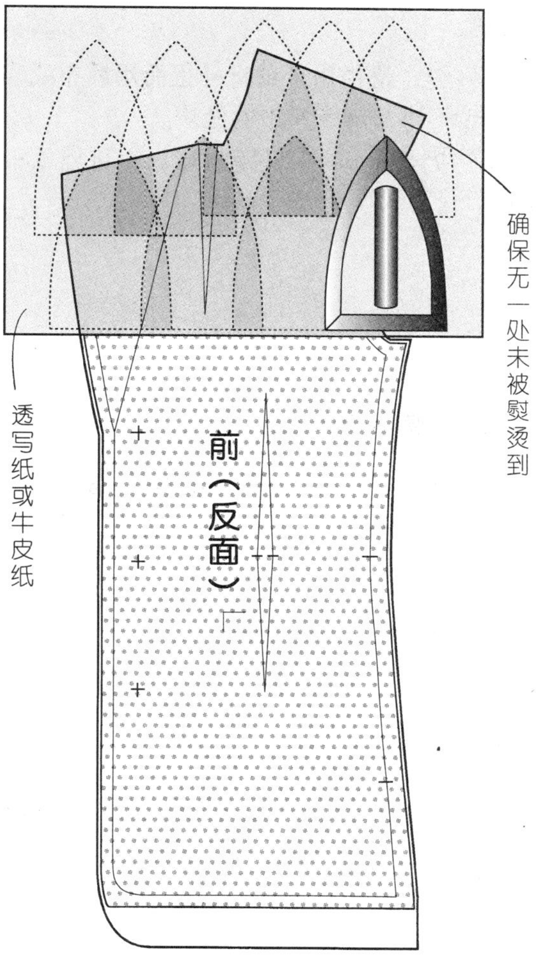

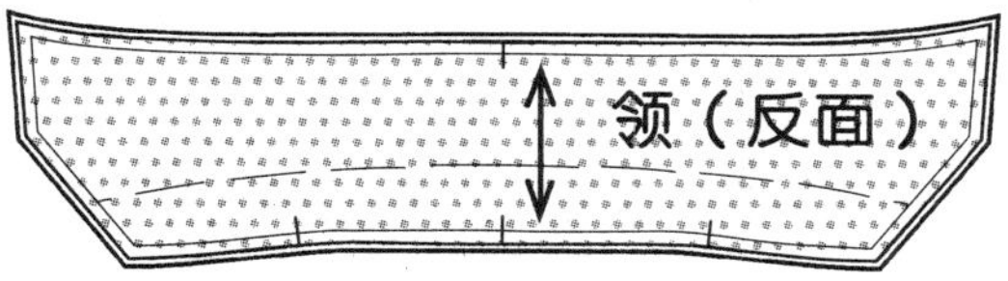

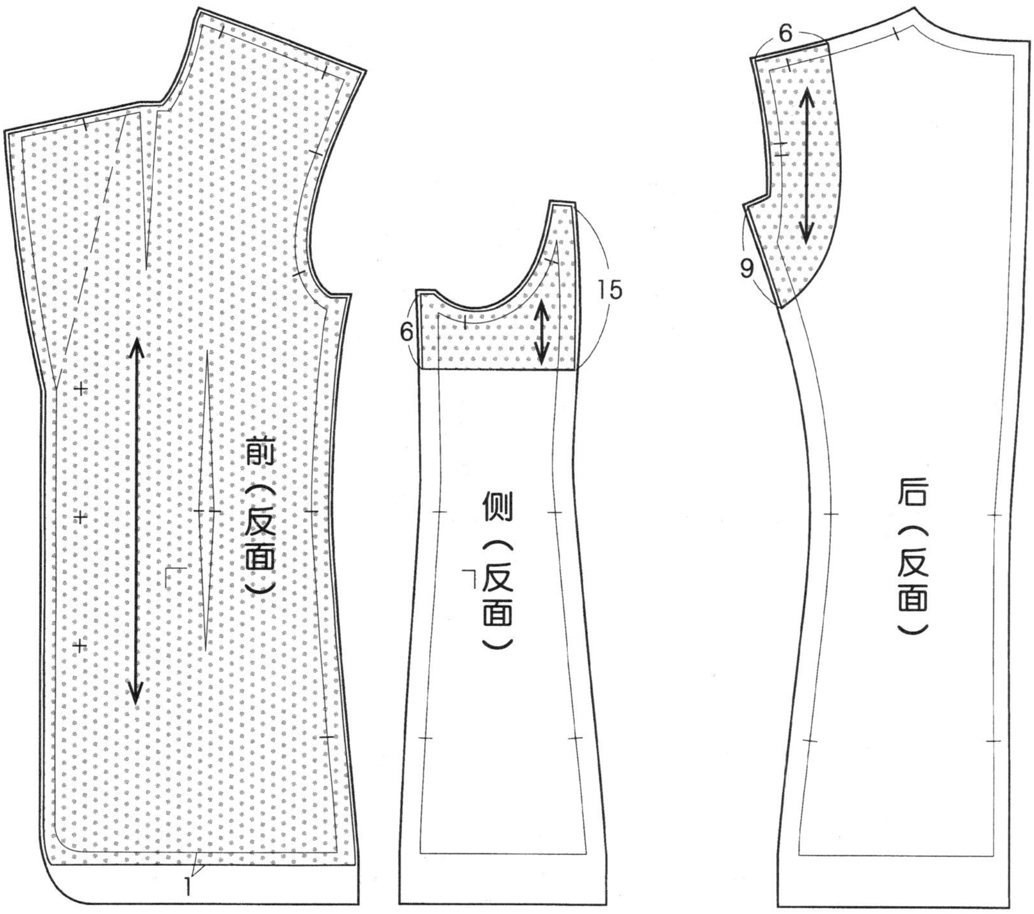

(3) 假缝

所谓假缝，是指为了试样补正而用坯布或实际面料制作造型而进行缝合起来的做法。

可用8~9针/3cm的大针距机缝，也可用单根扎纱线手缝。

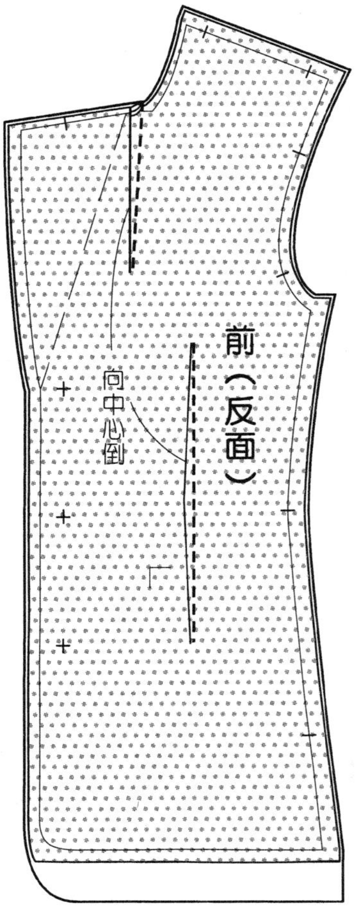

1 领口省、腰省的缝合

省道向前中心倒，轻轻地用熨斗压烫。坯布比较厚时省道很难被压倒，此时应从正面进行压缝。

2 后中心、摆缝的缝合

侧片的缝份折叠，与前衣身和后衣身的缝迹线相拼，用大头针固定再扣压缝。

后中心的右片折叠缝份，与左片相拼后车缝。

手缝时，正正相迭合缝。

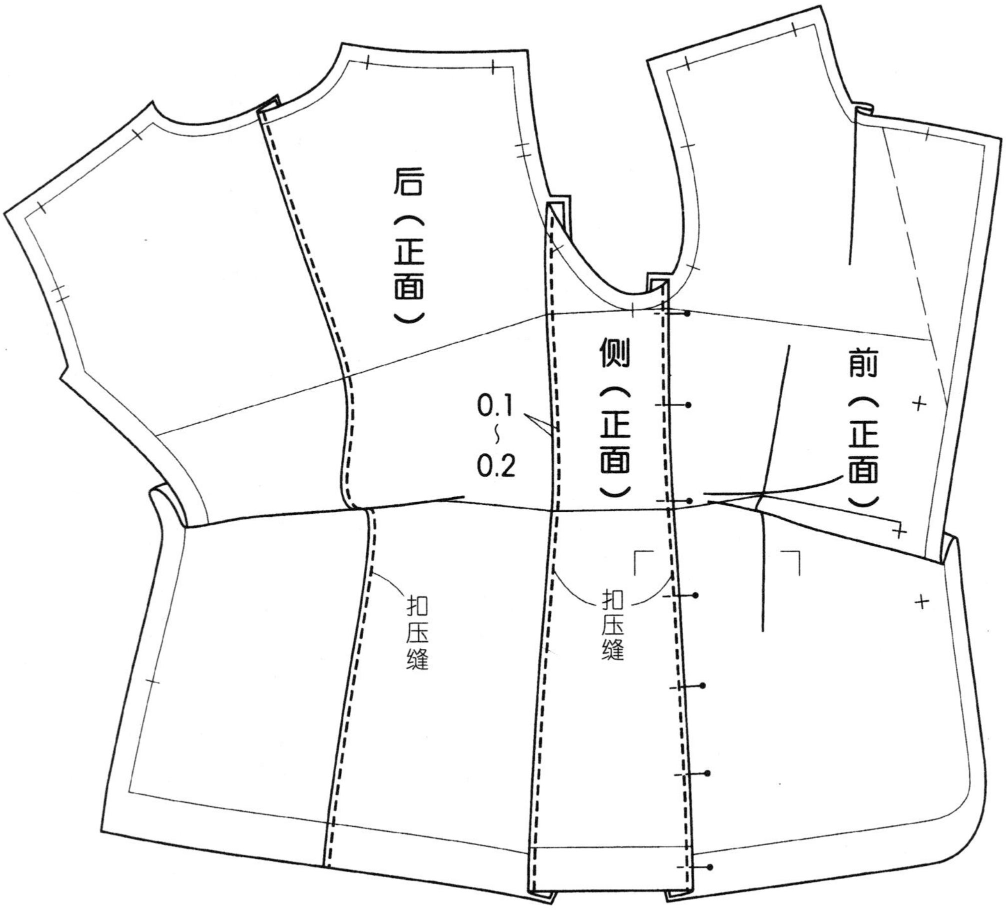

3 前门襟、底边折叠

从左衣身的驳头开始，前门襟，底边，右衣身的驳头为止按顺序折叠再绗缝。前门襟圆的部分处抽细小的褶裥便于造型。

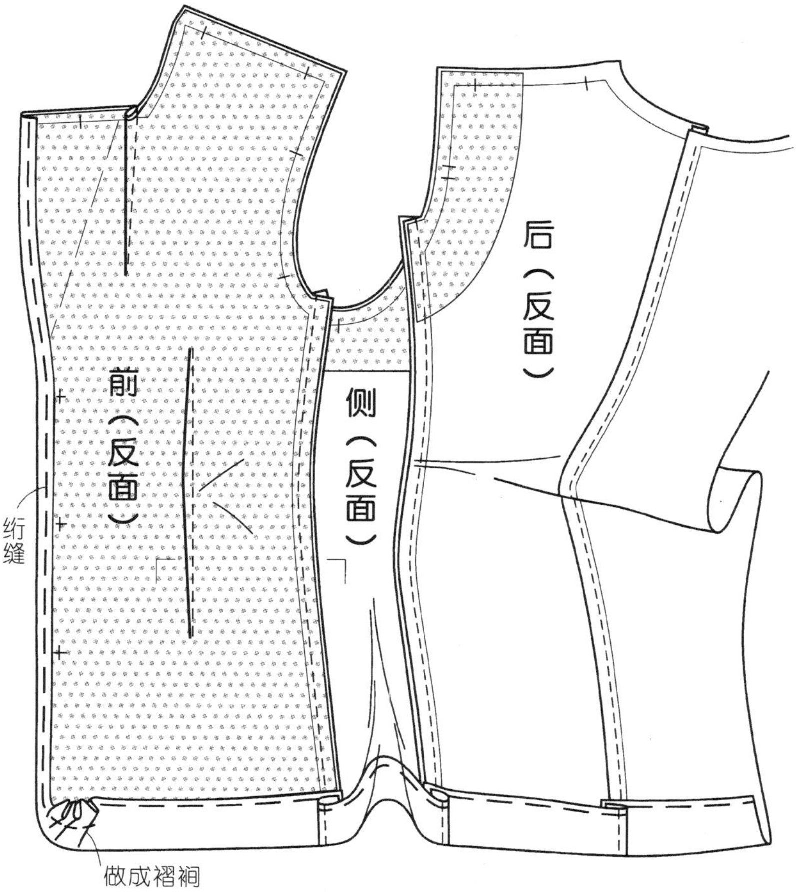

4 缝合肩部

前后肩缝正正相叠合缝，在颈点和肩点处用大头针固定。中间处均匀分配缝缩量并用大头针固定，缝到袖窿缝份外端为止。缝始处和缝止处进行来回缝。

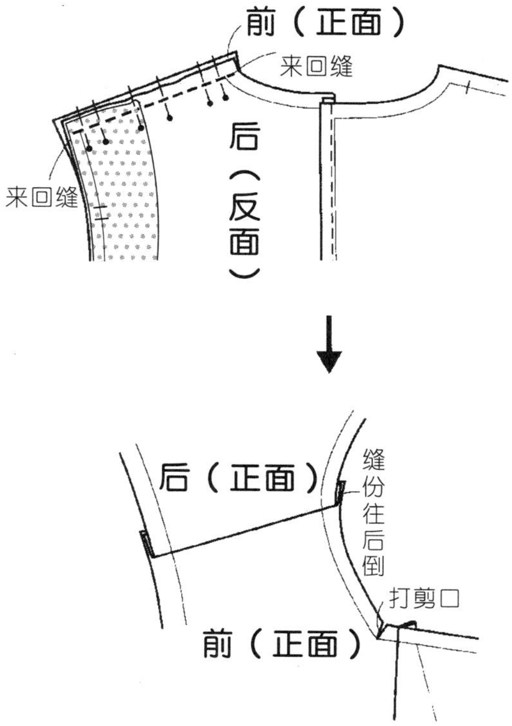

5 做领、装领

领外围线的缝份倒向里侧，装领线的缝份在正面用熨斗折烫。装领是装到衣身的驳折线里侧打剪口位A点处为止。把领子放在衣身领围上面，用细针距绗缝缝合。

在领串口斜线（A点~装领止点为止）部分，把领子放入衣身的里侧进行绗缝缝合。

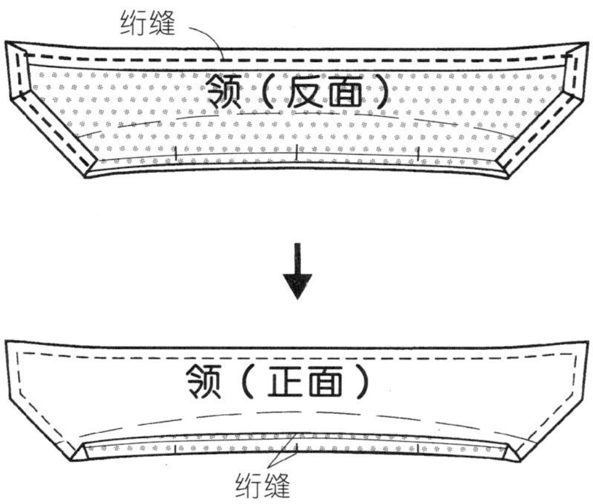

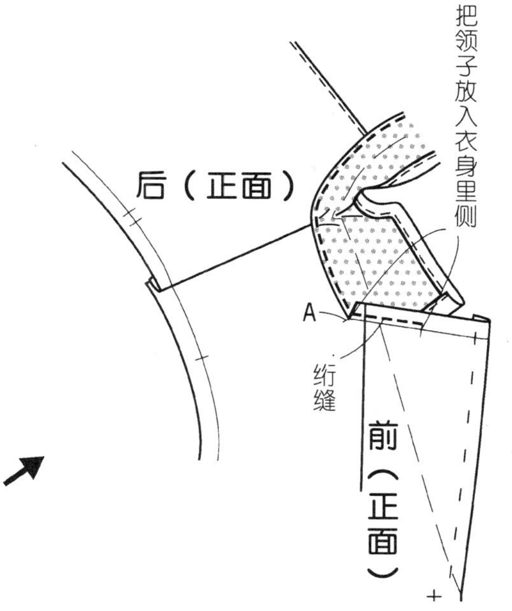

6 做袖

翻折大袖外侧净缝线，拼压在小袖上缉缝。

袖口的缝份向上翻折后绗缝。

大袖和小袖正正相叠合缝。

袖山的平缝是在净缝线出来0.2cm和0.7cm的位置分别用单根绷缝线各缝一道。缝始点和缝止点的线留长一点，两条线一起拉伸并分配缩缝量。

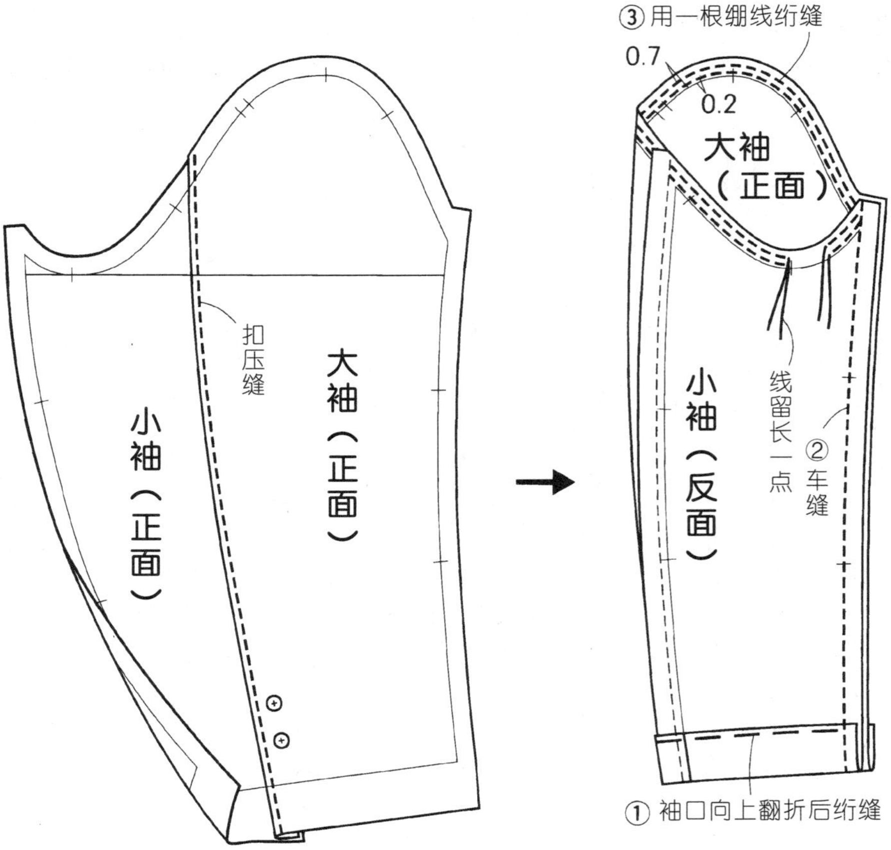

7 装袖

衣身袖窿的剪口和袖山剪口对合。

在分配缩缝量的同时用大头针固定，在袖侧用细针距进行缝合。

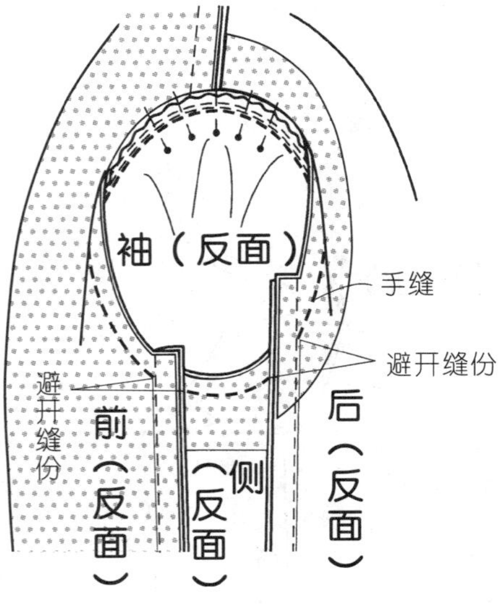

8 装垫肩

装垫肩时，以肩缝线为中心，后衣身侧应更长些，即长出0.7~1cm，肩点处垫肩比装袖净缝线出1~1.5cm，用大头针临时固定后，用漏落针绗缝固定。

垫肩位置示意图

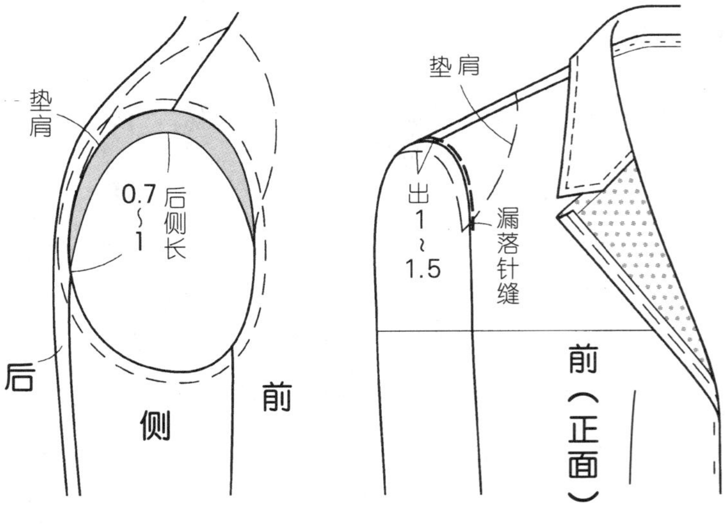

垫肩的种类

垫肩是像西服垫肩那样做成弧形的三角形垫肩（A）和根据肩周围的造型做成圆形的栗形垫肩（B）。厚度应该根据体型和造型来选择。

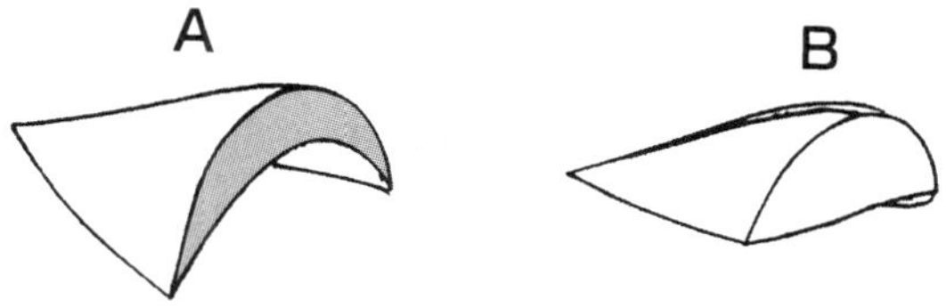

根据体型来选择垫肩的方法

● 肩处比较厚的体型

如果钉装比肩的厚度狭窄的垫肩，肩周围的厚度无法平整。垫肩的不平整会在衣服表面显现出来。此时，为了包住整个肩，应该装薄型的、比较大的垫肩（图2）。

● 前肩突出的体型

使用前肩部分薄一点，后面厚一点的垫肩（图3）。

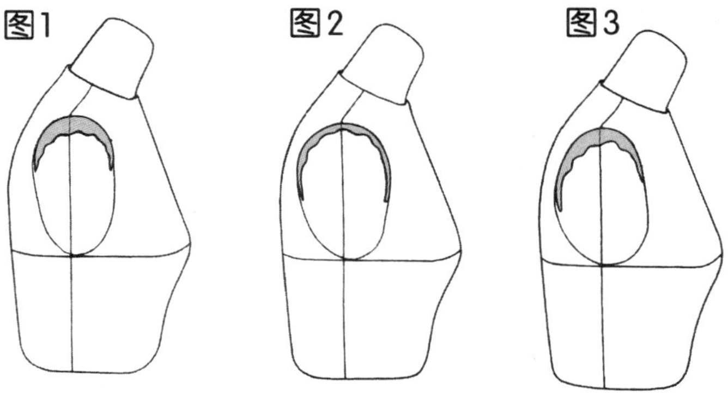

9 做袋、装袋

将袋口沿净缝线折叠后用绷缝线绗缝。

用厚纸做口袋的形状，放在里面，用熨斗压烫做出造型。

放置在衣身的装袋位置处，用绗缝固定。

10 在驳头处贴标志线、装钮扣

翻领装领点开始到驳头末端处，为了能清楚地看见净缝线，应贴标志线。

钮扣的形状在坯布上画出形状后剪下来装钉。

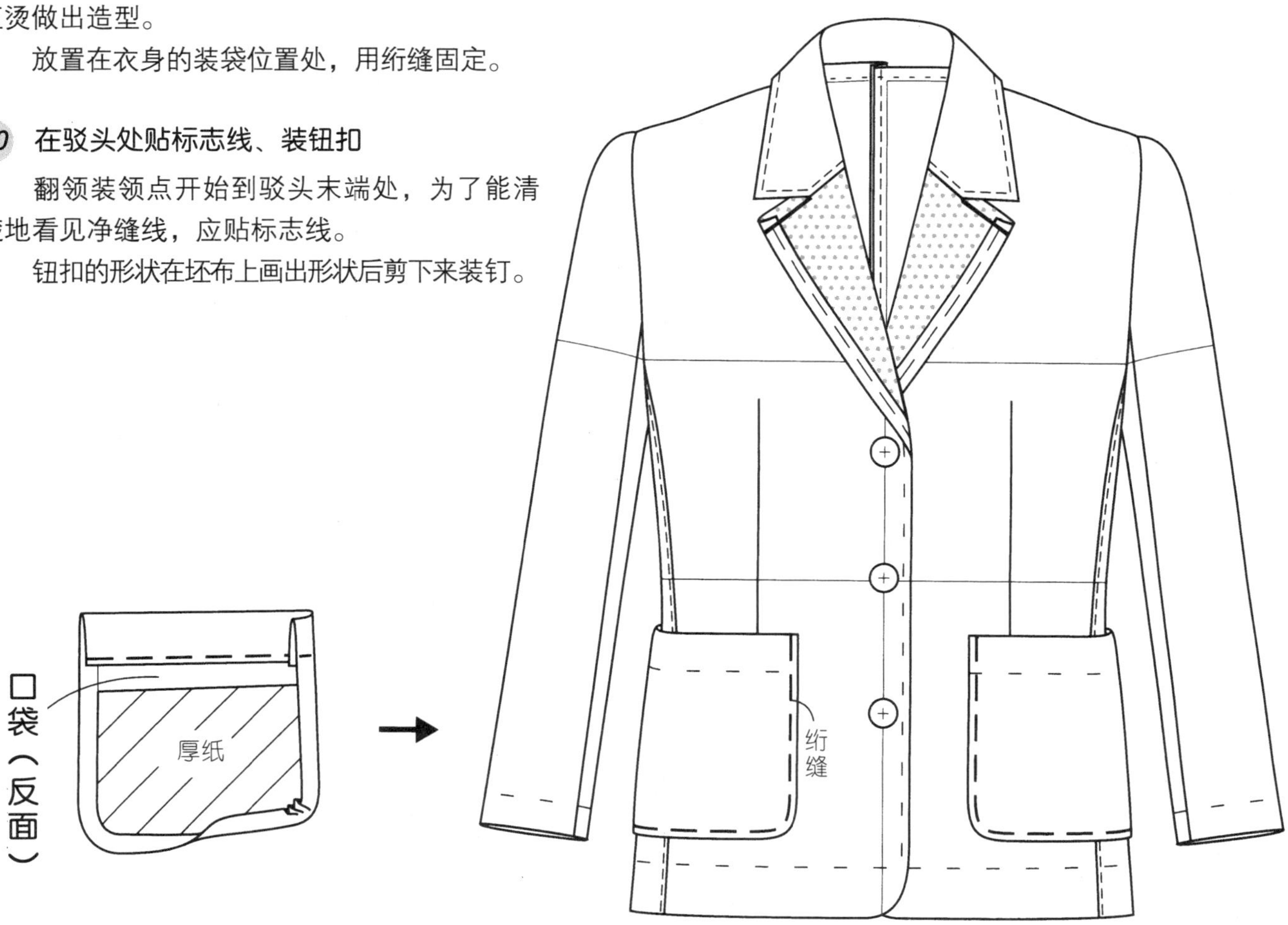

(4) 试样补正的方法和样板的修正

试样要在实际的着装状态下进行。穿上西装实际穿着状态下的内衣，以自然姿势站立。

首先看看整体造型是否与设计相符，接着是对各个部位的丝绺、松量、平衡进行观察。

① 纵向丝绺是否相对地面呈垂直状态。

② 横向丝绺是否相对地面保持水平。从前面、后面、侧面观察。

③ 衣身的松量是否合适。

静止时，手臂向前倾，随着手臂轻轻上举的动作，衣身松量是否满足运动量。

④ 袖宽的松量、袖山高、袖长的平衡是否合适。

⑤ 衣长、口袋位置和大小是否恰当。

⑥ 驳头的驳折止点和翻折线的翻折情况，翻领外围翻转情况是否理想。

单一要素进行补正的情况比较少见，往往考虑多种要素、综合影响而进行补正的情况比较多。

这里是没采用补正原型的场合。试样时常见的是由于前长与后长的不平衡而引起的斜向皱褶以及由于耸肩产生的袖山牵拉皱褶。下面就对此的补正方法进行说明。

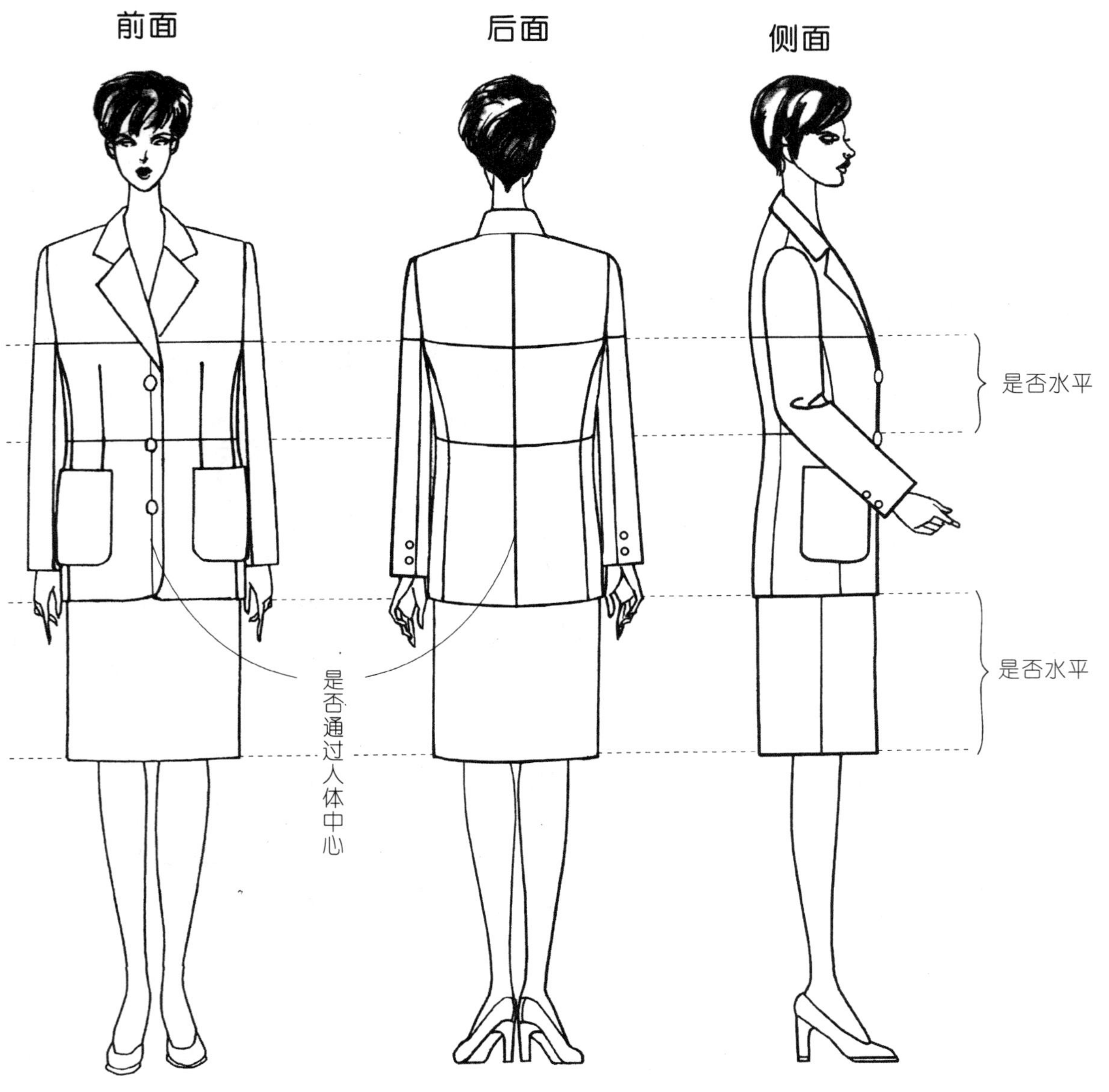

从袖窿开始向腰后中心产生皱褶的情况

产生这种情况的原因是肩胛骨不太突出，后衣身长产生了多余量以及反身体型乳房高、前长不足的情况。

从侧面看，侧缝线向前错位，后衣身的下摆在臀围处贴住了，前衣身的下摆向上翘了。

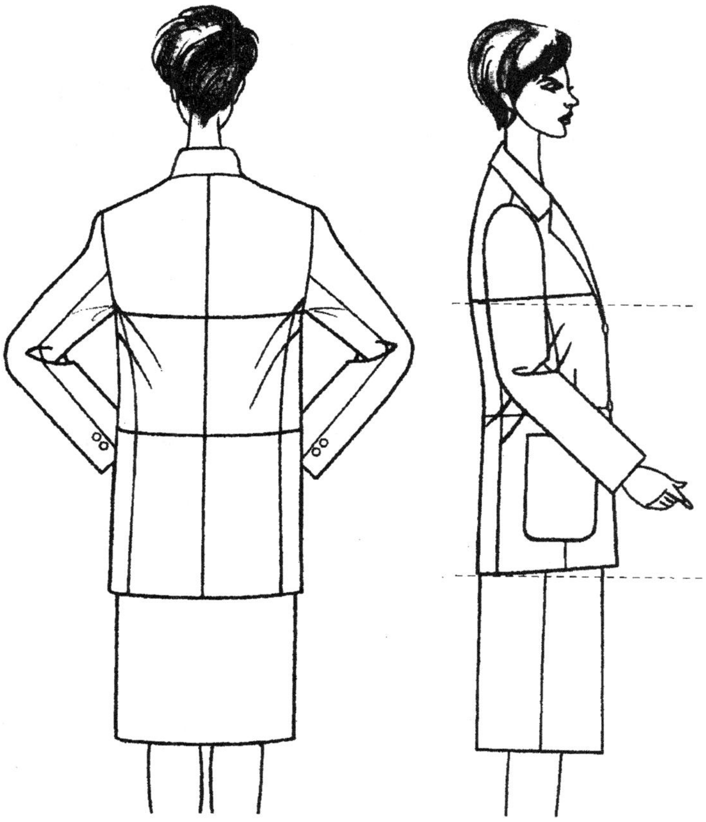

肩胛骨不太突出，后长产生多余量的情况

补正法1

● 后衣身肩胛骨处的斜纹被处理到消失为止。后中心开始到肩胛骨处保持水平，从肩胛骨开始到袖窿处抓起的量为零（图1）。后长变短了，于是被拉伸产生的皱褶消失了。

● 样板的修正如图2那样肩缝缝缩量小一点，为保证袖窿尺寸不变，后长变短了。

图1

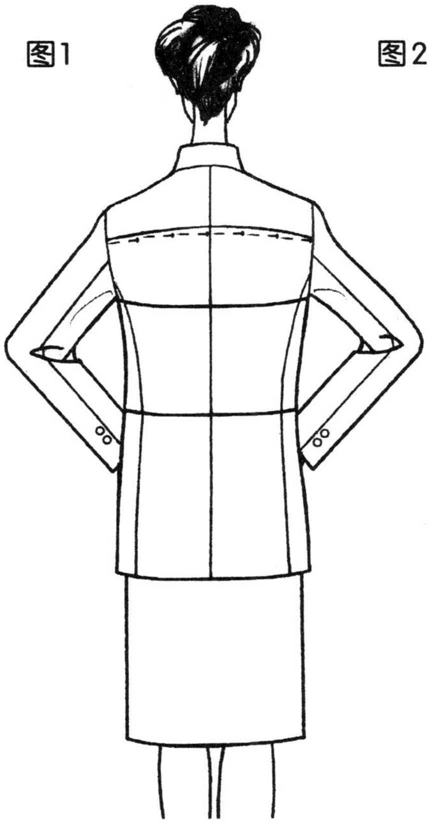

图2

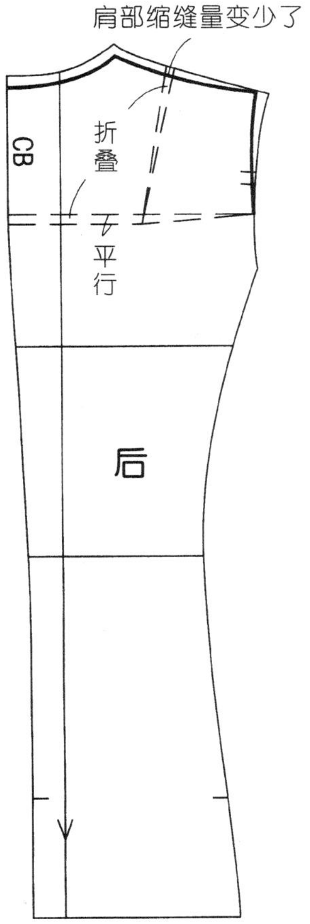

补正法2

● 肩甲骨附近，将从后中心到袖窿多余的量平行折叠掉。

● 这种情况下因袖窿尺寸变化了，袖子样板也必须修正（图5）。

图3

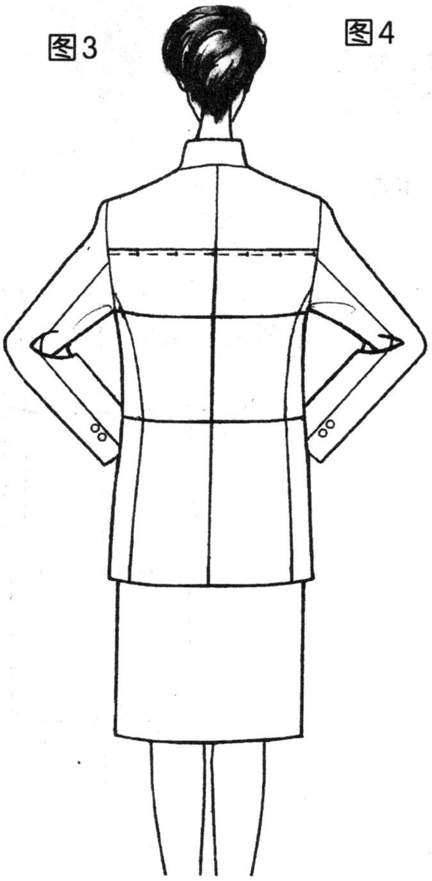

图4

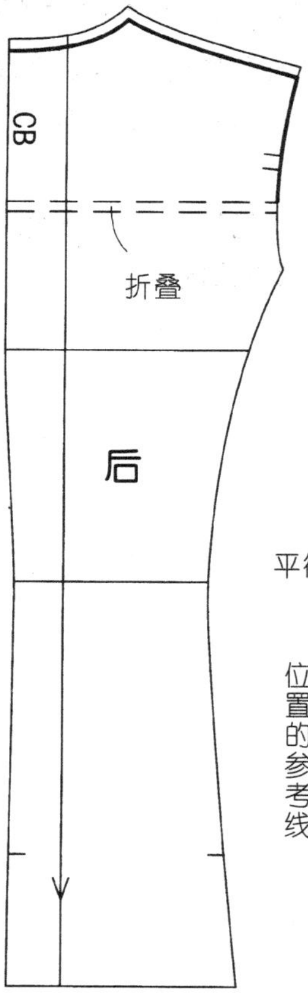

图5

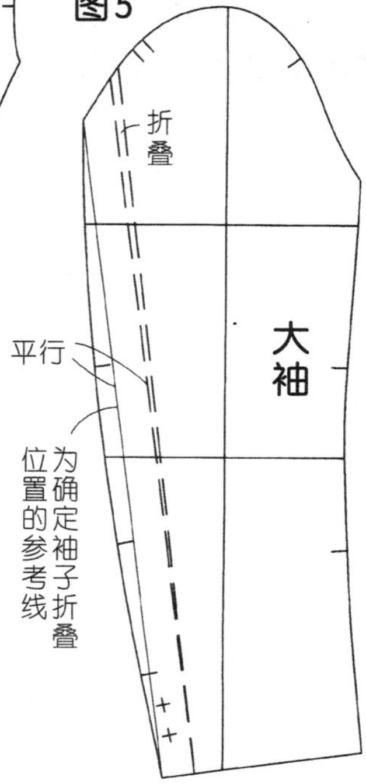

补正法3

● 为使后衣长大于成品尺寸而产生了斜向皱褶时，在胸围线下方将多余的量折叠（图6）

● 纸样修正（图7）。这种情况下，袖窿尺寸不变。

图6

图7

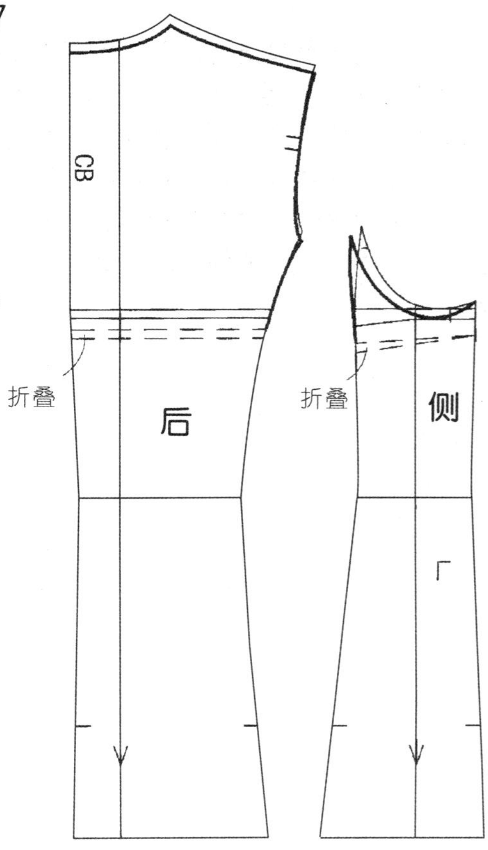

反身体型乳房高而前长不足

补正方法

● 拆掉袖子，口袋以及刀背分割线。

● 在下摆处加出不足量，BL、WL、HL位置错位了，在AH处将那个量用大头针别掉，纸样修正时将该量折叠，转移到领窝处（图9）。

● 领省量加大了，省长也要加长。

图8

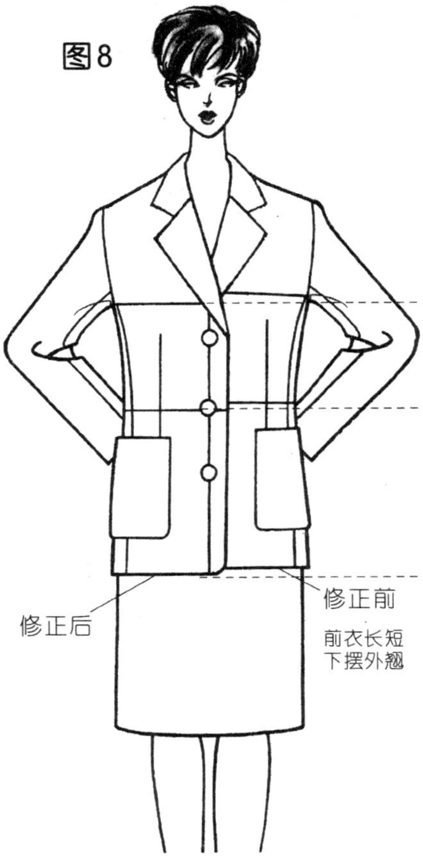

图9

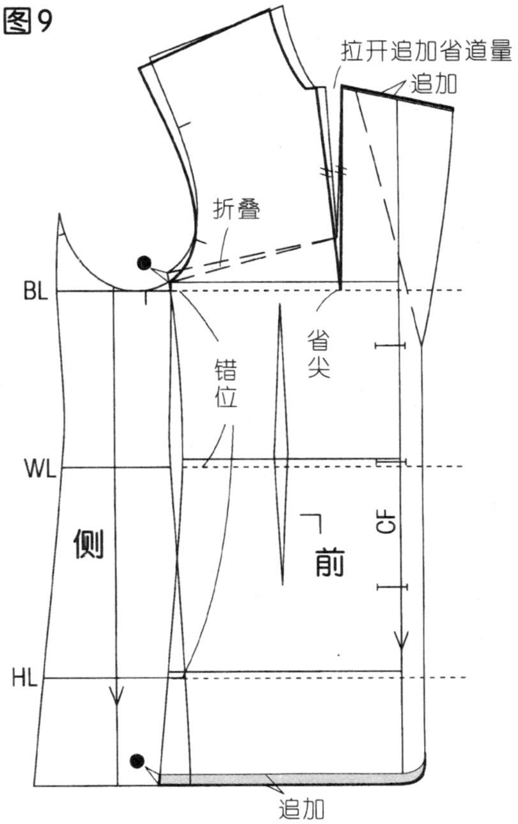

袖山牵拉产生皱褶的情况

原因较多，一般讲这是由于肩倾斜比较小的耸肩的缘故，向袖山方向出现斜向皱褶。

补正方法

● 拆掉袖子、肩线，增加肩部松量。

● 增加袖山高，抬高袖窿深。

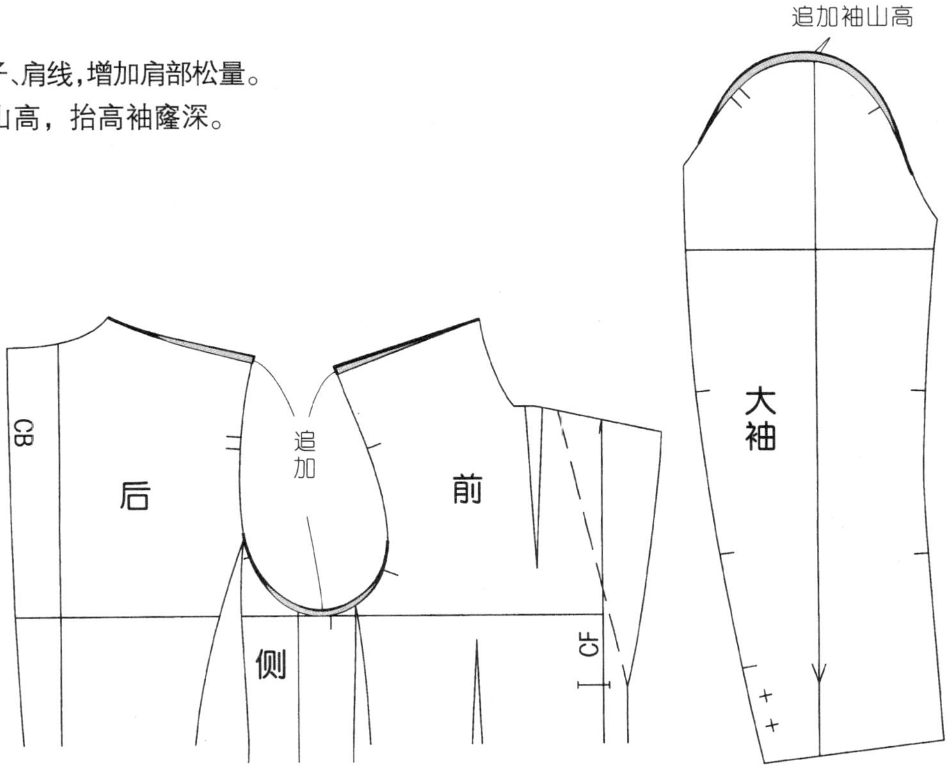

5 用实际面料的样板制作和裁剪

(1) 加放缝份的毛样板制作

坯布试衣后，补正的地方要在样板上修改，再制作实际缝制用的样板。这里以选用中厚型毛料为例进行说明。

实际缝制用样板的缝份与假缝用的缝份宽度不一样，缝合位置的尺寸吻合、形状吻合，缩缝量、袖窿弧线、领窝的光滑连接等，都与原始样板制作方法一样进行。（参考第42、43页）

缝份的加法

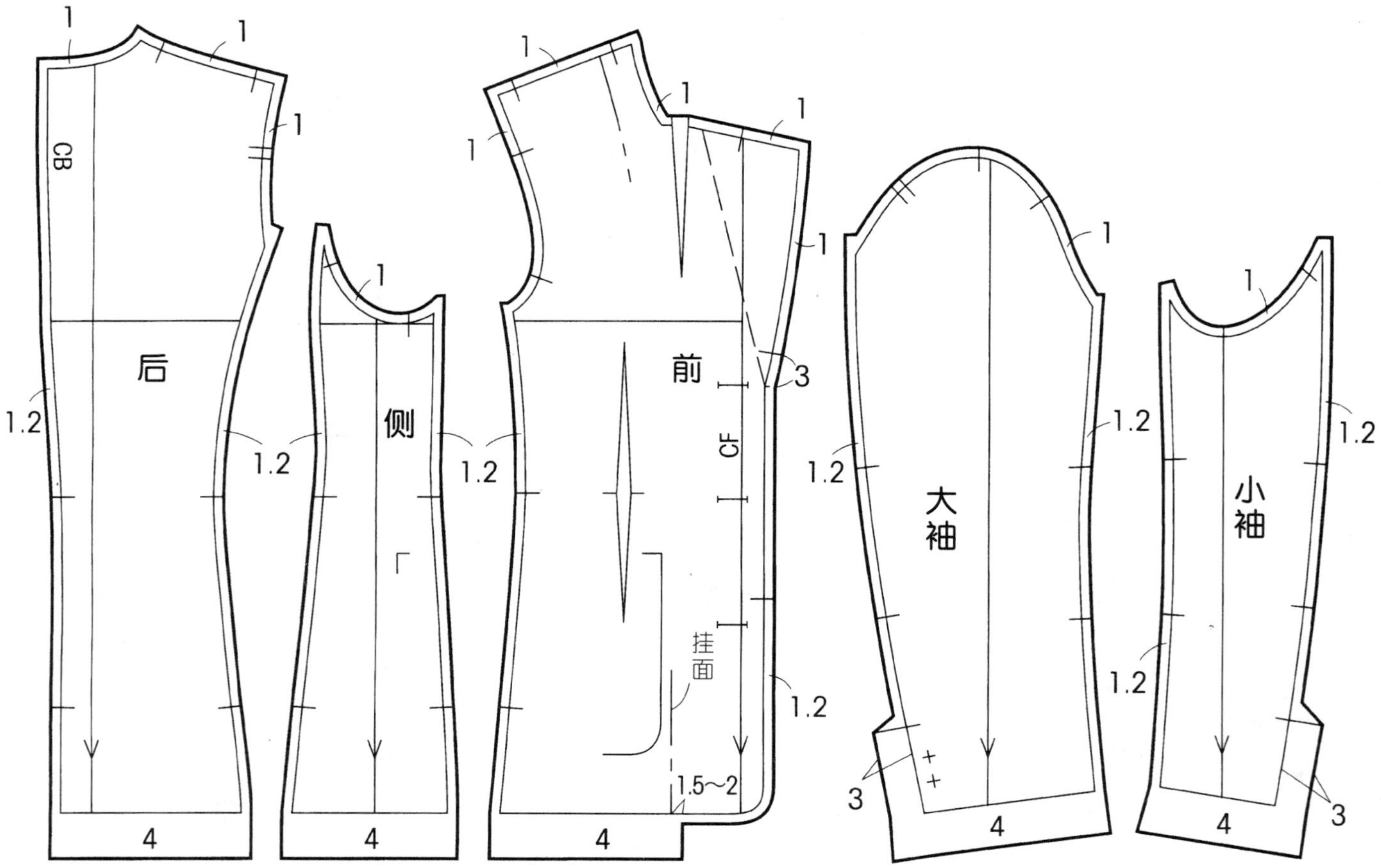

口袋的样板制作

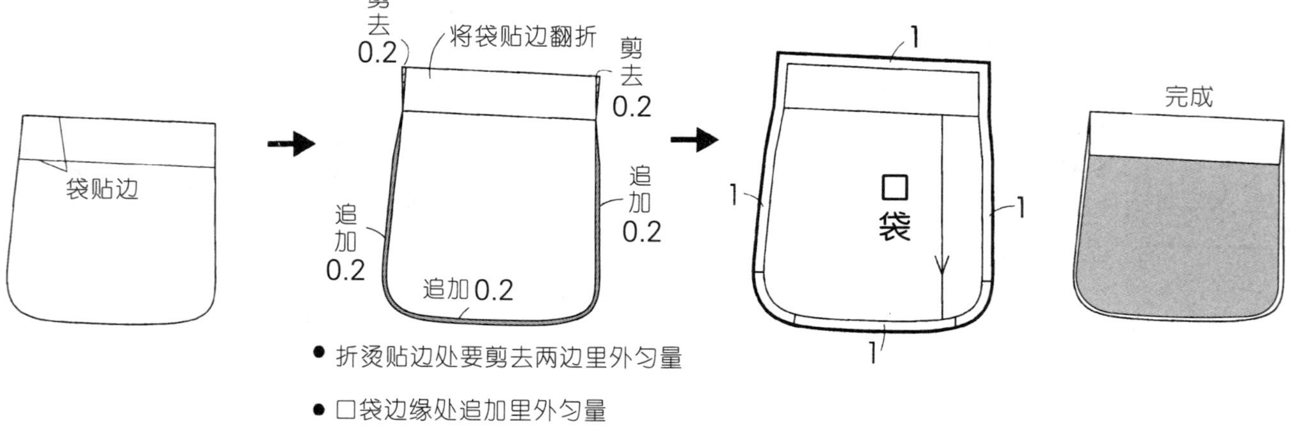

- 折烫贴边处要剪去两边里外匀量
- 口袋边缘处追加里外匀量

领面、挂面的样板别作

领子翻折时领面宽不够，为了补充不足量，在领里的样板上展开。

从前衣身的作图上描画出挂面部分，追加驳折松量和面料的厚度，追加挂面里面长度的松量。

领面展开方法

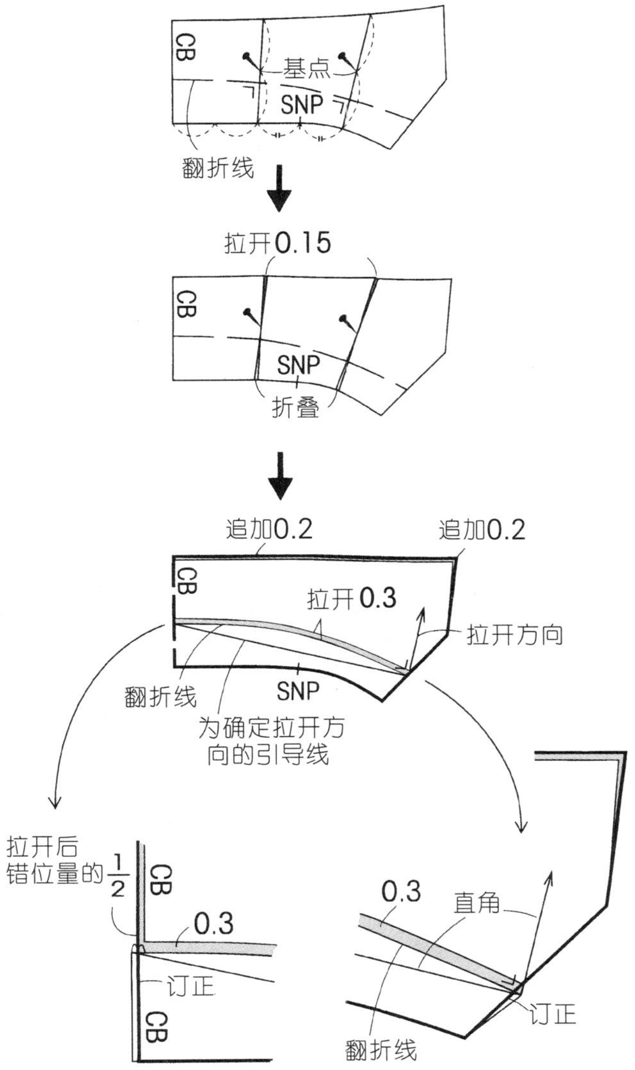

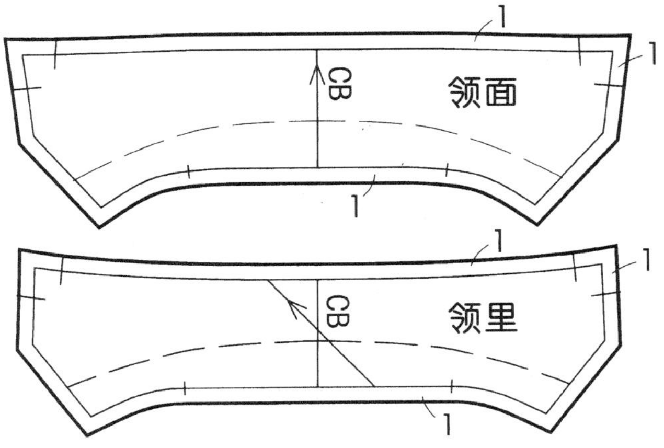

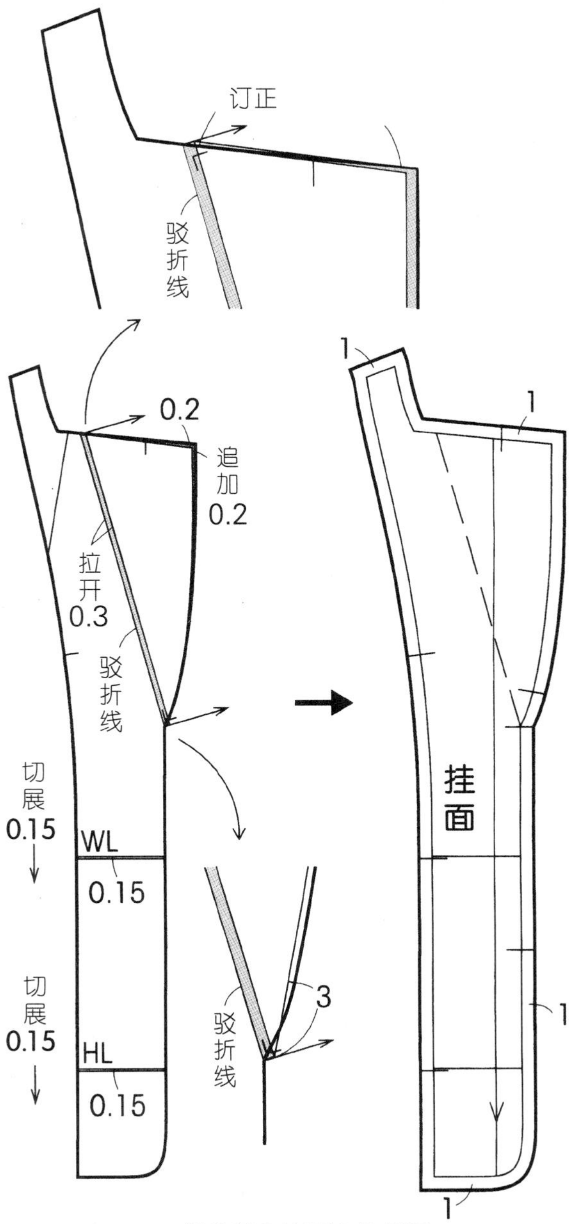

领省藏入挂面中的情况

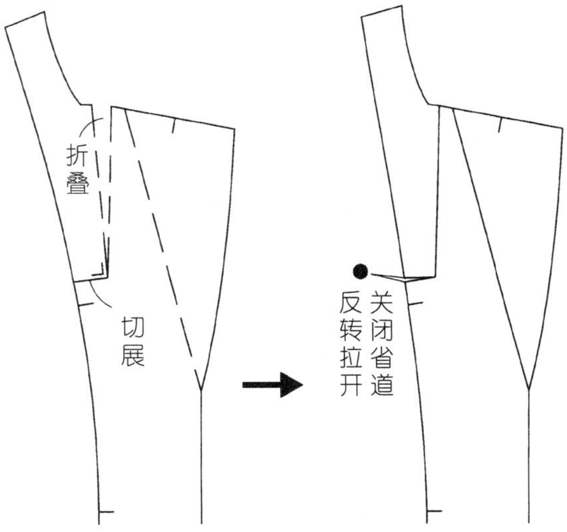

(2) 里料的样板制作

因里料如面料一样没有伸缩性，因此，长度和围度都应加入必要的松量。

衣身

● 背宽的松量。

考虑到穿用时的运动量，后中心要多放点。

● 后衣身、侧衣身、前衣身的摆缝的缝份大小。

为了与面料的运动量相符，在净缝线处加入约0.2~0.3cm的座势，所以缝份的大小比面料大。

● 长度方向的松量是在腰围线及臀围线处各加出0.3cm。

● 挂面与前衣身里子

挂面与前衣身里子缝合时，挂面长度的松量（0.3cm)和前衣身里子长度的松量（0.6cm)的尺寸差通过对合剪口缝合,前衣身里子上分别以0.15cm作为长度方向的松量。

领省省尖超出挂面时

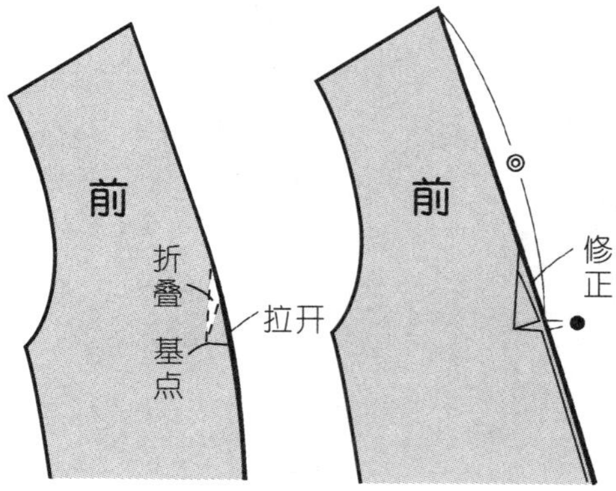

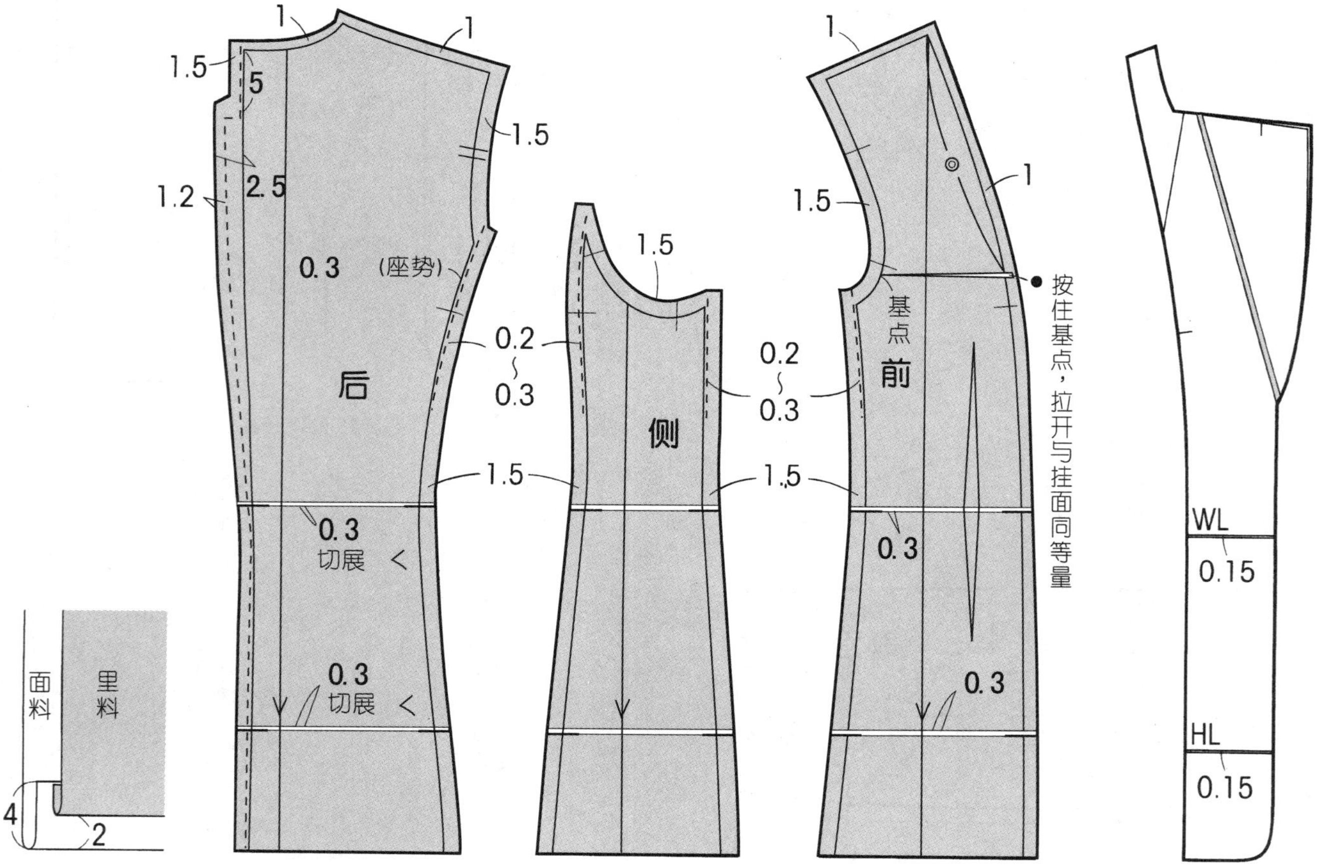

※ 用易散开的里布时,下摆处缝份多放些,缝合下摆时再剪去。

袖

装袖时，袖窿底的缝份因为是竖立的，所以需要包围的量。因为袖山形成了内径，因此缩缝量比袖面要少。

考虑到袖宽和袖长的机能性，在宽度处放入0.3cm，长度在肘线的位置放0.5cm。

图1

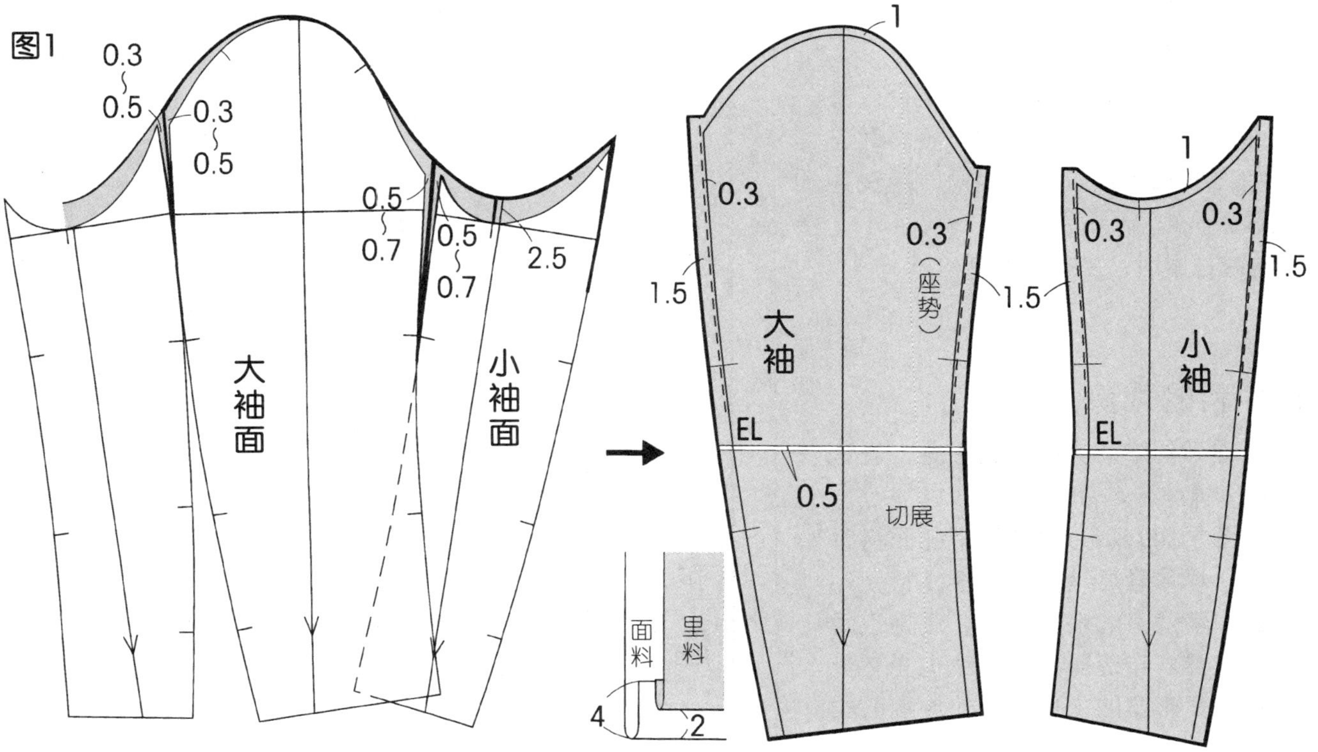

口袋

先剪去袋口及其余三边的里外匀量，再在四周加出1cm的缝份。

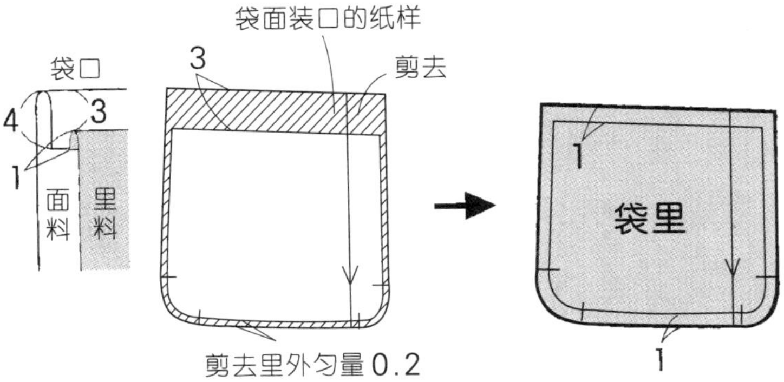

(3) 关于丝绺校正、缩绒

丝绺校正、缩绒是指在织造过程中布纹有歪斜和布边处紧且在湿热的作用下面料收缩的特性，需在裁剪前整理。

使用量多及熨烫时易出现极光的时候，拿到专业店处理，其一般的处理方法如下：

- 拆解纬纱，使纬纱能从布边一端一直通到布边另一端为止。
- 裁剪时横丝绺和直丝绺是否成直角。用直角定规放上去观察。歪斜时与歪斜的方向相反地拉伸布的同时用熨斗熨烫理正。
- 布边紧时，将布边剪口。

(4) 面料的裁剪

整理好丝绺的面料正正相叠，确认两端的纵横丝绺是否垂直。

右图示为150cm门幅的素色面料时的情况，尽量紧凑地排列样板。特别注意的是即使没有绒毛方向性，最好也同一方向放置。布边整烫后布纹也会有歪斜，所以在布宽的中央部分处放置前衣片、后衣片、大袖的中心部位，二片重叠进行裁剪。图中领子也在布料对折状态下放量，正式裁剪时应一片一片单独裁剪。

面料裁剪图

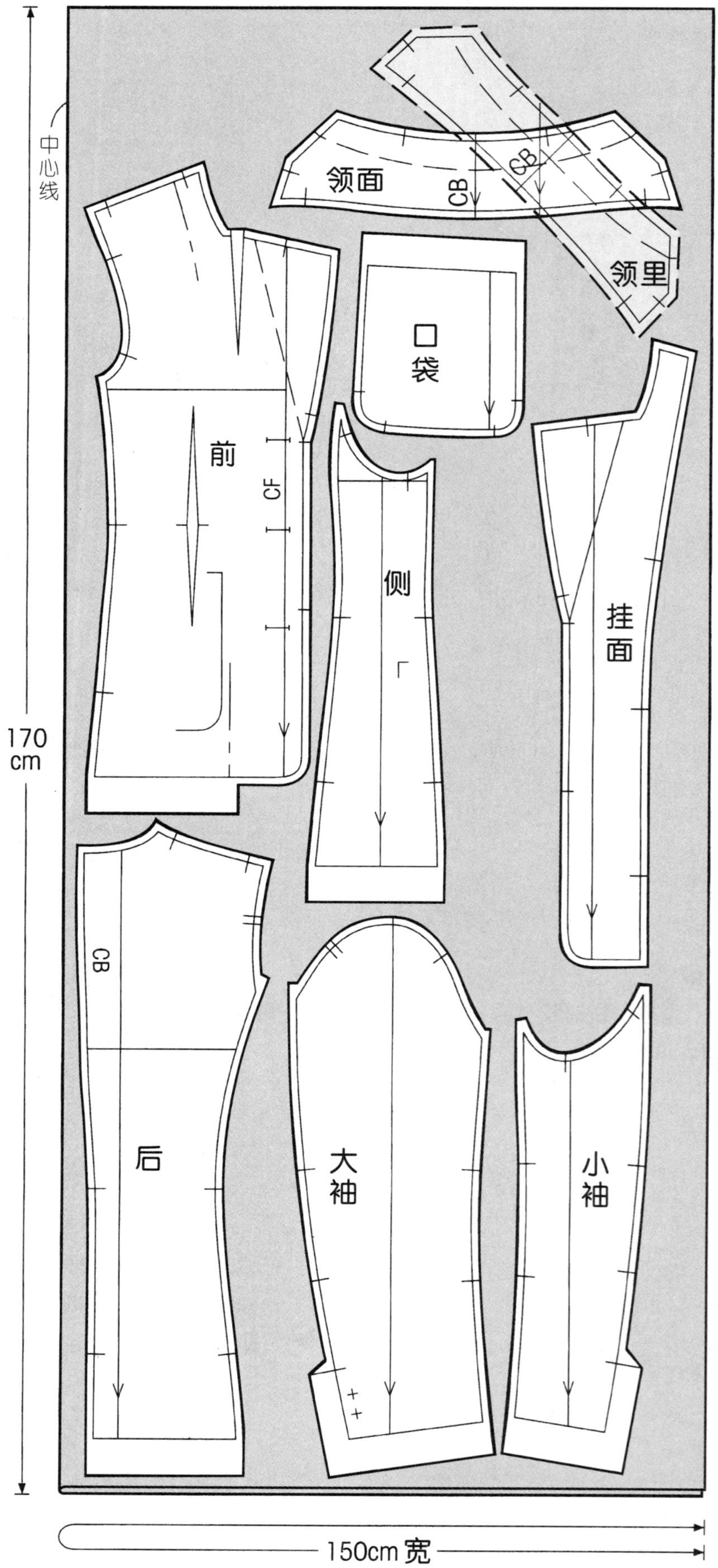

(5) 对格

格子有很多种,下面就对常运用于西装的对格进行说明。

● 左右对称的格子可以正正相叠，两片一起裁剪。布的正面有点绒毛时会造成下面的布错位的情况，因此这时应该右衣身单独裁剪，再将裁片覆置到左衣身用的布上，裁剪端整理好后进行裁剪就不会错位了。

● 选确定格子的哪条纵向条纹作为中心，前衣身、后衣身、袖子的中心与其吻合。侧片的分割位置与前、后衣身的条格尽可能选择不重合的条格。（参照第62页）

● 衣身横向条格通过胸围线。

大袖横向的条格与前衣身袖窿的剪口相吻合，小袖切割位置与大袖的横条格不要重合。（参照第63页）

● 翻领的纵向条格与后衣身的中心吻合，领外围的格子根据衣身的状态放置样板，与衣身的横格一致。（参照第63页）

● 挂面应该与翻领领串口斜线的格子连接进行选择，驳头端的格如果想通过纵向就改变丝绺了。（参照第63页）

● 口袋应该把前身的装袋位置的格子在样板上描下来裁剪。（参照第63页）

● 这种对格方法是一般的方法，也可根据格子的大小、条子的宽度、格子的色彩浓淡变化来对格。对格因为含有设计的要素在内，不管用哪种方法，用坯布假缝时，在坯布上描好格子的话比较好。

驳头止口为纵条纹

背中心为纵条纹

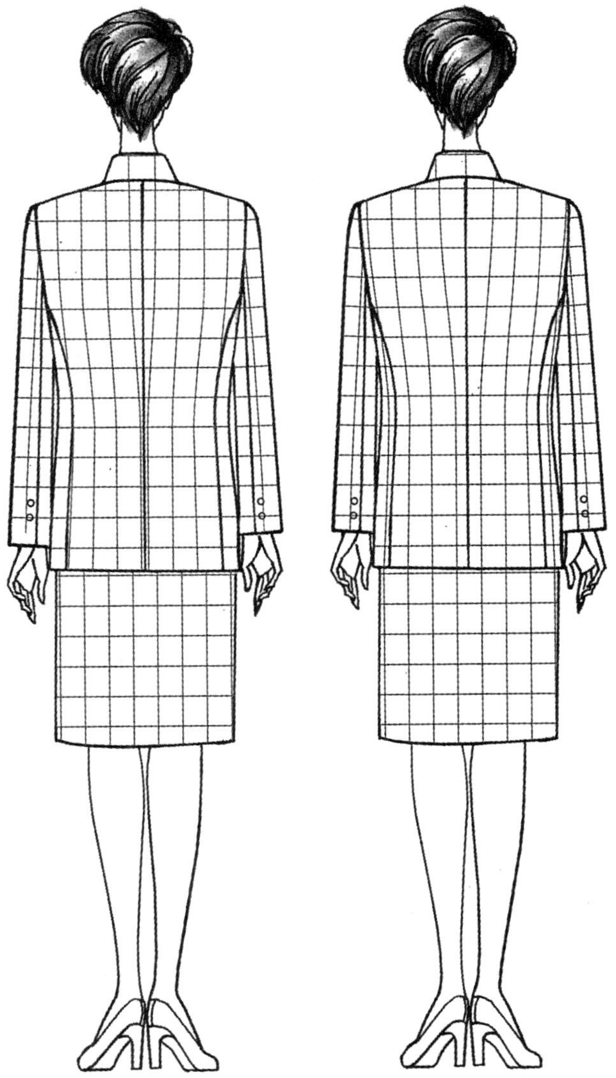

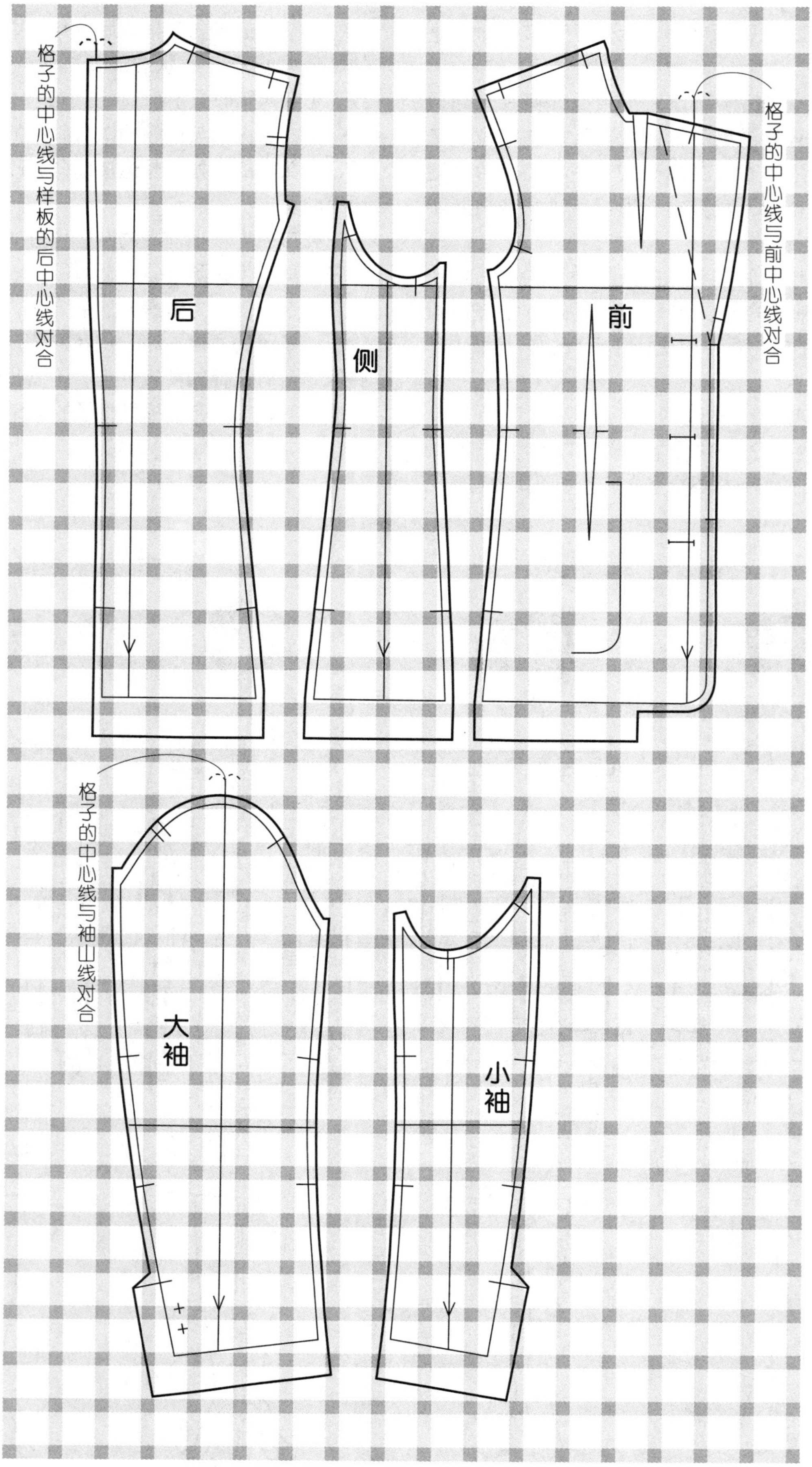
格子的中心线与样板的后中心线对合
格子的中心线与前中心线对合
后
侧
前
格子的中心线与袖山线对合
大袖
小袖

衣身和衣领的对格方法

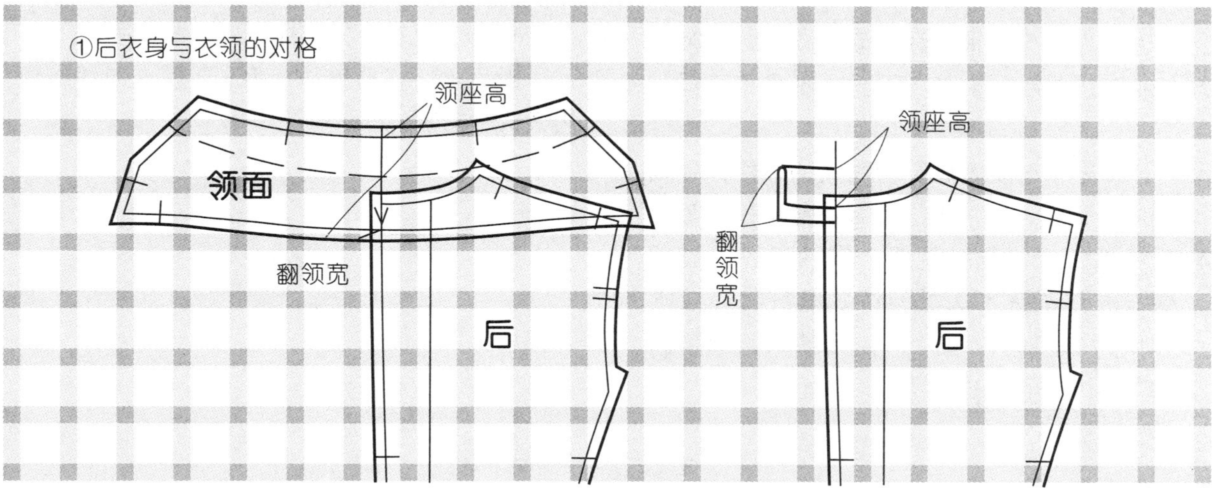

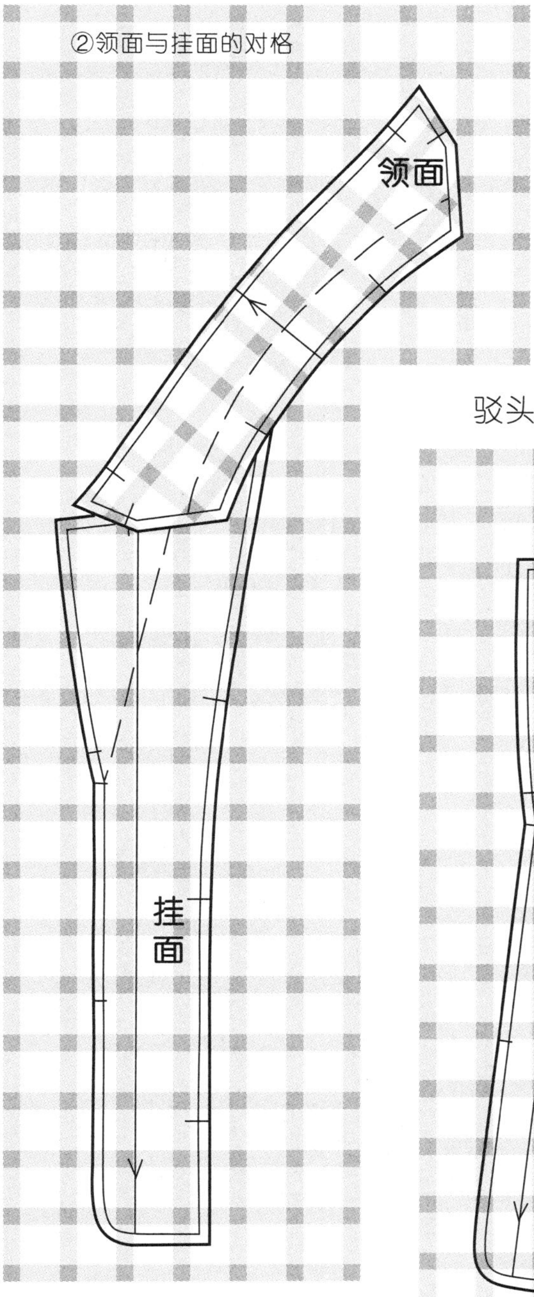

驳头止口为纵条纹

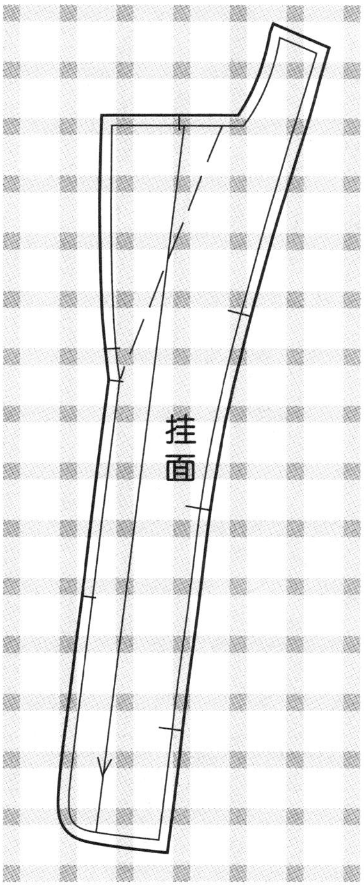

前衣身与口袋的对格

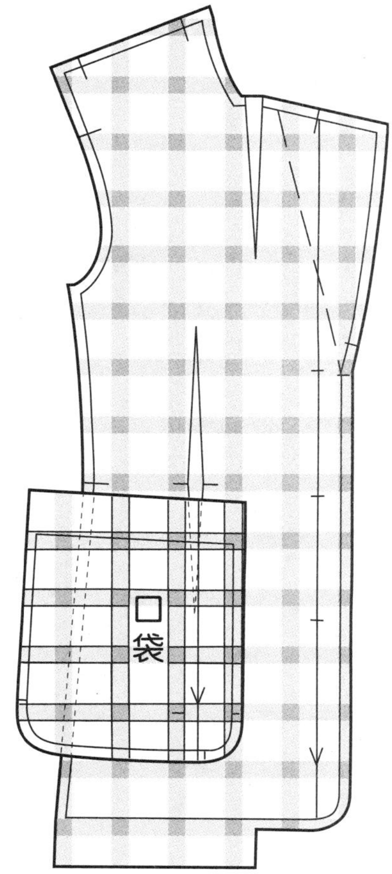

(6) 里料的裁剪

关于里料

里料的滑动性好且能很好地与面料吻合，穿脱就变得容易，防止了服装的变形，而且也提高了面料的保温效果。

因此，选择里料时要考虑符合面料的风格，要触感好、吸湿性好、防静电、结实、不易起皱等多方面。

里料有平纹组织、斜纹组织、缎纹组织、针织面料等，材料有以棉线作为原料的铜氨纤维、以纸浆中的纤维作为原料的人造丝、以石油作为原料的涤纶、仿丝绸等。

里料的裁剪方法

布料正面对折，样板同一方向排列。

因为里料容易滑动，为了不使丝绺线错位，周围用大头针固定。

里料的裁剪图

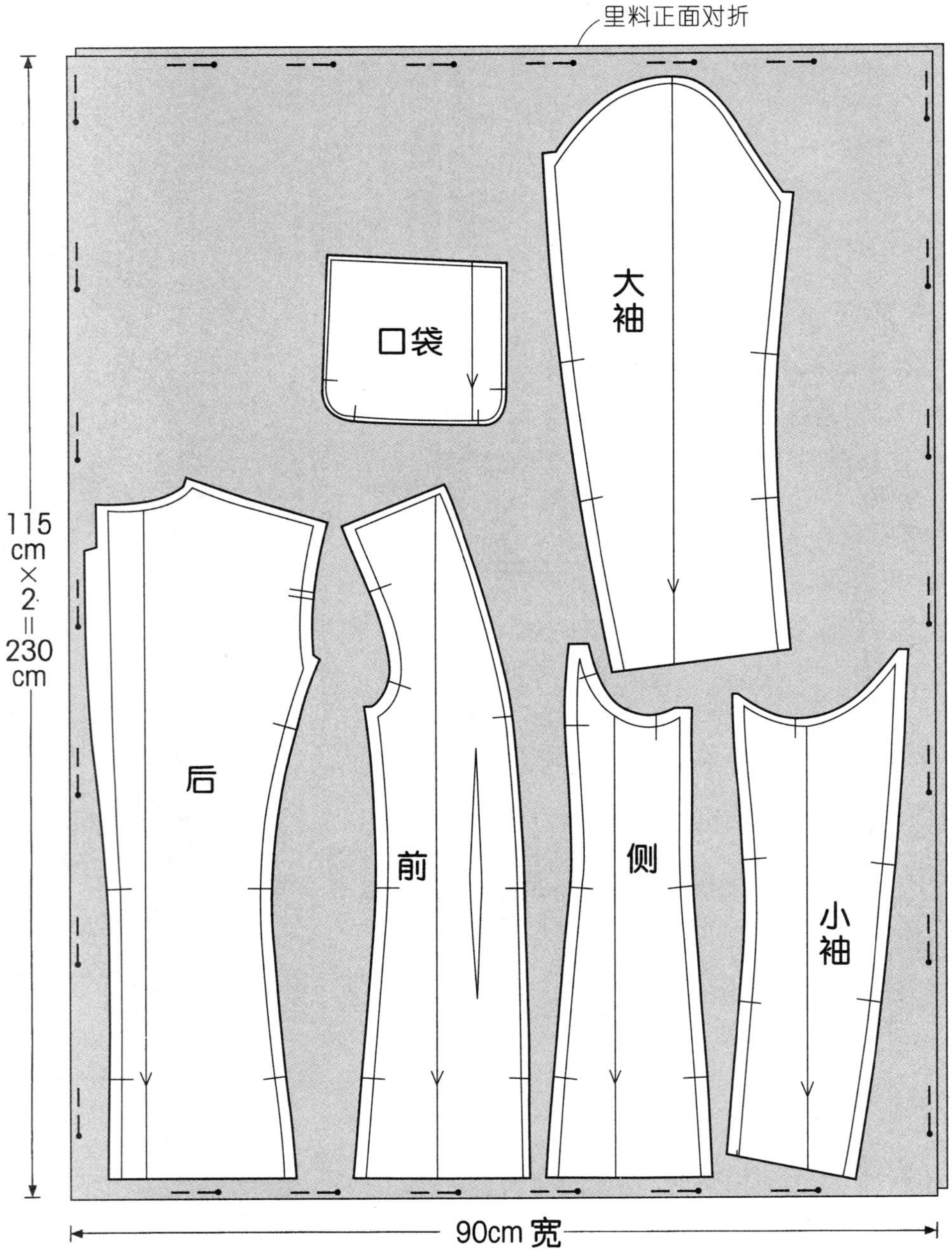

(7) 关于衬

衬的作用

- 使服装具有立体感、生动，造型轮廓漂亮。
- 防止由于穿脱、清洗造成的变形。
- 袋口、袖口、下摆等部分进行加固。

衬的种类

衬有天然材料的衬和反面涂有粘合剂的粘合衬两大类。

天然材料的衬有毛衬里料、半哔叽、阿尔帕克、麻芯、棉织物等。西服使用这类粘合衬。

关于粘合衬

粘合衬的基布大致分为机织物、针织物、无纺布、复合布四种，采用棉、人造丝、涤纶、尼龙等纤维。粘合衬还分为完全粘合和临时粘合两种。

完全粘合衬即使在缝制面没有压线的情况下，在洗涤之后仍能保持粘合力；而临时粘合衬就比较弱，因为在洗涤之后会剥离。采用机缝固定的部件衬也较多。

选择粘合衬的方法

因西装的主要面料为毛料乔其纱、粗花呢、法兰绒、华达呢等，各自粘贴上机织物、针织物、无纺布、复合布4种类型粘合衬，进行比较。面料和粘合衬的组合以不能损坏面料的风格、是否与面料相适宜、是否与面料的运动相符合、是否防止了形状的变形、是否有合适的松量等方面各有不同的结果。根据设计和廓形选择适合的粘合衬，在剩余布上试粘贴后确认较为合适。

机织物的衬料

像布料一样有经线纬线，适合任何面料，带有张力。特别是缝制上要求一定造型时，和面料相同丝绺，熨烫操作方便。

针织物的衬料

粘上之后仍保持柔软感，像粗花呢那样仿毛材料特别适合。

复合布的衬料

无纺布的纵向用涤纶线，尺寸就稳定，横向有适度的拉伸。对于胸部有张力的西服，在横向使用没有拉伸的时候也有。

无纺布的衬料

横向能适当拉伸。

面料与粘合衬风格

(8) 粘合衬的裁剪和贴法

● 衬料有丝绺的时候，与面料同丝绺方向裁剪。

● 贴衬的位置

前衣身、侧衣身、领里、领面、挂面全面贴粘衬。

后衣身：袖窿和下摆贴粘衬。

大袖在袖口和开衩处贴粘衬，小袖在袖口部分贴粘衬。

口袋在袋口处贴粘衬。

● 贴衬要点。和坯布假缝时的粘贴法相同，根据面料的种类不同，熨斗放置秒数、压力、温度、粘合状态各自不同，因此在剩布上必须试粘贴一下。

还有余热的时候，布不要折叠，不要移动。

粘合衬的裁剪图

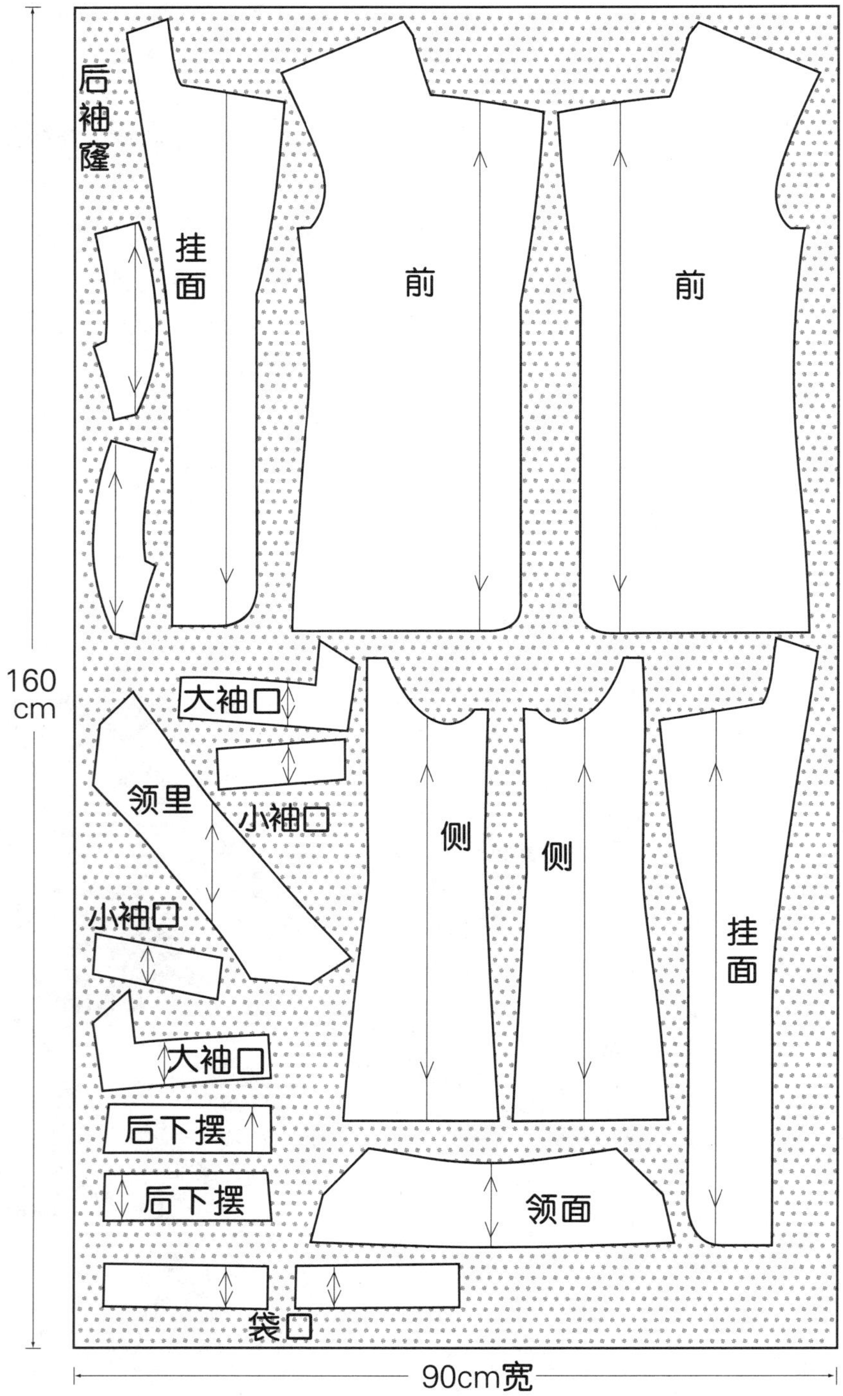

粘衬位置

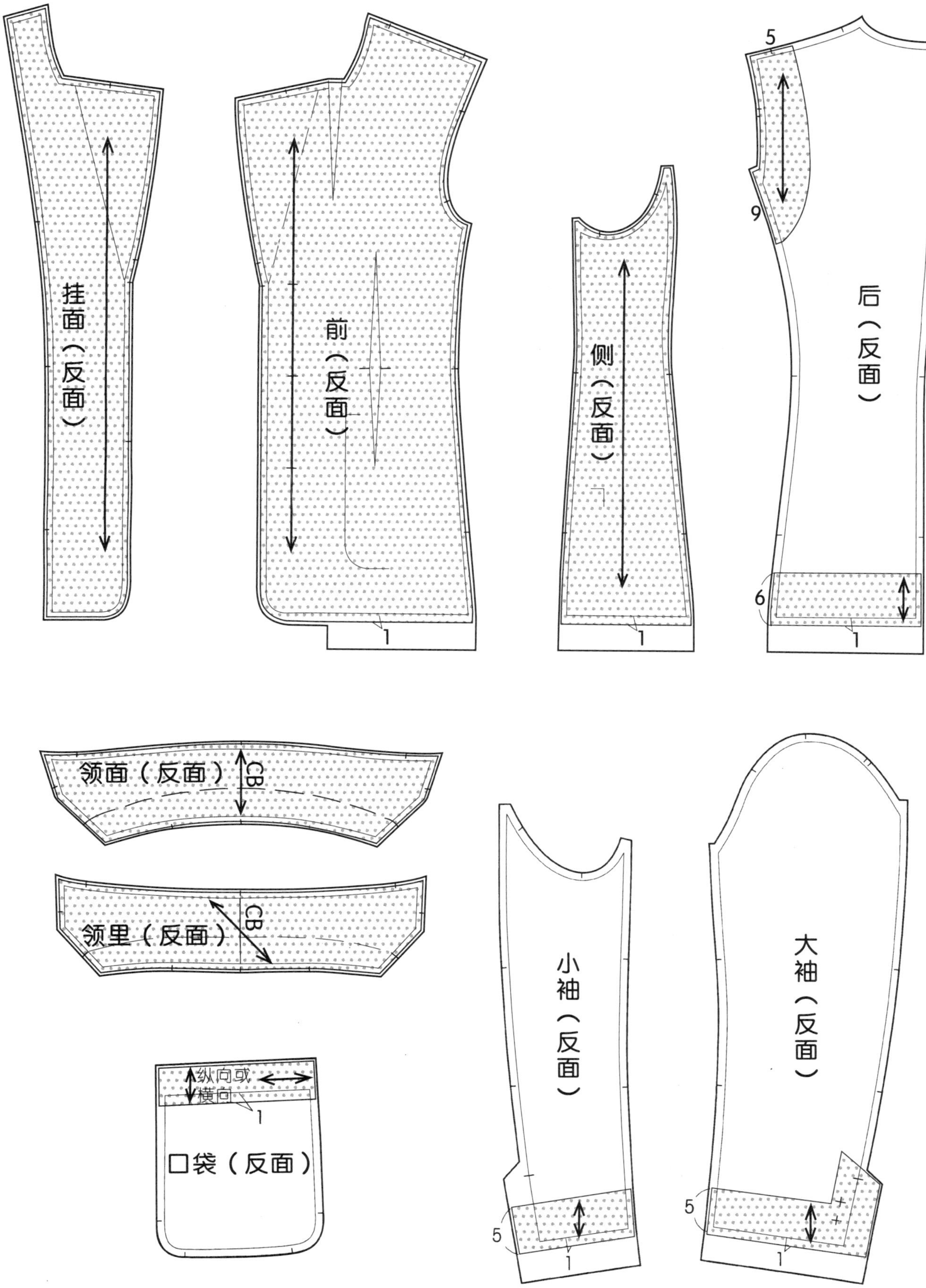
挂面（反面）
前（反面）
1
侧（反面）
1
5
9
后（反面）
6
1
领面（反面）
CB
领里（反面）
CB
纵向或横向
1
口袋（反面）
小袖（反面）
5
1
大袖（反面）
5
1

(9) 用实际面料假缝时的注意点

到现在为止，已对用白坯布假缝得到的纸样如何用于实际面样的纸样进行了讲解，当实际面料风格与白坯布相差甚远时，用实际面料假缝进行造型确认更合适。

假缝要点

① 排料（参照第60页）

② 裁剪

假缝用的缝份比用白坯布假缝用的缝份大一些。

③ 作记号

在实际面料上作缝制标记一般采用打线钉方法，因为在粘好衬后再打线钉，面料厚度会增加，针刺穿布较难。因此当实际面料厚时，可一片一片单独作缝制标记。

打线钉——样板的轮廓、省道、扣眼位置。驳折线、对位标记等处先用划粉划出，然后将纸样拿掉。检查用划粉划的各部分是否顺直、准确。再在划粉线上用双股线打线钉。袖窿弧线、领窝线、袖山弧线等曲线部分为每隔2~3cm一针，间隔密一些，直线以及转平缓的曲线则每隔4~5cm一针。

两条线的交叉处以及对位标记处，用十字形线钉标记。

缝线标记——将纸样放在面料正面，用大头针固定，沿纸样的边缘缝线作标记。

④ 假缝的顺序

与白坯布假缝顺序相同。装领时，领窝线上不剪刀口。

打线钉

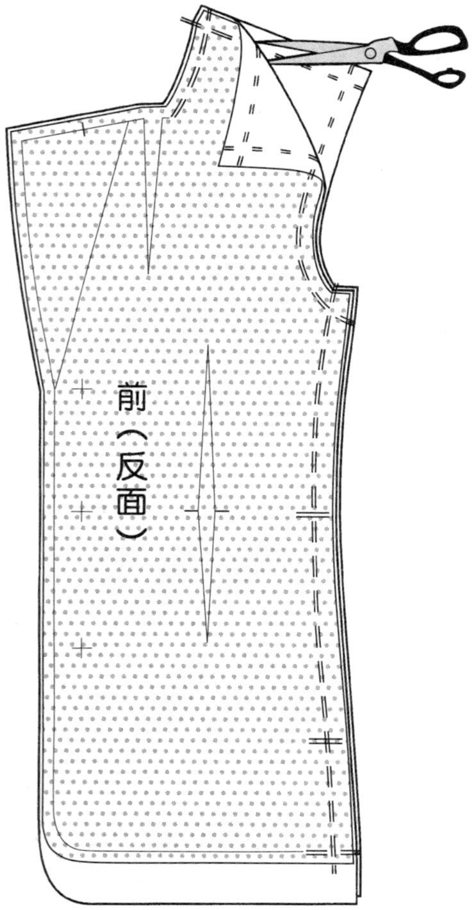

缝迹标记

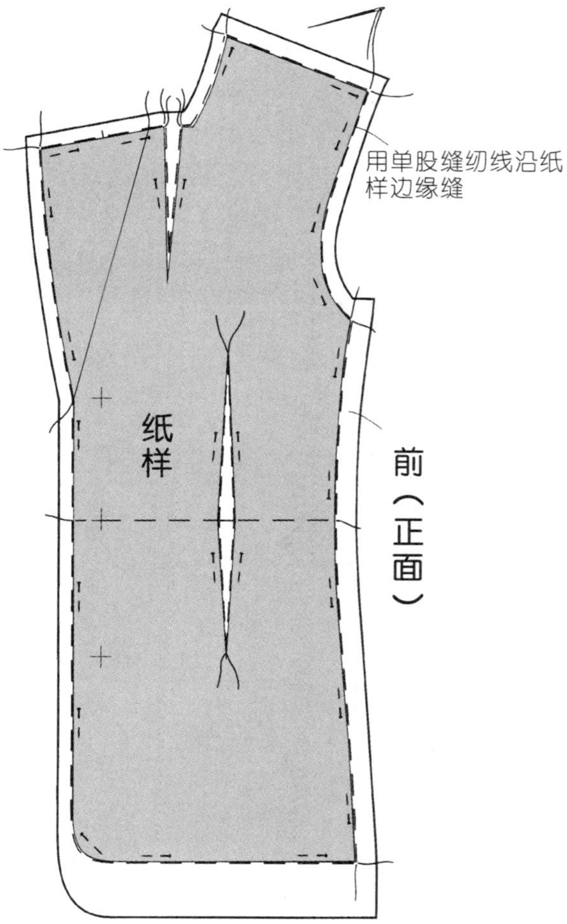

6　西装的缝制方法

西装的工艺，根据着装季节、面料性能、里料的安装方法的不同而不同。里料的安装方法有全夹里、前部全夹里加背部半夹里、半夹里以及仅背部半夹里，甚至无里料的单服装。各种方法其里料的裁剪、缝制方法、缝份的处理方法在此作解说。

下图中表示的是全里西装工艺中的面料、里料、衬料各部件。根据组装方法不同，里料、衬料的部件随之变化。这种组装方法，高效率的缝制工程表在下一页上。基本把握工程表上的缝制顺序后再进行缝制较合适。

套装的夹里样式

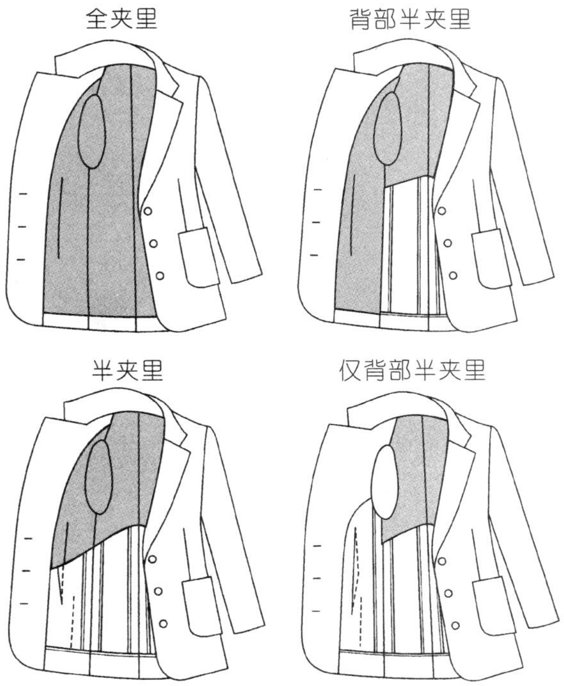

全夹里时必要的部件一览表

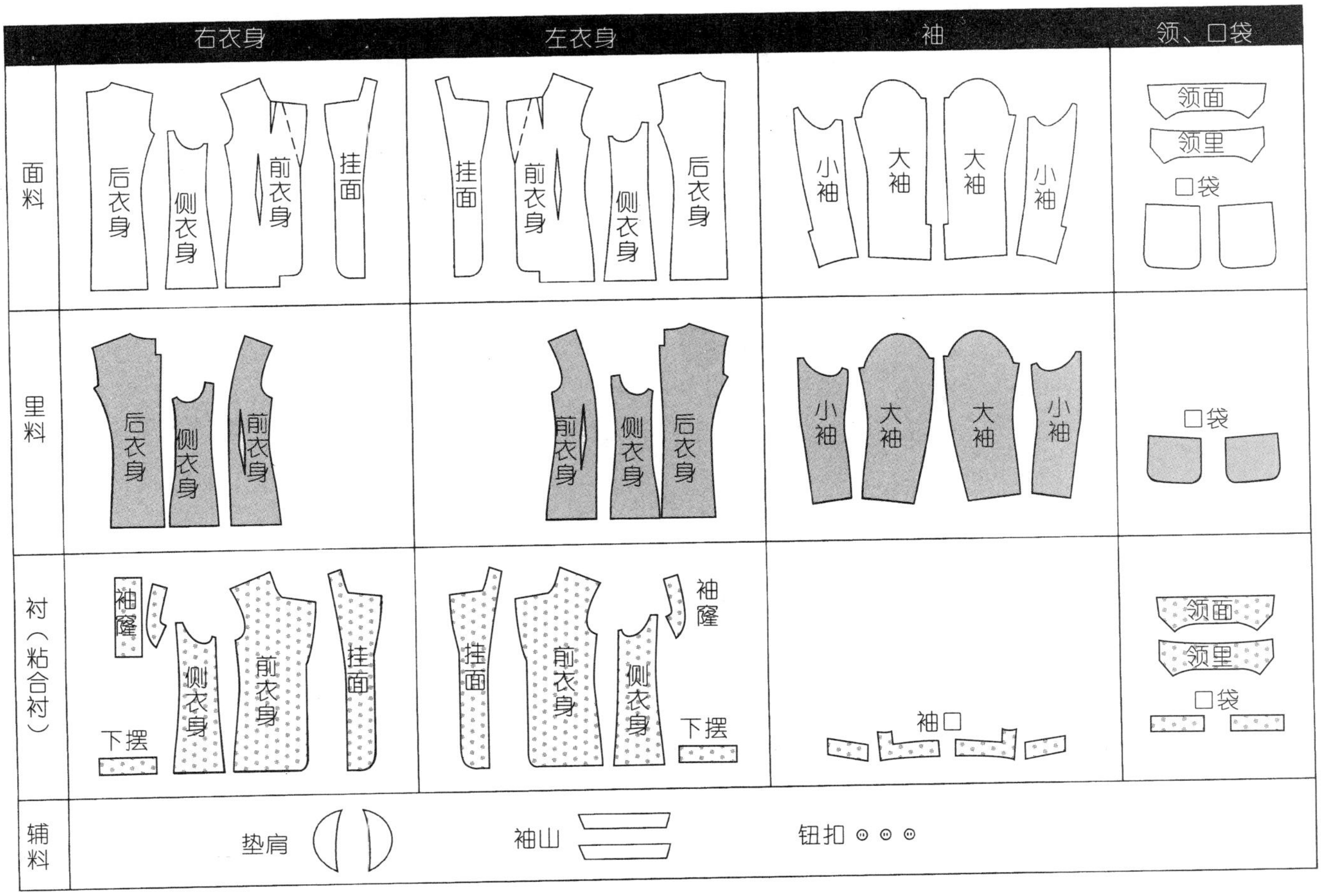

西装的缝制流程

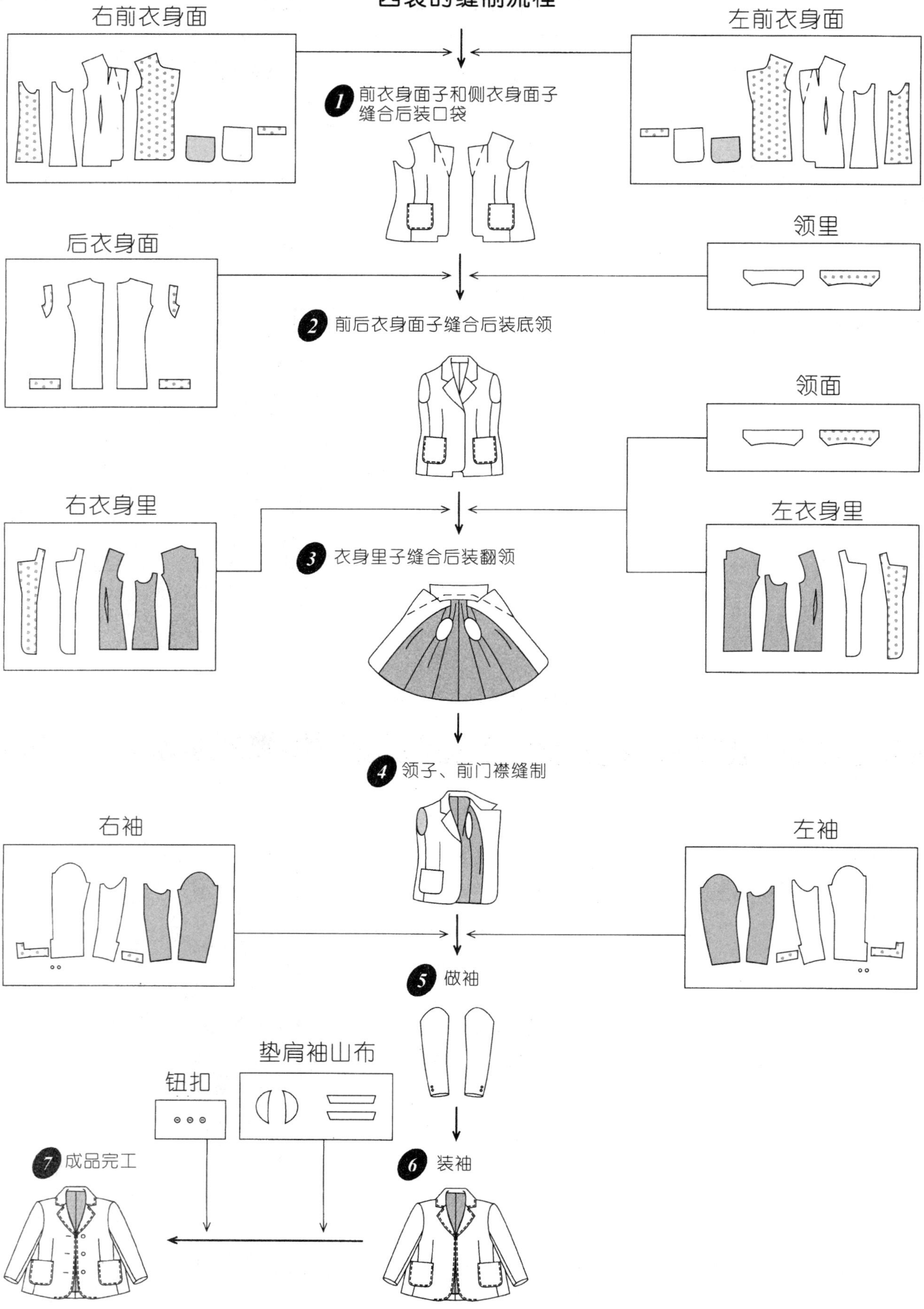

右前衣身面
左前衣身面
1 前衣身面子和侧衣身面子缝合后装口袋
后衣身面
领里
2 前后衣身面子缝合后装底领
领面
右衣身里
左衣身里
3 衣身里子缝合后装翻领
4 领子、前门襟缝制
右袖
左袖
5 做袖
垫肩袖山布
钮扣
6 装袖
7 成品完工

(1)全夹里西装的制作方法

缝制工序

全夹里的西装的面料、里料、衬的样板数很多，构造复杂。这里是以初学者比较容易学习的顺序组合起来的方法。

这里的西装缝制方法为：衣身面子、衣身里子各自缝合到装领为止，之后两部分正正相叠合缝并翻正。

第1工序　前衣身和侧衣身面子缝合并装口袋

1 贴牵带，省道的中心处用粗针距缝

布的丝绺和缝份容易拉伸的部分，为防止拉伸，贴上牵带。驳头和领里的牵带用绗缝固定。

省道的中心用粗针距缝，面料和衬不要剥离。

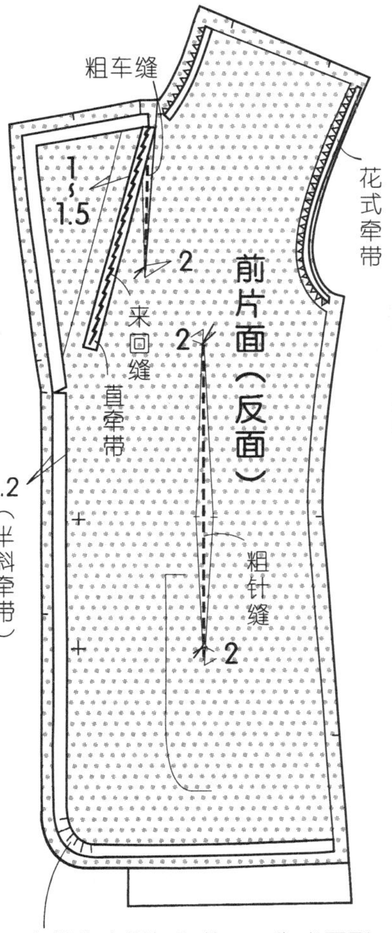

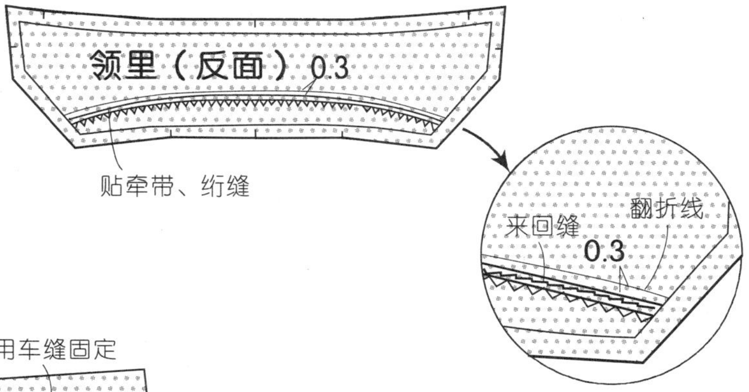

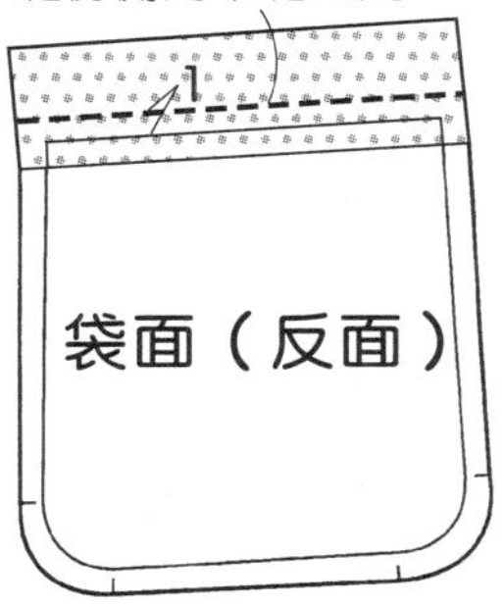

防拉伸牵带的种类和用途　　*代表商标名称

种 类	特征・用途
直牵带 	直丝绺牵带，防拉伸效果强。使驳头、止口形状稳定。
半斜牵带 	既有一定的拉伸性，又有一定的防拉伸性。使驳头、止口形状稳定。
花式牵带* 止口增强型牵带 中央增强型牵带 止口增强型牵带 	防止领子、袖窿拉伸，使袖窿形状稳定。

2 前衣身面子的领围省道、腰省的缝制

为使省道附近表面没有痕迹，用斜料的口袋布垫在下面一起缝。面料厚时，直接用面料垫在下面一起缝合。

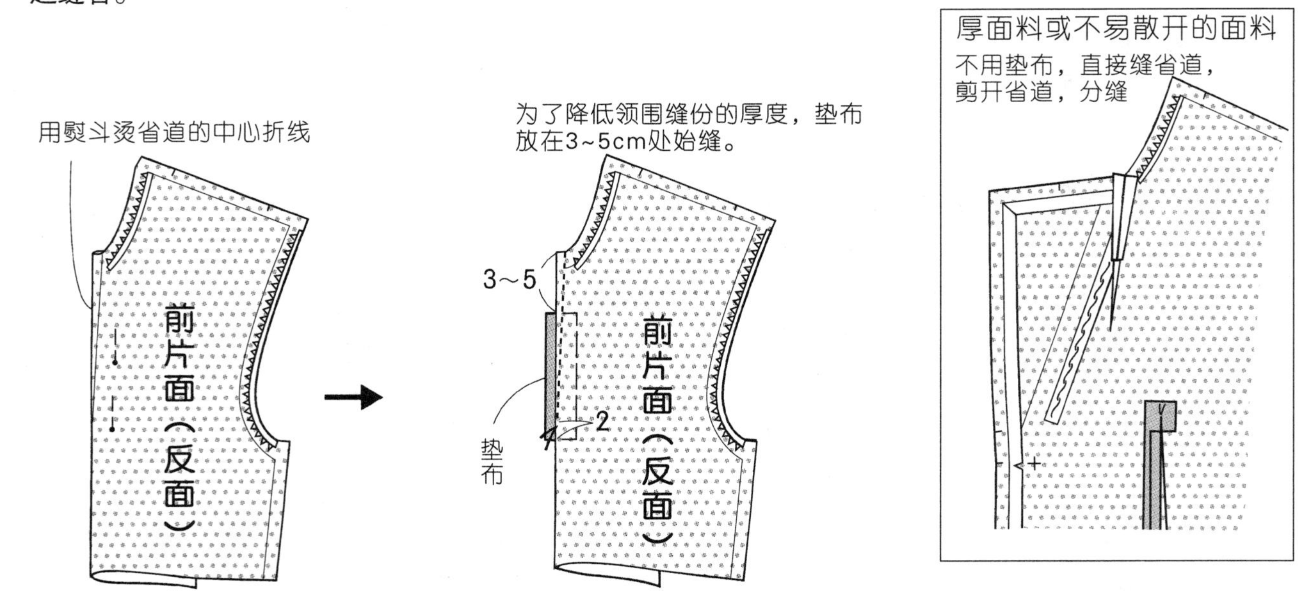

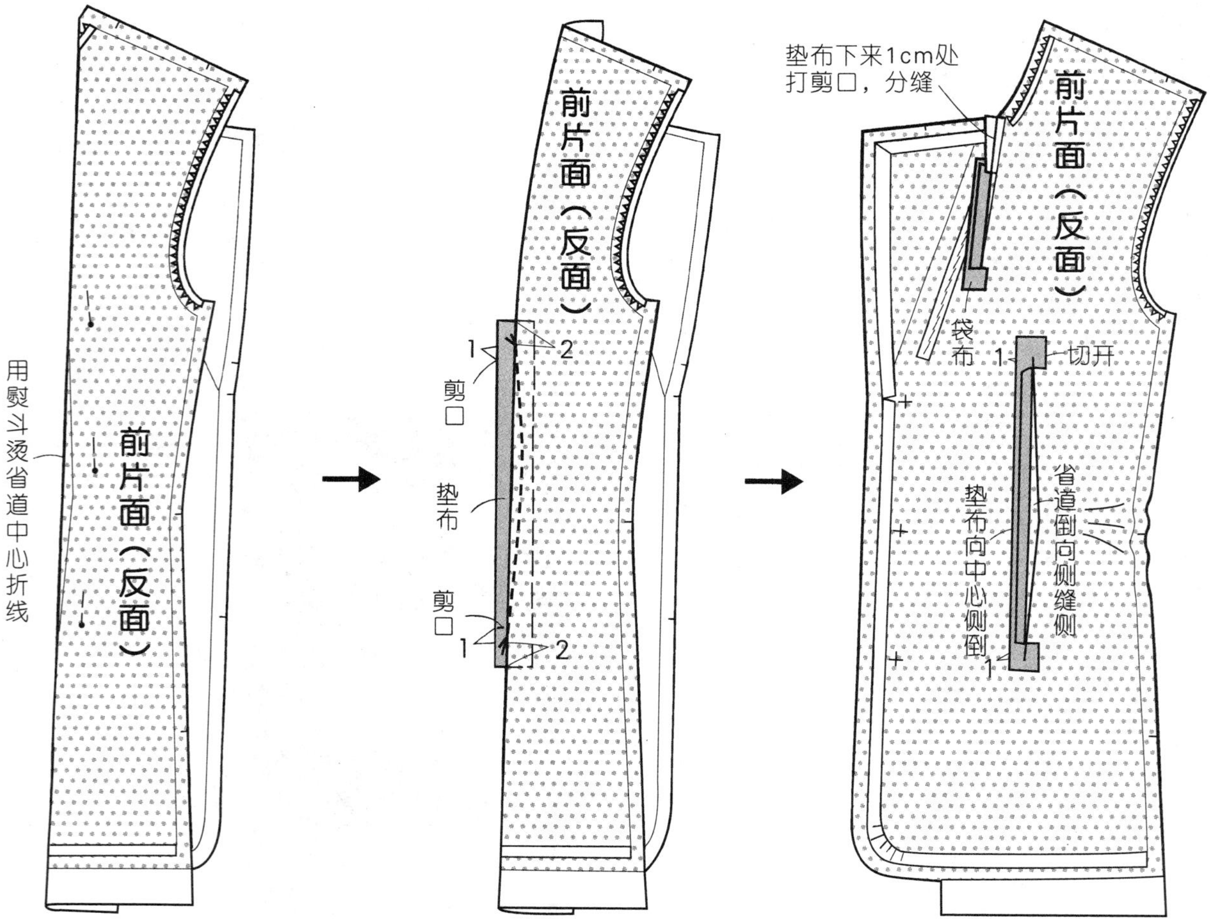

3 缝前衣身面子的刀背分割线

裁剪边、对位记号对齐，用大头针或绗缝固定后缝合。

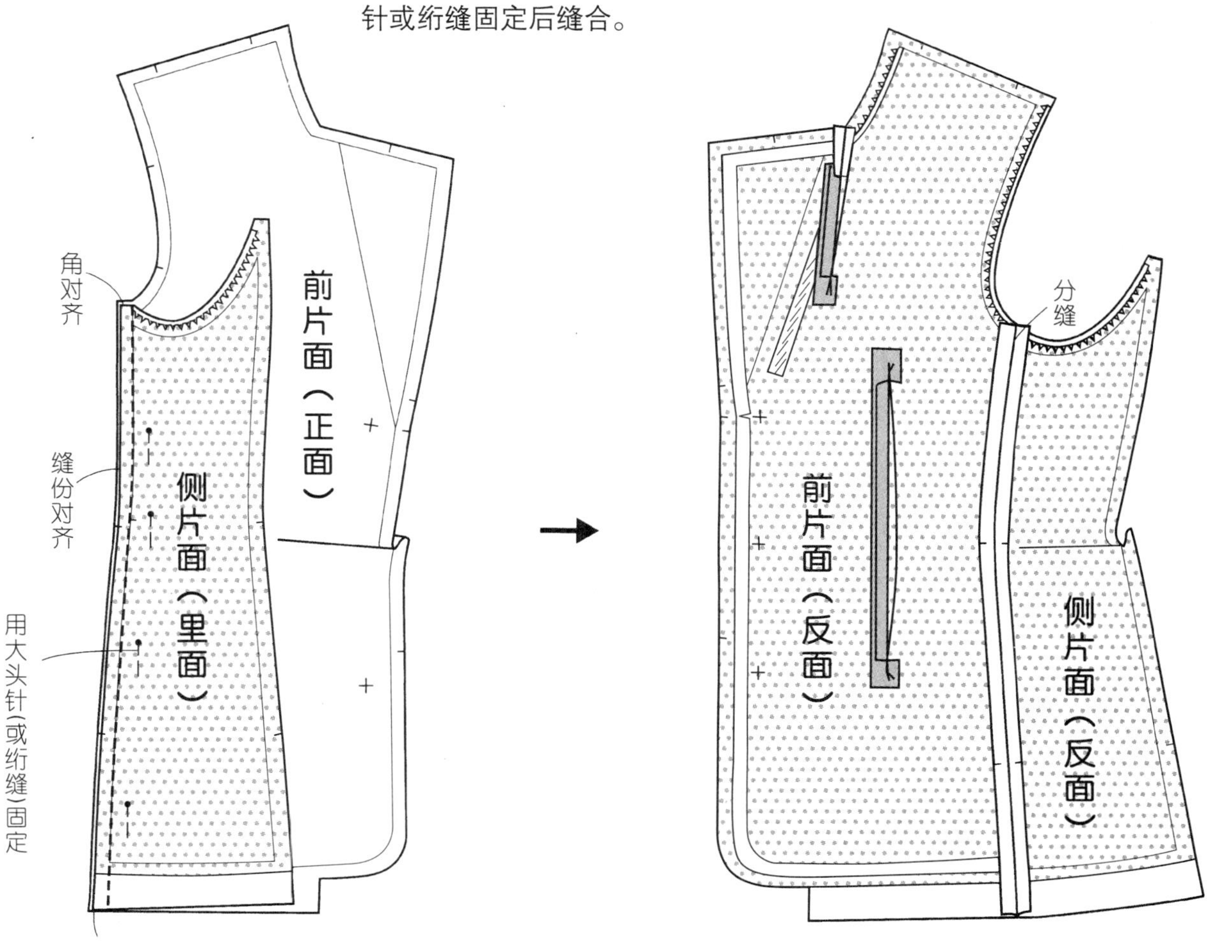

4 做口袋

袋口侧的面布与里布接口处留缝口，从此缝口处将口袋翻正。

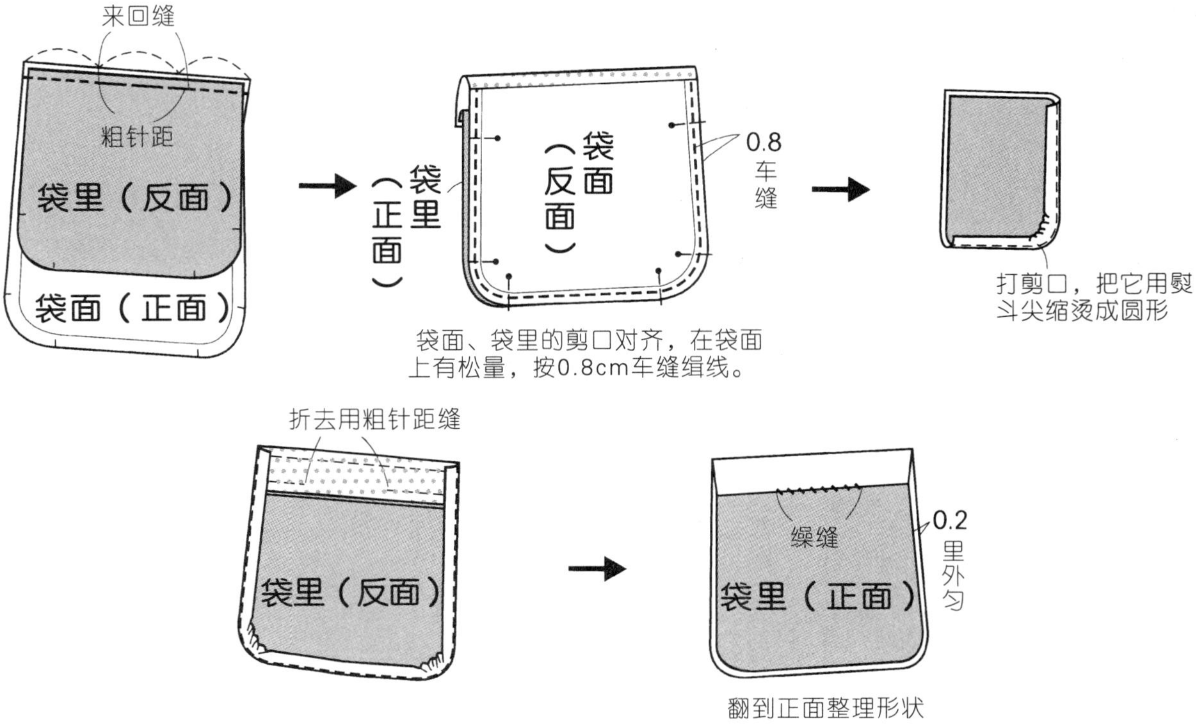

5 装袋

在烫馒头上与臀部的圆形相吻合，加入外围松量，口袋口稍微有点余量，用大头针固定、绗缝。

用机缝装袋，袋口的起缝处及缝止点处都要用倒回车。

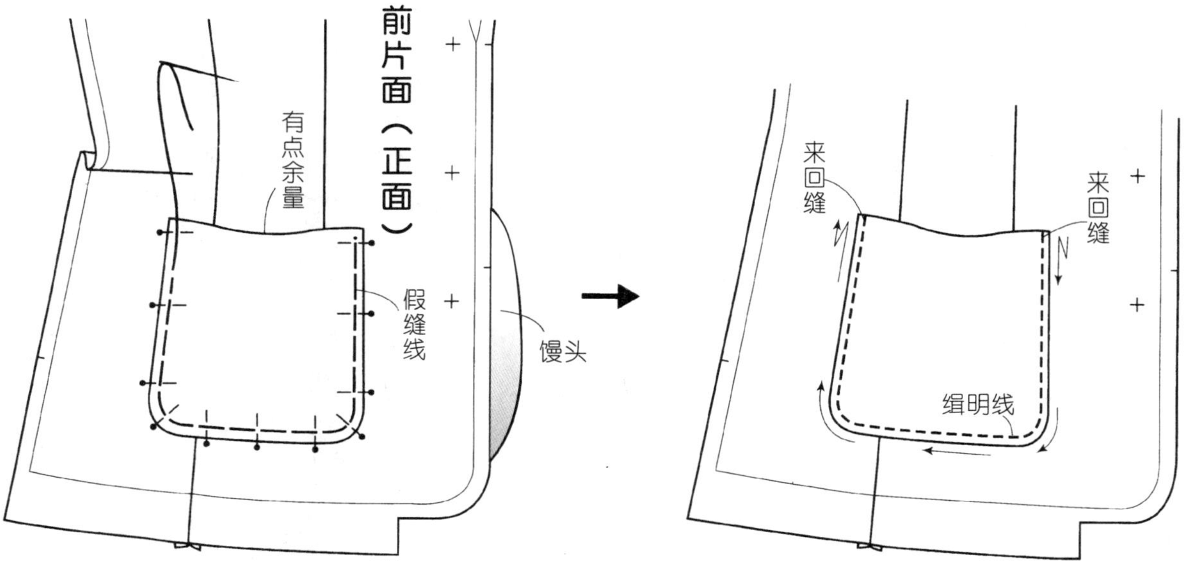

第2工序　缝合衣身面子后装领里

1 缝制后衣身面子的中心线和分割线

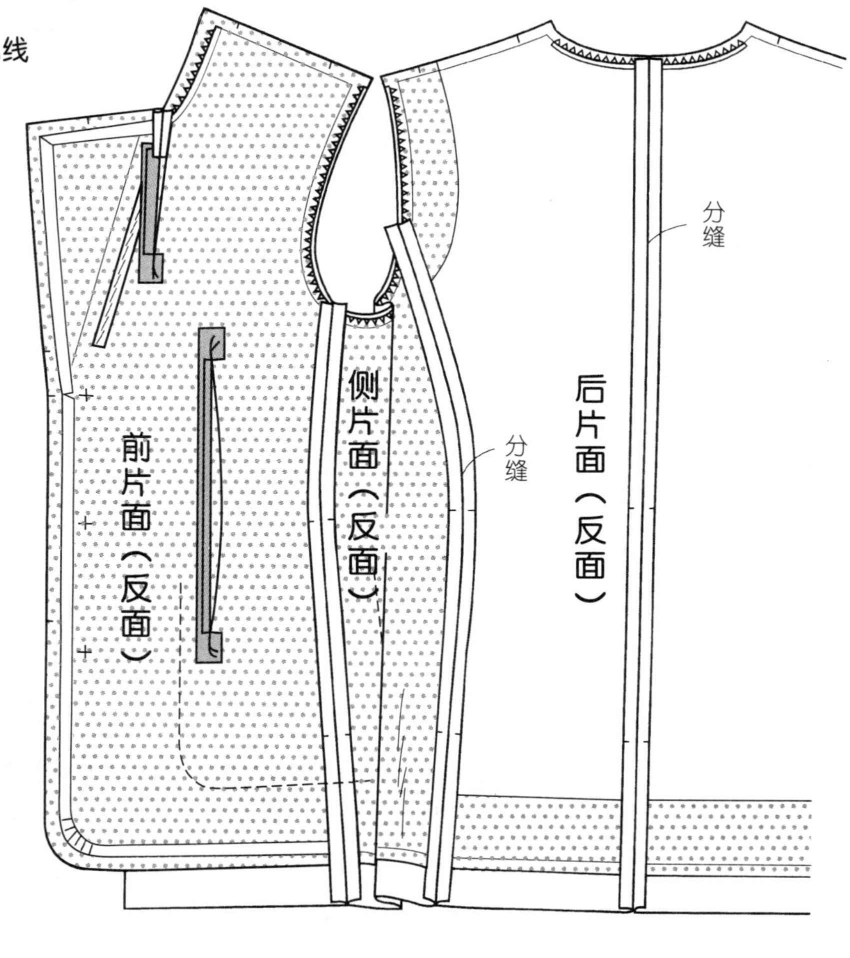

2 缝衣身面子的肩

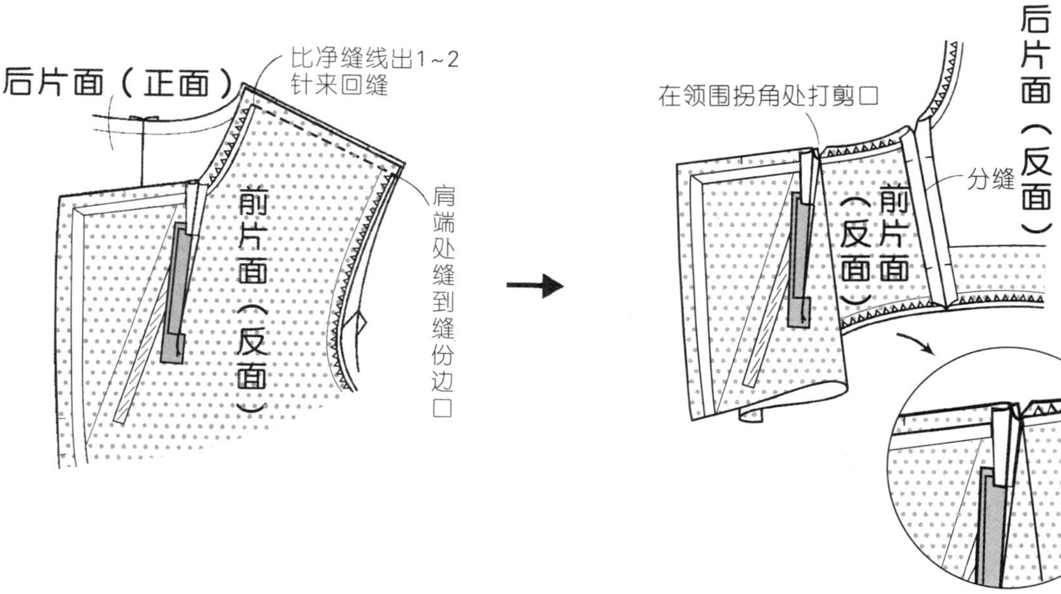

3 装领里

装领止点、剪口位置、领侧点、后中心依次对剪口，缝份对齐后绗缝，装领用车缝。缝始点和缝止点来回缝。

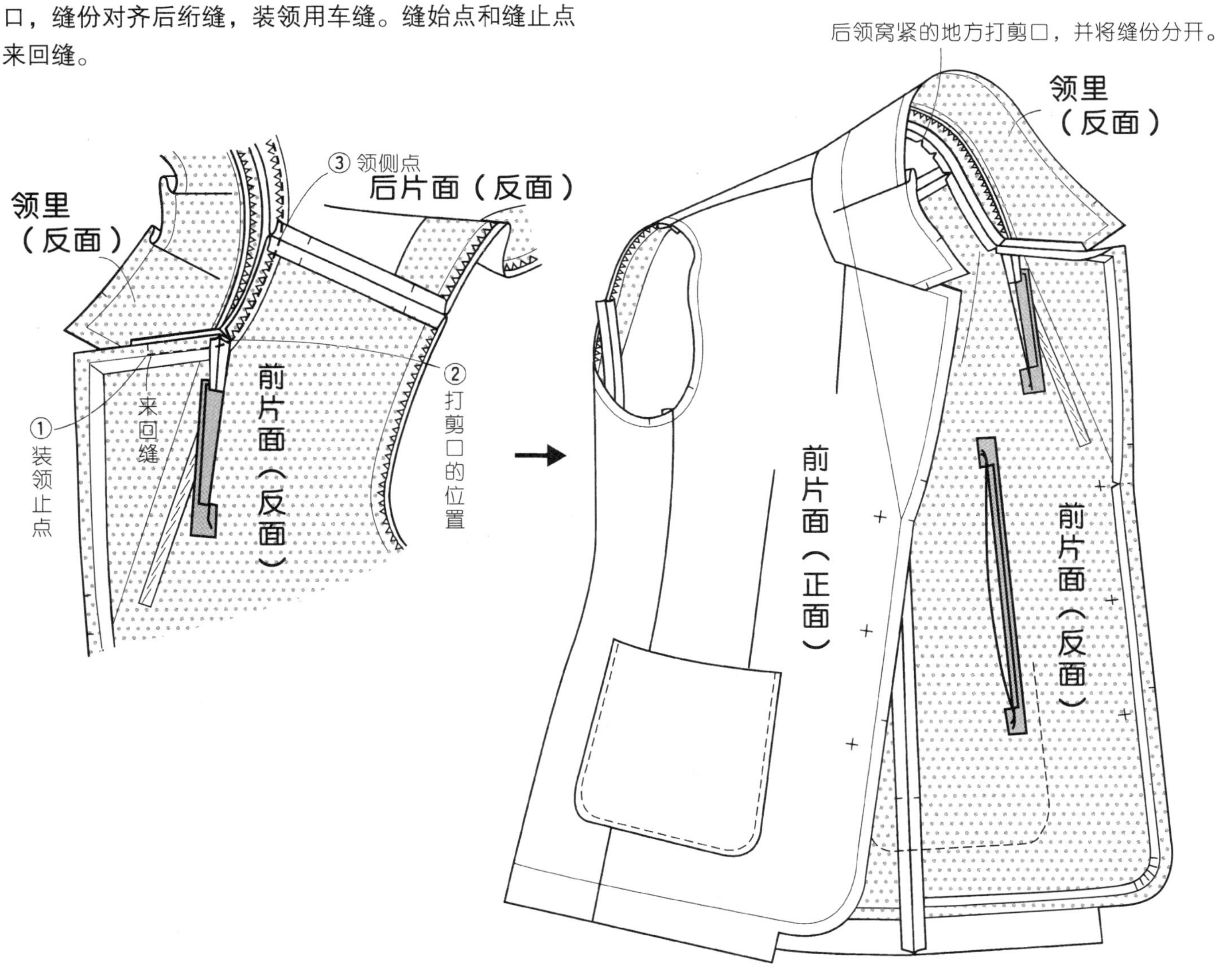

第3工序　缝合衣身里子后装领面

1 缝前衣身里子的省道和分割线

2 缝合挂面和前衣身里子

3 缝后衣身里子中心和分割线

沿净缝线绗缝，距净缝线0.2~0.3cm处车缝。沿净缝线用熨斗折烫，后中心缝份倒向右衣身侧，其它的倒向后衣身侧。

净缝线上的绗缝线等整烫后再拆除。

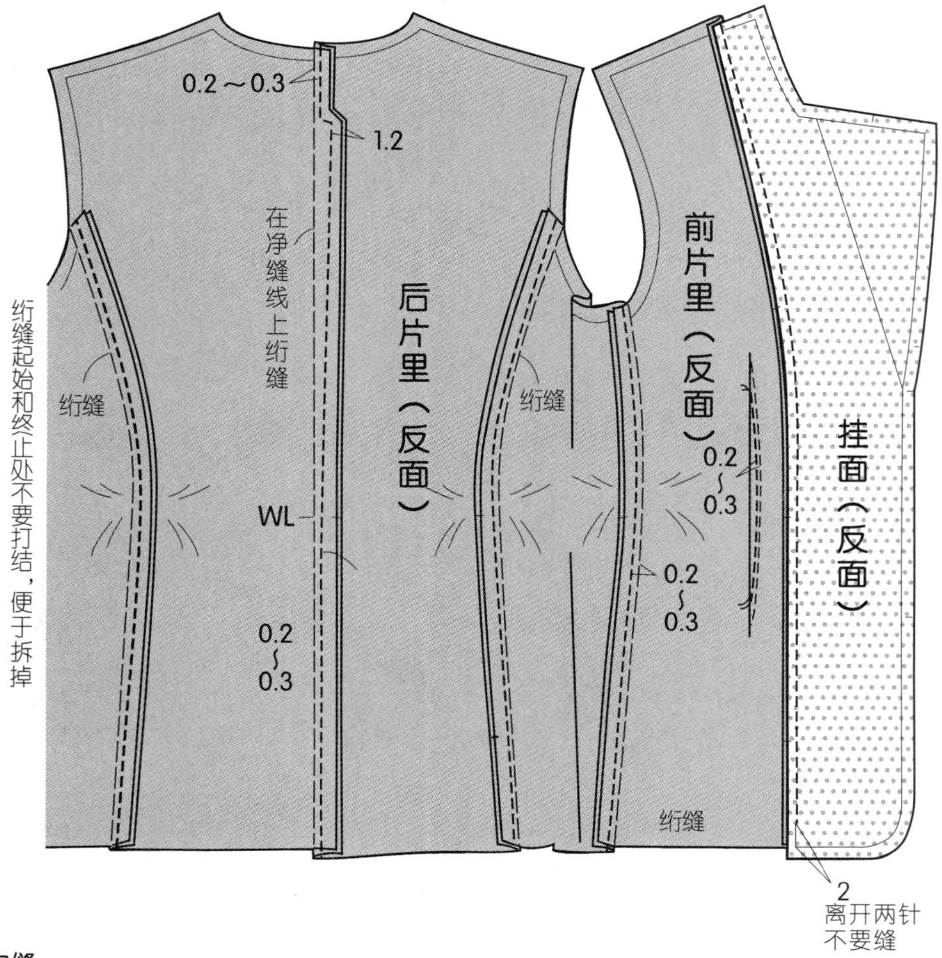

4 缝衣身里子的肩缝

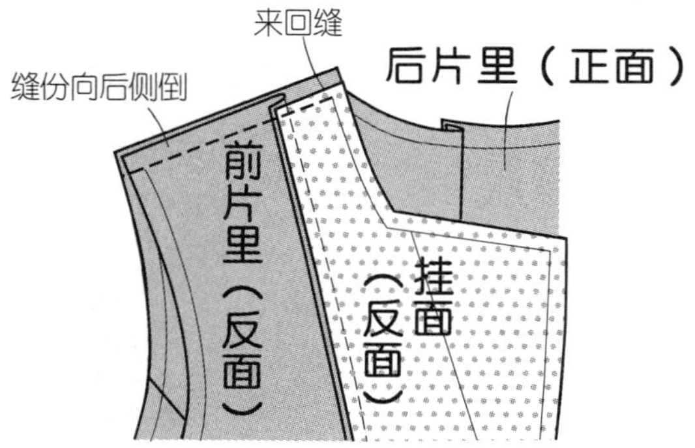

5 装领面

从颈侧点到装领止点这一段缝份分烫，后领窝处衣身里子缝份剪刀口，缝份倒向衣身侧。

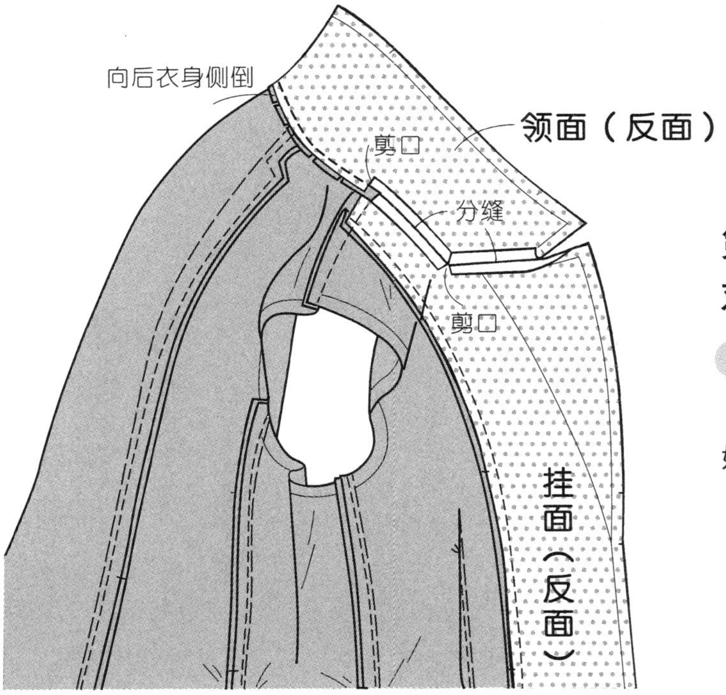

第4工序　衣身面子和衣身里子正面相对进行拼合，装领子、前门襟

1 领面和领里的装缝止点，四处固定不错位

取两根缝纫机线或一根扎纱线，从领的装止点开始按①~⑥的顺序用0.1cm左右的小针穿过拉紧打结。

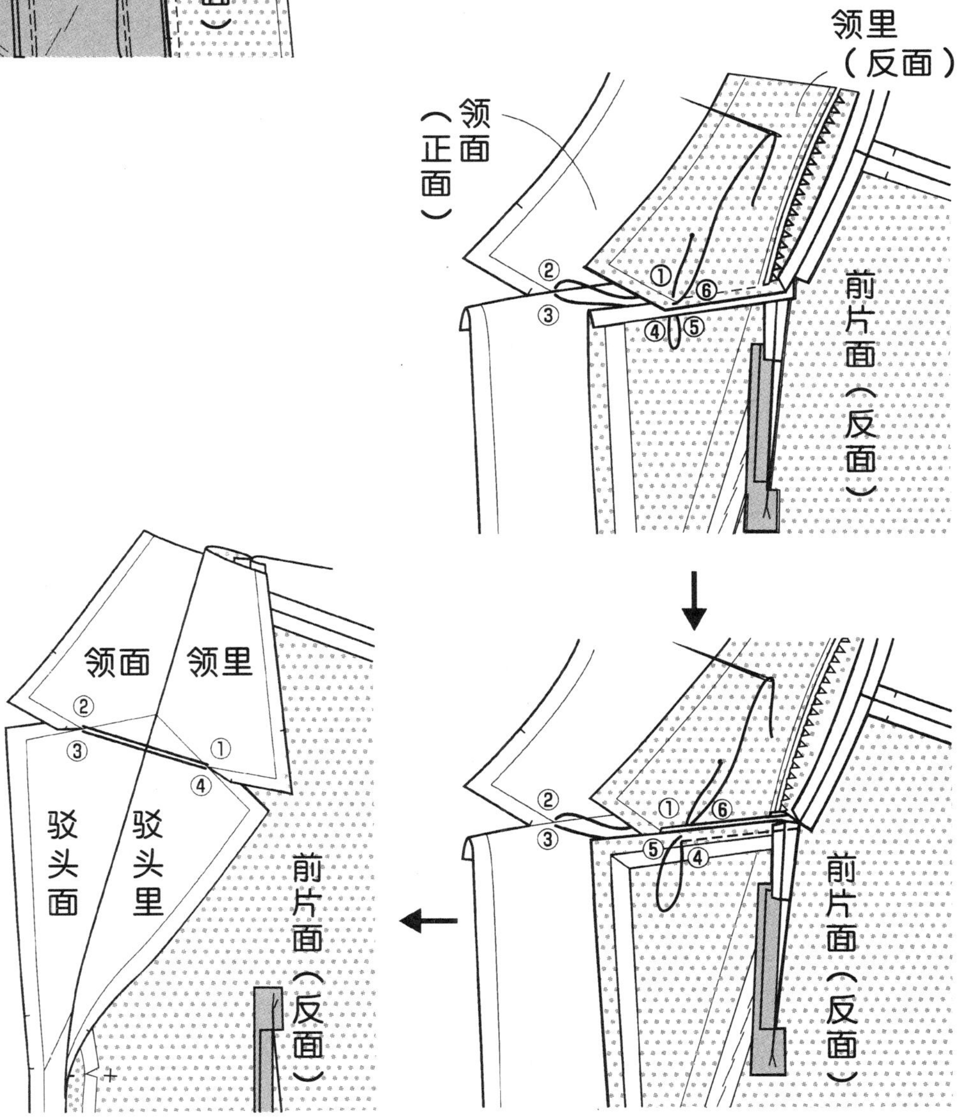

2 前门襟、领外围处绗缝

驳折止点、止口、驳头的缝份对齐，对位记号对齐，然后用大头针固定，再绗缝。

面与里的装领线对齐后用漏落缝绗缝。

领子后中心、领尖、领外围线的对位记号对齐后绗缝。

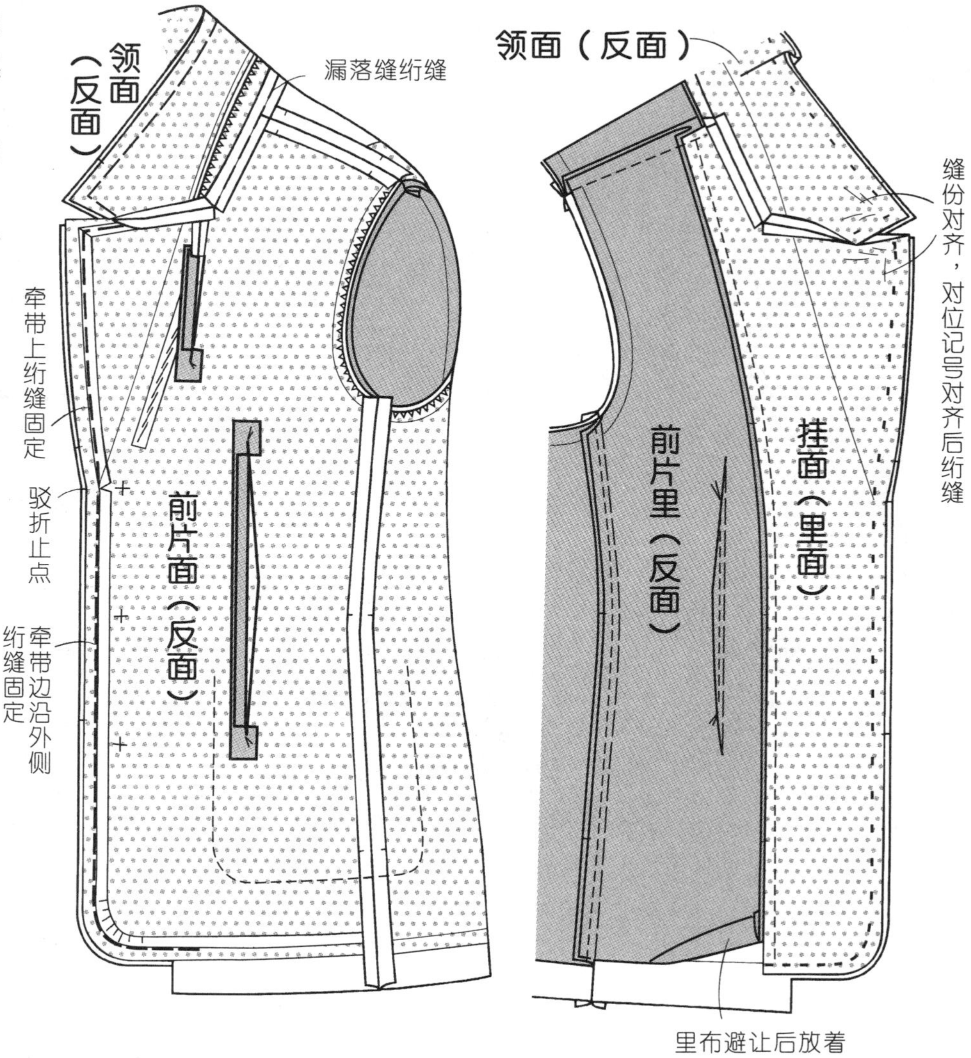

3 按驳折线翻折好，确认面子的领角与驳角窝势

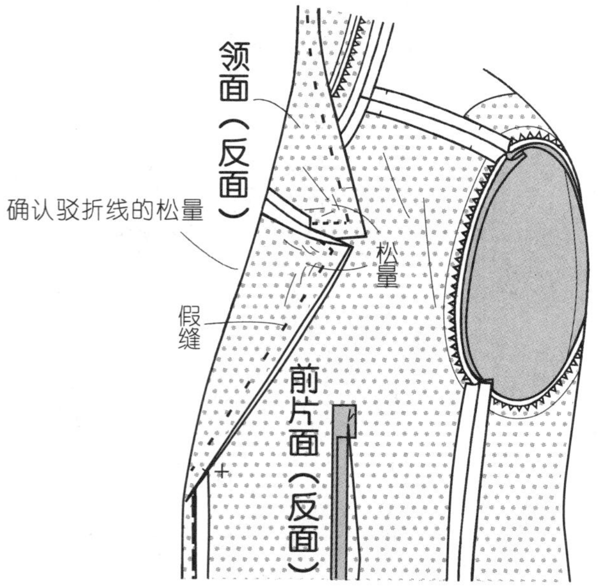

4 缝领外围线

装领的缝份倒向驳头侧，从离开装领止点0.2~0.3cm处开始缝。

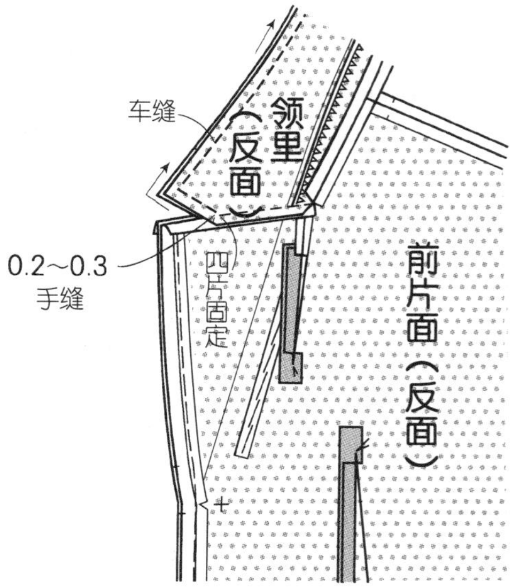

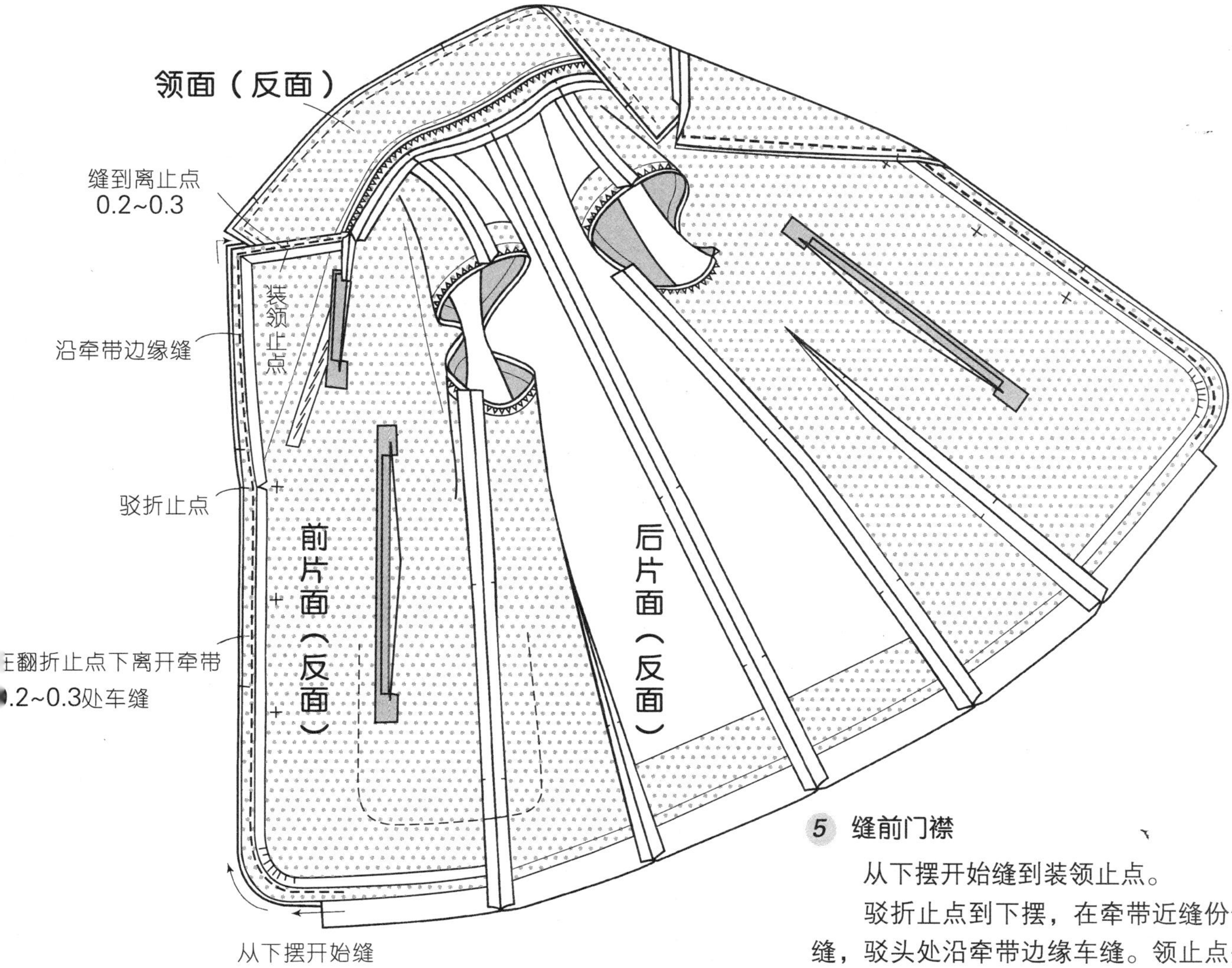

5 缝前门襟

从下摆开始缝到装领止点。

驳折止点到下摆，在牵带近缝份侧车缝，驳头处沿牵带边缘车缝。领止点处缝到离开0.2~0.3cm处。

6 前门襟、领外围翻到正面整理

先将缝份分开，面侧的那一边缝份为0.3cm,里侧的那一边缝份为0.7cm，进行修剪，做成T型缝份，使缝份厚度变薄。

拆去装领线的绗缝线，翻正。领里和衣身的驳头内吐0.1~0.2cm。领里、驳头里侧放上垫布，用蒸汽熨斗压烫、定型。驳折止点以下则在挂面侧同样处理。

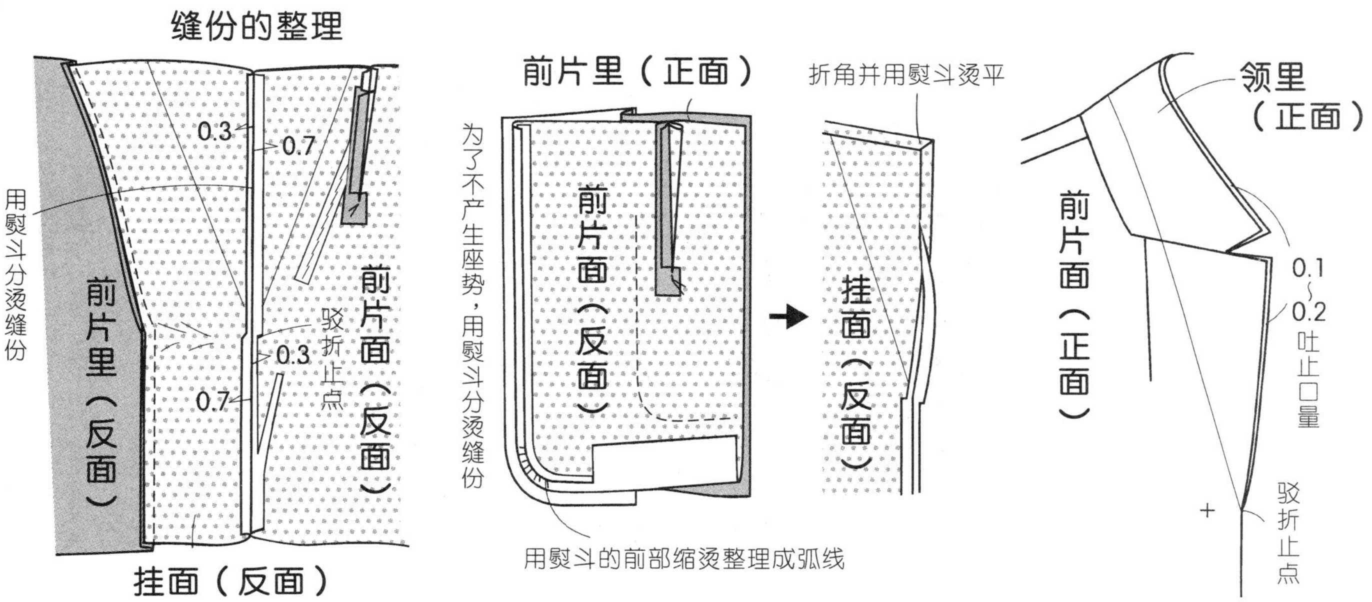

7 装领缝份固定

门襟止口，领外围线绗缝。

将领子按完成状翻折好，确认领面的松量，装领线处用漏落针绗缝固定。

为使装领线不错位，将面与里的缝份用扎纱线固定。

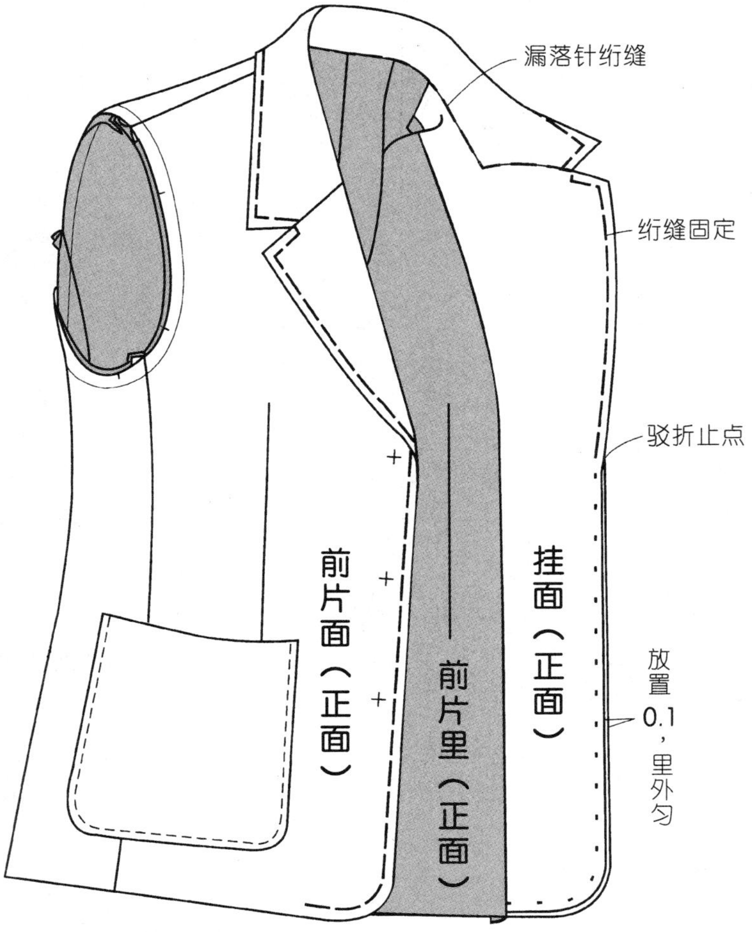

将里衣身翻起，装领线的缝份用单根扎纱线固定。

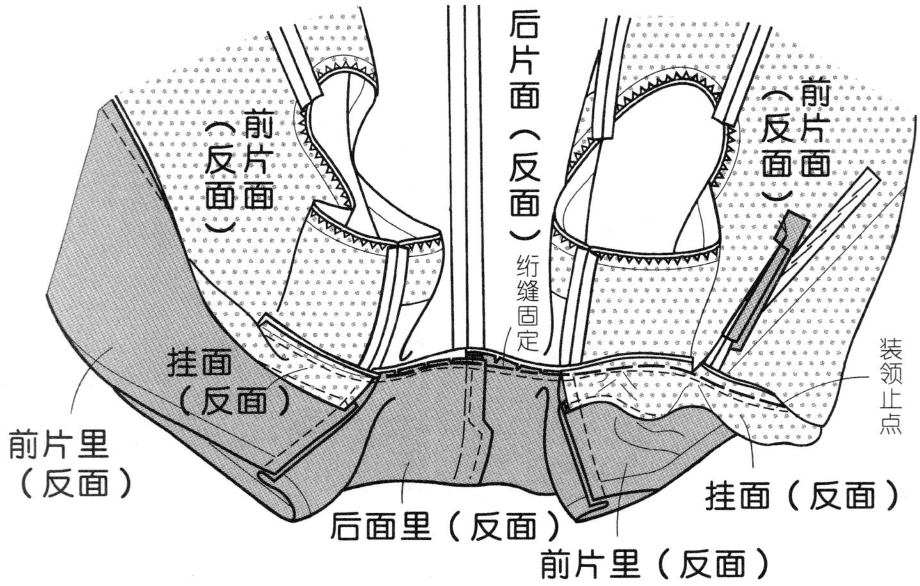

8 衣身面下摆的固定，领外口线、前门襟缉明线

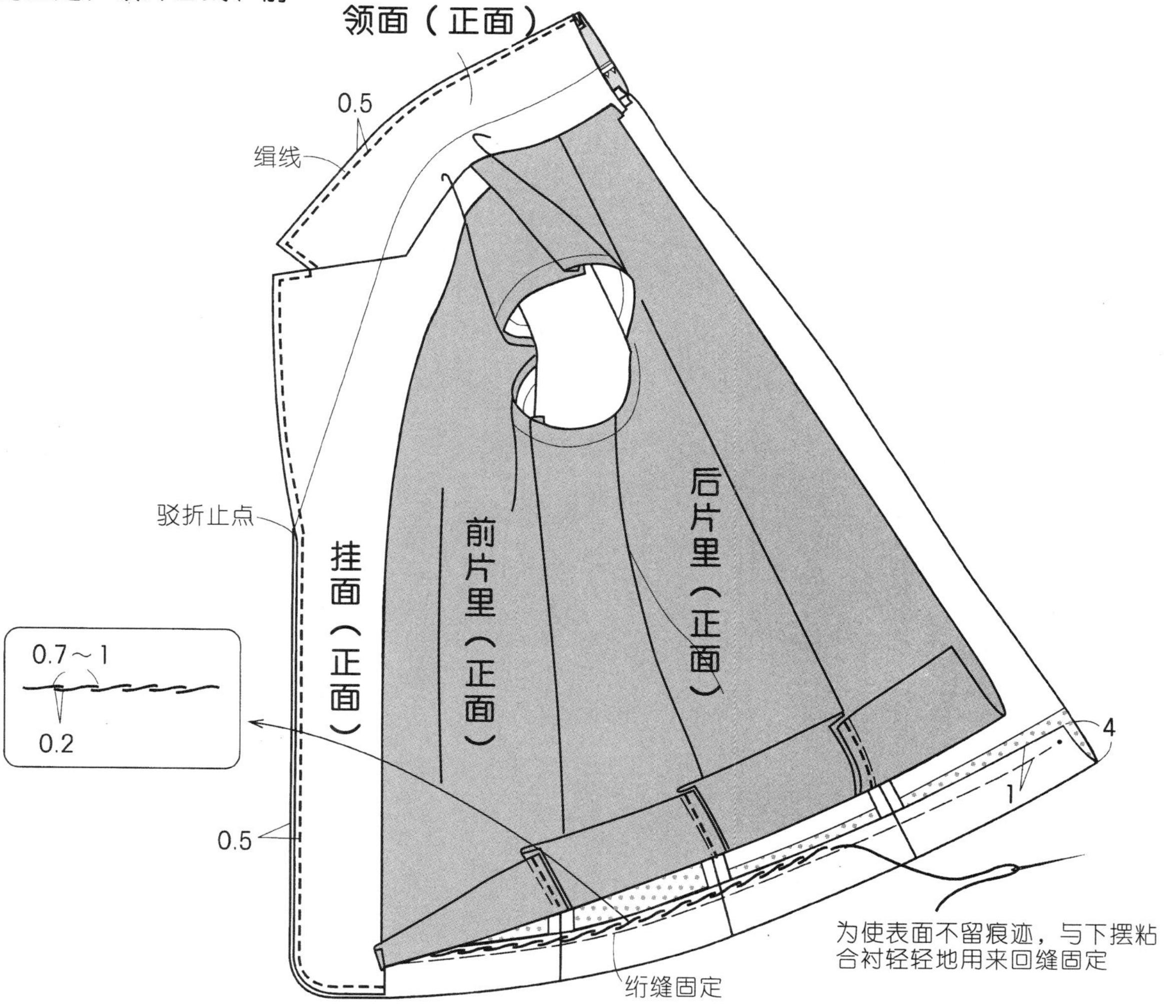

第5工序　做袖

1 缝袖面的内侧线，折烫袖口

缝份、对位记号对齐，用大头针或绗缝固定后车缝。

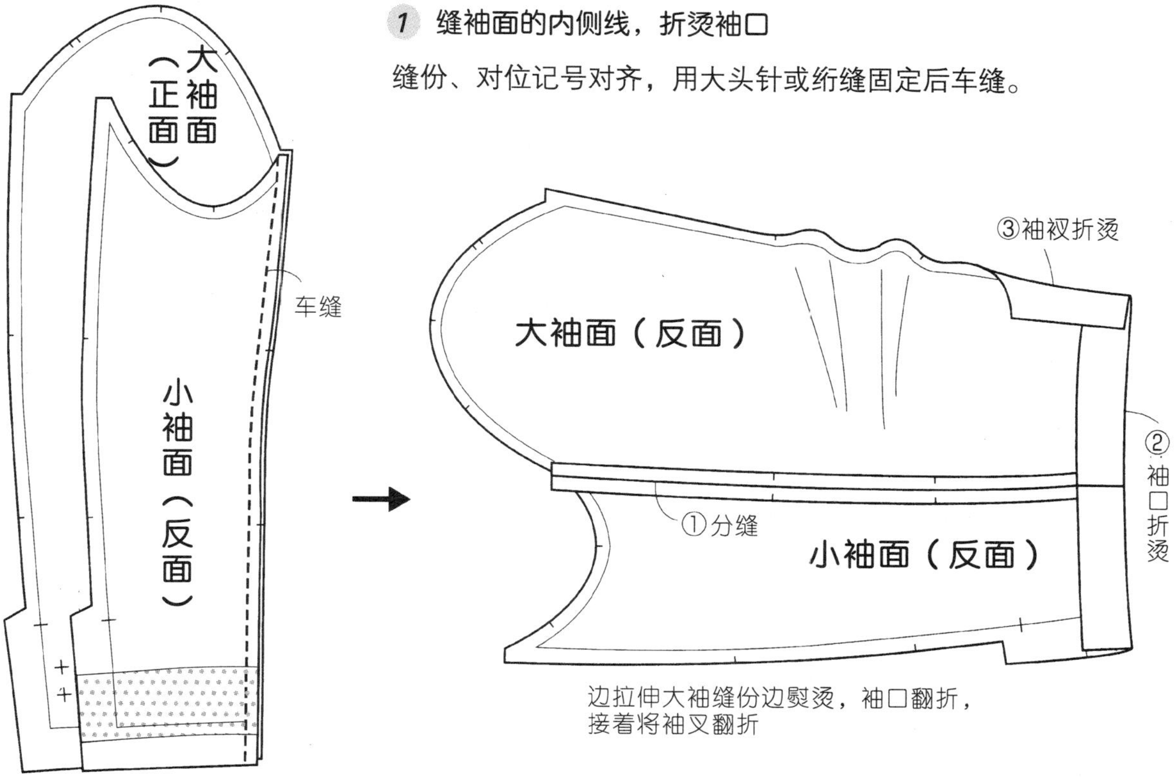

2 缝外侧线

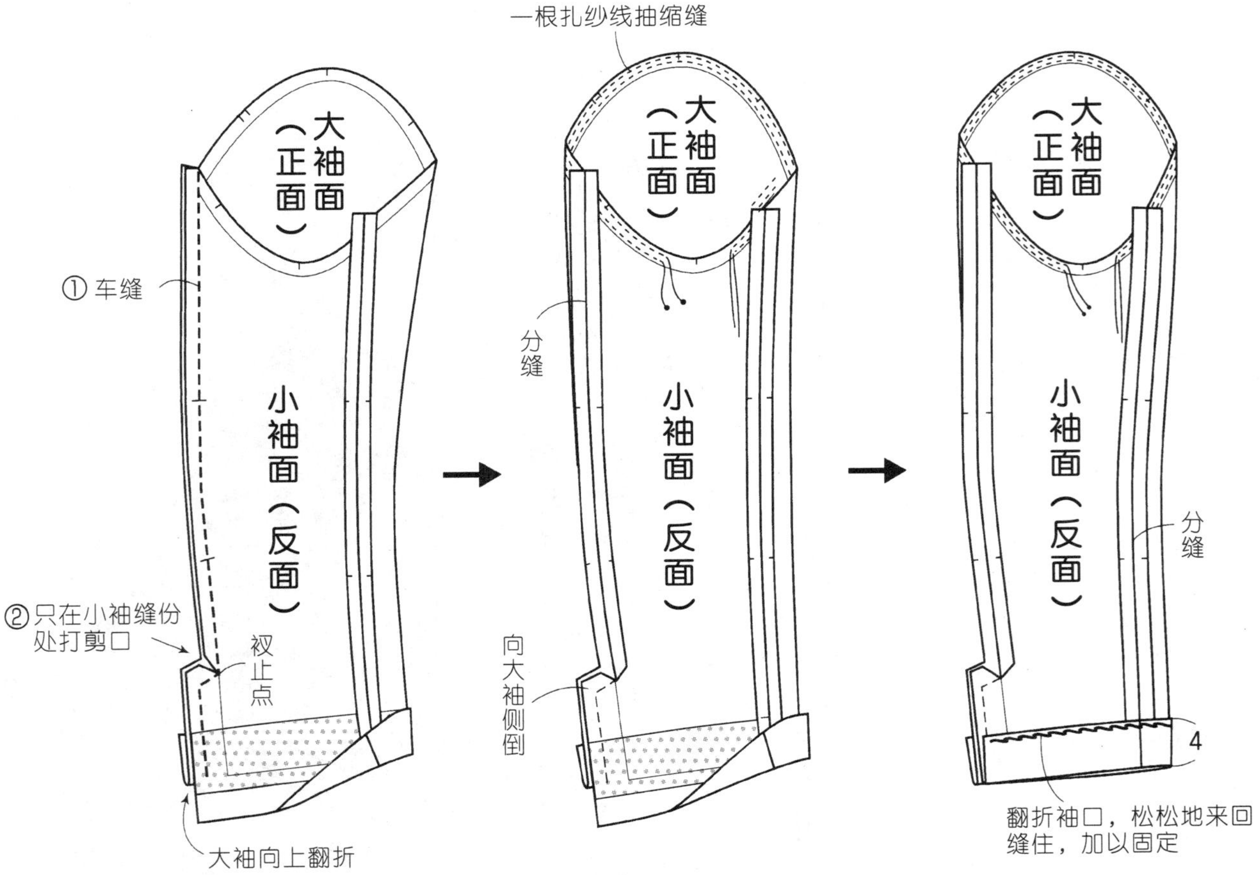

3 衩的处理及钉装饰钮

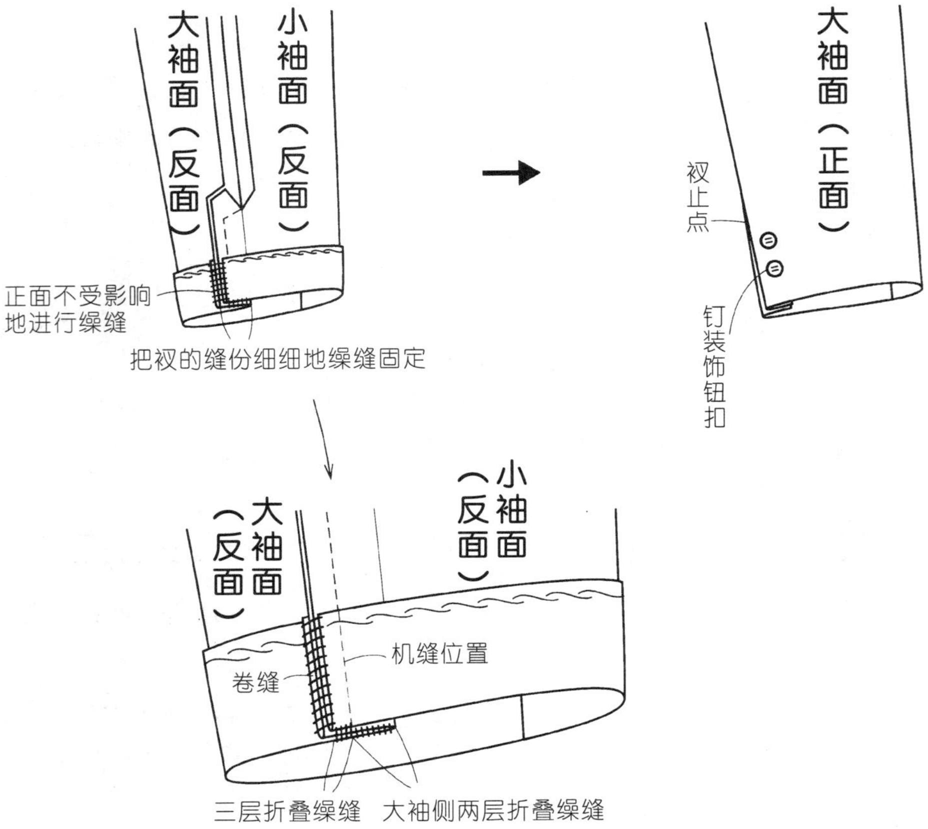

4 缝袖里的外侧线、内侧线

沿净缝线缲缝，离净缝线0.2~0.3cm处的缝份侧机缝。缝份倒向大袖侧折烫。

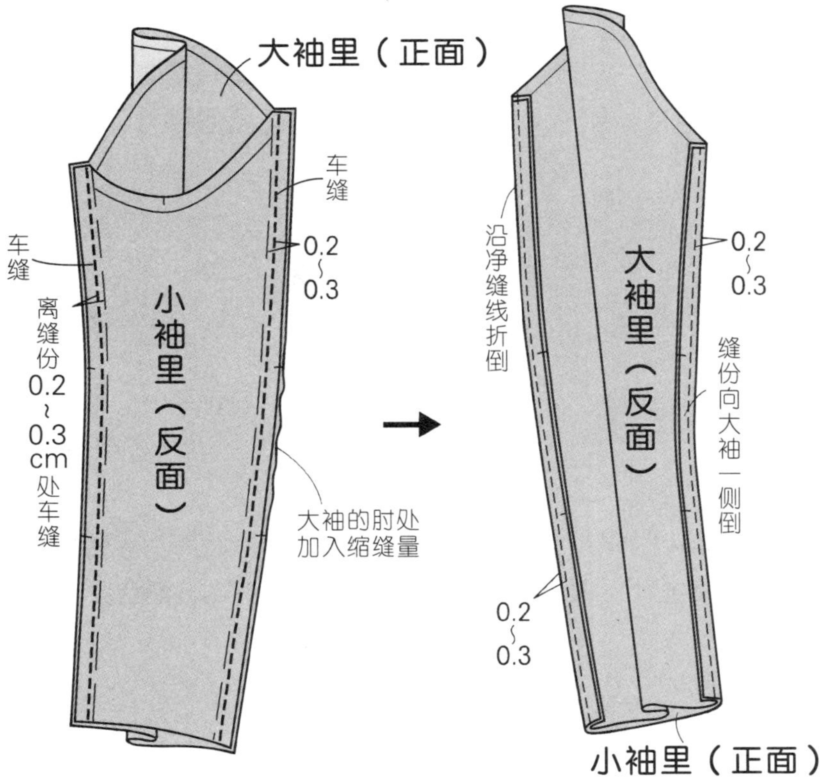

5 折叠袖里线的缝份

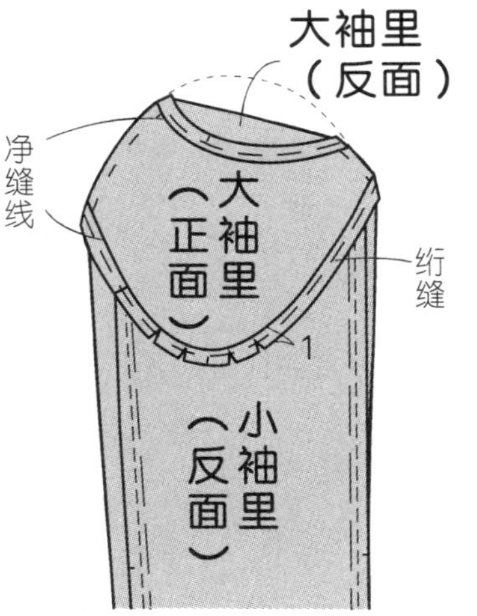

袖底处缝份打剪口。
装袖线的缝份折成型后绗缝

6 袖面和袖里的袖底缝份的固定

袖面、袖里缝份上的对位记号对齐，用大头针固定，松松地用手针缝合。

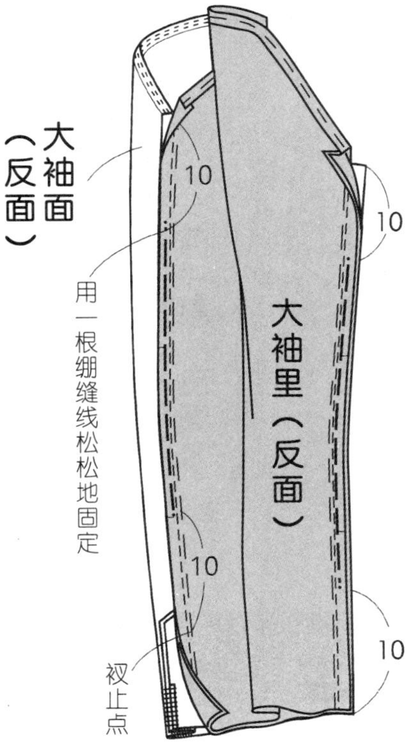

7 翻到正面，袖面和袖里贴合并用手针固定

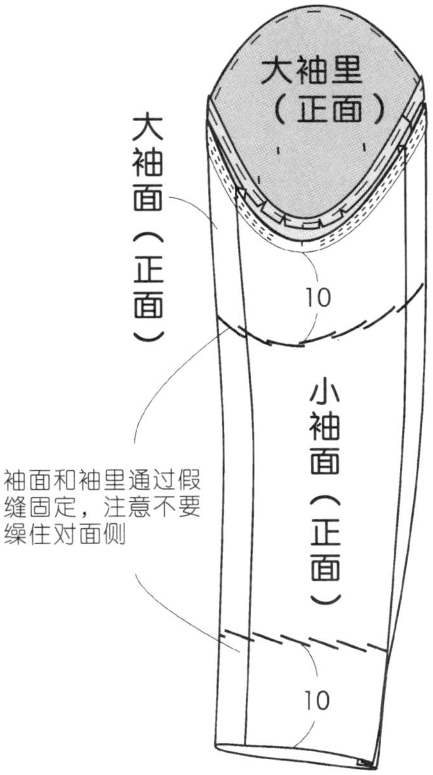

8 袖里口缲缝

翻折好袖里口后绗缝。
翻起翻折线缲缝。

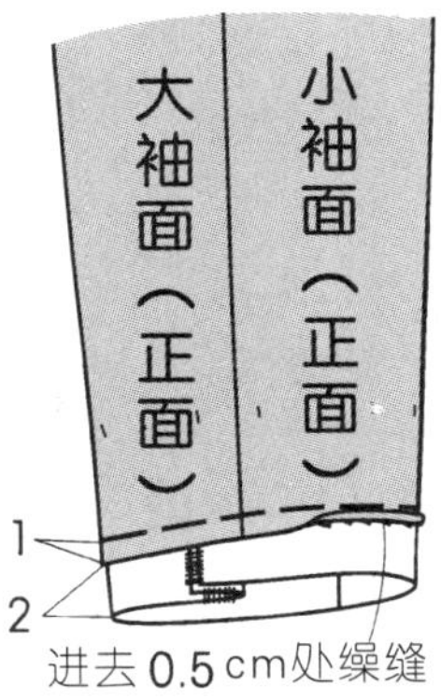

9 整理袖山的缩缝量

轻轻地拉抽缩缝的线，用熨斗熨烫缝缩量。

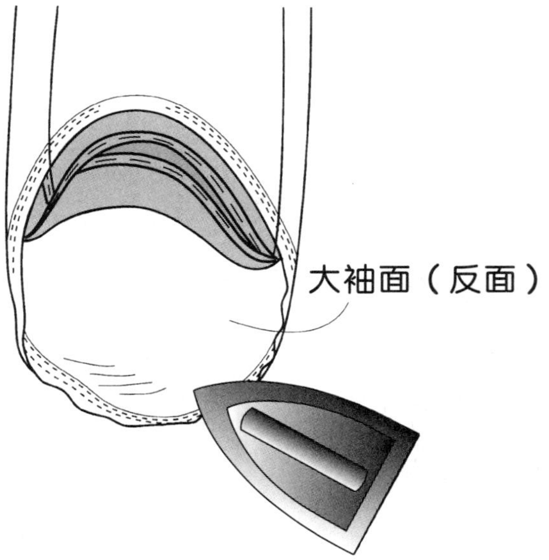

第6工序　装袖

1 绗缝袖子

衣身袖窿与袖山上的对位记号对齐，用大头针固定。对位记号间的缝缩量，再仔细分配，用大头针固定。在袖子侧用绗缝密密地缝。

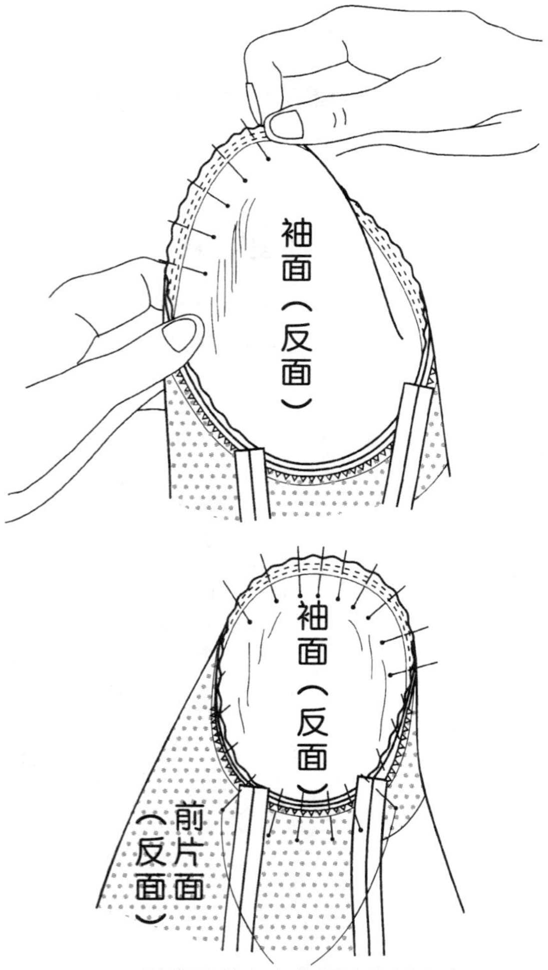

2 确认袖子的状态

将垫肩与装袖缝份固定，试穿后观察平衡。确认袖子的位置、方向以及缝缩量的分配状况。

3 用车缝装袖

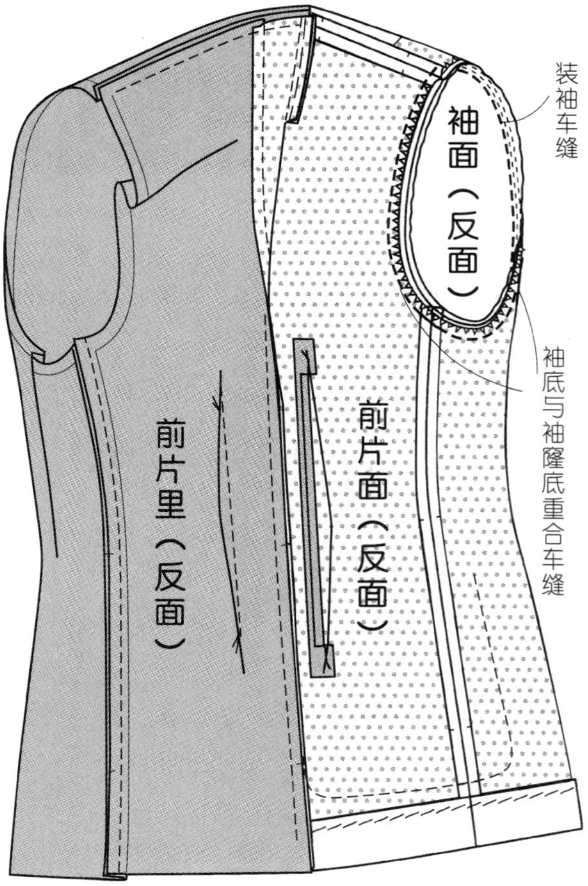

4 装袖山布

为了使袖山圆润，装袖的缝份上要安装袖山条。

袖山布采用面料、毛衬、斜纹，也可以是毛毡的衬，在市场上都有出售。

袖山撑条选用适当厚度和弹性的材料为好。用面料或毛衬45°斜裁。此外，也有市场上销售的毛毡衬。

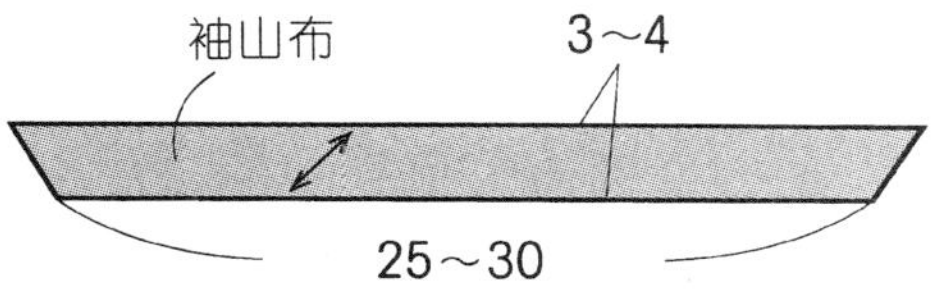

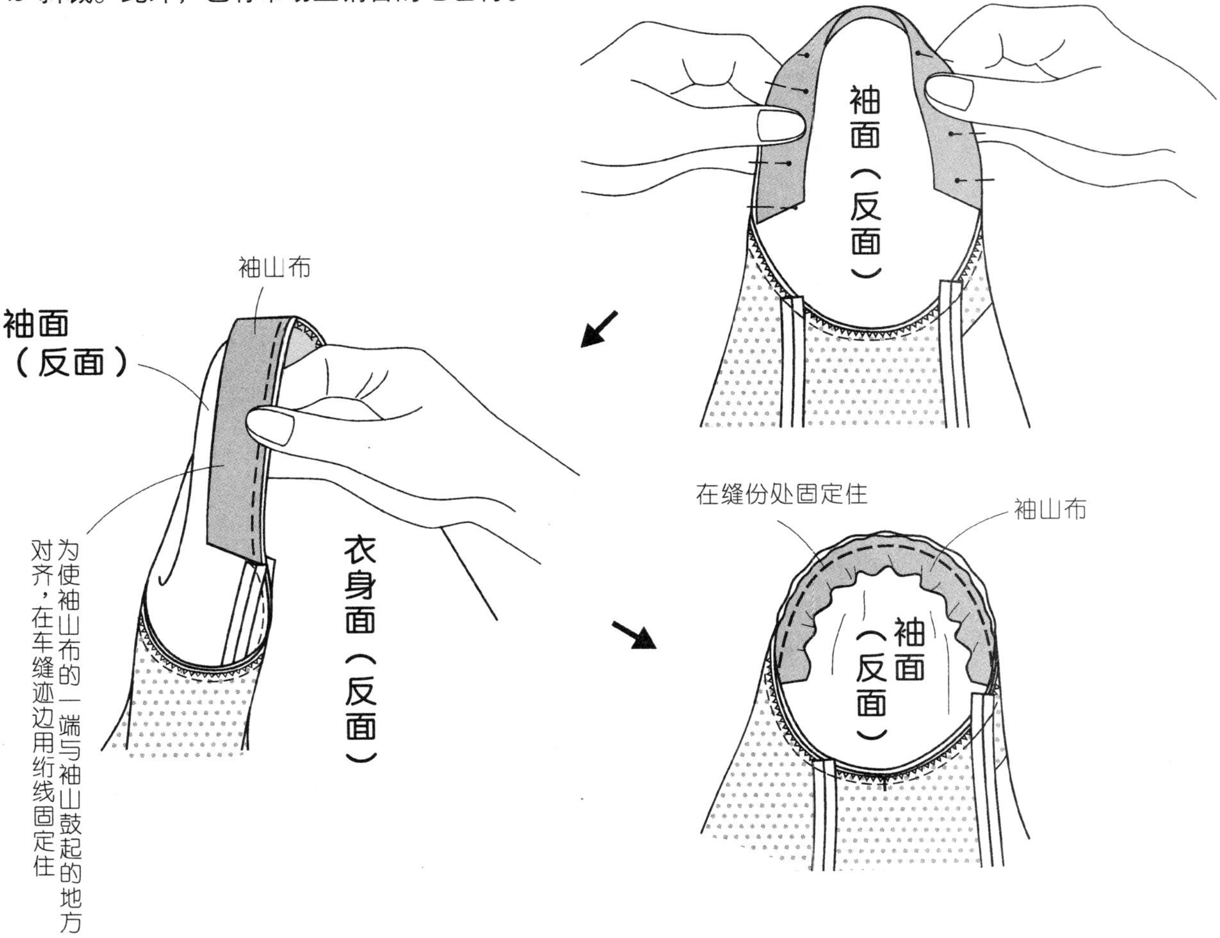

5 装垫肩

对合肩缝和垫肩的对位记号，从装袖线出来1.2~1.5cm左右固定。

垫肩在袖窿缝份处固定时，整理肩部，使肩部平整。用一根扎纱线来回缝固定。

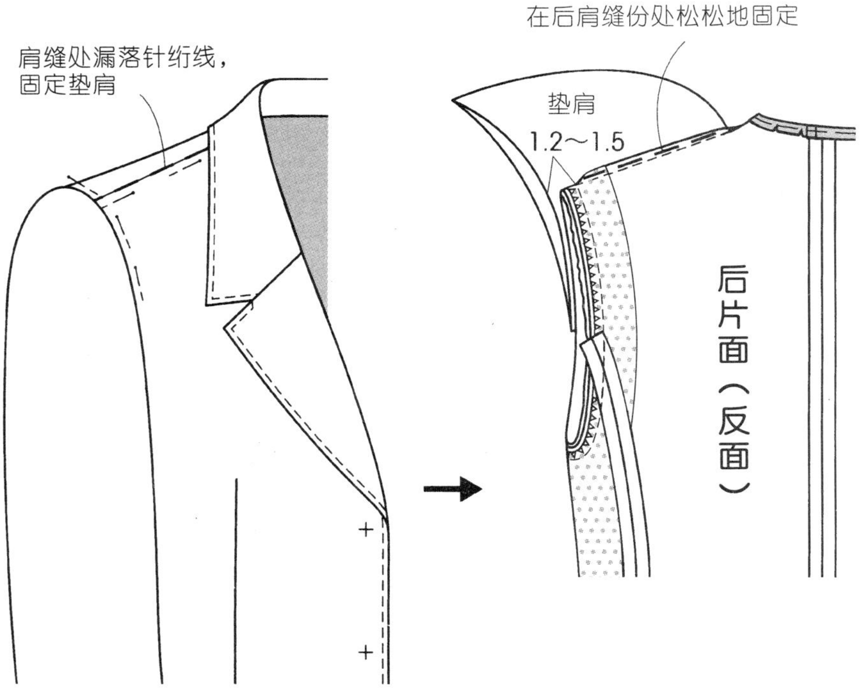

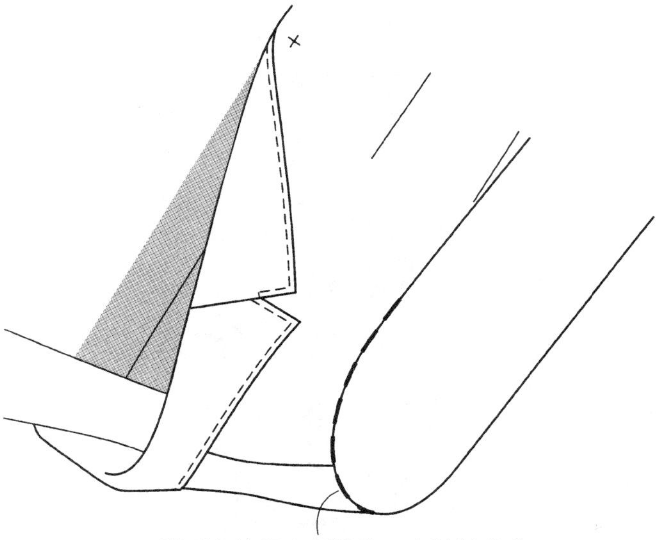

用手在袖窿内侧拌住，在装袖线的旁边用漏落针绗缝固定垫肩

垫肩装钉方法截面图

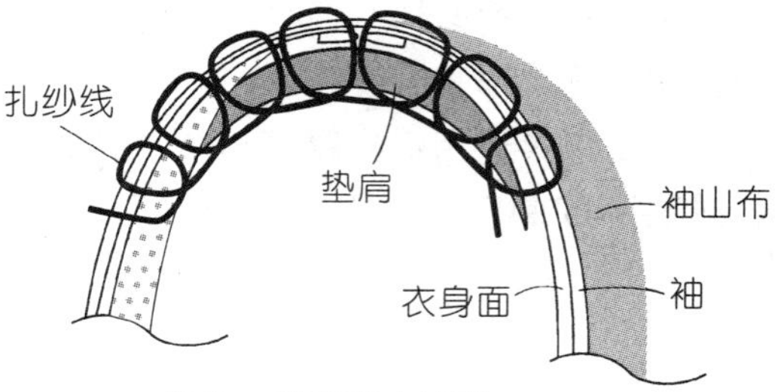

垫肩一定要在内围处，针直上直下地固定

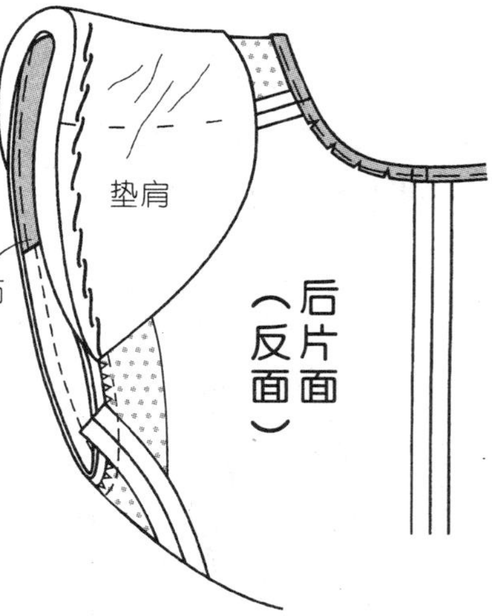

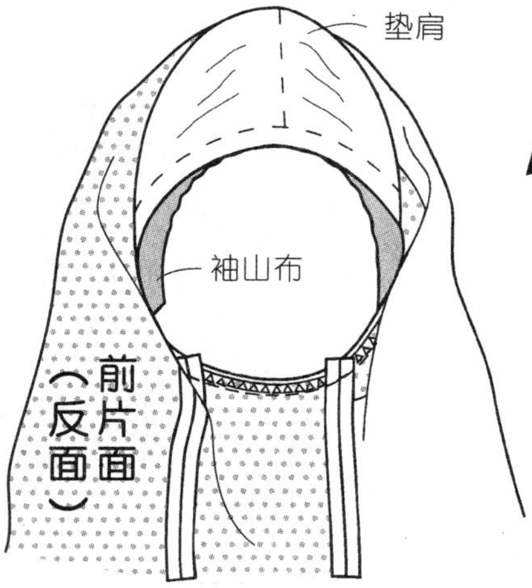

6 固定后分割线

对合衣身面和衣身里的后分割线的剪口，松松地固定。

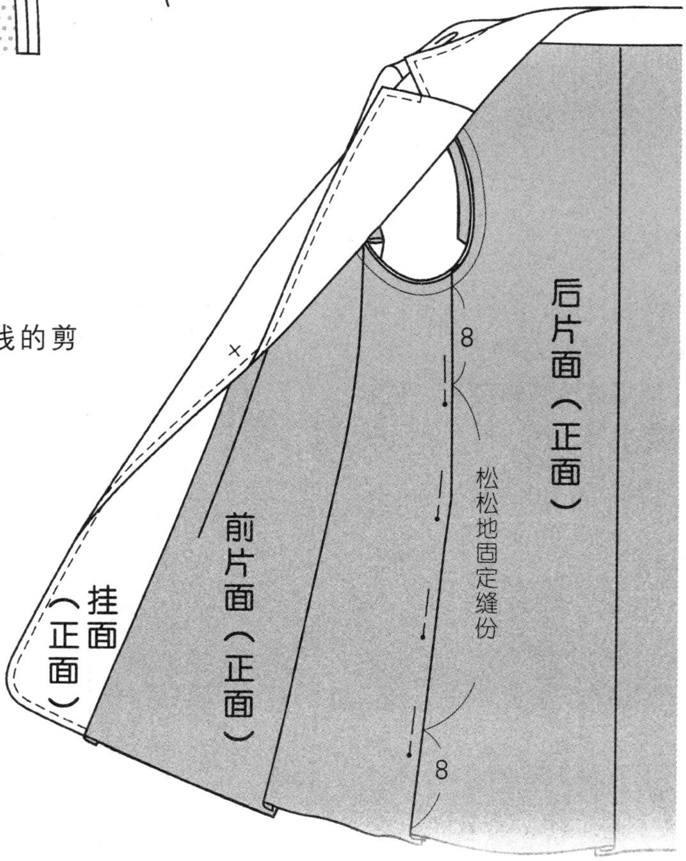

7 袖窿缝份固定

衣身面子和衣身里子的后中心缝份对合，用大头针固定，里子的背缝及袖窿线处的缝份对位记号对齐，用大头针固定。

在衣身面子的袖窿处进行漏落针绗缝。

离开漏落针0.2cm缝份处垂直地穿针来回缝，松松地固定住。

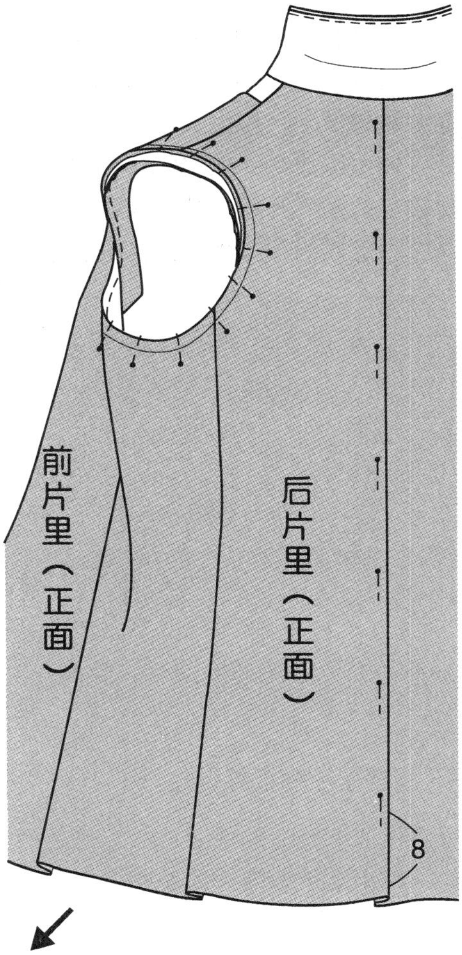

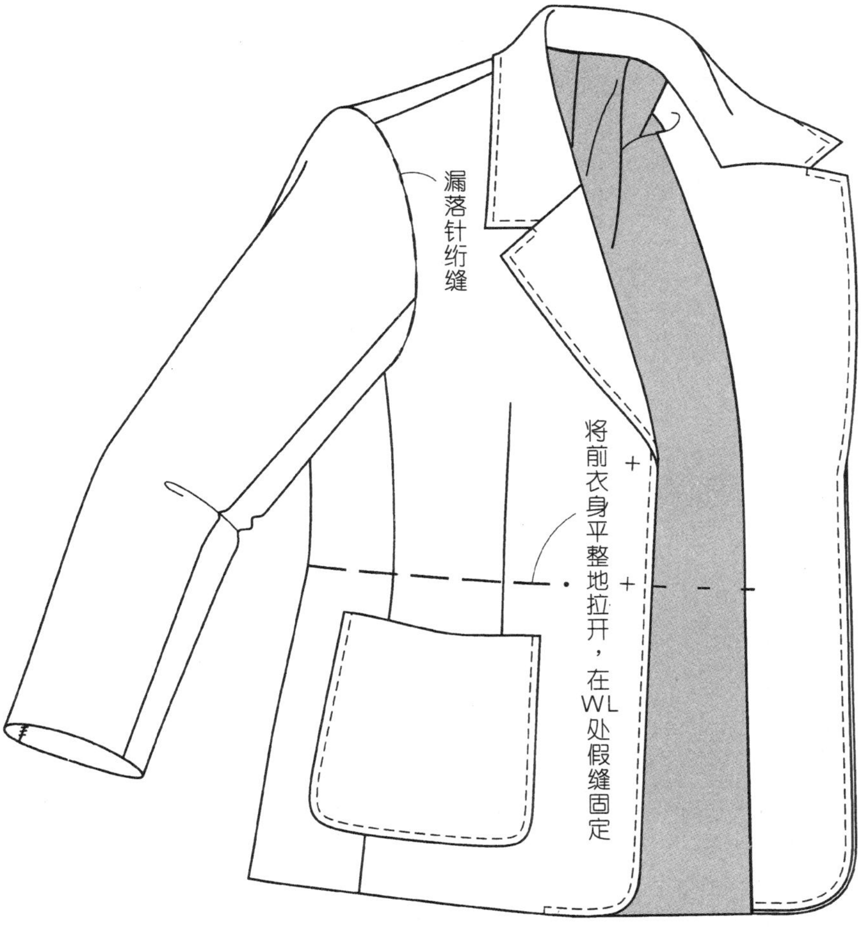

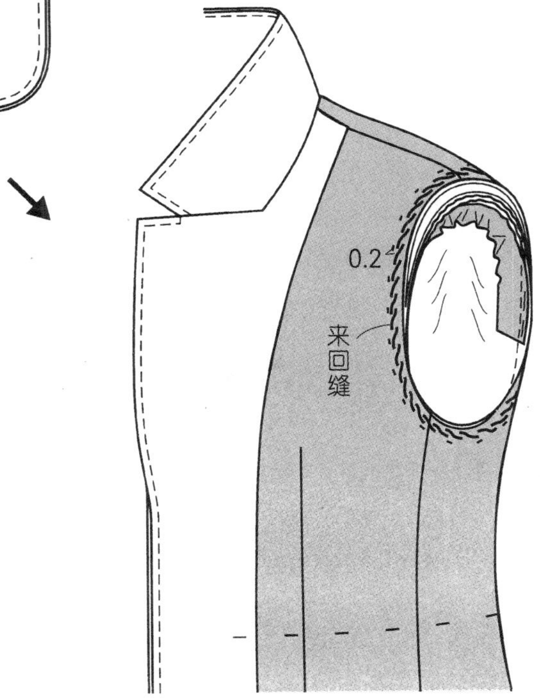

8 袖山里子的缲缝

先将袖山与袖底的剪口对合，再将其余对位记号对齐。适当地分配缩缝量，袖底下的部分盖在装袖缝份上，用大头针固定。

使用缲边线，以0.2~0.3cm的间隔，从缩缝量比较少的袖底开始向袖山缲缝。

袖窿底的部分为了让袖里稳定，进行拱缝。

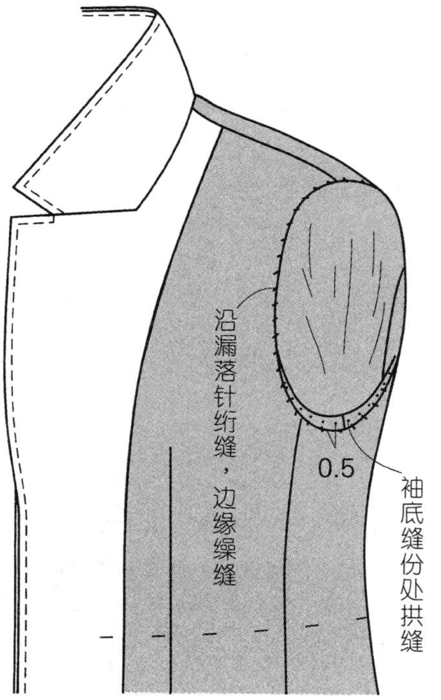

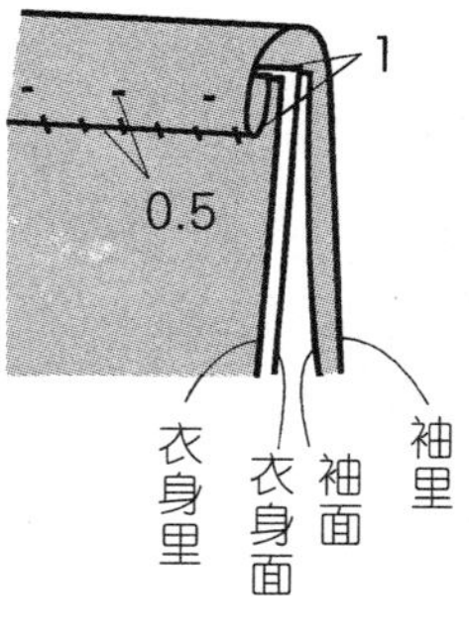

9 下摆里子翻折并缲缝

挂面下面的处理。

里子下摆绗缝位置如图所示翻起，松松地缲缝。

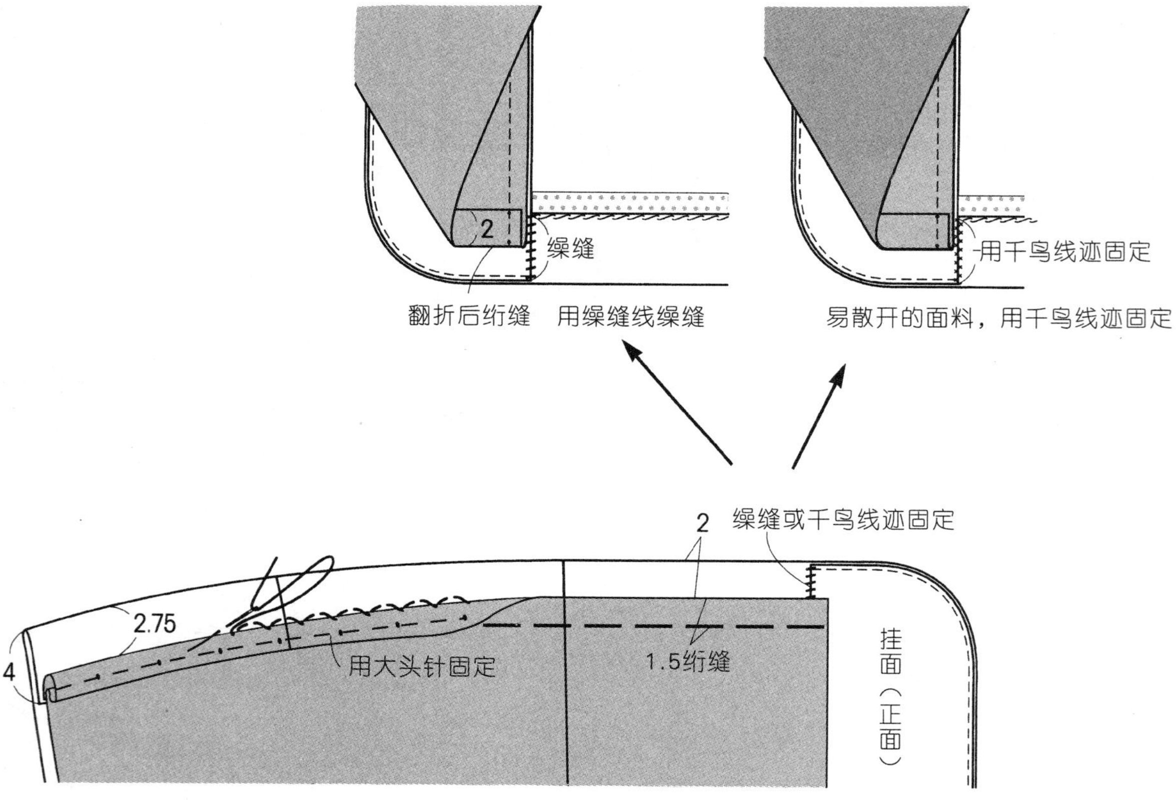

第7工序　后整理

1 驳头翻折线反面拱缝固定

翻折线按成品形态翻折，为了保证驳头面的外围部分的松量，从挂面处开始与衣身的衬拱缝固定。

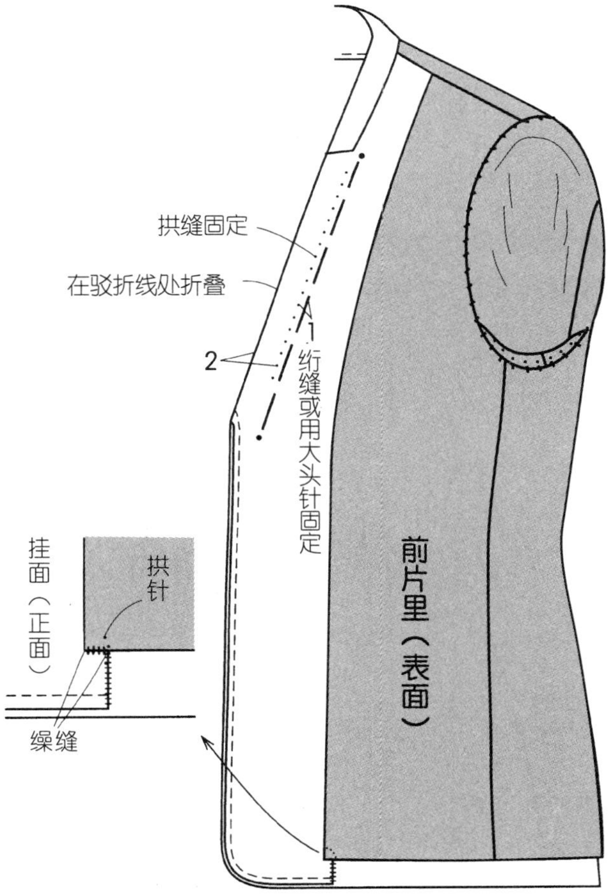

2 做扣眼

在前衣身上做圆头扣眼。

扣眼线用锁眼丝线或涤纶线30号。

3 成品整烫

- 为了没有熨斗的水印，在垫布上熨烫。
- 对省道、缝迹，熨斗熨烫不足的地方再次熨烫。
- 口袋放在馒头上整烫。
- 装领线的缝份用熨斗压烫使之比较薄。
- 肩部放在馒头上整理好形状，喷上少量水，使垫肩与肩部吻合，用熨斗熨烫。这时注意在袖山处不要将熨斗压住袖山而破坏其圆弧状。
- 将领子翻折好，驳头上部轻轻烫出翻折线痕迹。

4 去除假缝线

将衣身里子缝上的绗缝线用锥子拉出后拔掉。

5 装钮扣

钮扣线脚的长度应为前端门襟止口的厚度量。

为增加强度，在挂面处装上垫扣。

钉钮线用丝线或涤纶线30号。

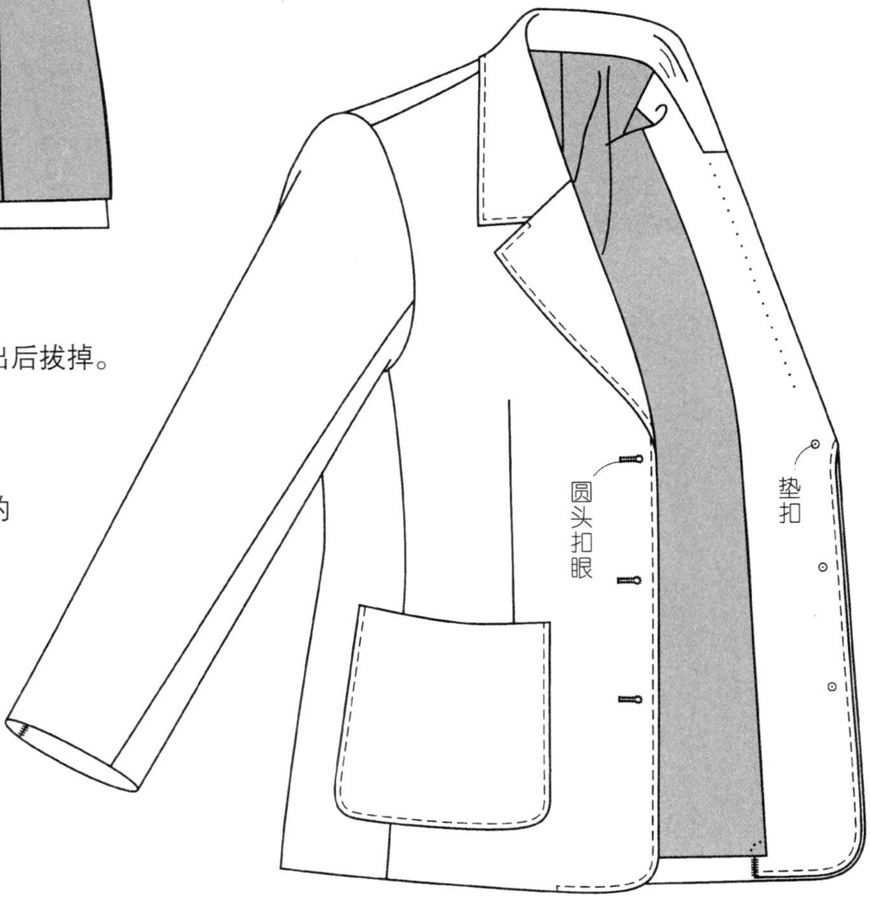

(2)无夹里西装的制作方法

不装里料的处理方法，比较适合滑爽细密的机织物，适宜选用比较柔软的衬料。

无夹里服装的缝份处理方法分为分缝处理与倒缝处理，两者有区别。分缝处理有滚边、锁边后折叠缝、折边缝及直接锁边。倒缝处理有包边缝、简正缝。

缝制方法及顺序参照全夹里处理。这里对样板制作方法、挂面的裁剪法、衬的粘贴法、袖口衩的做法作说明。

毛样板制作

加放缝份

与全夹里服装一样，缝份是与净缝线作平行线加出的。在缝份分缝或倒缝情况下，都要防止袖窿处的缝份错位，因而缝份都要作角度处理。

角和缝份边缘对齐缝合后，整理袖窿处的缝份，剪去多余的量。

缝份分缝时

在作角度的位置时要作到缝份的2倍宽为止，延长净缝线，加放缝份。另一片也延长相同尺寸，作角度。

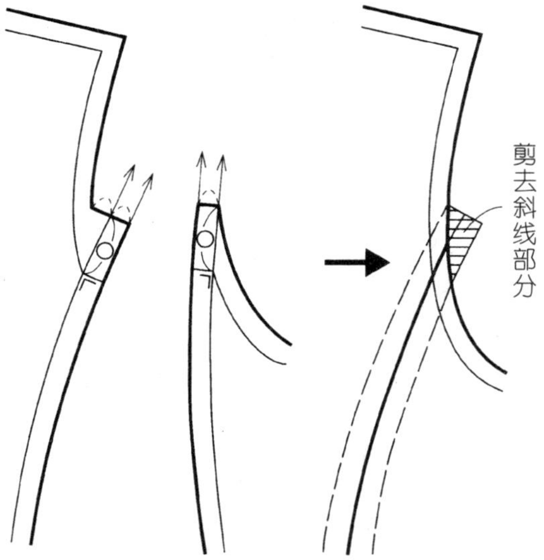

缝份倒向中心侧时

缝份的加放方法与分缝加放方法相同，但剪去量不同

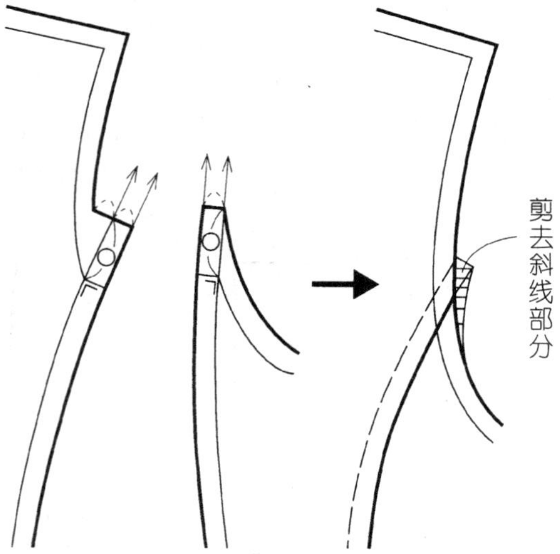

缝份倒向侧片侧时

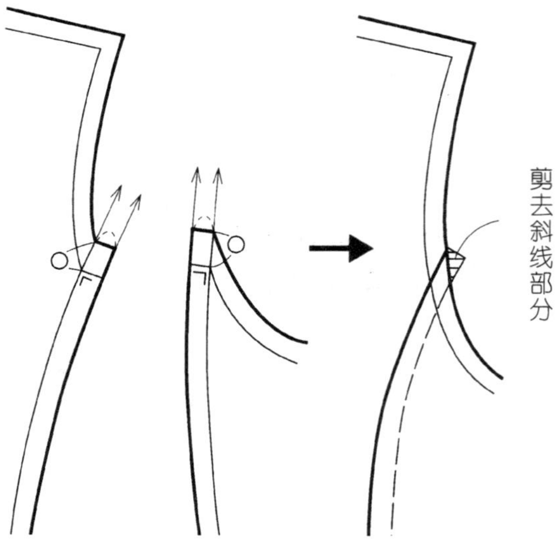

衣身、袖子的缝份加放

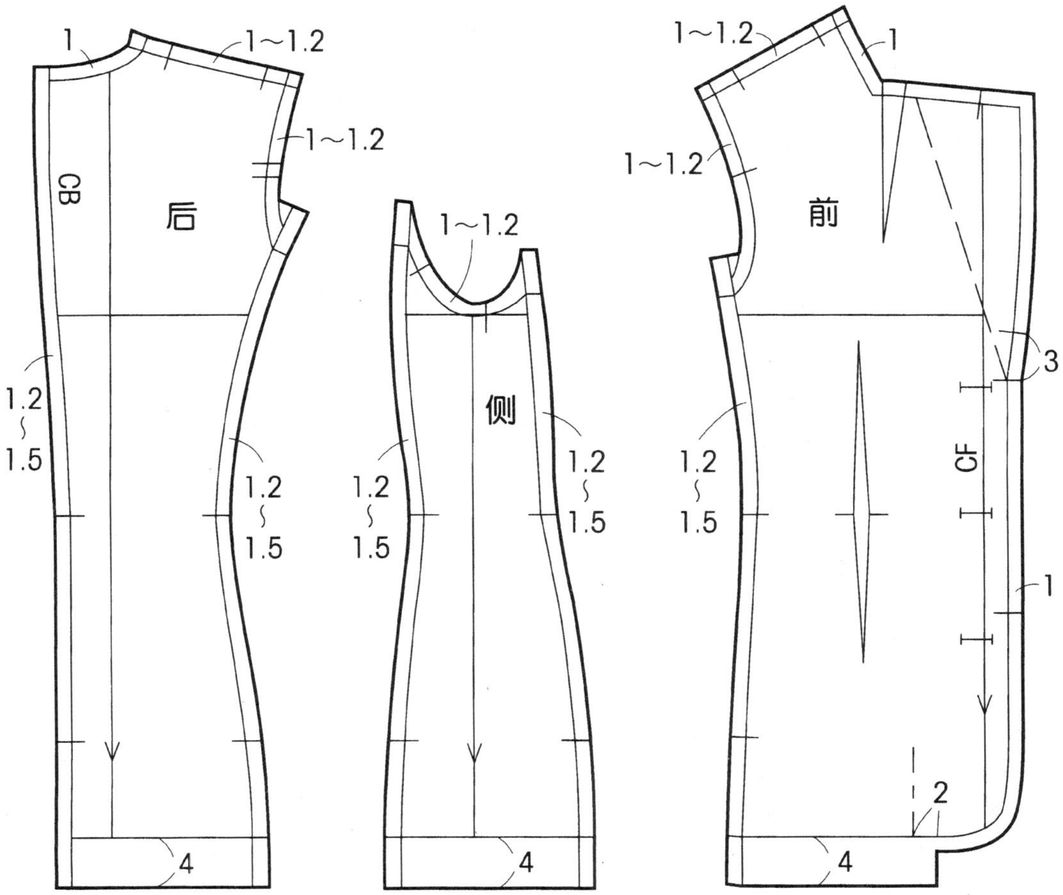

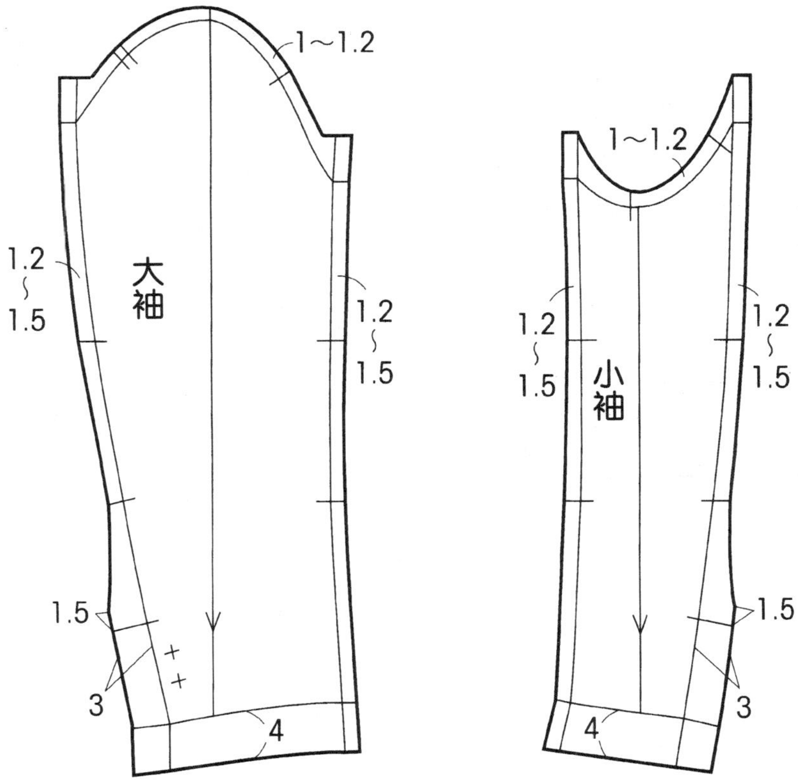

领面、领里、挂面的样板制作

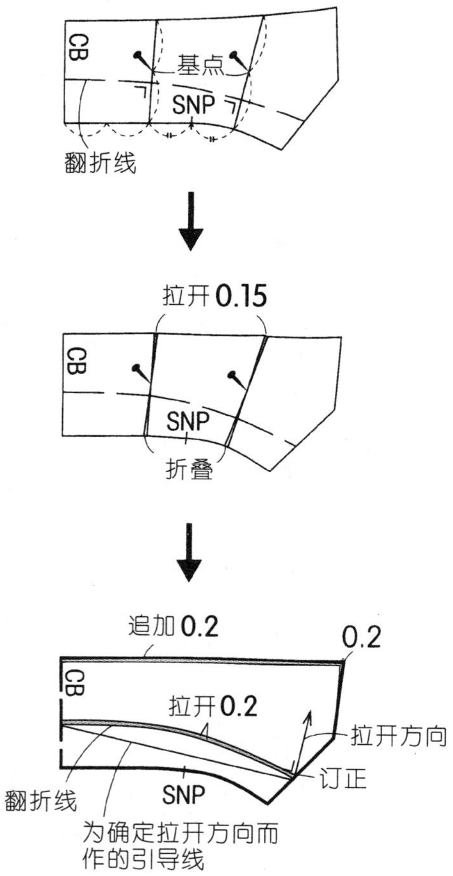

※参照第57页

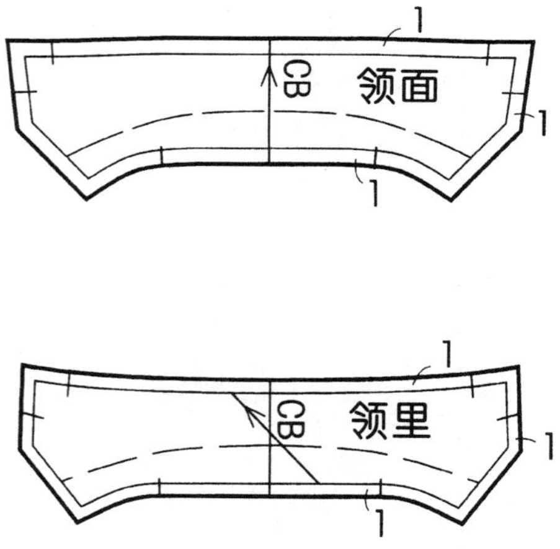

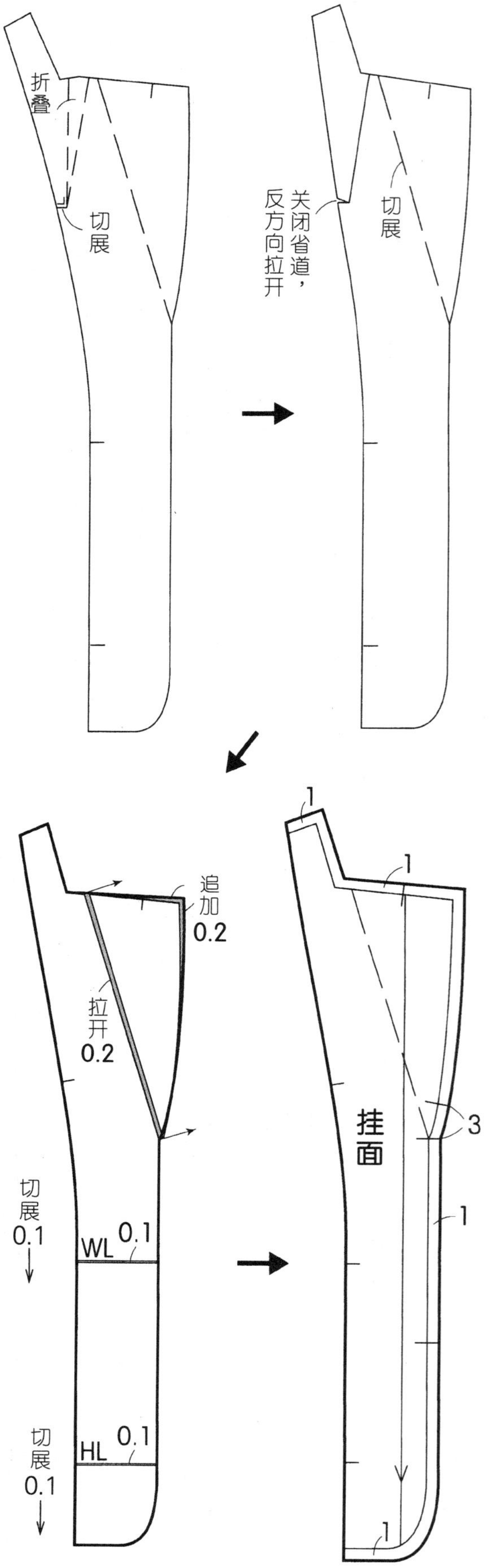

缝份的处理

分缝方法

根据面料的不同而有四种方法：滚边、锁边后折缝、裁剪端口处折缝、锁边。

1)滚边

缝份的裁剪端，用斜料带子卷缝包住，用于不透明的面料。

方法：将正斜45°的斜料带子轻轻拉伸烫，然后将面料缝份与斜料带子边缘对齐，用大头针固定。距边缘0.3~0.4cm处车缝或锁边（图1、2）。包住裁剪边，滚边的边缘处用大头针固定（图3）。一边拔掉大头针，一边沿斜料带子的边缘漏落缝固定，滚边的上方缉明线。滚条翻折时，注意不要使净缝线变形（图4、5）。

图1

车缝的情况

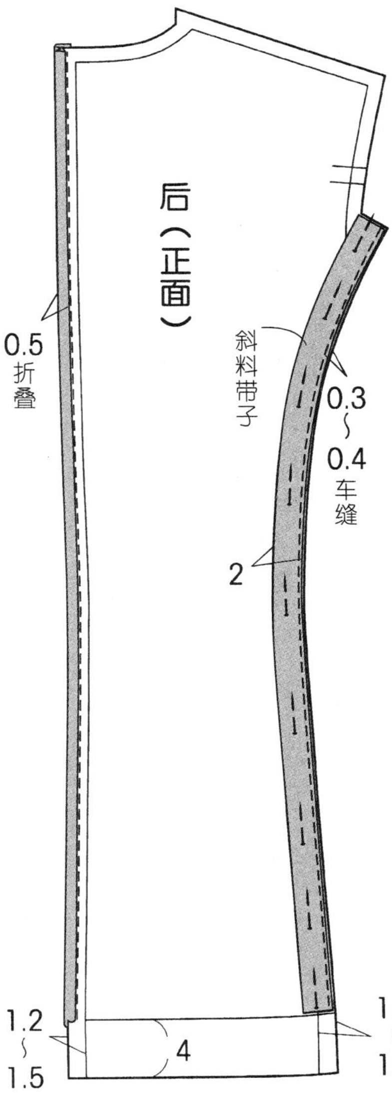

图2

锁边的情况

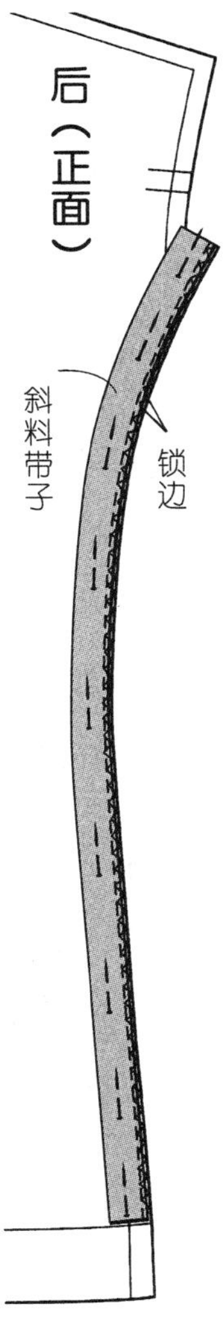

图3

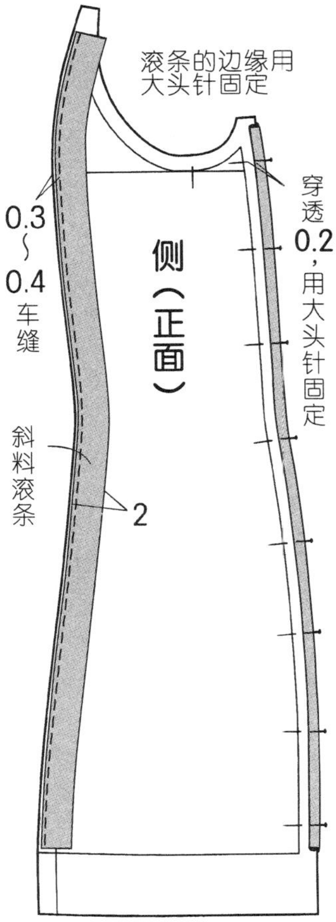

图4

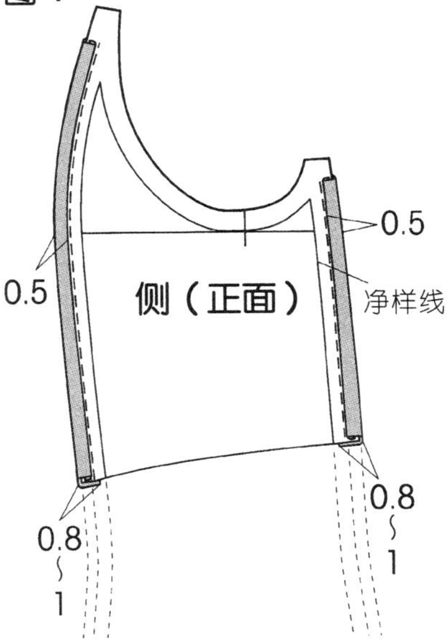

图5

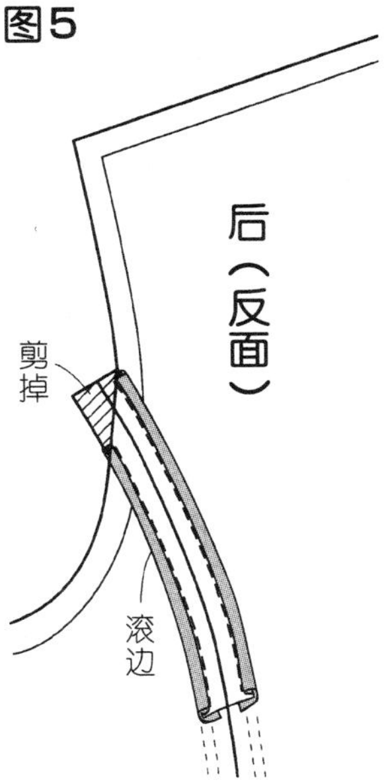

2)锁边后折缝

薄且易散开的面料时使用。缝份宽度可以窄一些，所以适合应用于弧度大的曲线。

方法： 在正面对裁剪端锁边，将锁缝线迹0.3~0.4cm宽向里折叠后车缝（图6）。

3)裁剪端口处折缝

不易散开的面料上使用。

方法： 将裁剪端向里折叠后车缝（图7）。

4)锁边

用在厚质地、不易散开的面料的休闲服上，锁边线拉出、摩擦后易切断。

图6

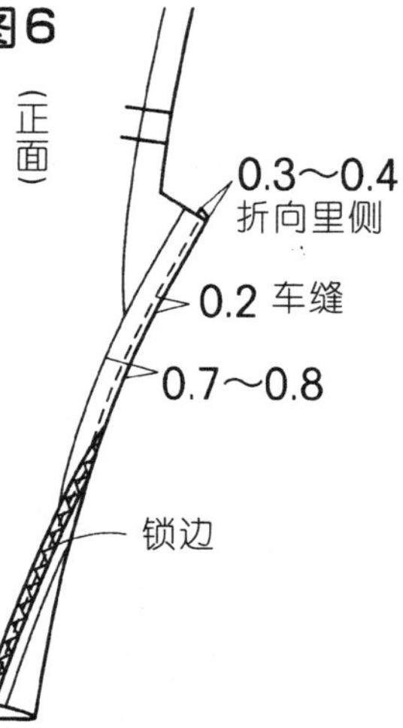

图7

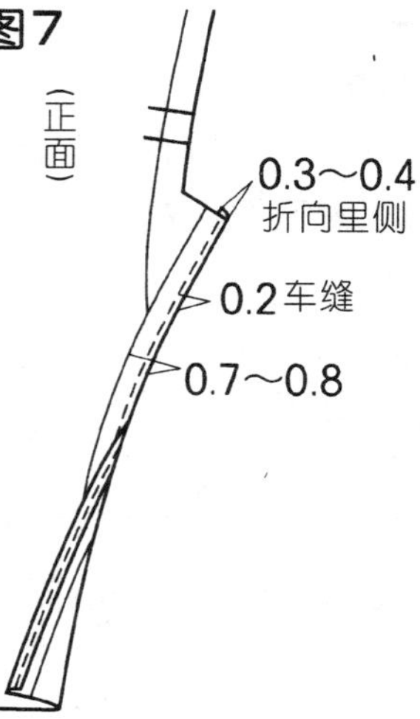

缝份倒缝的方法

1)两片衣片的缝份重叠后一起锁边

这是缝份宽度窄时的制作方法，在薄的透明面料以及易散开的面料上使用。

方法： 裁剪端对齐后锁边。缝份窄时，可以边裁切边锁边。缉明线的场合下，由明线宽确定相应的缝份宽。

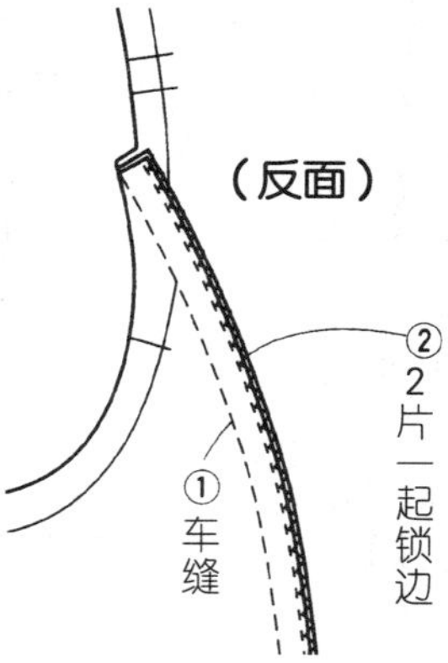

缉明线的种类

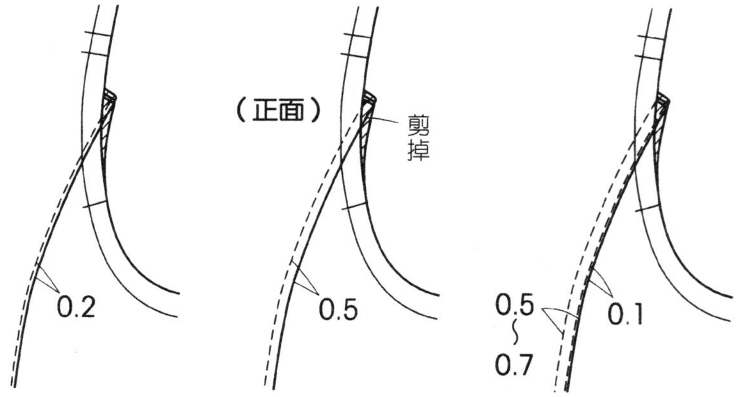

2)包缝

用于薄型、易散开的面料以及需要制作得结实的服装上。

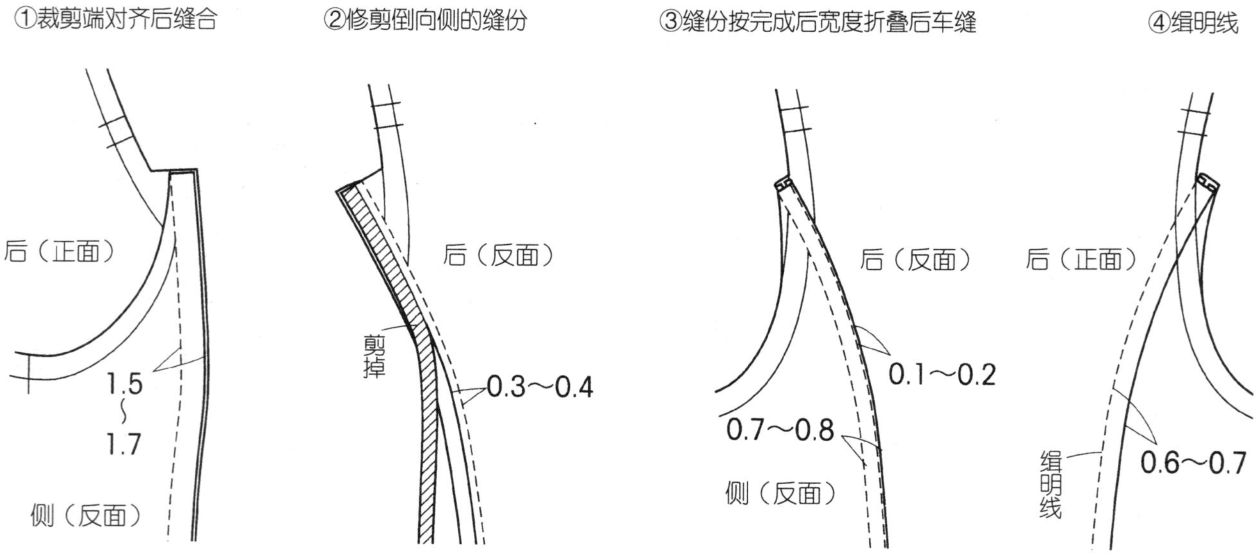

挂面的裁剪方法和贴衬的方法

无夹里（A）

法国风格的制作方法，为了保证领不变形，在后领围处装贴边，适合休闲穿着的棉、麻、合纤春秋上装。

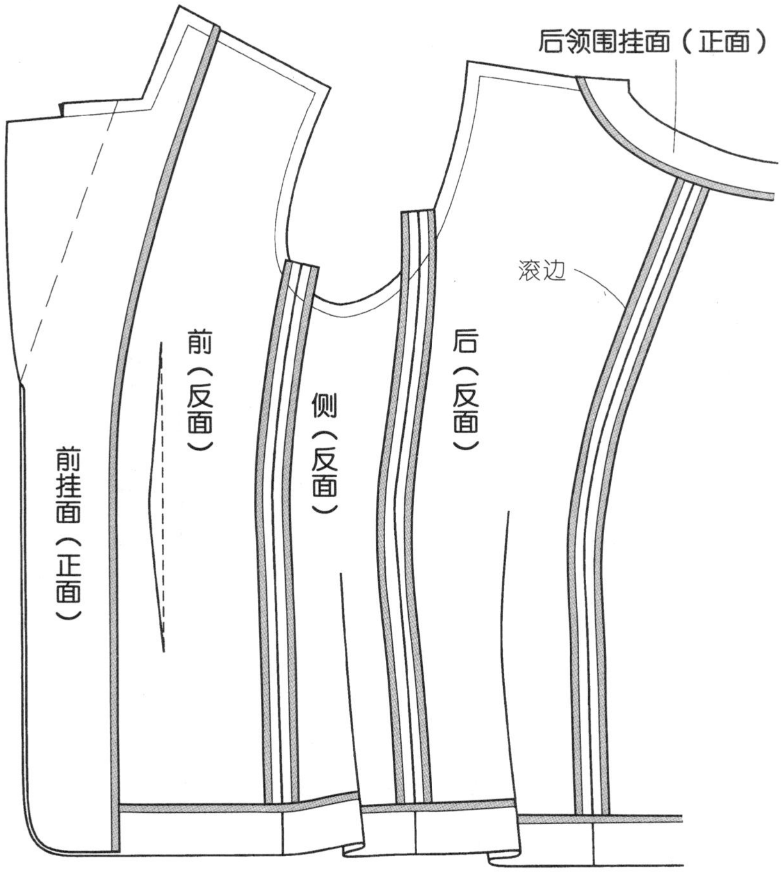

衬的粘贴方法

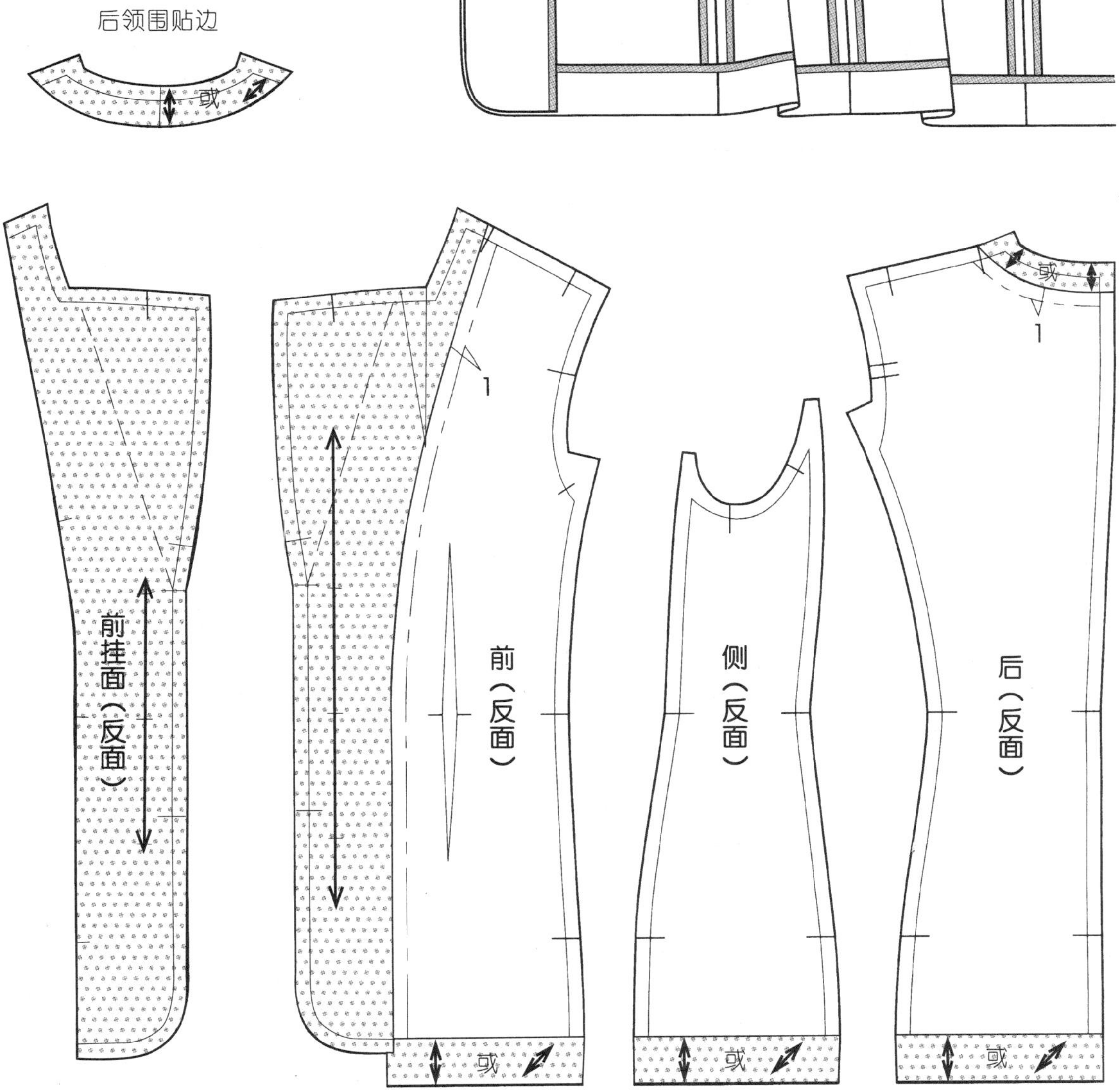

无夹里（B）

整个前衣身装挂面，为防止背面变形，后衣身挂面较宽。适合装垫肩的情况。适宜于薄而不透的面料。

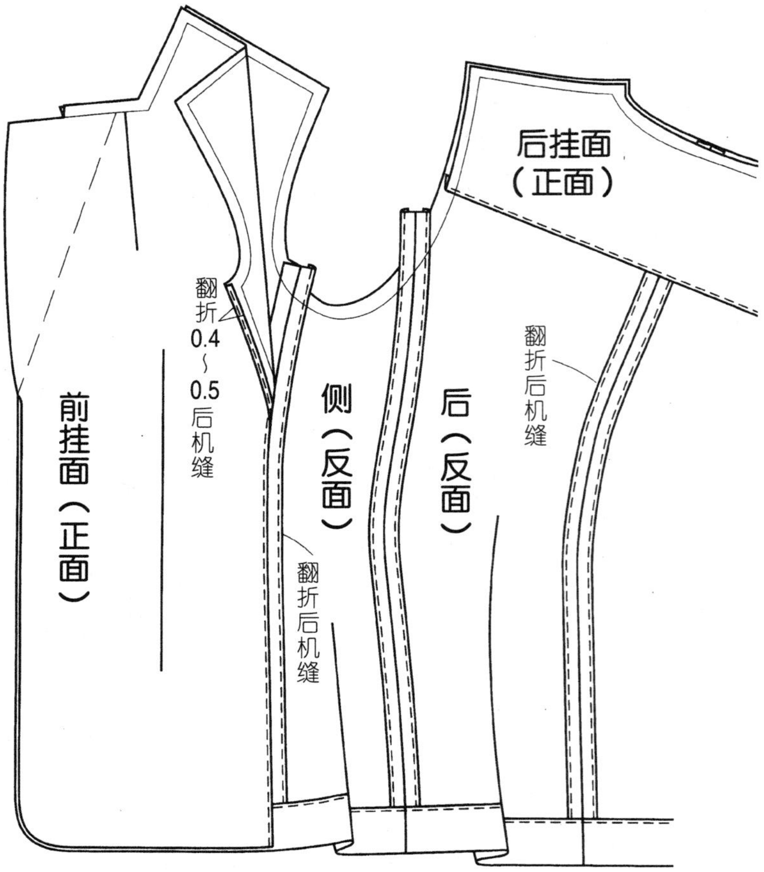

衬的粘贴方法

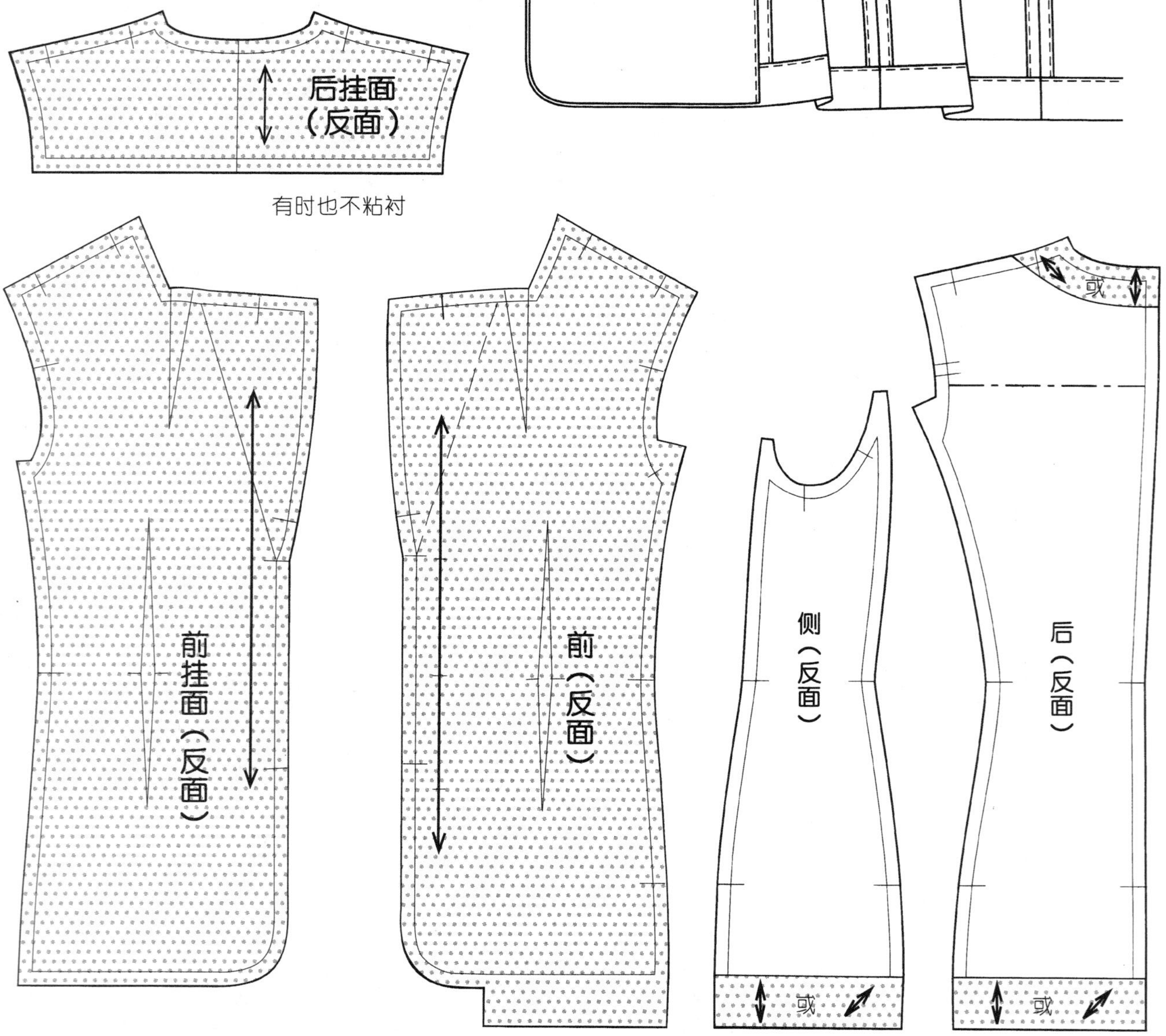

无夹里（C）

后衣身挂面从肩线一直到装袖线。这比较适合厚型、不滑爽的面料。

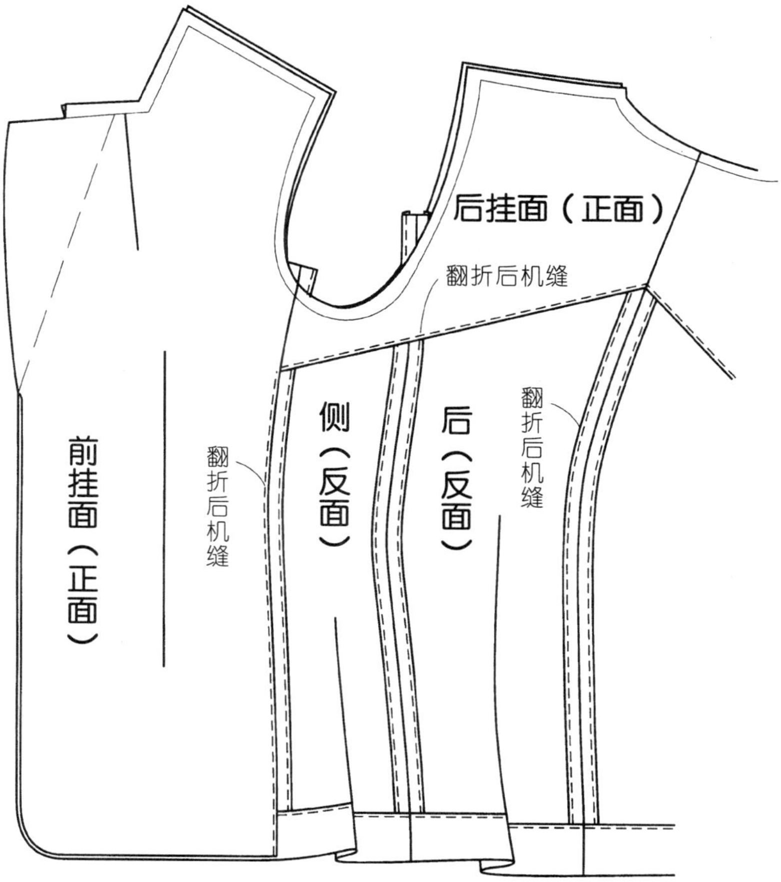

衬的粘贴方法

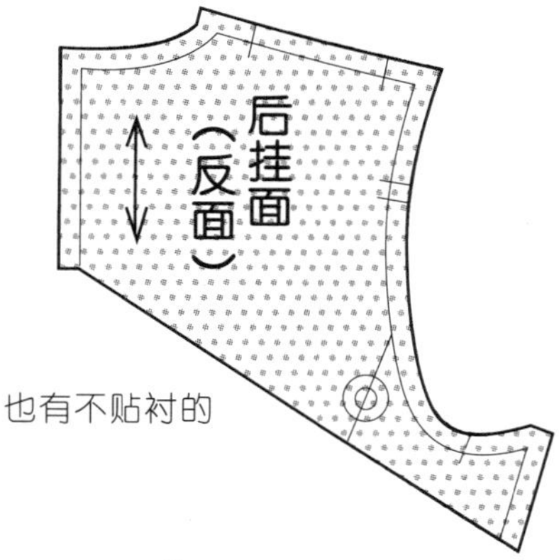

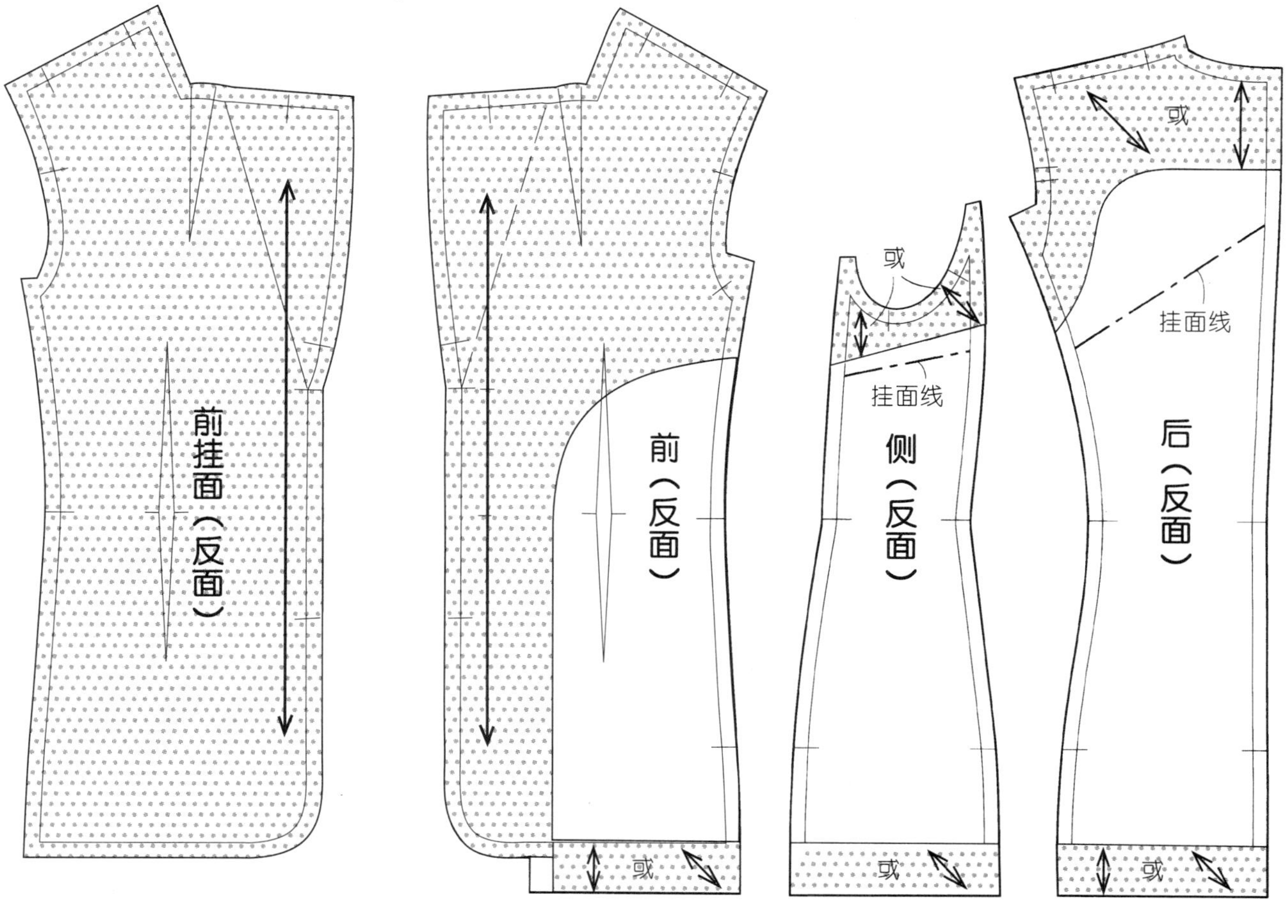

袖子的制作方法

无夹里的袖子，袖底缝的缝份处理有倒向大袖侧的，也有分缝的。衩的制作方法有真衩与假衩两种。

这里介绍滚边处理的方法。

缝份的加放及粘衬

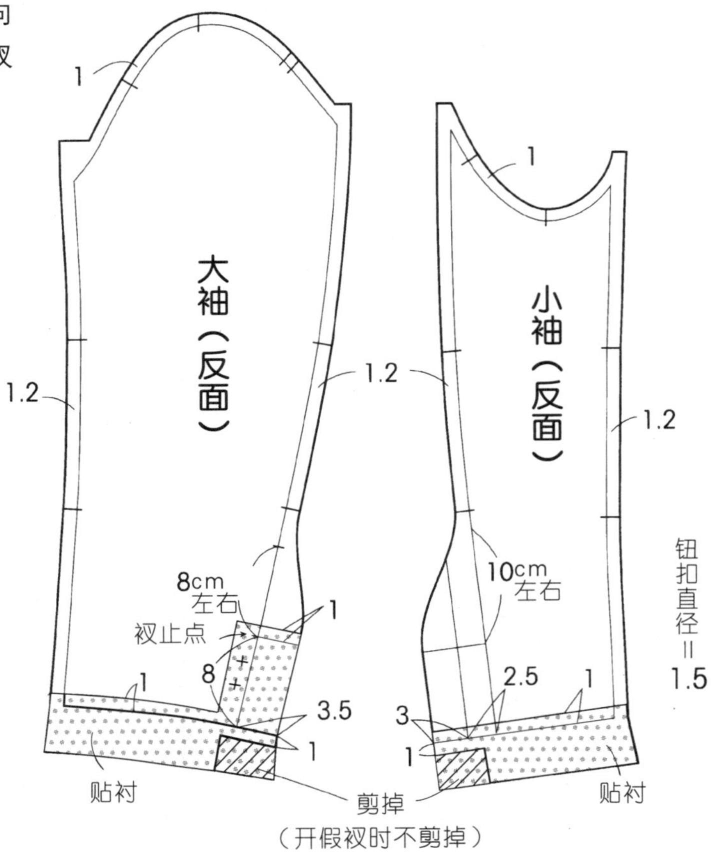

真衩的制作方法

1 小袖片袖衩处的缝份滚边处理，缝袖口

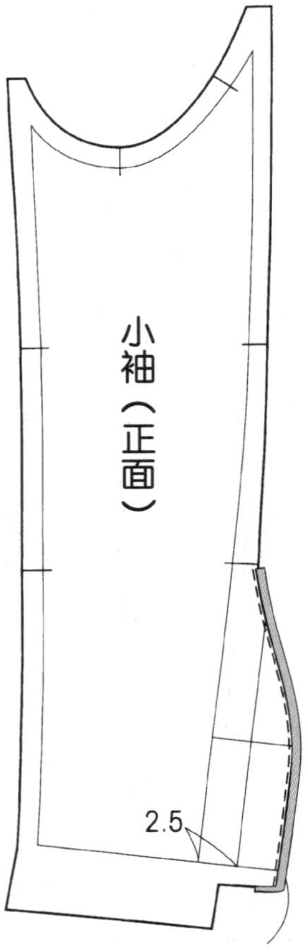

①衩处的缝份用滚边处理

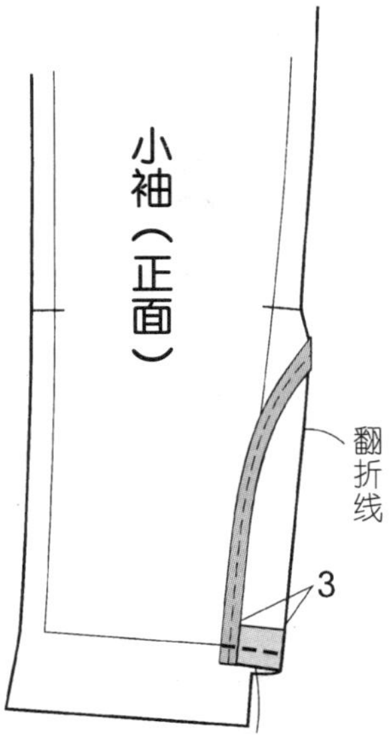

②衩部分的袖口处车缝

2 正正相叠，大袖缝缝到衩止点

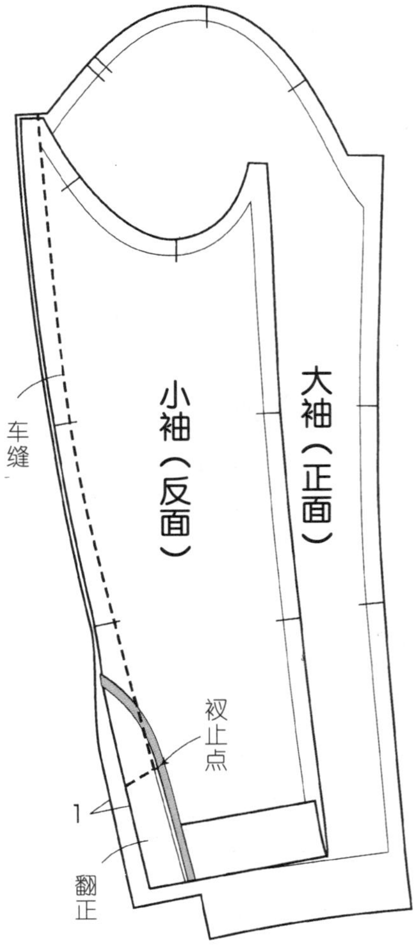

3 两层缝份一起滚边

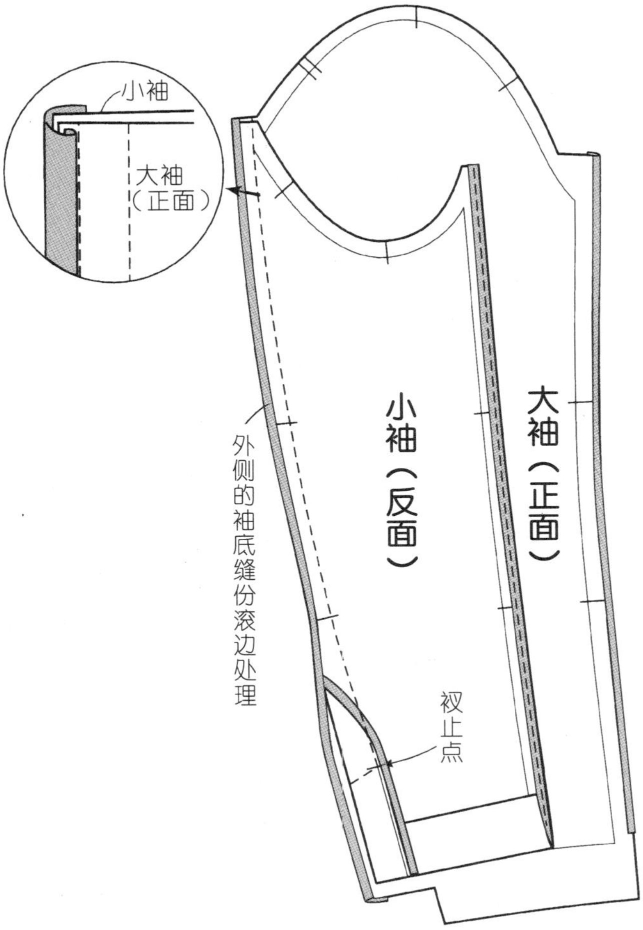

4 大袖袖衩部分袖口处车缝、整理

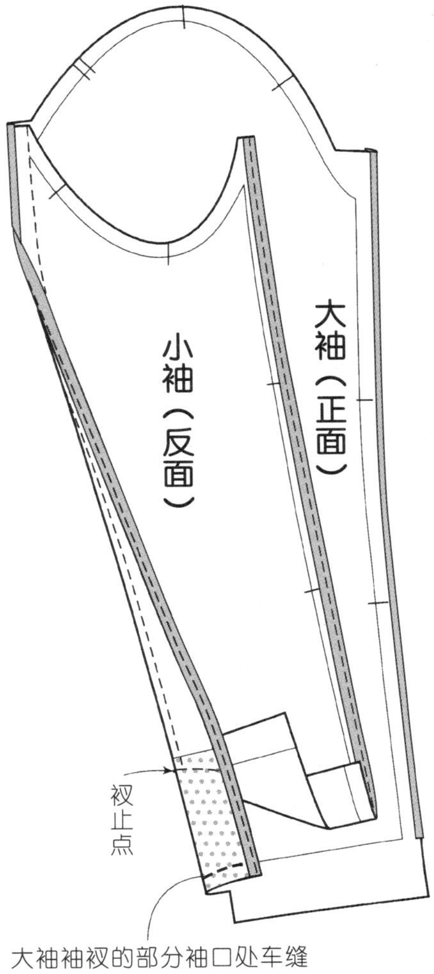

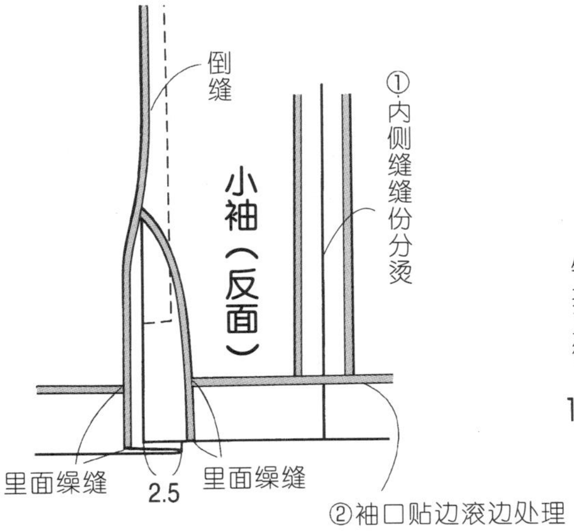

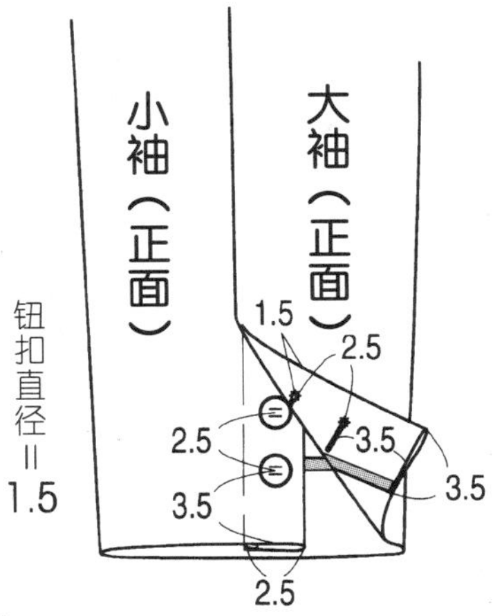

假衩的制作方法

1 缝份滚边

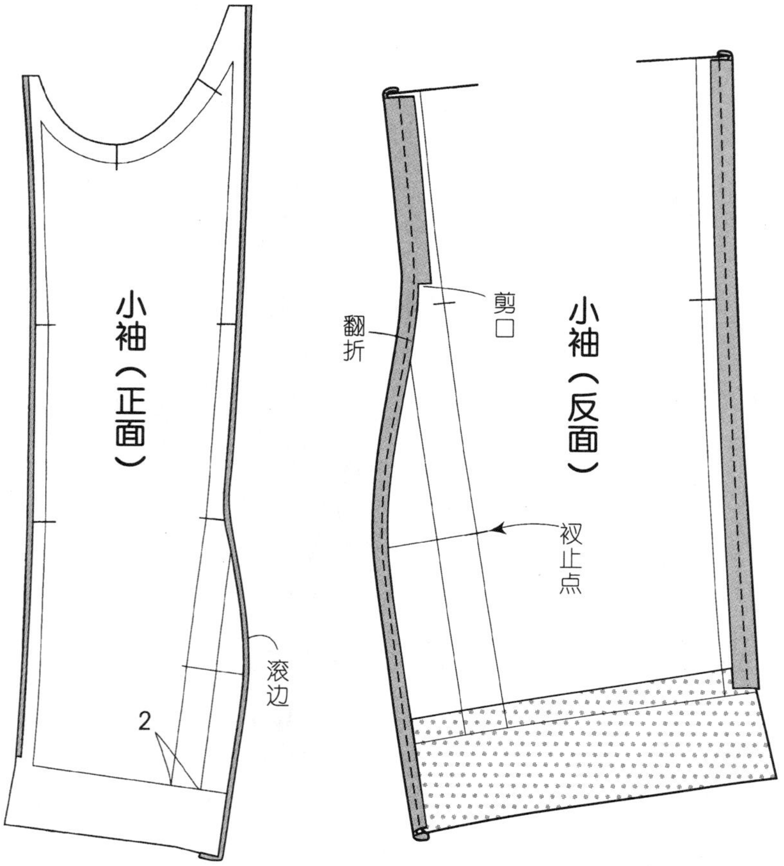

2 小袖和大袖正正相叠，缝合外袖缝

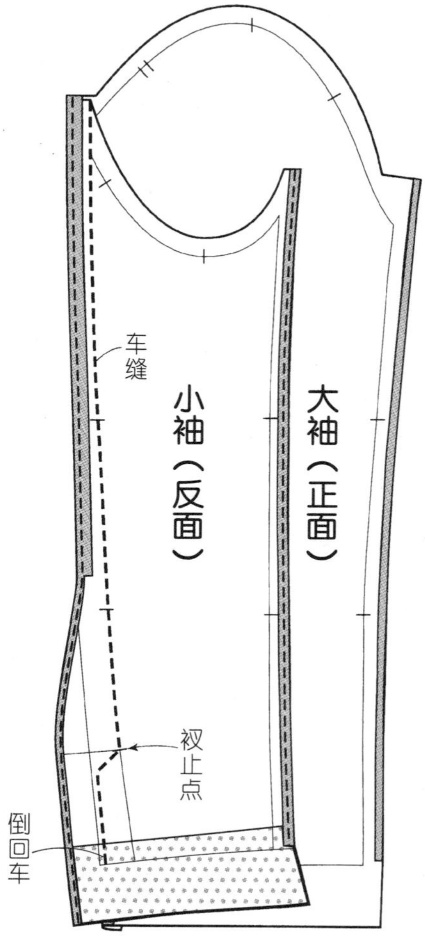

3 分烫外袖缝，整理衩

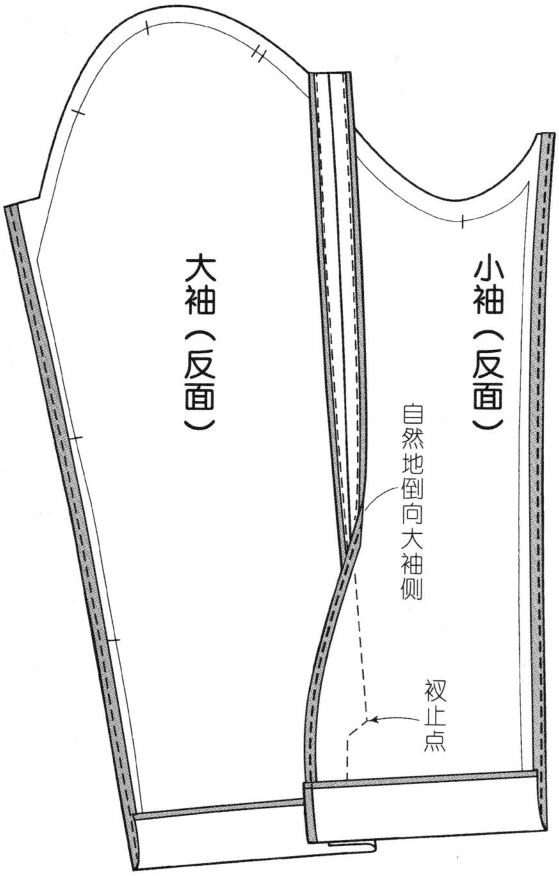

无夹里西装的后整理

前挂面、侧缝缝份缲缝。下摆滚边在里面缲缝。后挂面、后中心的缝份用线襻固定。此外，袋布重合时，仅口袋上部袋布深的1/3左右固定，驳头的驳折线里侧用拱针固定面、里。

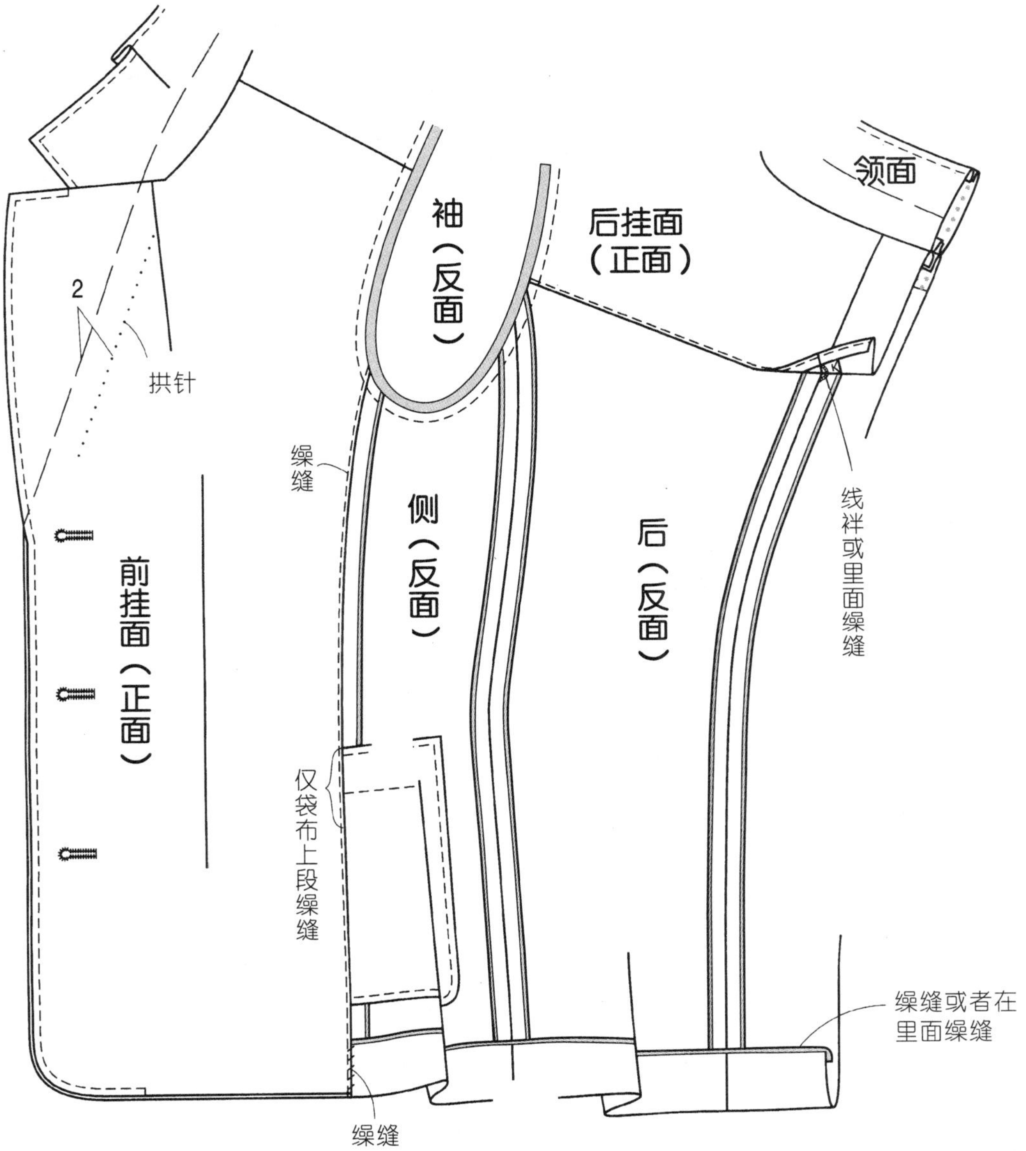

（3）半夹里西装的制作方法

春秋上装类及外套类的成衣制作，除了全夹里制作工艺外，也有部分装夹里的半夹里制作工艺。

这样既能保证夏天穿着凉爽，又能保证秋冬穿着轻快、方便。

半夹里制作工艺应特别注意在无里料位置缝份的处理，折边、口袋布等，应根据服装的造型及面料来选择适当的缝制工艺。

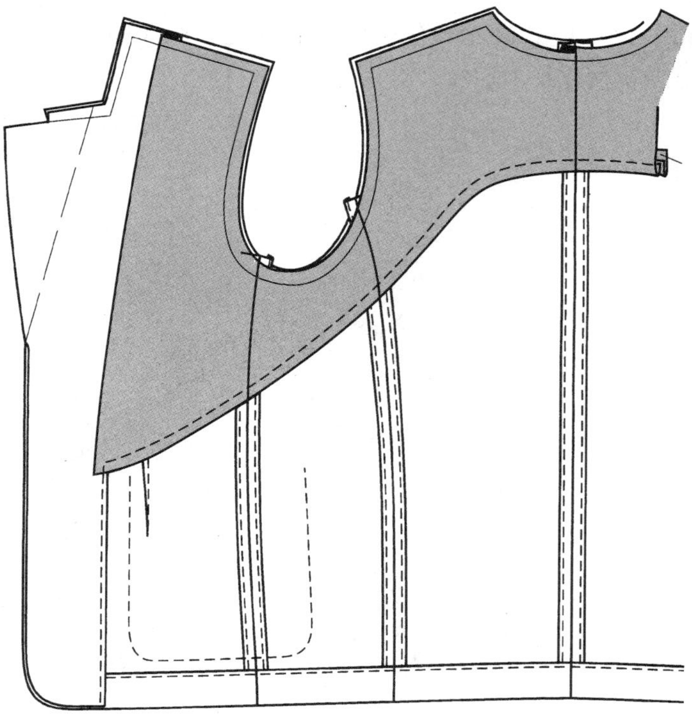

半夹里的制作工艺

里料的纸样，以腰围线、臀围线为基准，袖子全部装里料。

在前衣片装口袋袋布时，看得见的一片袋布使用面料，袋布周围的缝份处理方法与其他地方的缝份处理方法相同。半夹里工艺常用于不透明面料的春秋上装及外套上。

里料和挂面的裁剪方法

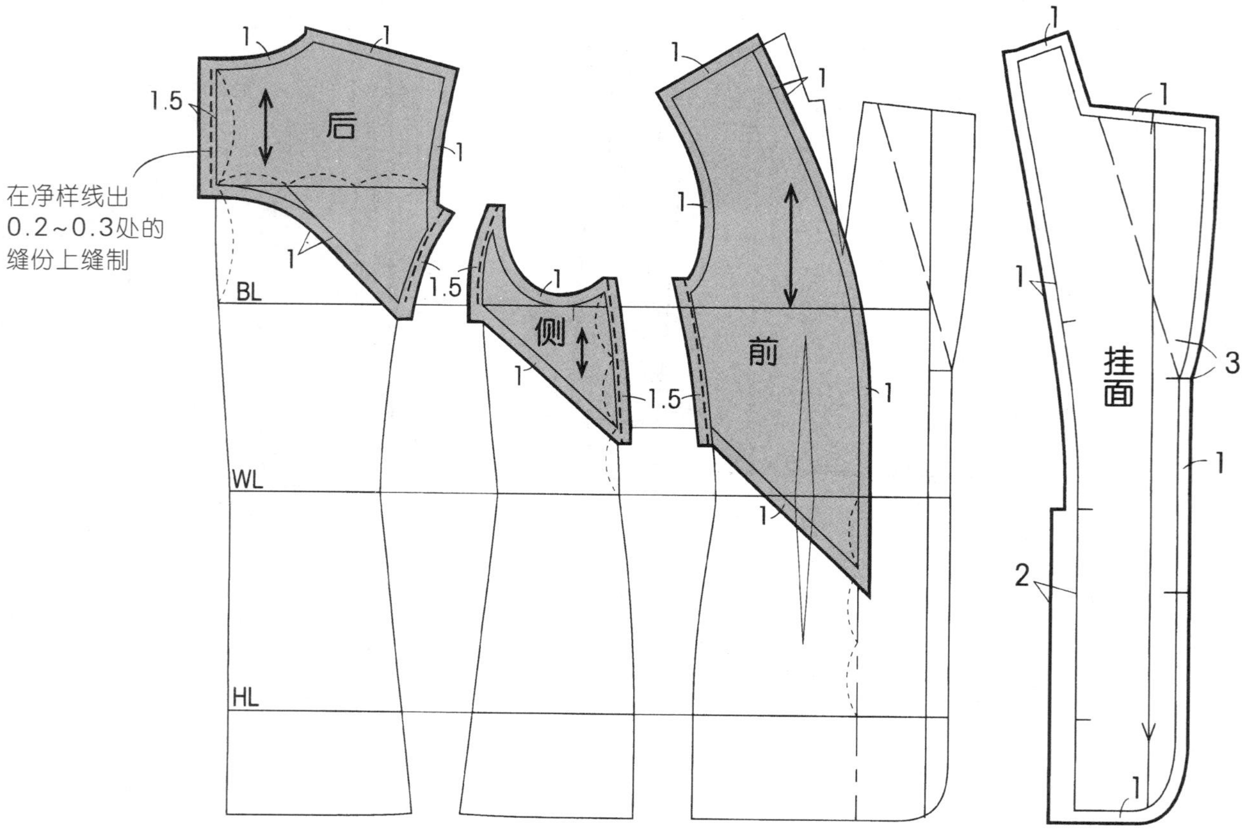

※样板制作参照第92页

里料的缝制方法是先缝合里料的后中心线、刀背分割线，再处理下摆缝份，最后与前挂面缝合。

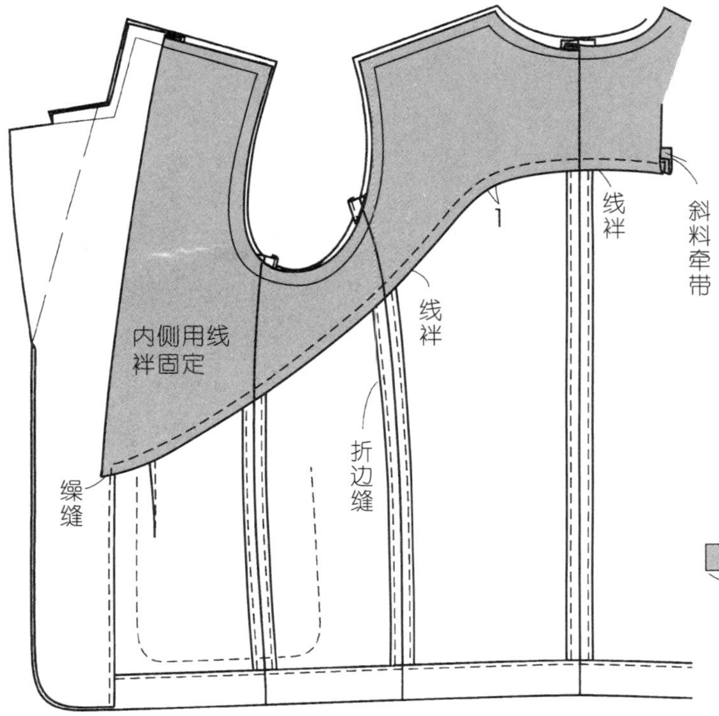

半里的下摆处缝份处理，因弧线弧度强，用同种里料的斜料贴边处理。

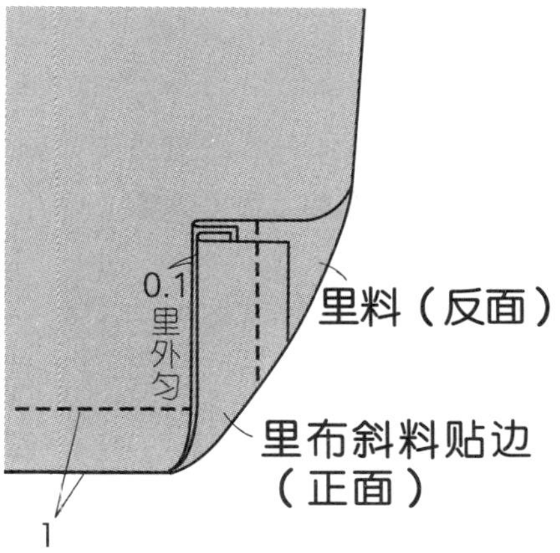

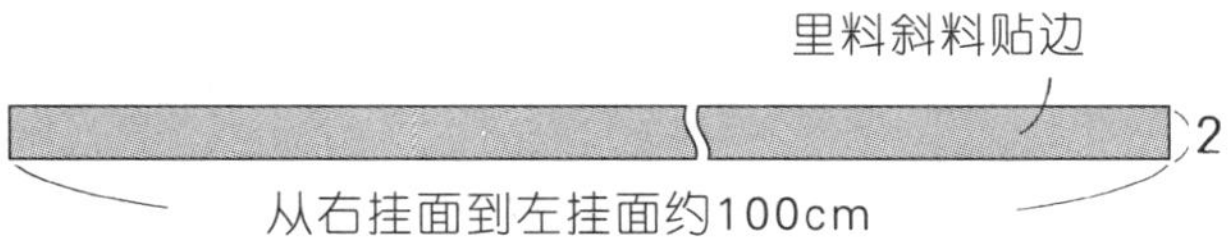

袋布固定住的情况

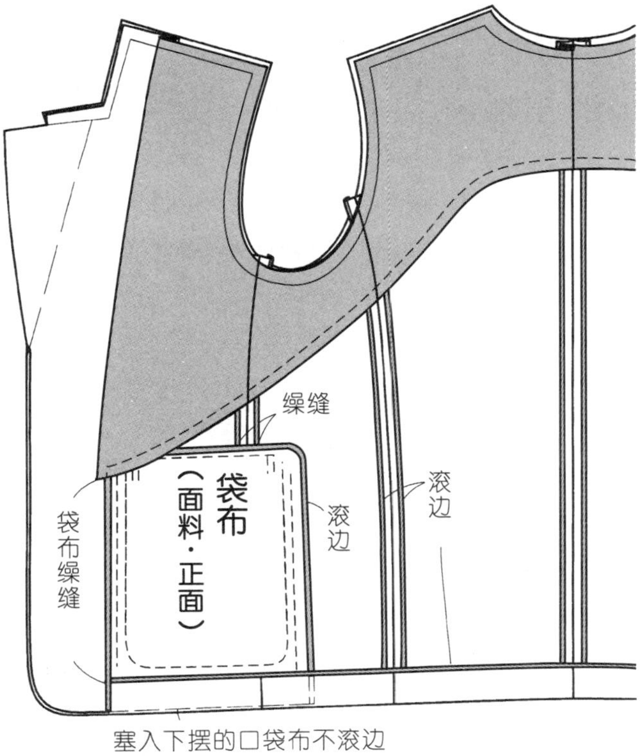

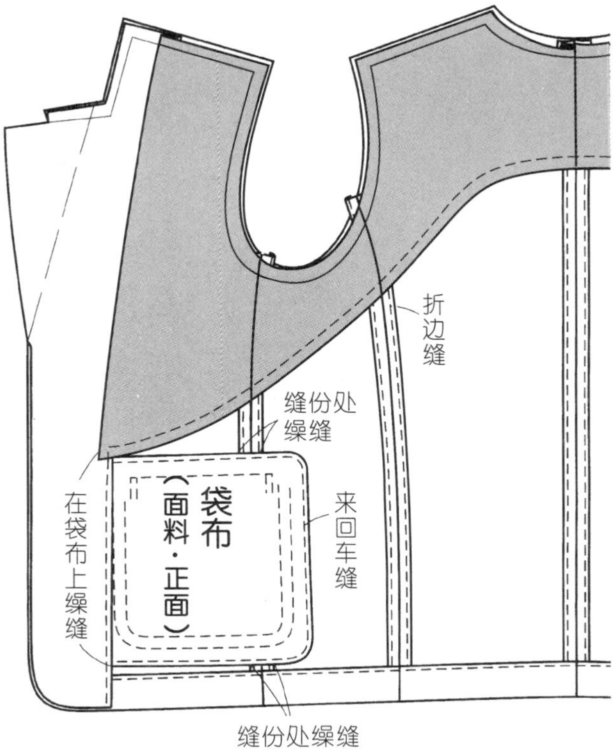

无背夹里的制作工艺

用在柔软型的春秋上装上。前衣身和袖子全夹里，后衣身为背长的1/3处装里料。

无背夹里的处理（A）

背里有2片，且有部分重叠的，很结实。适合厚型面料、毛型面料。

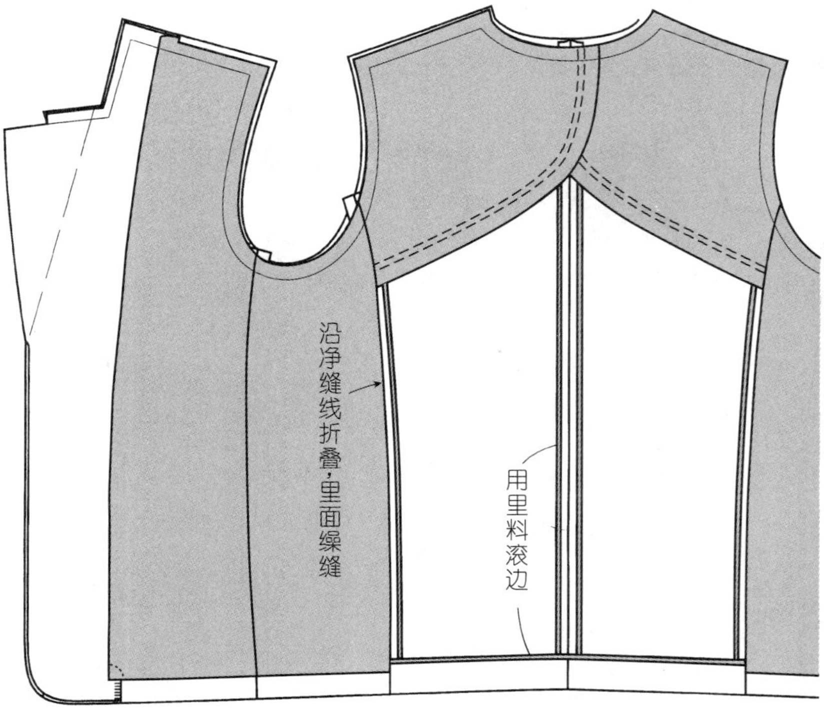

里料的裁剪方法

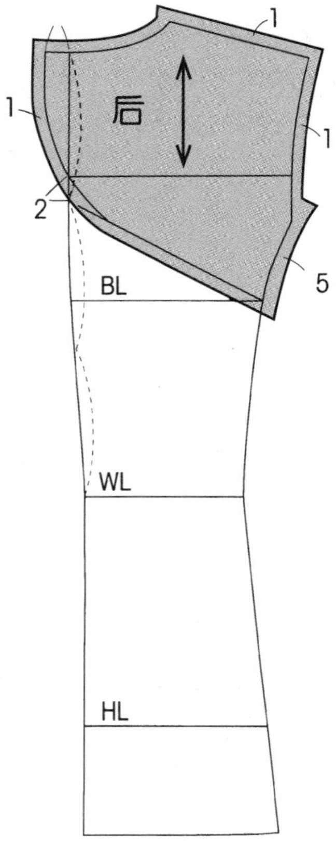

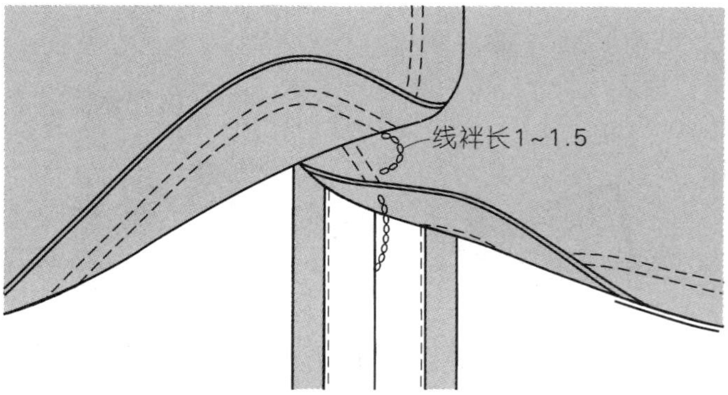

左右背里中心用线袢固定

后中心背夹里重叠

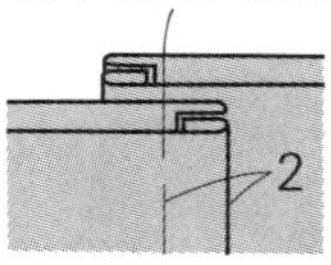

背里的缝制方法

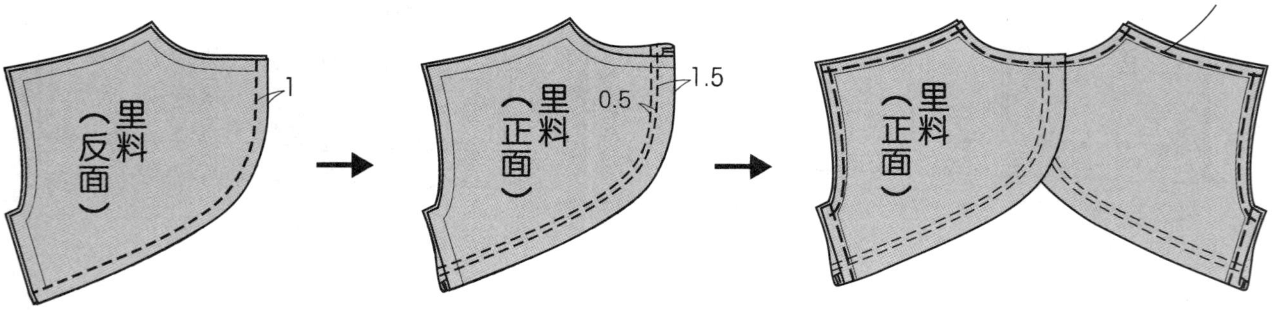

无背夹里的处理方法（B）

背里的下摆采用折边缝型。

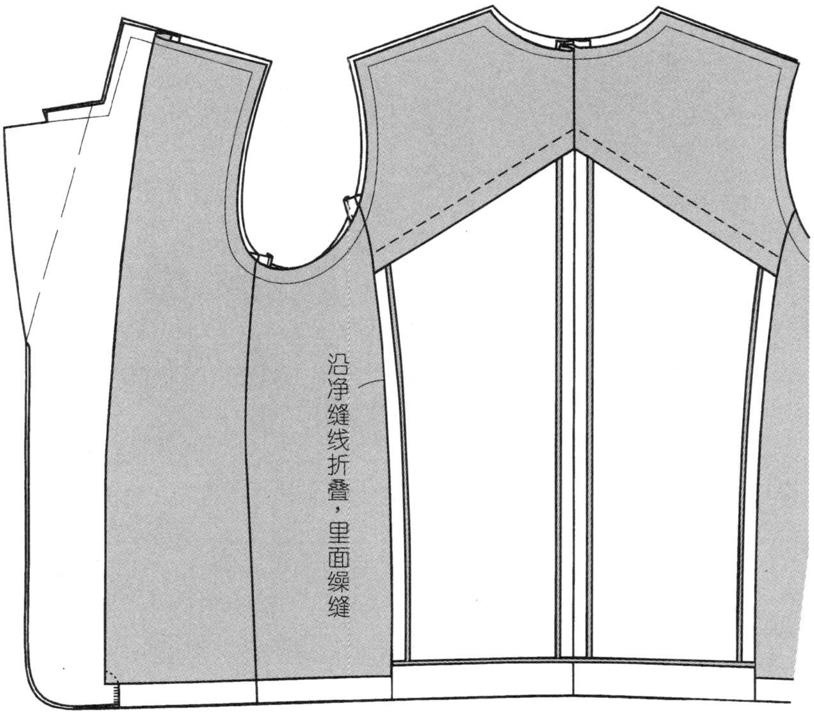

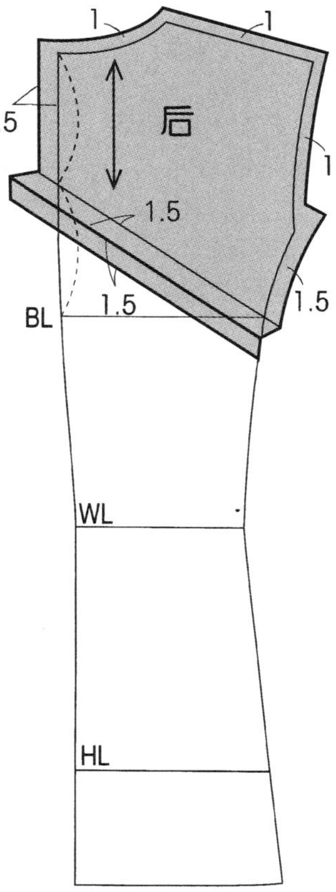

背里的缝制方法

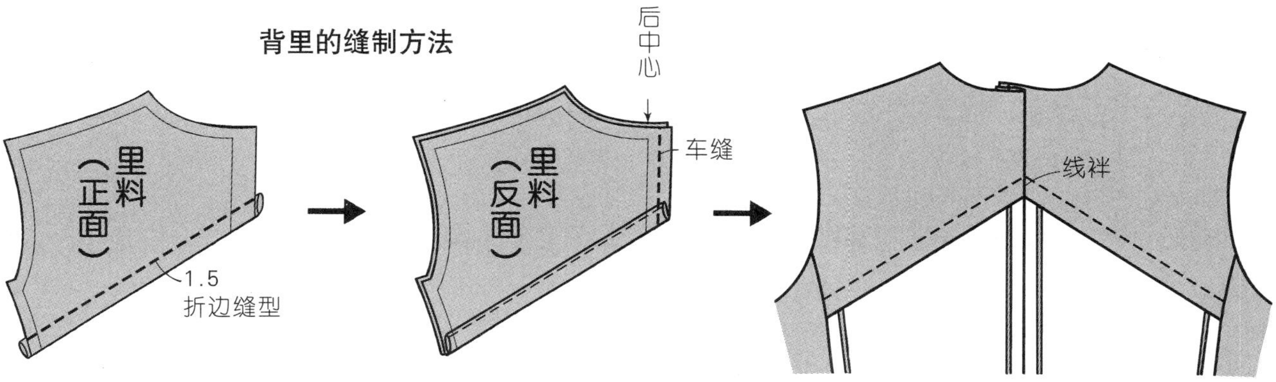

无背夹里的处理方法（C）

背里中心线连裁，背里下摆为直线，便于缝制。

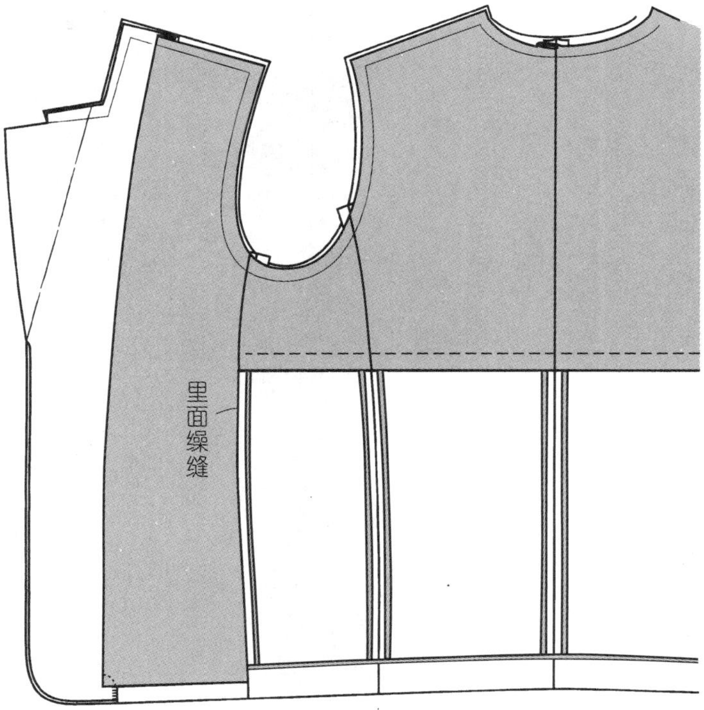

里料的裁剪方法

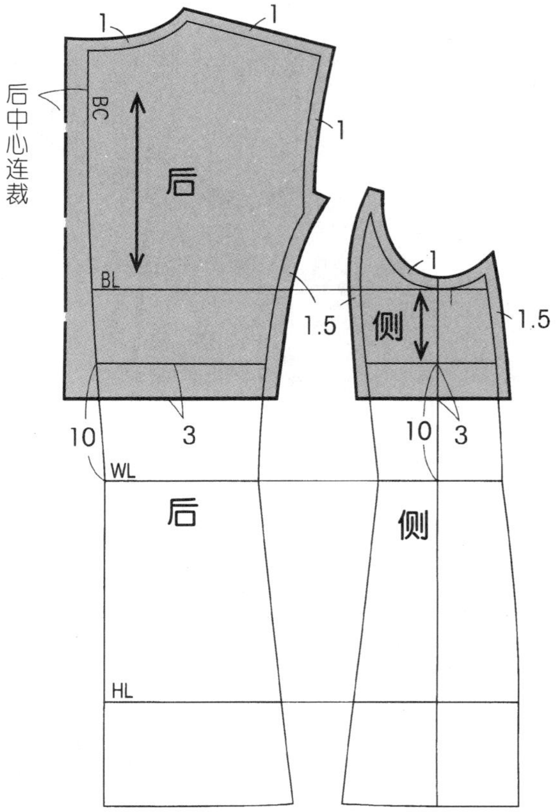

背里的缝制方法

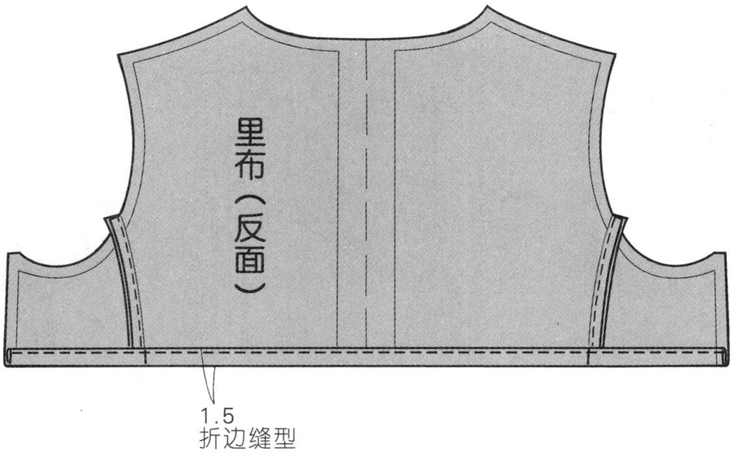

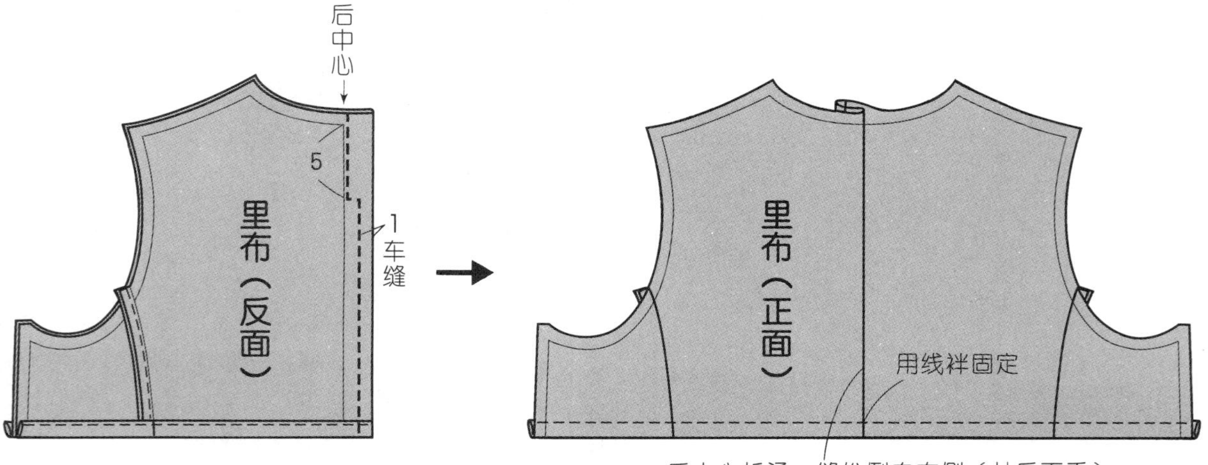

后中心折烫，缝份倒向右侧（从反面看）

7　部件缝制

对几个缝制要点进行说明

枪驳领（第26页中款式）

枪驳领在男式的双排扣西装中比较多见，驳头的尖端处的锐角成为了重点。

为了具有男性气的感觉，用肩部增衬的方法来表现。

挂面、前片里子的样板展开

领面的展开法参照第58页

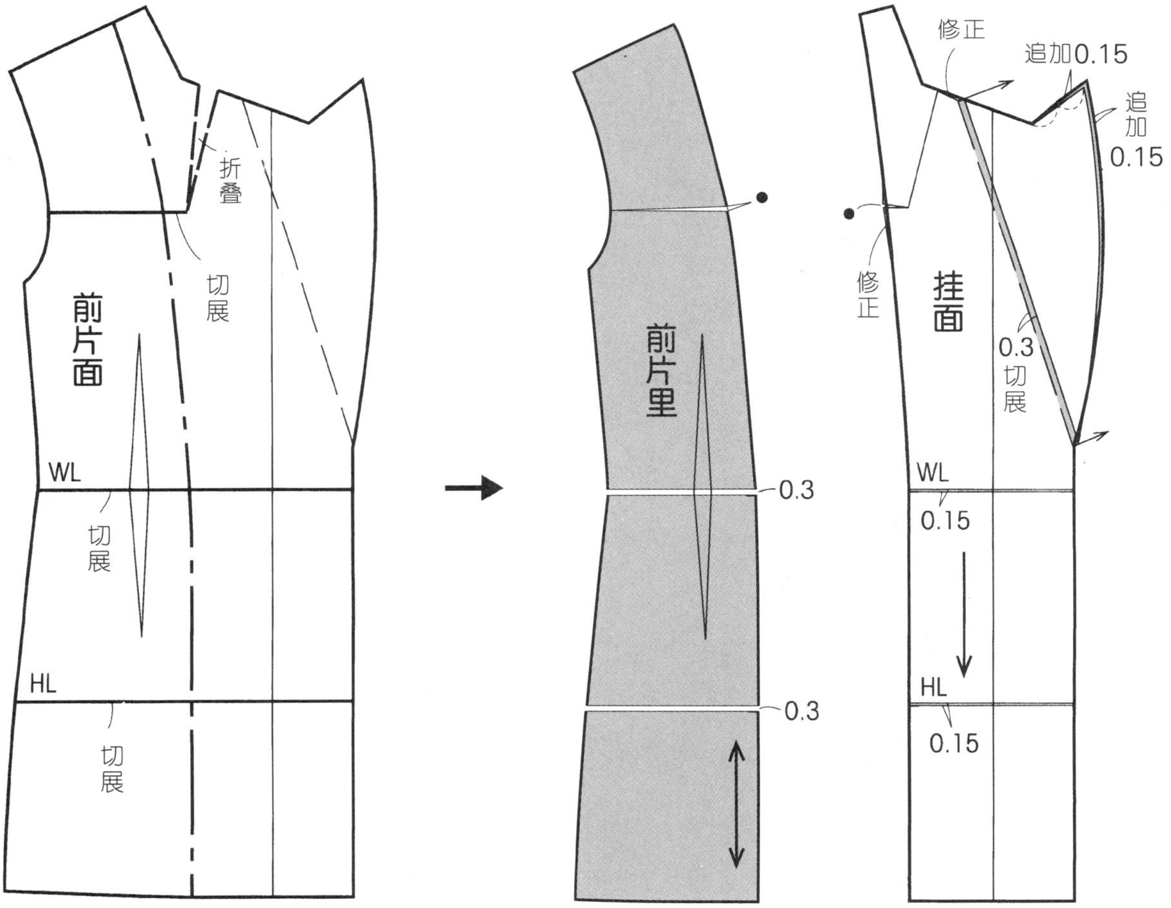

1 贴牵带

2 缝省道、前分割线

省道下面垫布的缝制方法参照第72页。

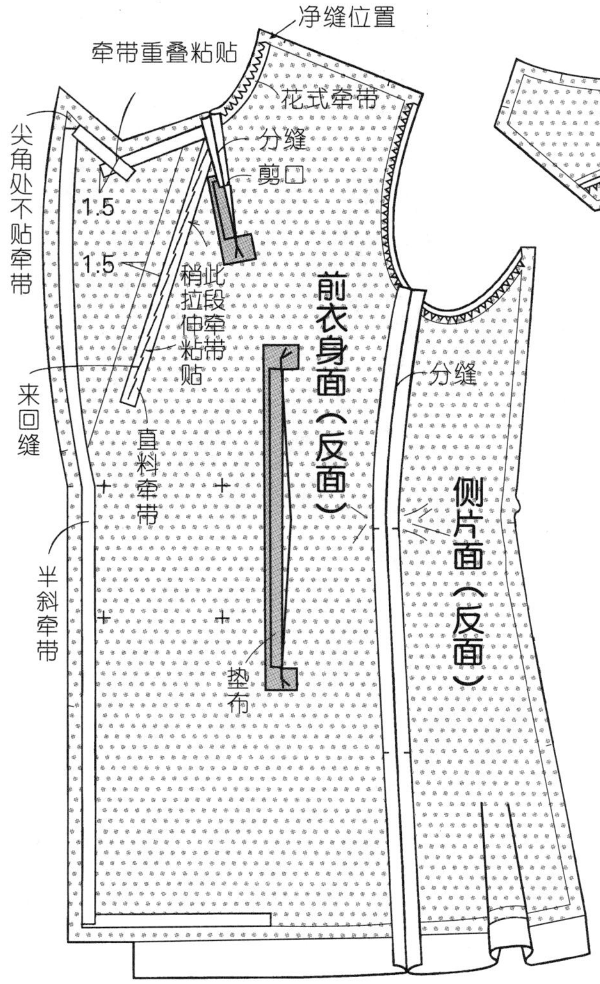

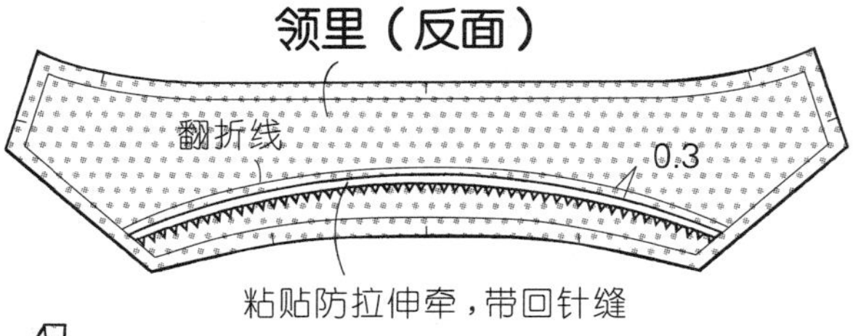

3 装肩部增衬

在反面放置肩部的增衬，在烫馒头上使衣身平摊，从正面开始绢线钉住。增衬大小以领窝处位于净缝处肩缝出0.3cm、袖窿处出0.5cm为准，剪去多余部分。

肩部增衬

为使前肩部造型保持美观，加上肩部增衬，市场上有销售。

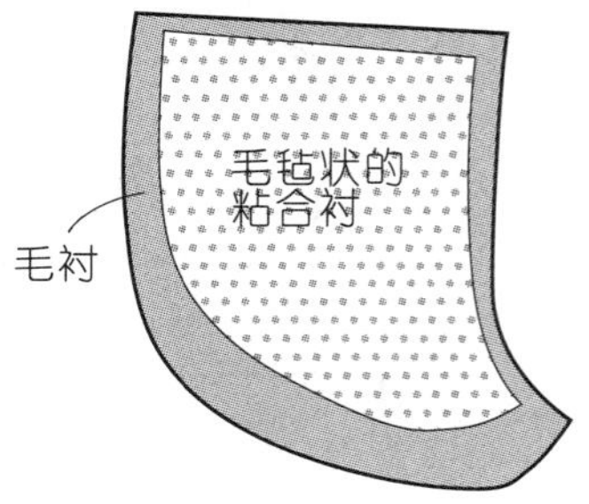

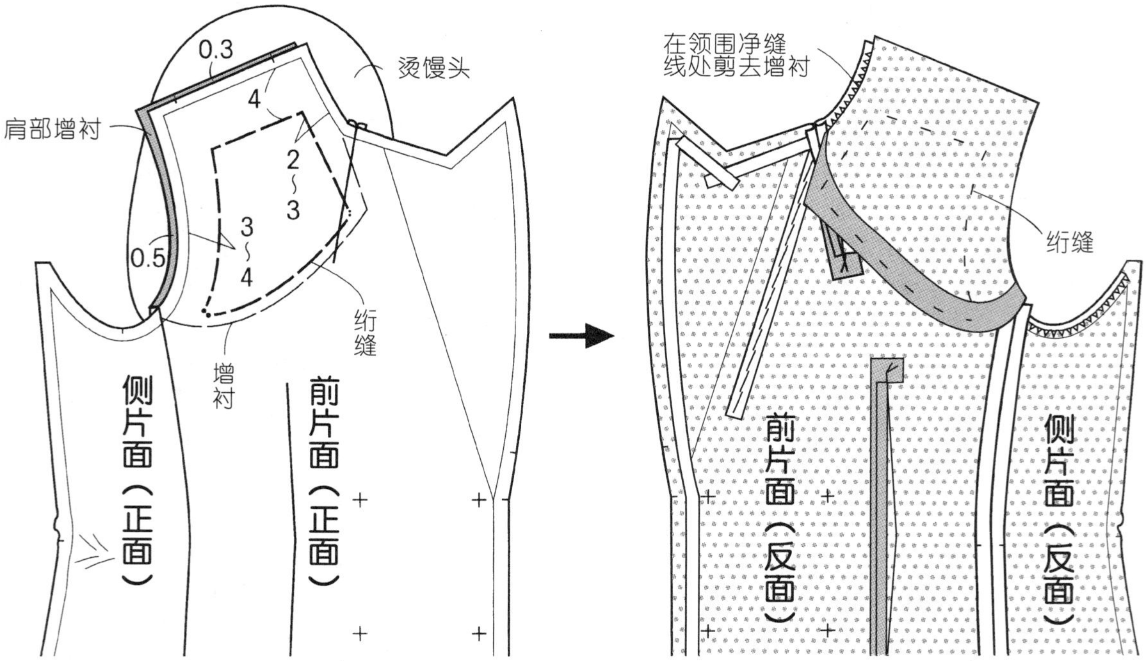

4 缝肩缝

肩缝分缝，在烫馒头上把增衬放置在肩处，在肩缝处用漏落缝绗缝固定。

增衬与后肩缝的缝份固定。

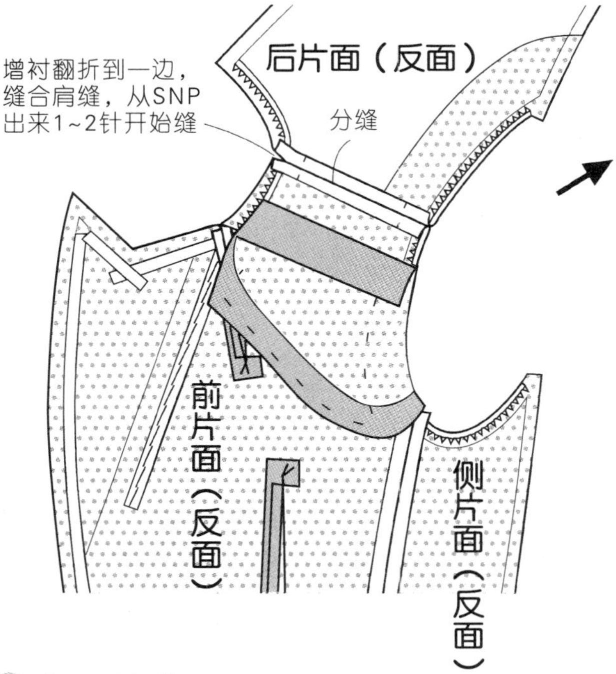

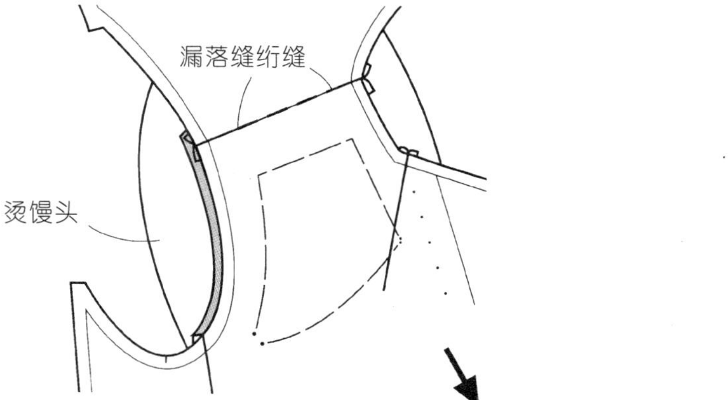

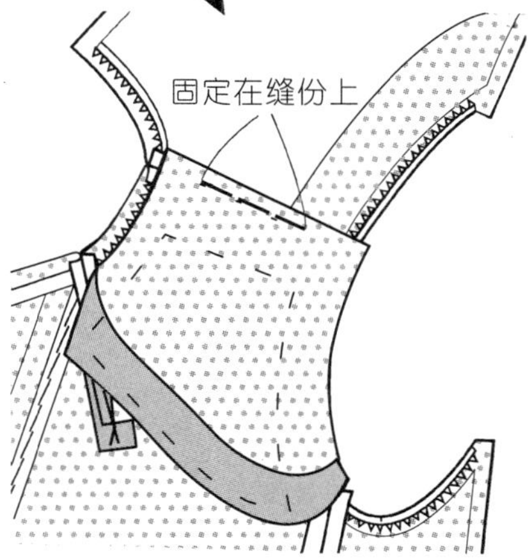

5 缝后分割线

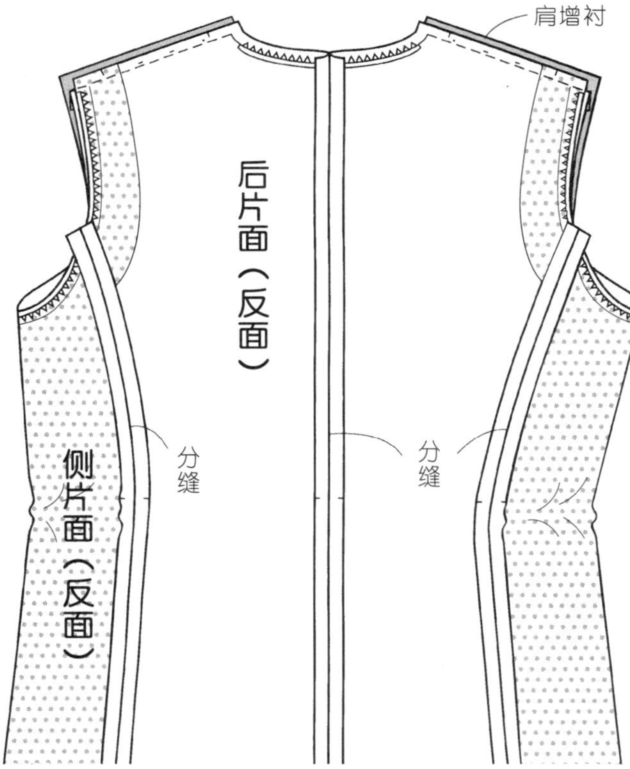

6 在衣身面子处装领里

前领围的角的缝份处打剪口，避开增衬，装领里。

装领止点和缝份连接的地方打剪口，分缝。

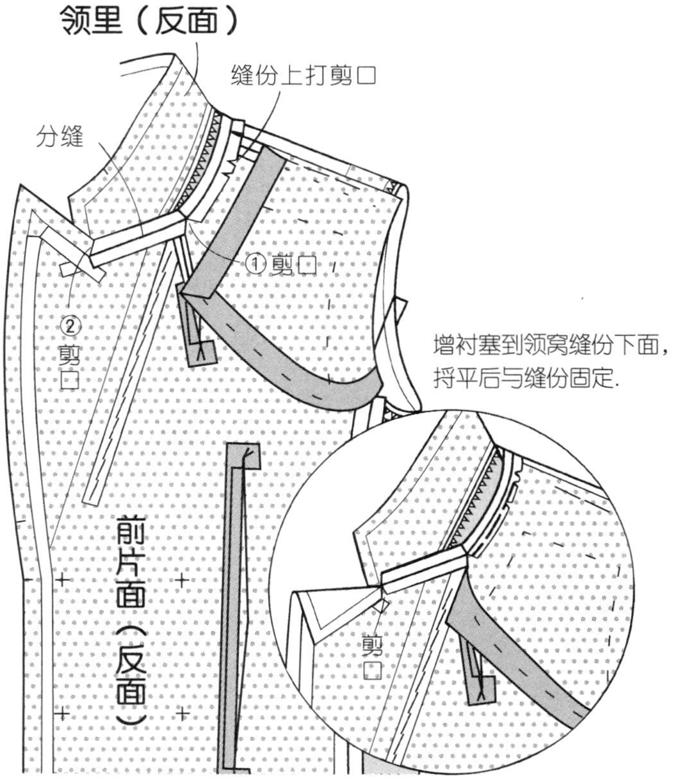

7 在衣身里子处装领面

挂面的前领围角处加入剪口，并将衣身里子和翻领缝合。

装领止点和翻领的侧颈点的缝份处加入剪口，前领围的缝份分缝，后领围的缝份紧的地方加入剪口，缝份倒向衣身。

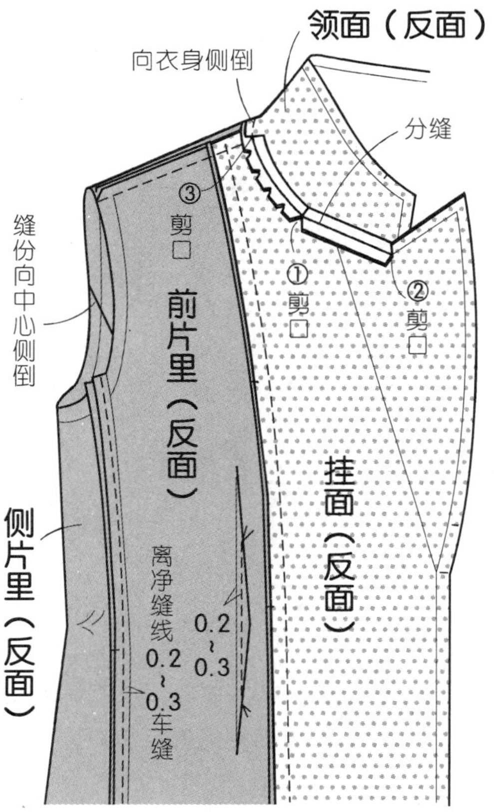

8 缝前门襟、领外围

衣身面子和衣身里子的装领止点位置，四点对齐固定好之后缝合。驳头的前端一针横向缝。

缝份修剪得窄一点，分缝之后折叠整理，翻到正面。

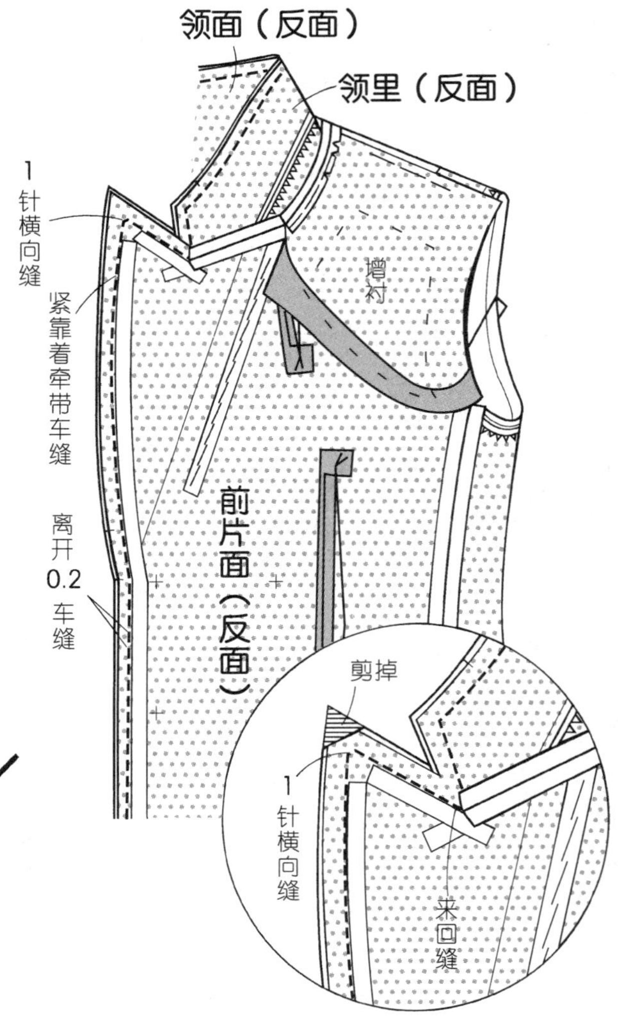

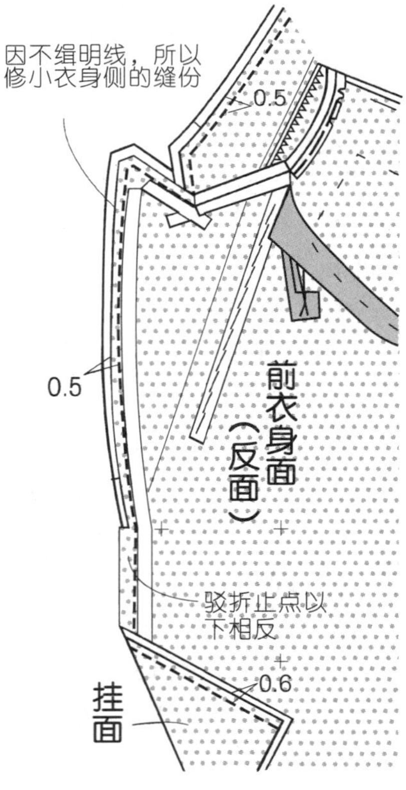

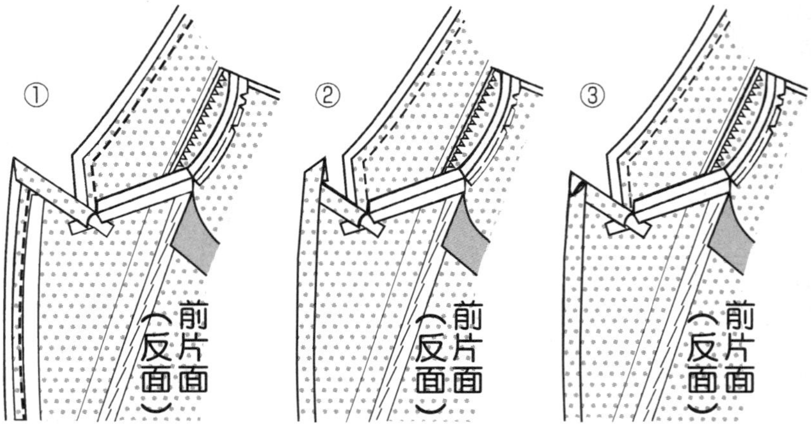

青果领（第29页中款式）

此款领为翻领和挂面连在一起裁剪的，领里先装在衣身上，再从前门襟开始接着领外围车缝的制作方法。

领面和挂面的样板制作，根据样板上SNP点处领子与领围重叠量的大小，有两种方法：

A.重叠量大的时候，前领围的挂面切割与后领围贴边连在一起装在挂面上。

B.重叠量小的时候，后装领线与挂面在SNP点处连顺，通过拔开处理。

后中心需连裁，挂面前端又要保证直丝绺，所以挂面必须断开。不管方法A或B，要在挂面下端不太醒目的位置加入拼接部份。

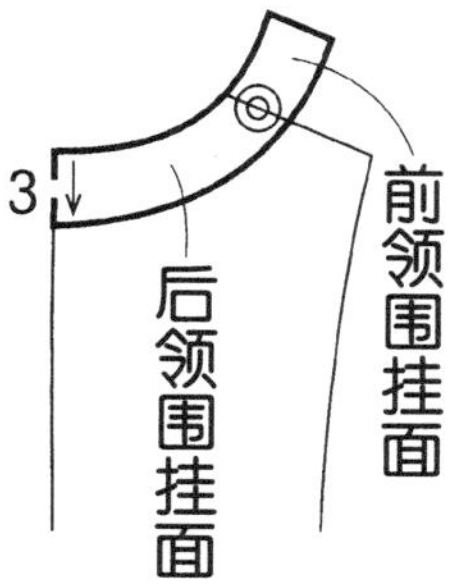

方法A　领围处装挂面的方法（SNP处领子有相交量）

领面、挂面样板展开

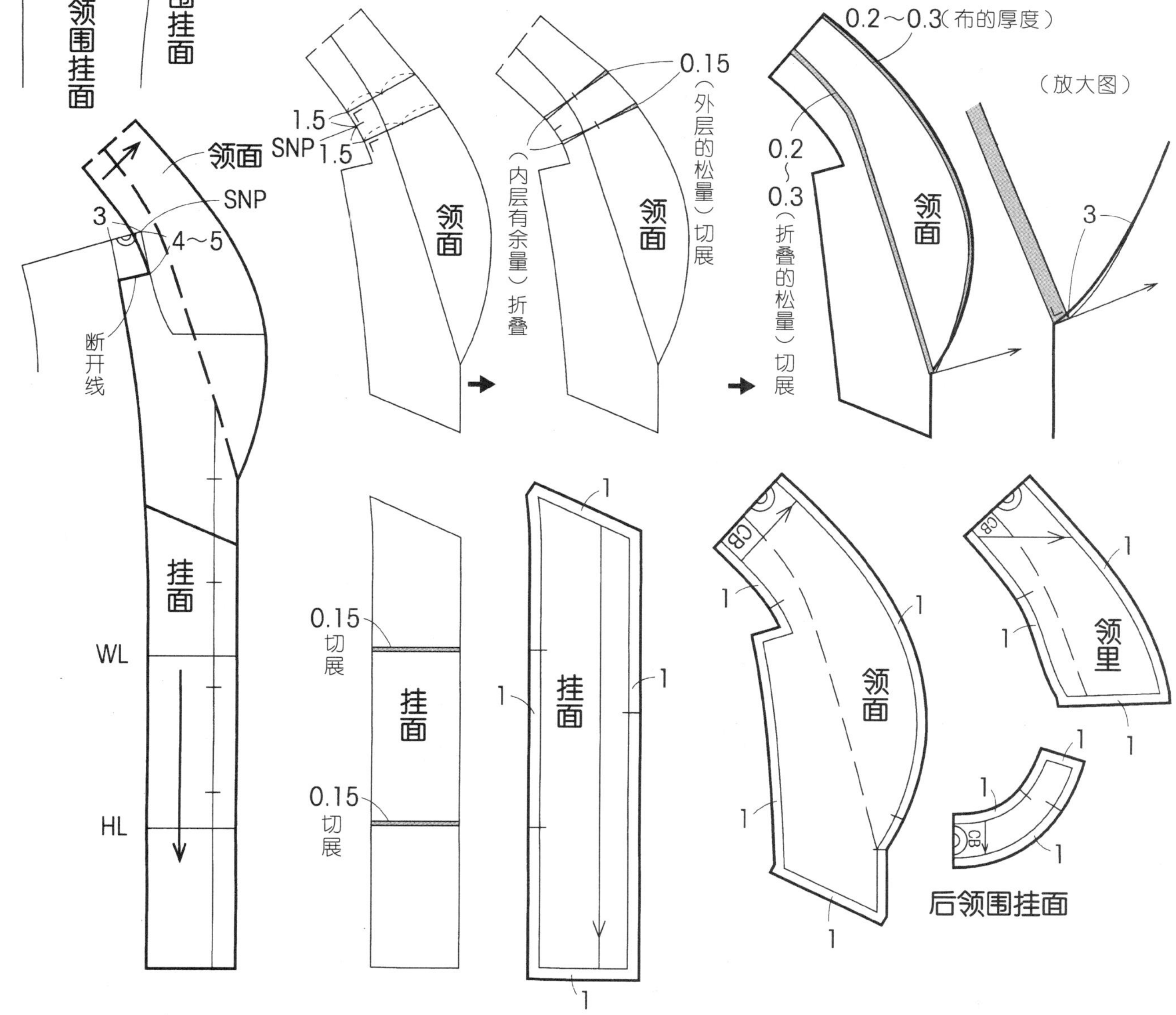

方法B　领围处不装挂面的方法（在SNP处没有重叠）

领面、挂面的样板展开

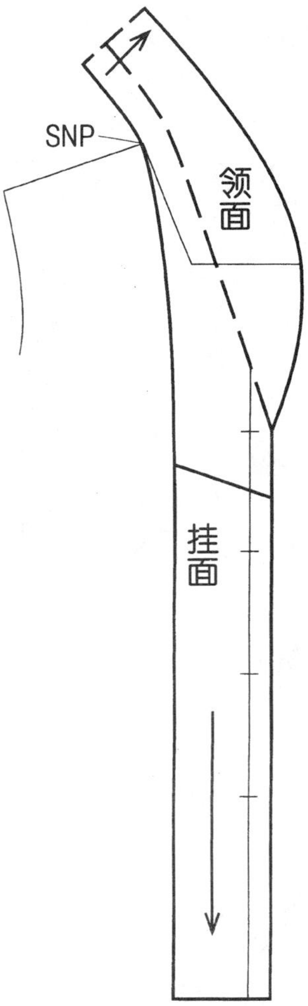

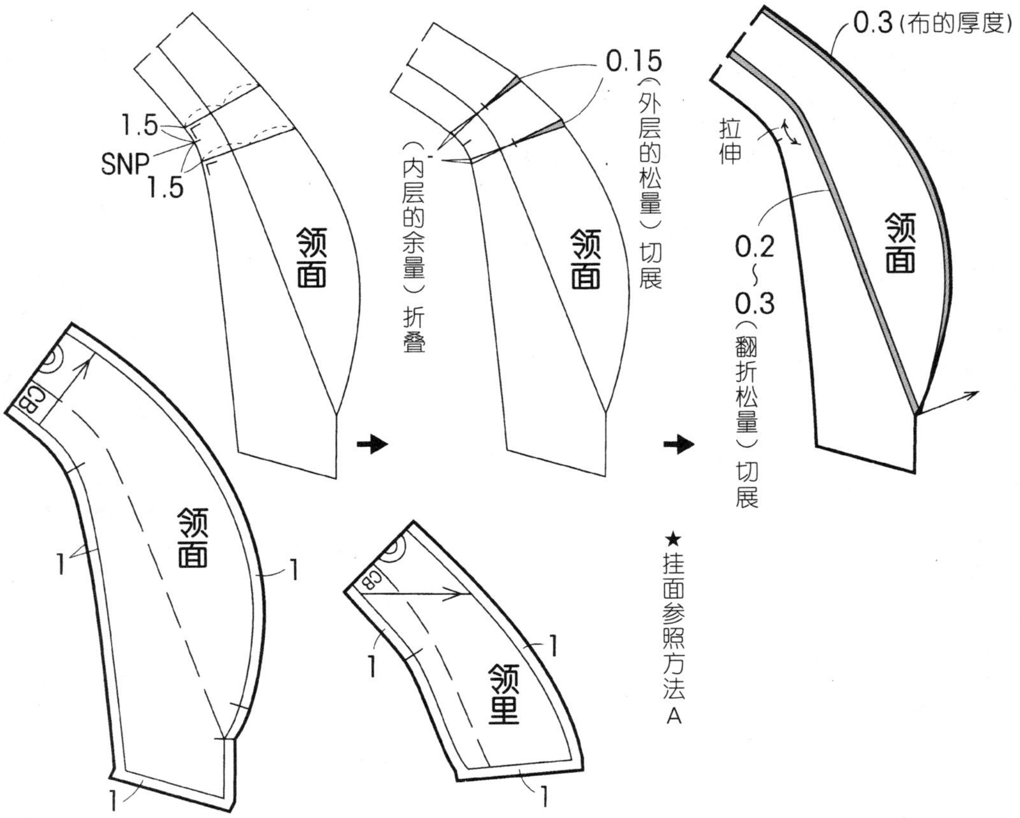

1 贴衬、贴牵带

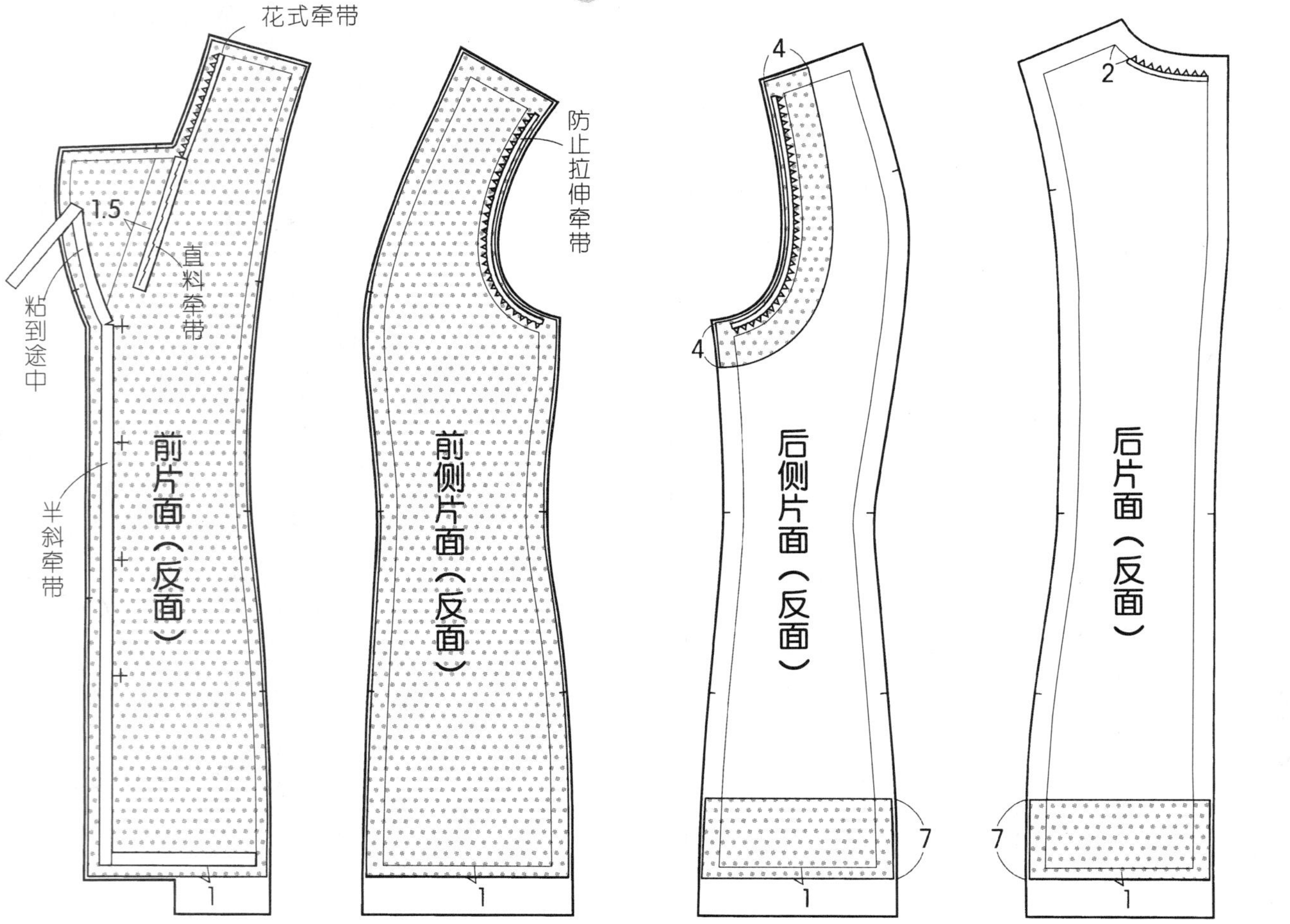

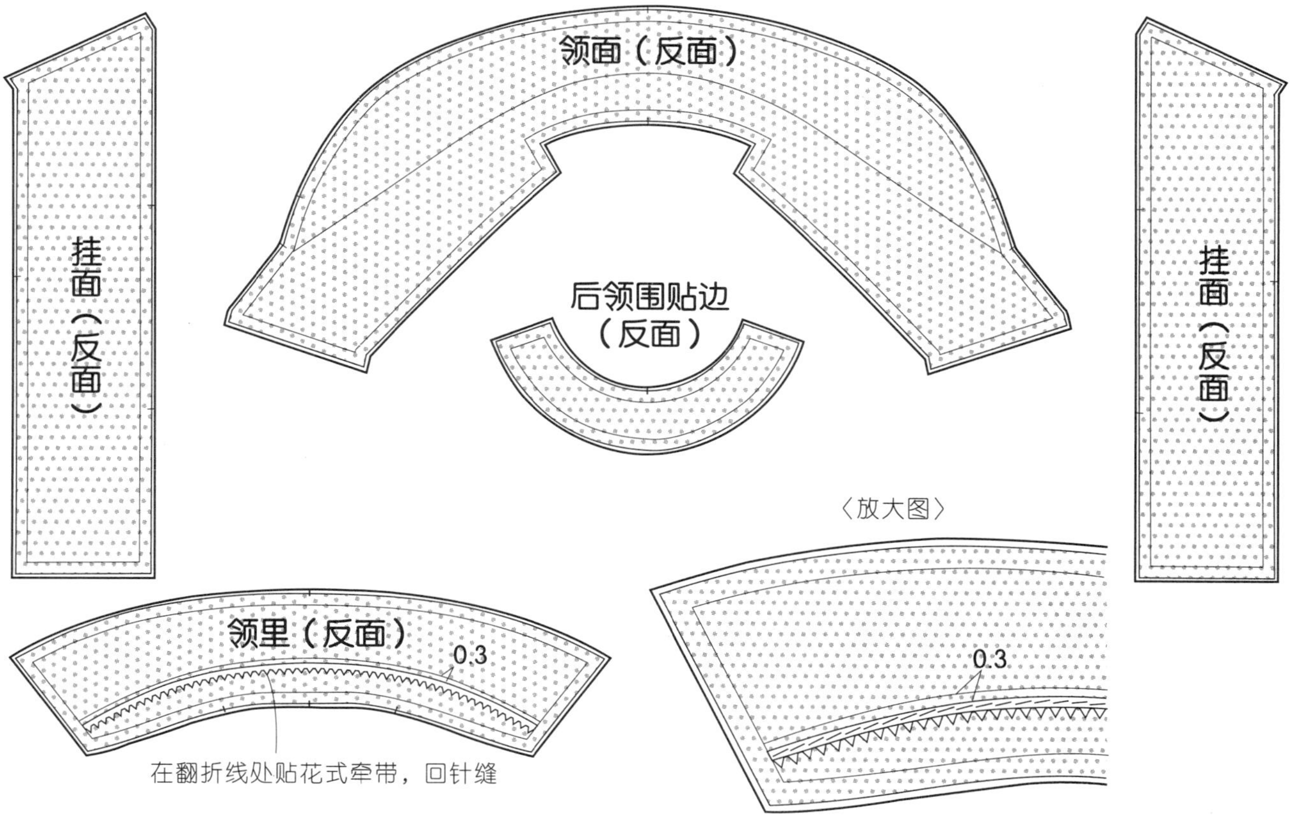

2 在衣身面子上装领里

缝分割线，在前后肩缝缝合的衣身面子上装领里。

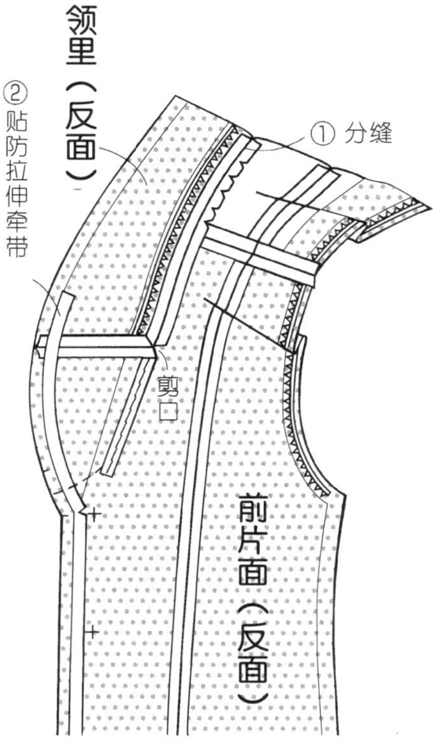

3 衣身面和衣身里正正相对，缝合前门襟、领外围线

方法A

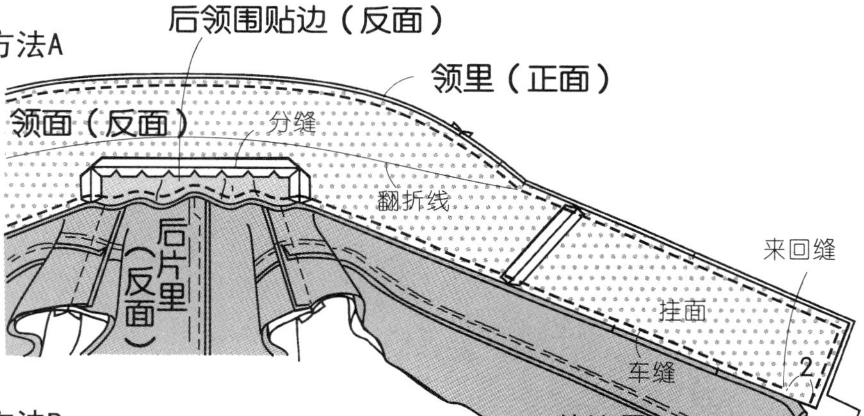

方法B

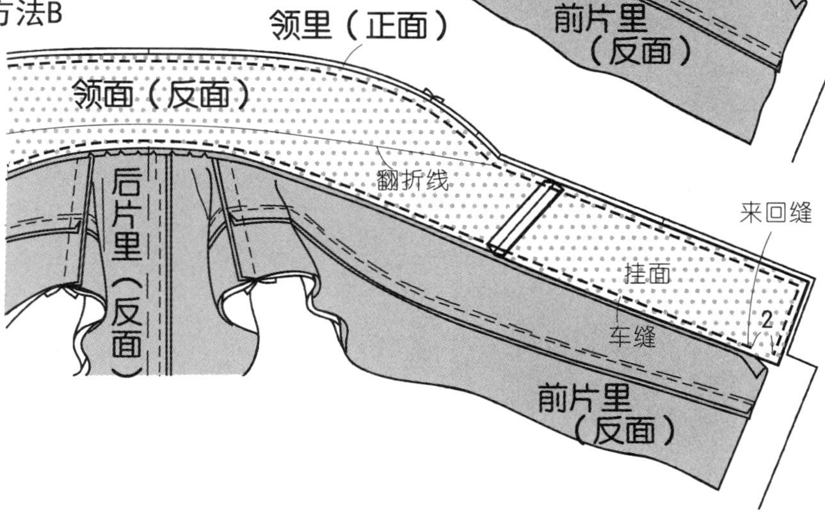

领座分割的衬衫领（第32页中款式）

为使衬衣领达到贴合脖子的效果，在翻折线里面将领座部分分割。

领里的样板制作

将后中心到SNP点间线段3等分，添加辅助线，辅助线方向以垂直翻折线为准

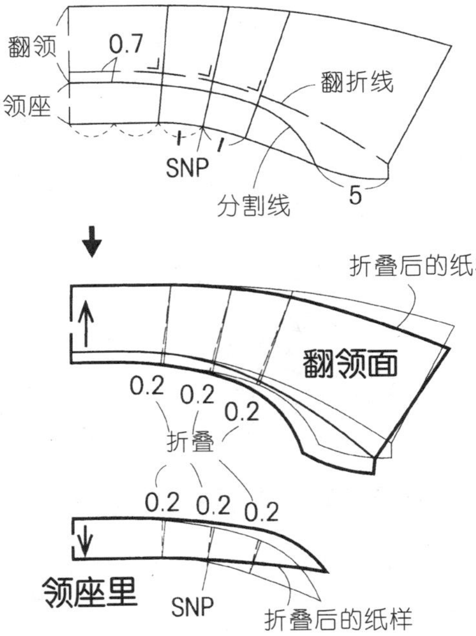

领面的样板制作

使用翻领里纸样

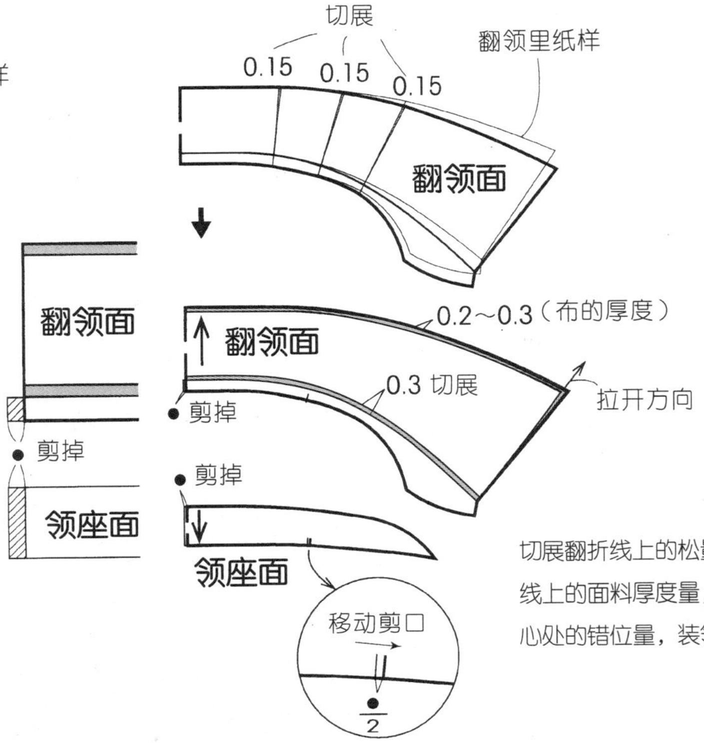

切展翻折线上的松量，追加领外围线上的面料厚度量，剪去领座后中心处的错位量，装领时拉伸后缝。

1 贴衬、防止拉伸牵带

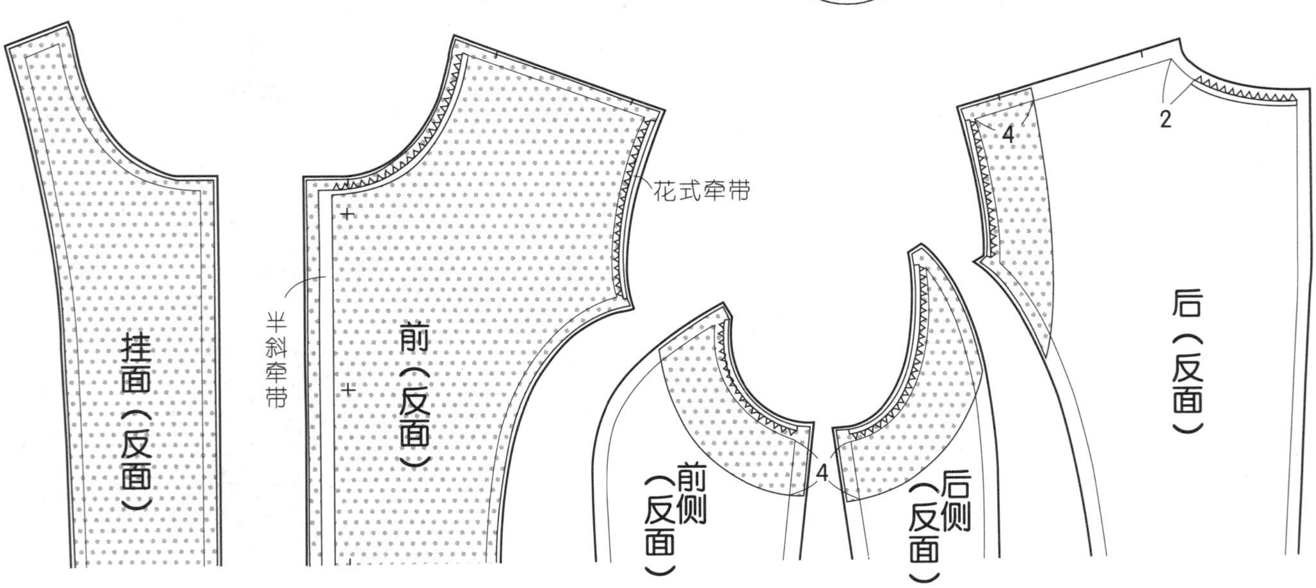

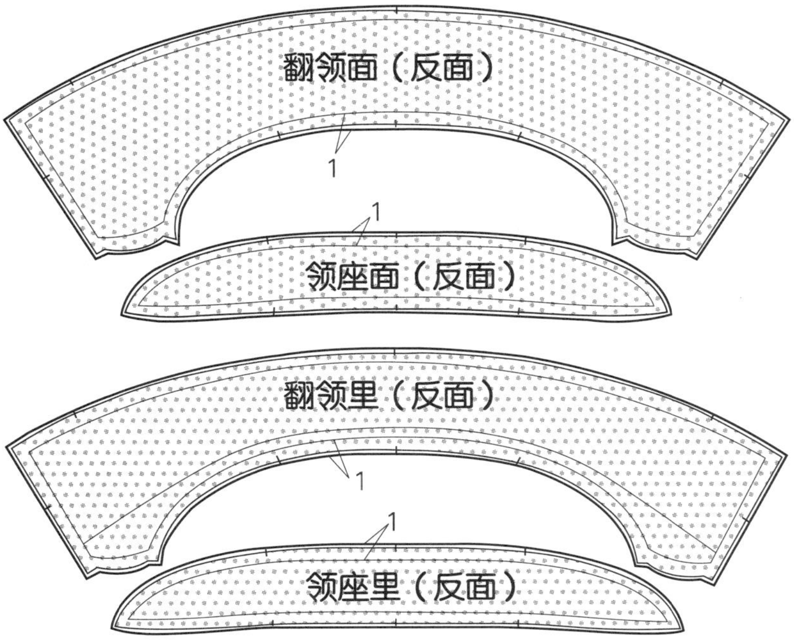

2 缝合翻领和领座

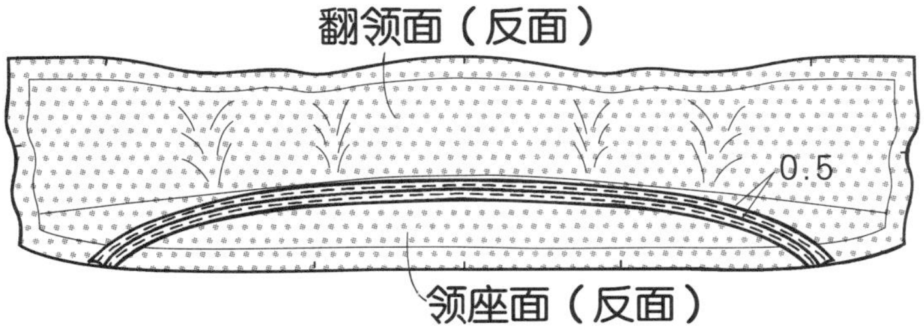

缝份剪掉0.5cm，分缝；压明线

3 在衣身面子上装领里

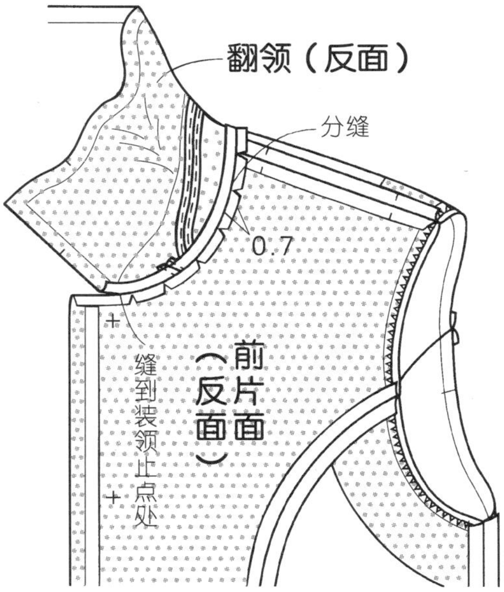

4 在衣身里子上装领面

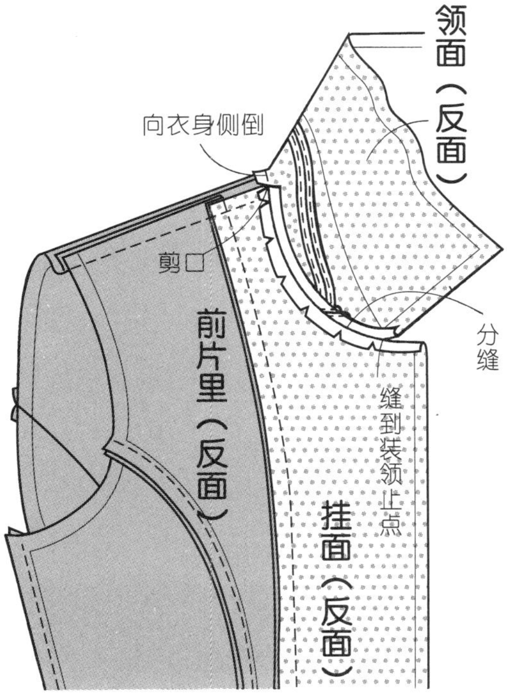

5 衣身面子与衣身里子正面相对，缝合前门襟与领外口

①从装领止点缝到前门襟。

②从装领止点缝到领外围线。

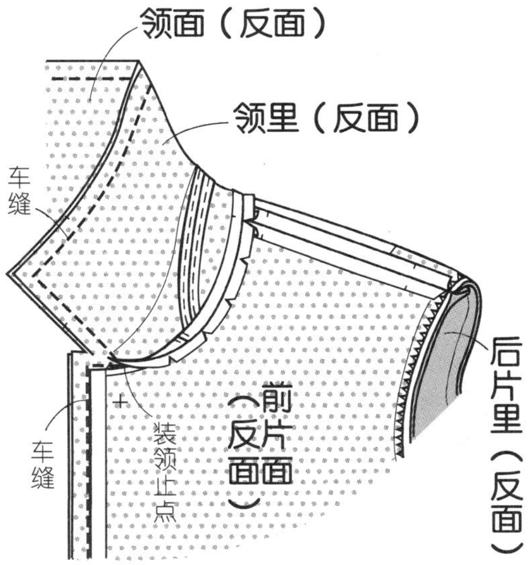

弧线型驳头（第35页中款式）

驳头另外裁剪的平坦式驳折领。如图所示展开领面和驳头面的纸样。

领面、驳头面的样板制作

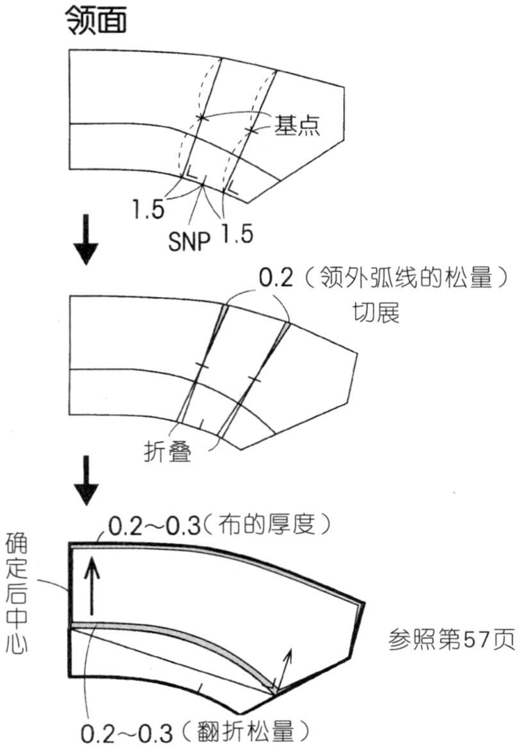

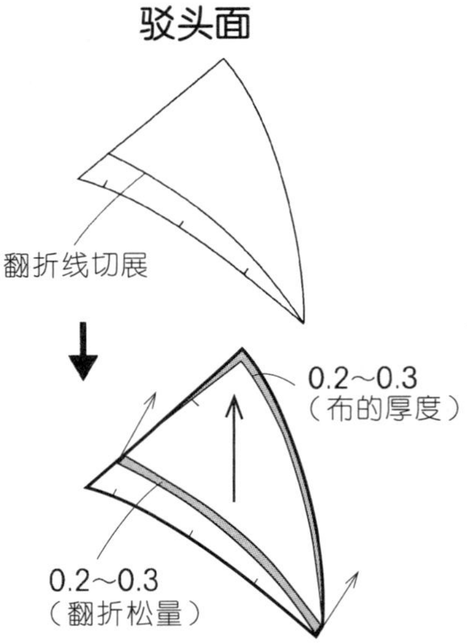

1 粘衬

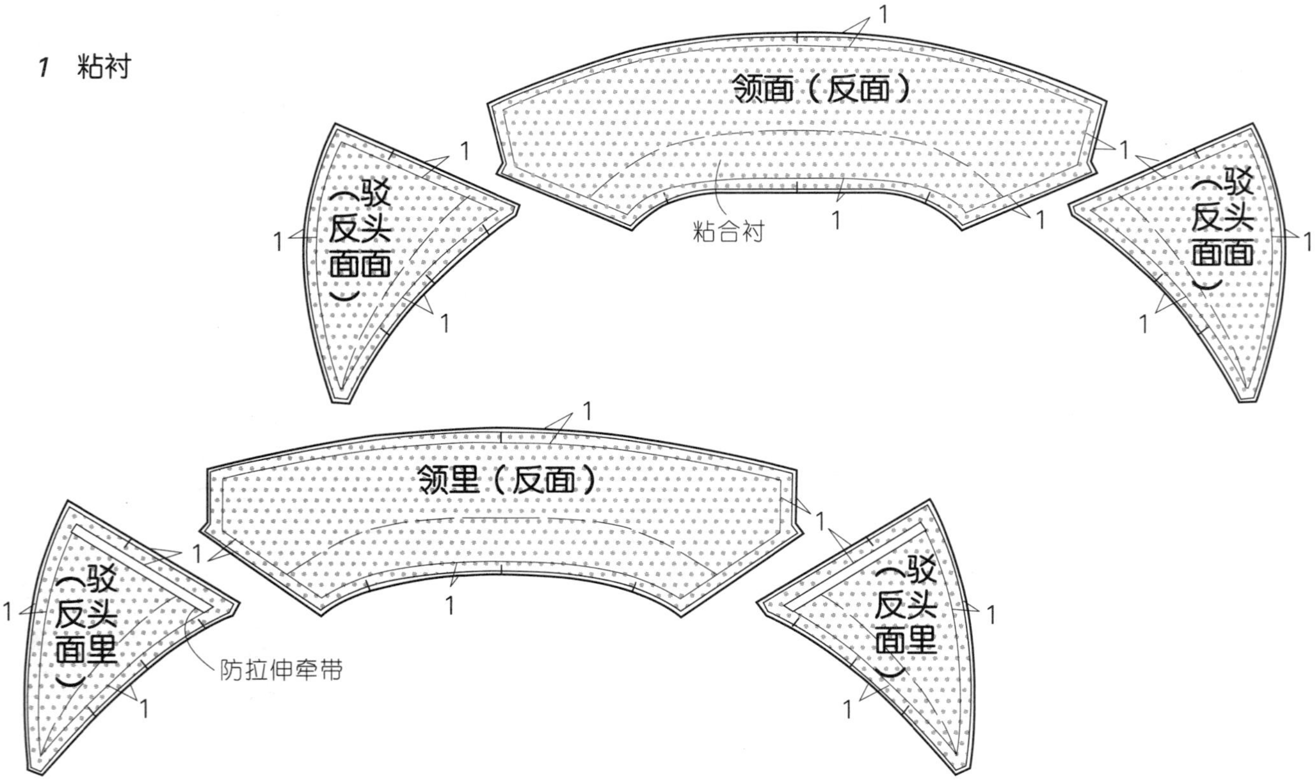

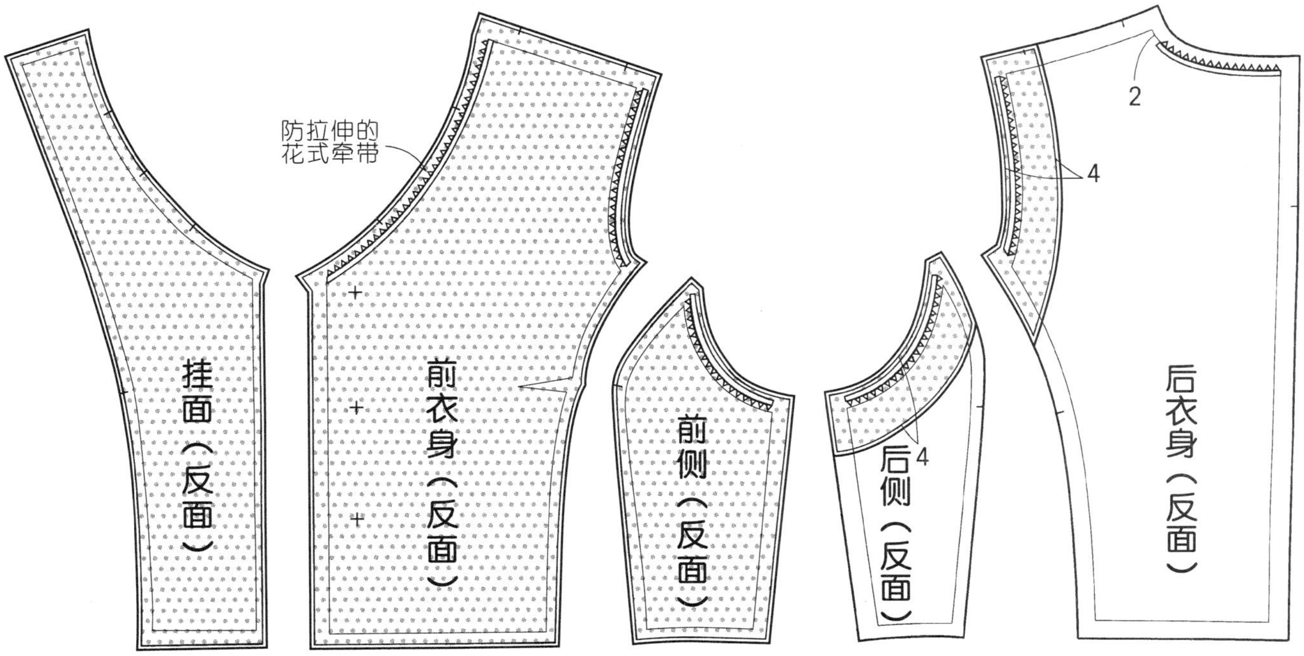

2 领子和驳头的缝合

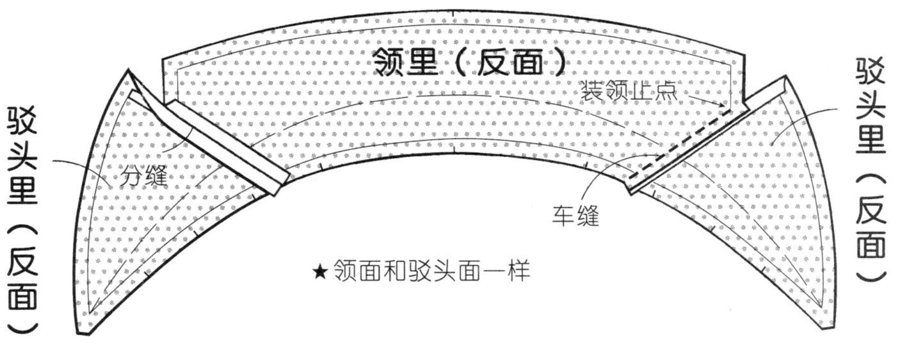

3 翻折线处贴防拉伸牵带

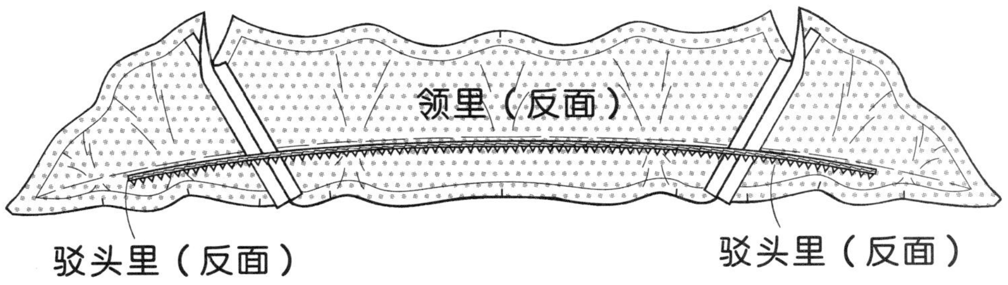

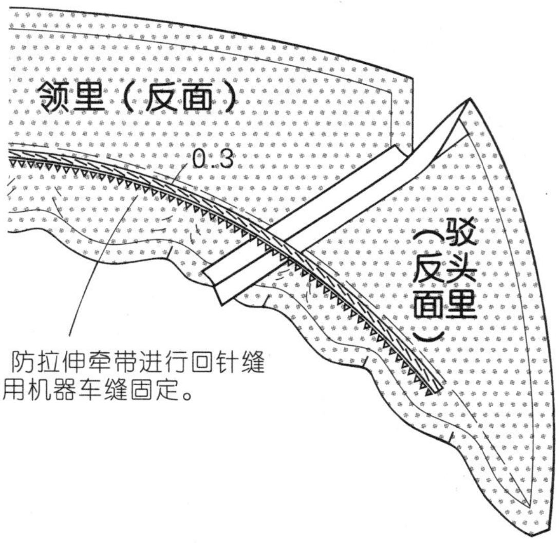

4 在衣身里子上装翻领

5 在衣身面子上装领里、驳头，门襟处贴防拉伸牵带

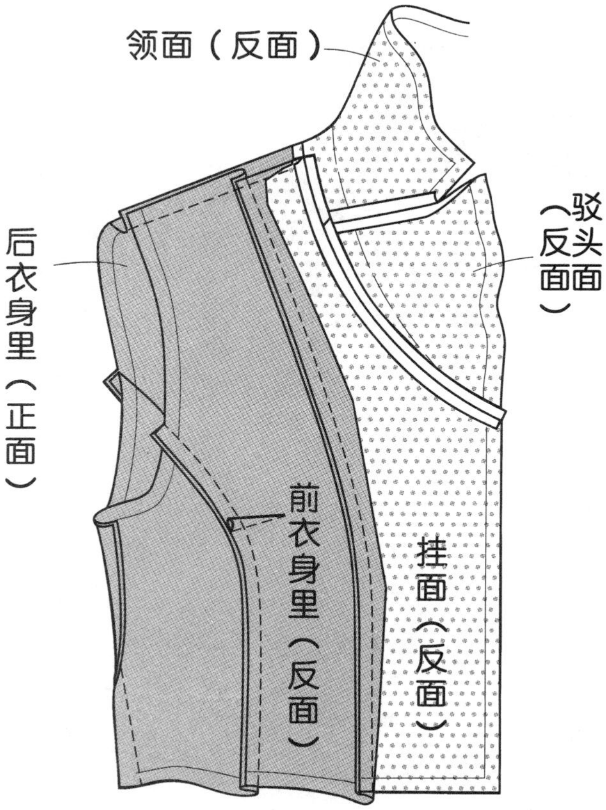

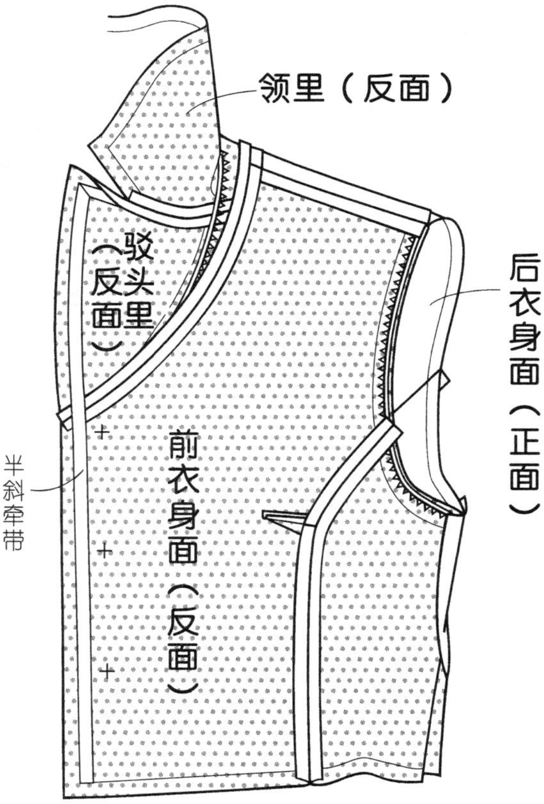

6 衣身面和衣身里正正相叠合缝，缝合前门襟、领外弧线

贴袋（无装饰）

对厚的面料进行柔软处理时，口袋里子车缝，口袋面子缲缝。

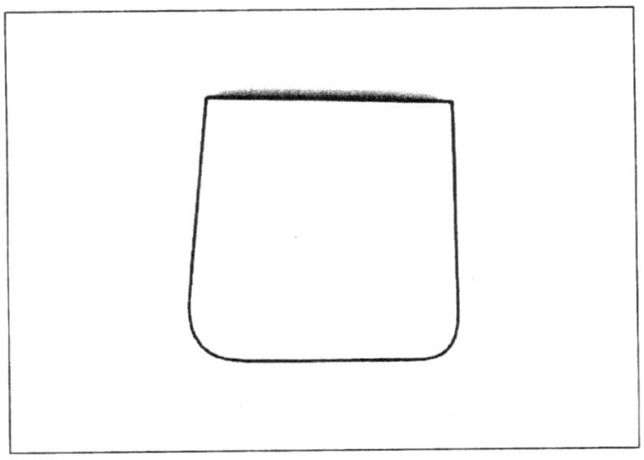

裁剪方法

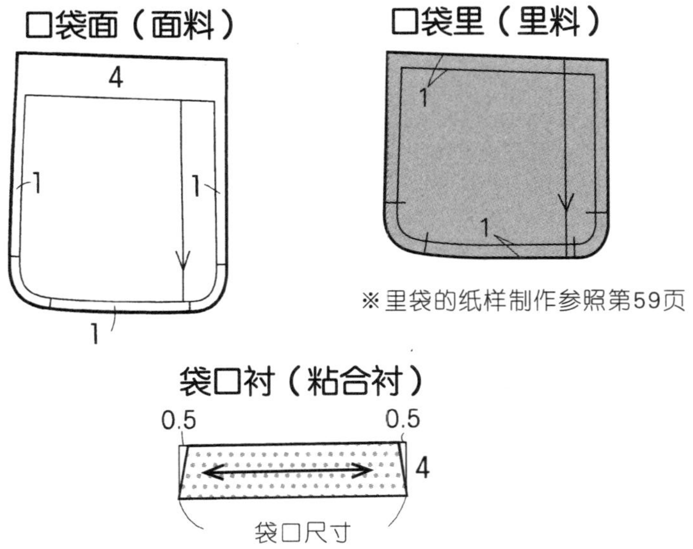

1 贴袋口衬

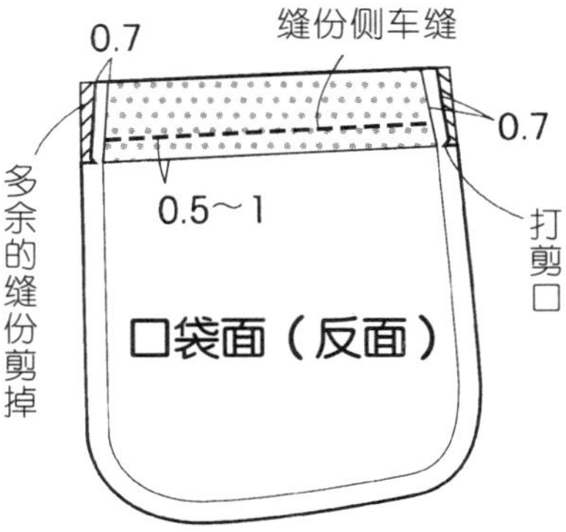

2 整理口袋形状

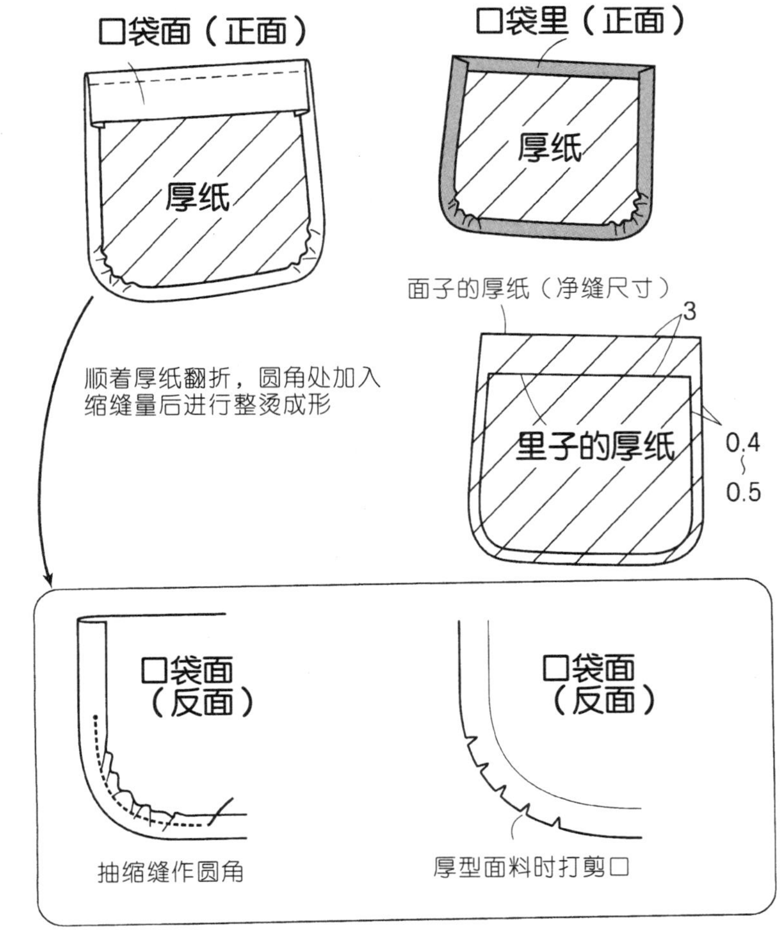

3 装口袋里子

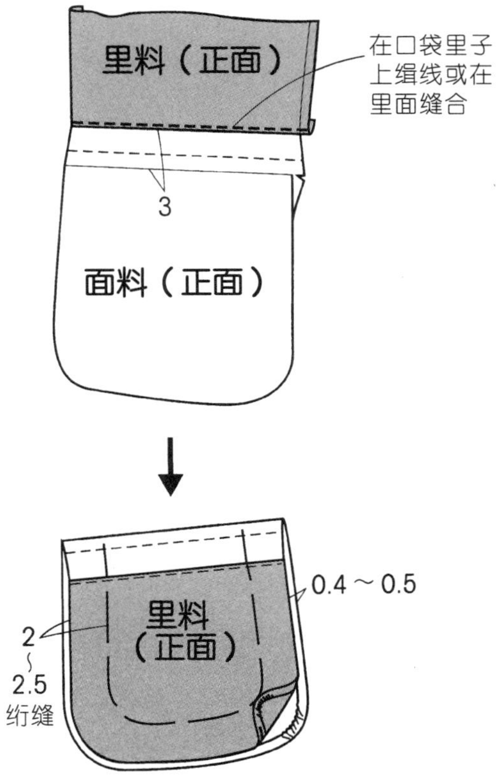

4 在衣身上装口袋里子

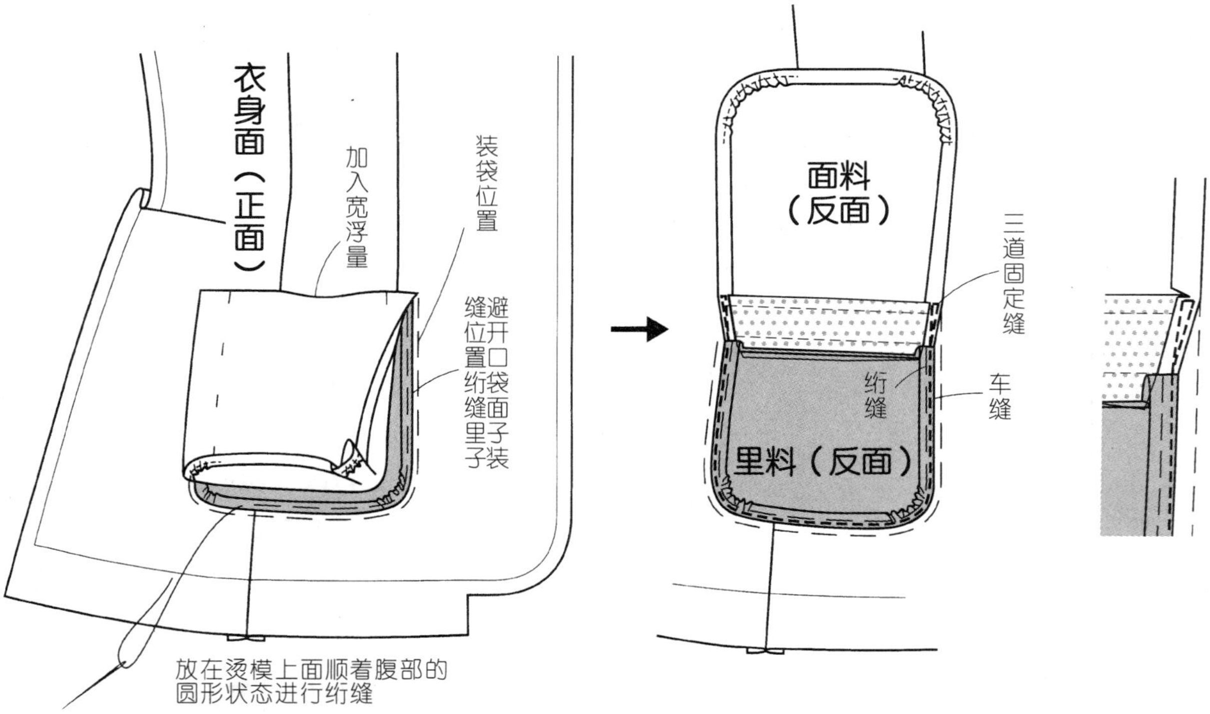

5 在衣身上装口袋面子

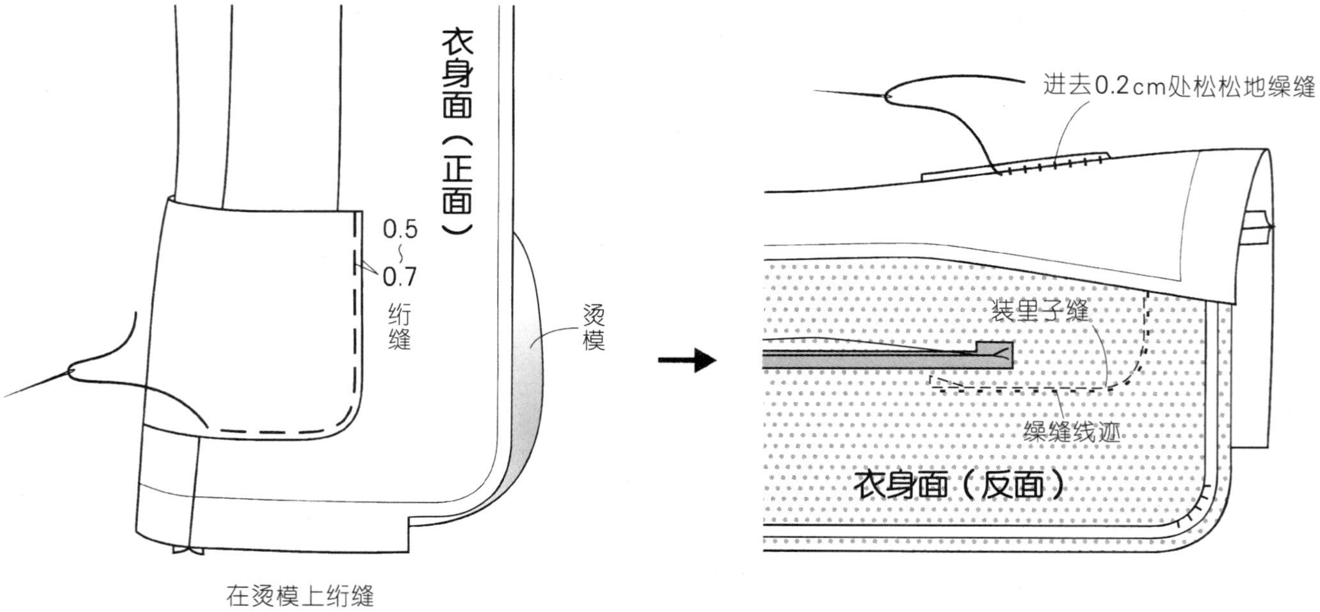

缝中的口袋（第26页中款式）

利用摆缝和分割线等缝迹而做的口袋，在套装、背心、大衣、连衣裙等服装上被广泛应用。

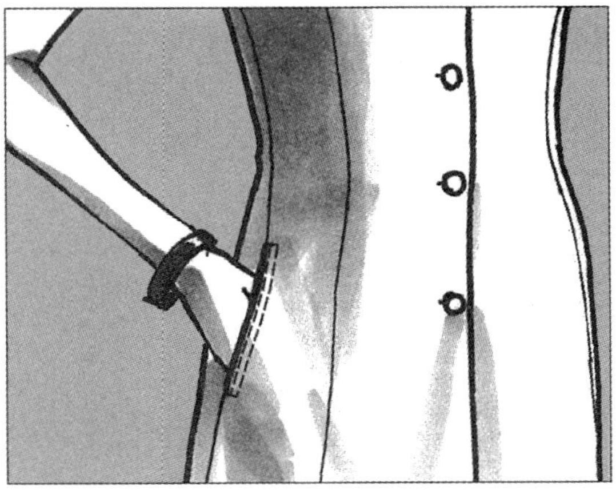

缝中的口袋（A）

此处是利用摆缝的插袋。

裁剪方法

袋口贴边是与衣身连裁出来的，与袋布A缝合。袋垫采用面料的，装在袋布B上。

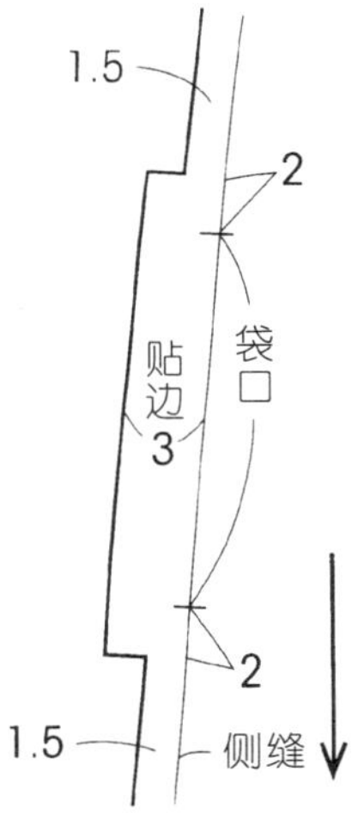

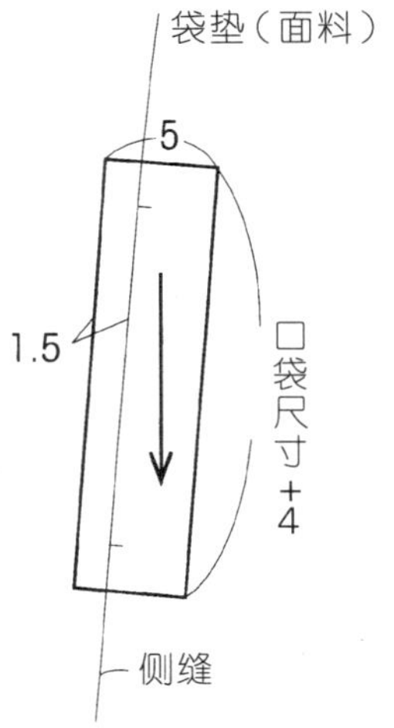

袋布A、B（里料或专用袋布，各1片）

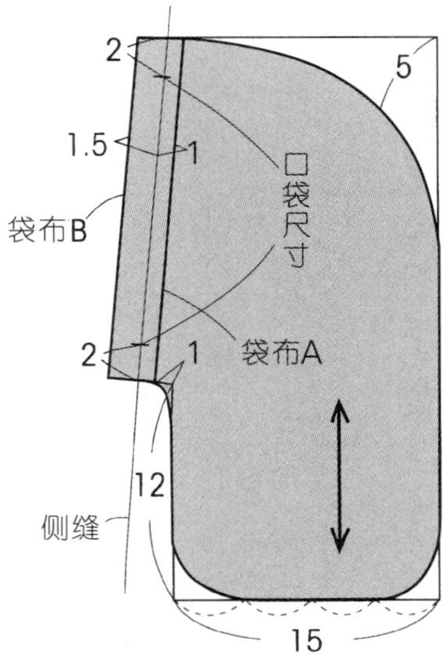

1 在袋口处贴衬

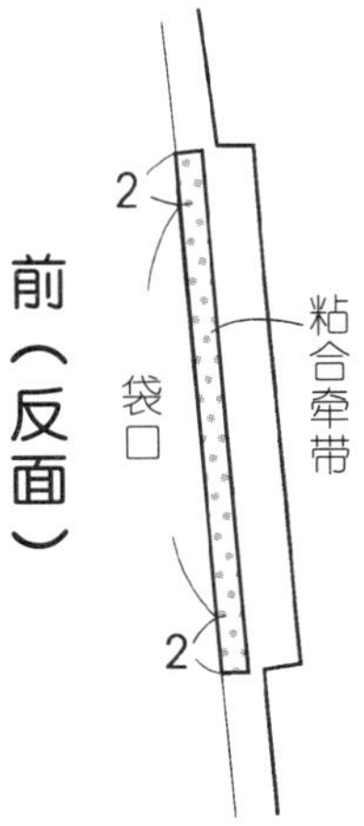

2 在袋布B上装袋垫

3 前后侧正面相对，车缝，留出袋口，其余部分缝合

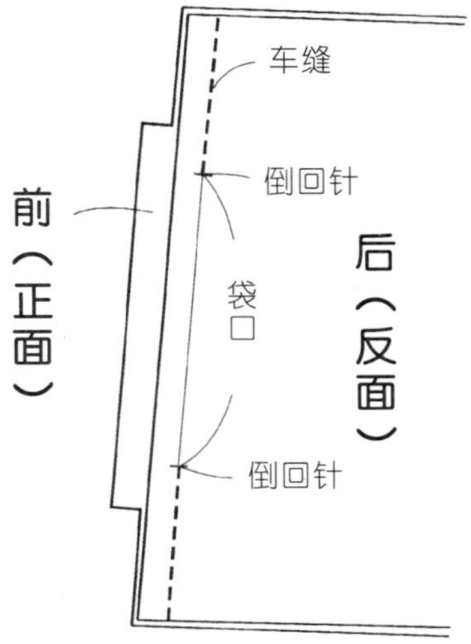

4 缝份分缝，在前面贴边上装袋布A

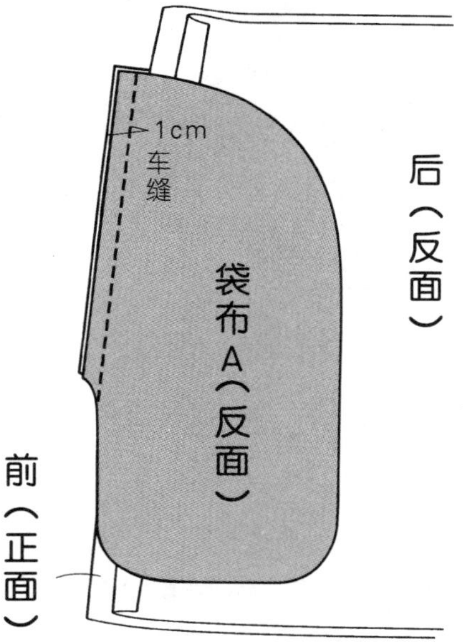

5 袋布A翻到前侧

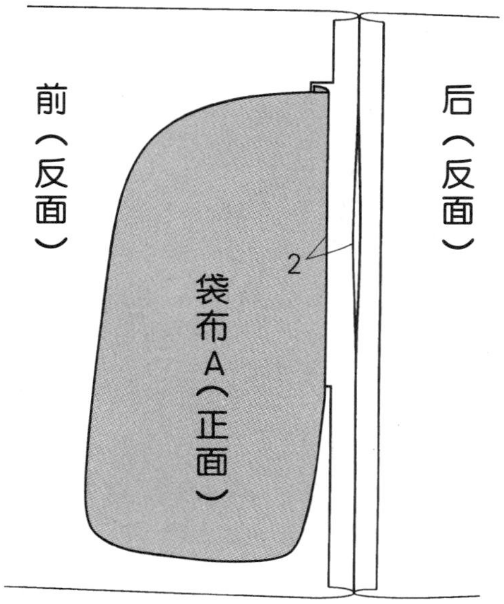

6 在袋口处正面缉明线

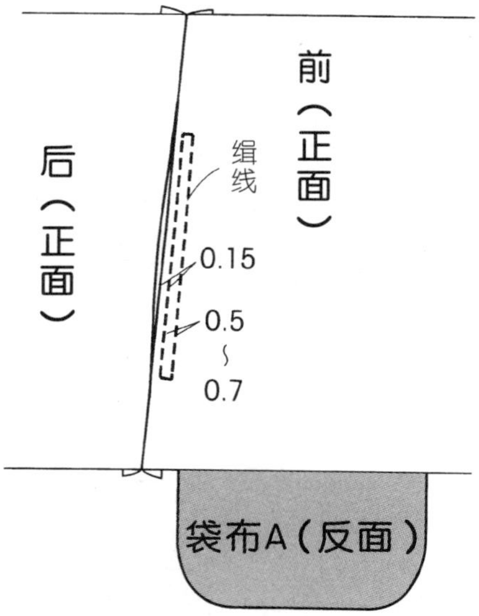

7 在后片上装袋布B

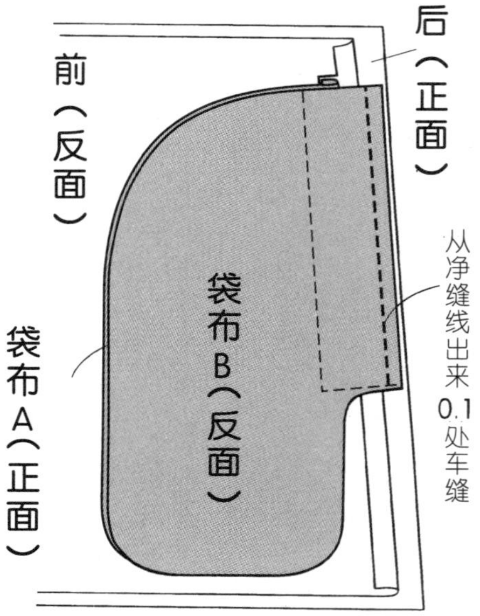

8 合并袋布A、B并车缝两道

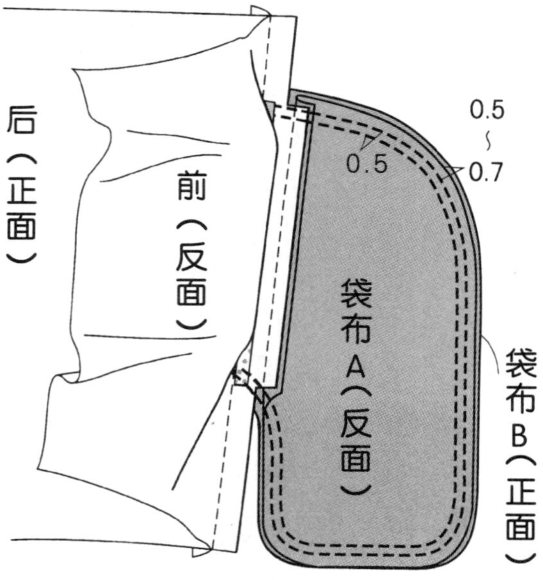

9 袋口上下来回缝固定

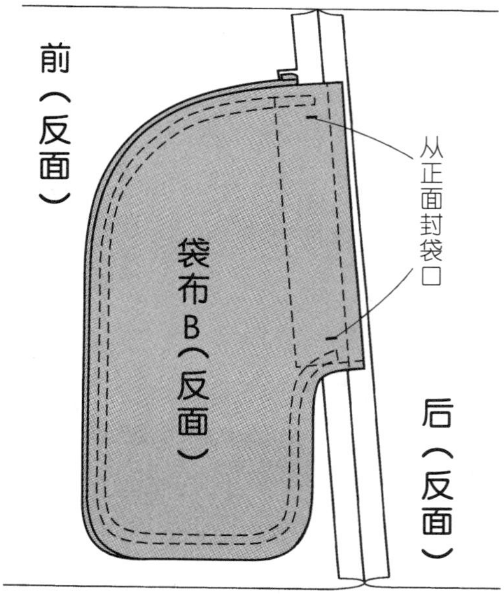

缝中的口袋(B)

袋布连着衣身，常用于春秋上装及茄克衫。

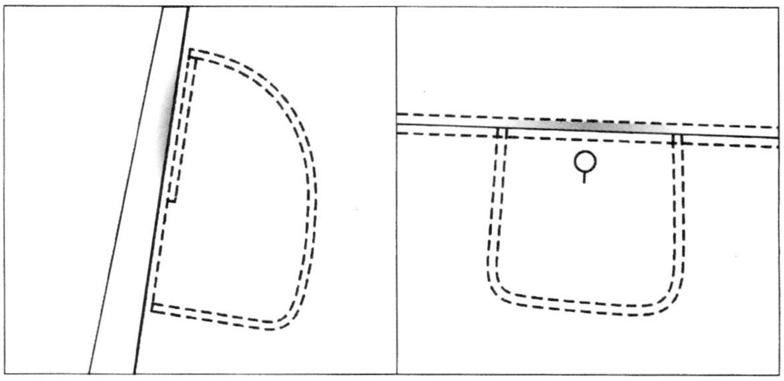

裁剪方法

从衣身处连裁出，用一片袋布制作的方法

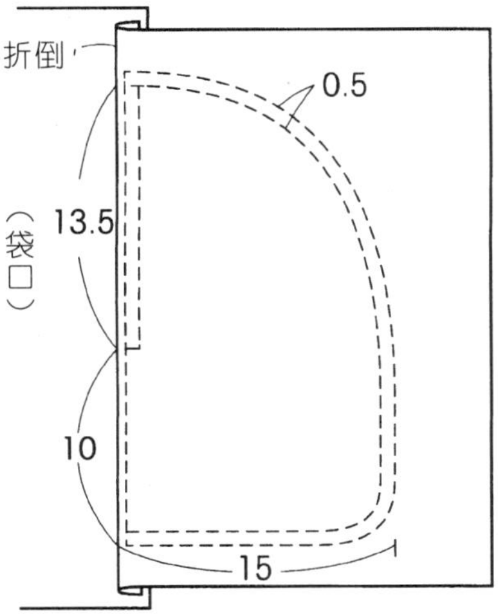

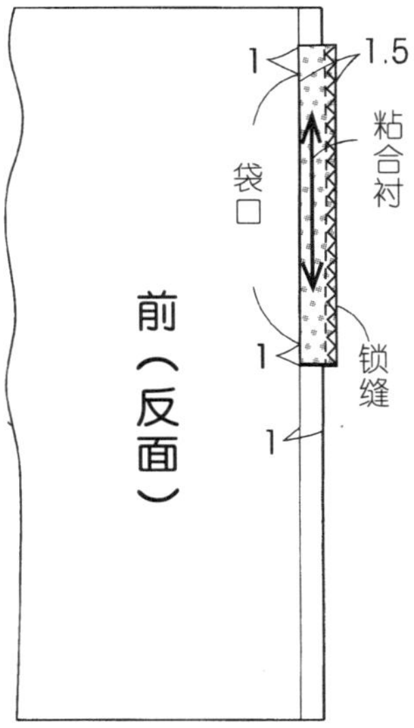

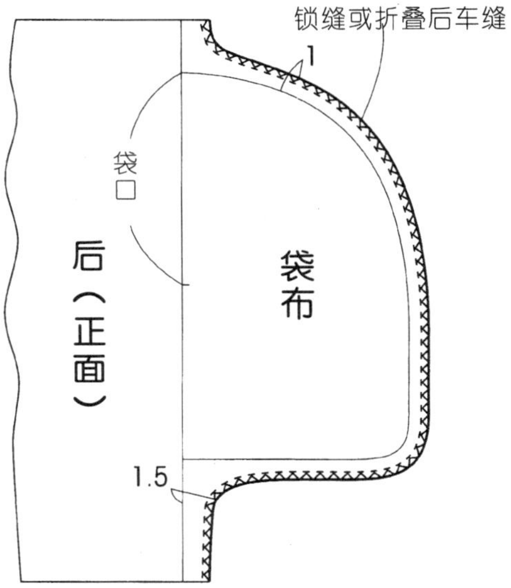

1 留出袋口，缝摆线

2 在袋口处缉线

3 压线固定袋布

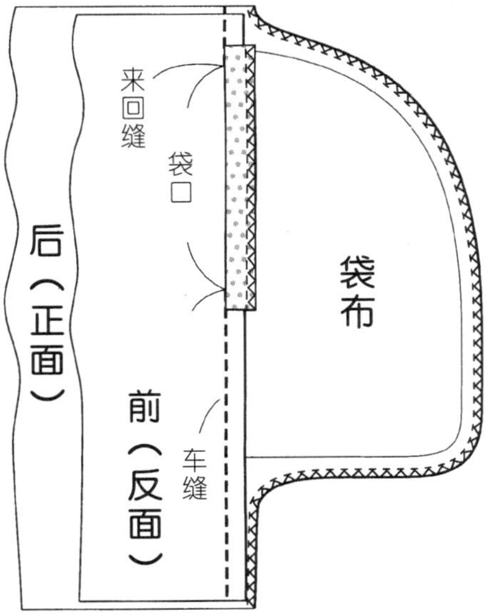

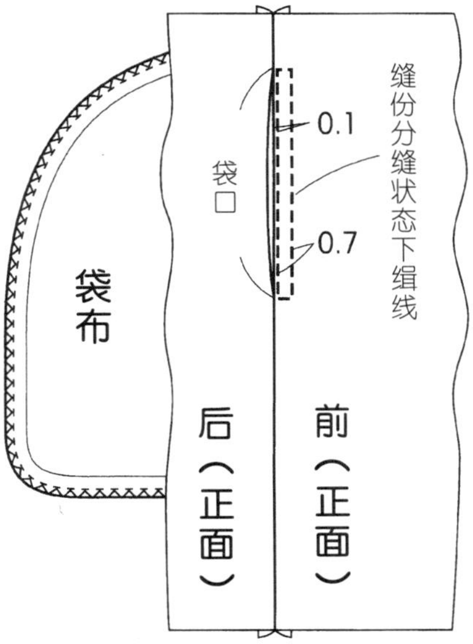

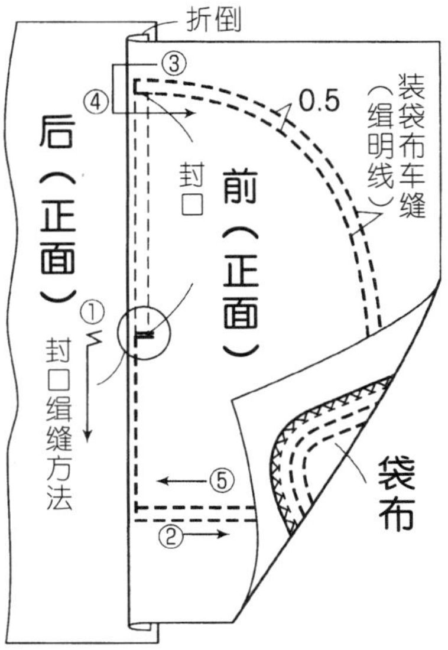

有袋盖口袋（第26页中款式）

它是在春秋上装中常见的口袋，有袋盖。可根据不同的材料选择相应的方法。

有袋盖口袋（A）

袋盖里可根据面料的厚度来使用里料或使用面料。

裁剪方法

袋盖面（面料）

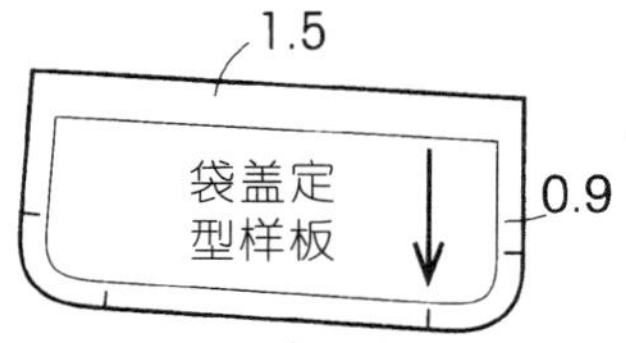

用薄型面料的时候，袋盖里子用面料的情况也有，垫袋也用面料。

袋盖面（里料或面料）

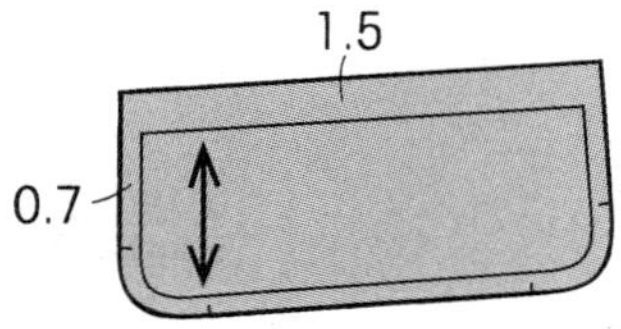

袋布A、B（里料或专用口袋布）

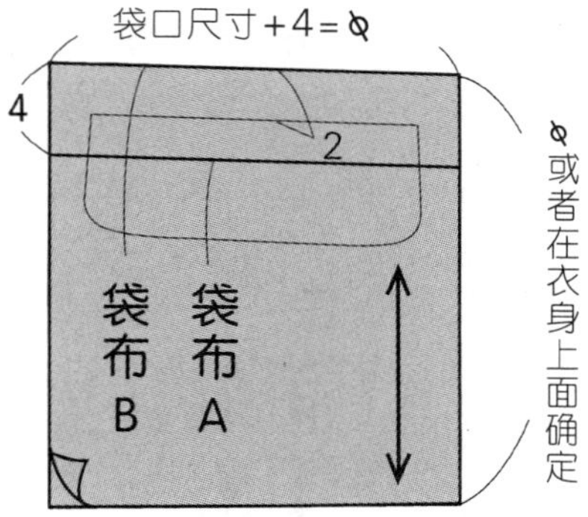

袋嵌线布（面料）

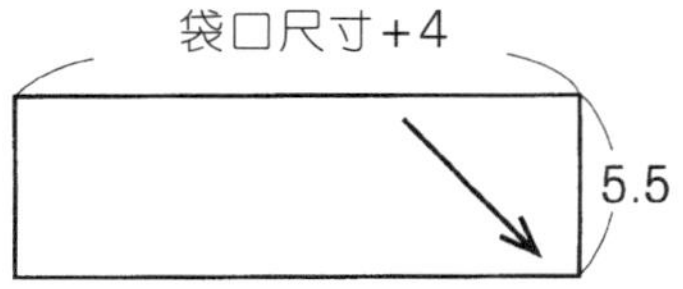

垫袋布（里料或面料）

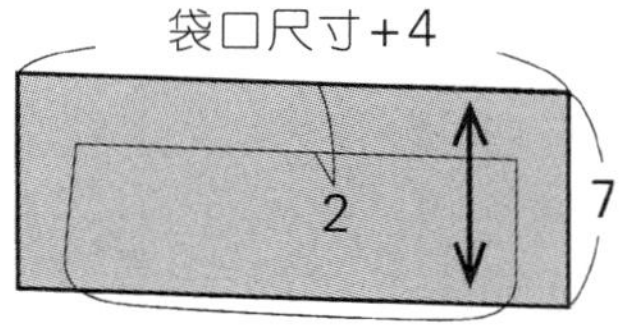

嵌线衬（粘合牵带）

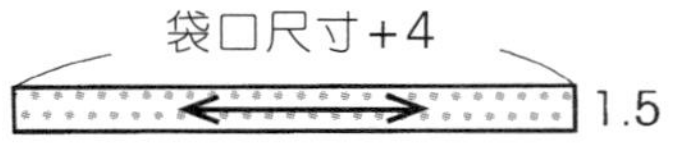

〈对格〉

根据设计，衣身和袋盖的条子无法重合时，只要对合前中心处的条纹。

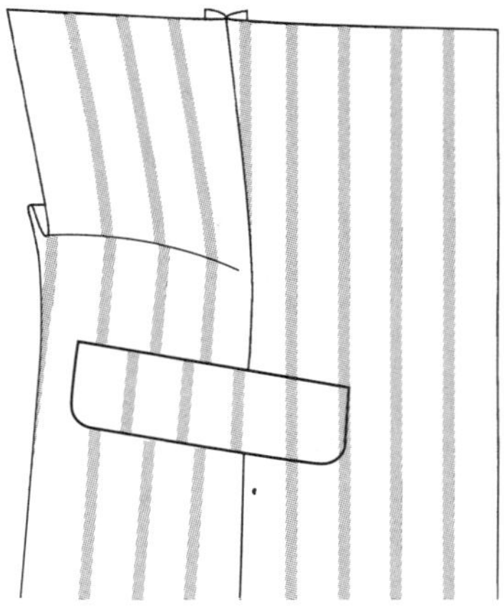

1 做袋盖

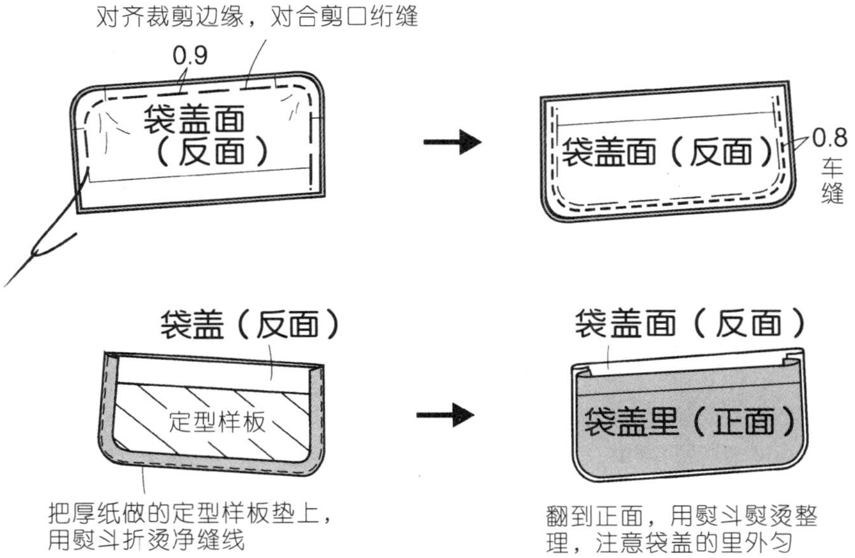

2 缝合袋嵌线布和袋布A

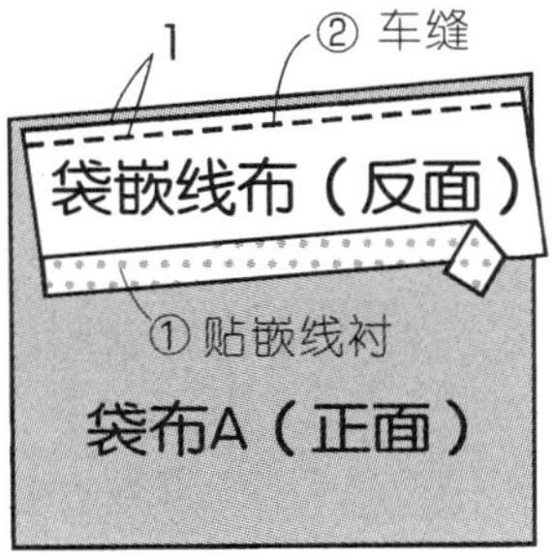

3 在袋布B上装垫袋布

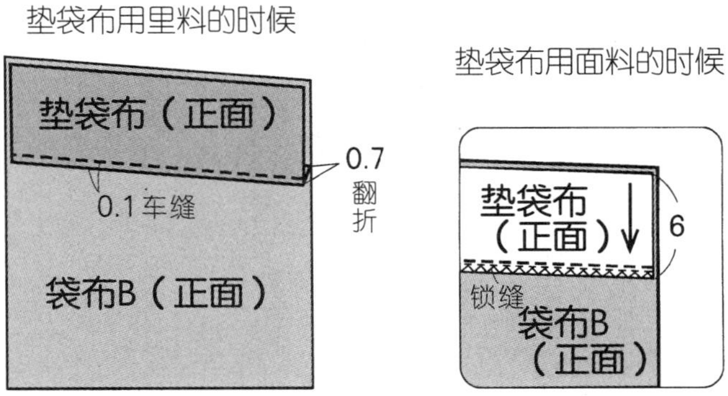

4 装袋盖

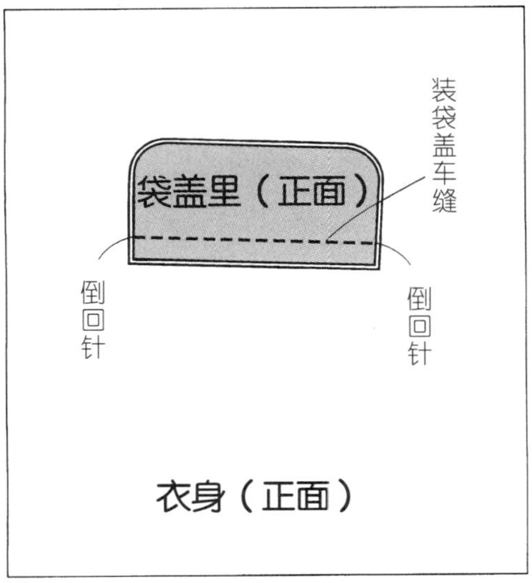

5 翻起袋盖缝份，将嵌线条塞入，绗缝固定

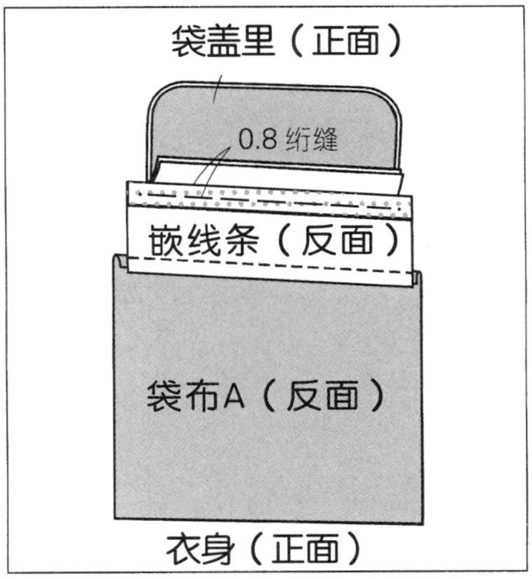

6 车缝袋嵌线布

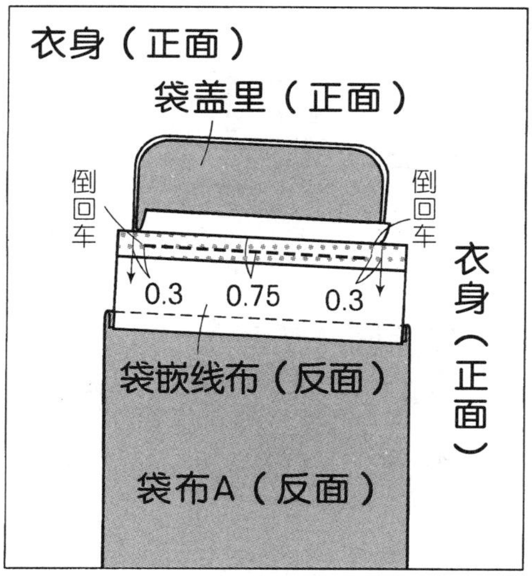

7 剪衣身袋口

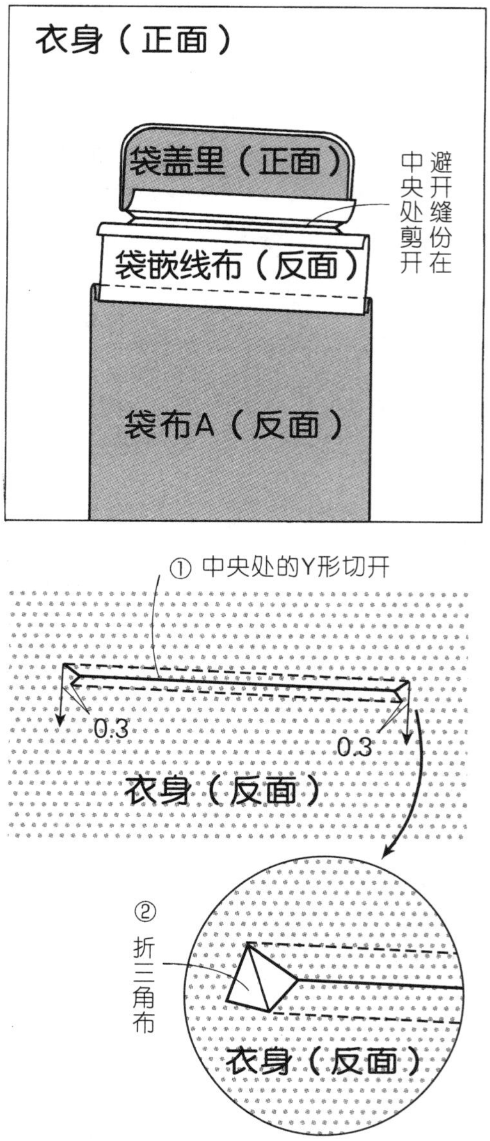

8 在反面拉出袋嵌线布，缝份分开

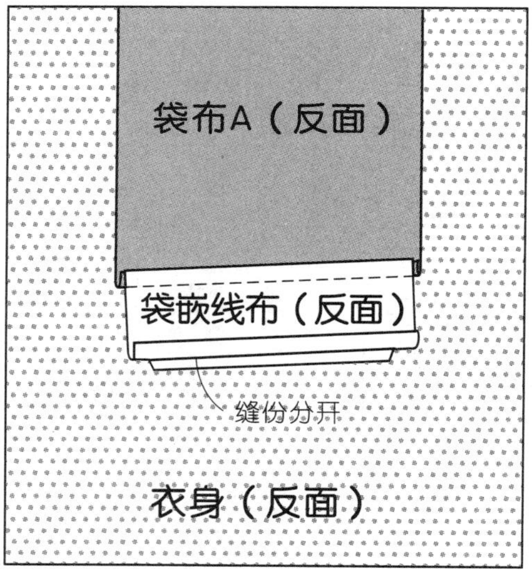

9 在袋嵌线布处做单嵌线袋

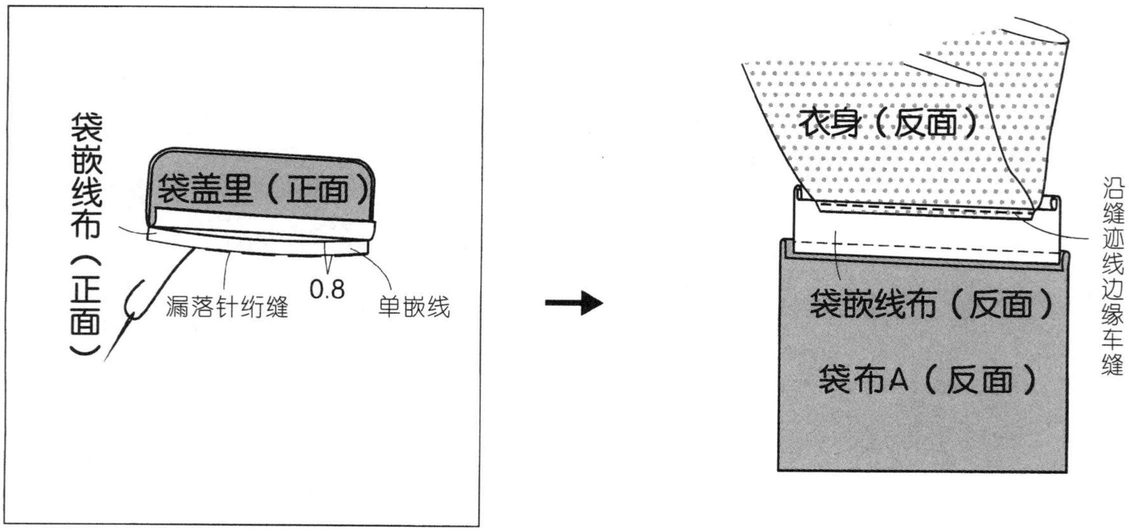

10 合并袋布B，固定各缝线

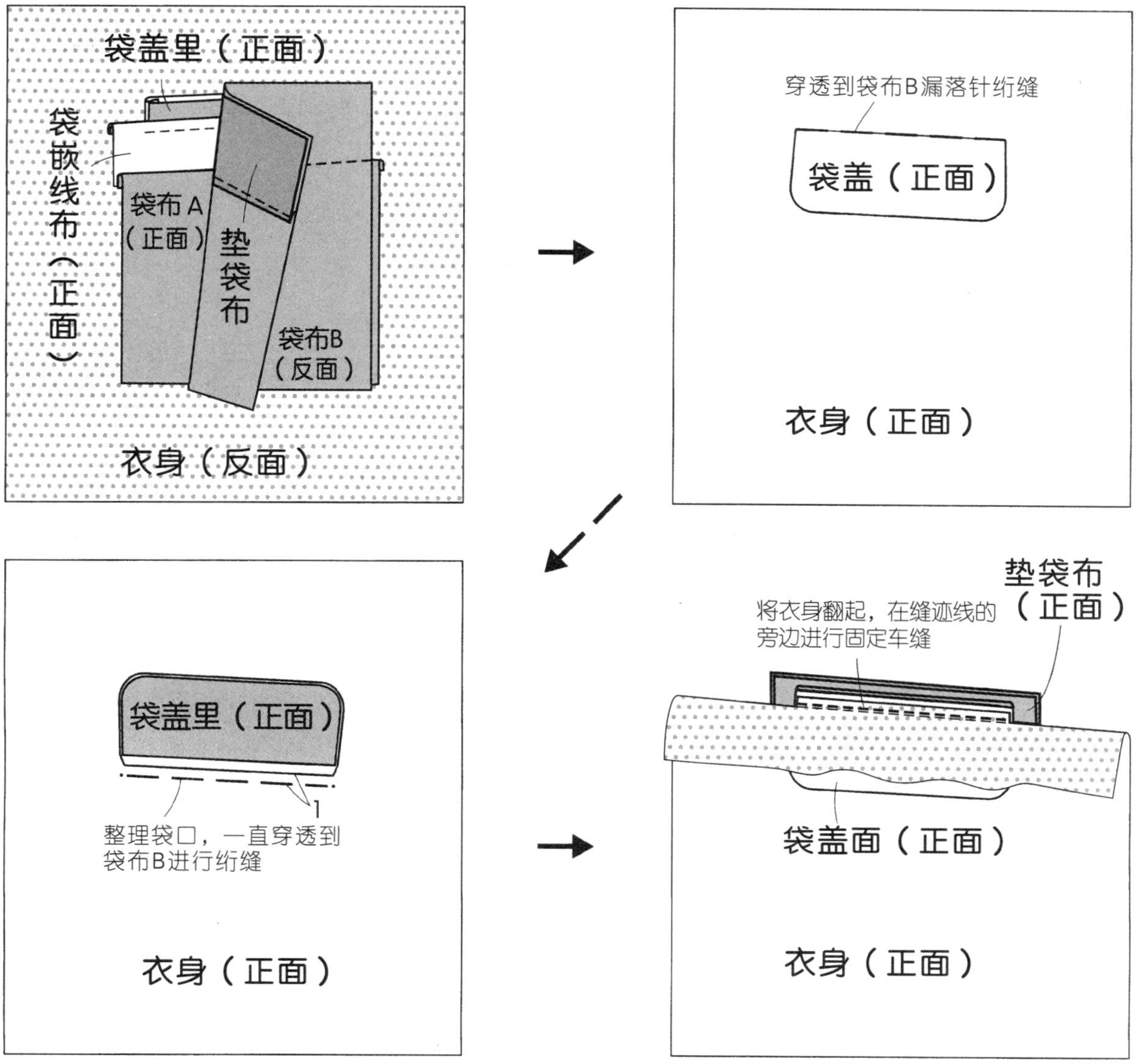

11 固定三角布、车缝袋布周围两道

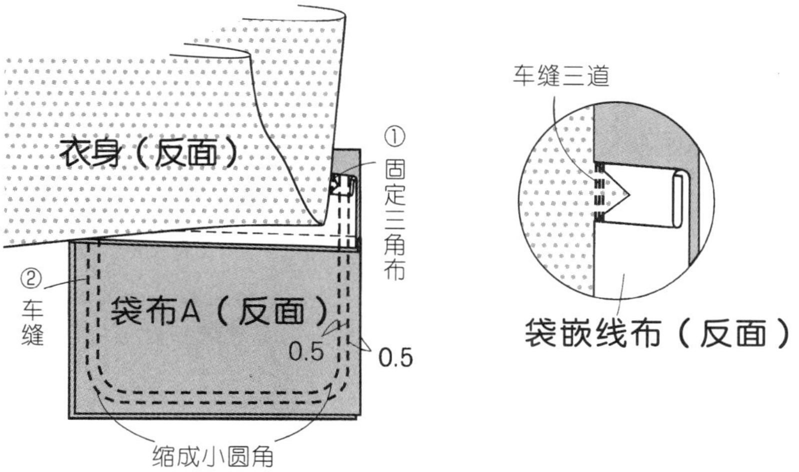

有袋盖口袋（B）

用面料做袋嵌线布，并和一片袋布连在一起的裁剪方法。比较适合薄型材料的无夹里服装。

力布——袋口处的补强布。在衣身上粘衬的情况下无需力布。

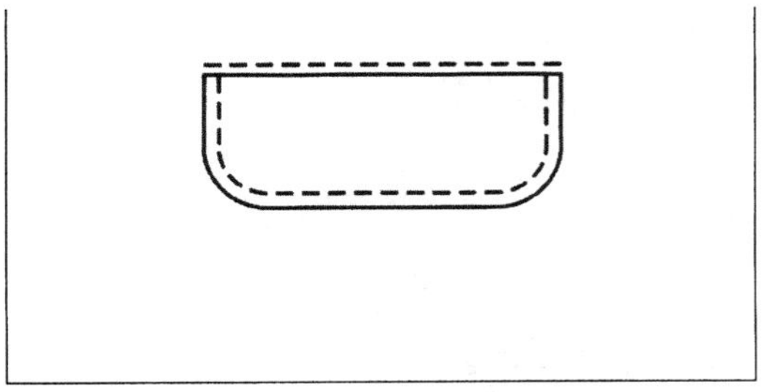

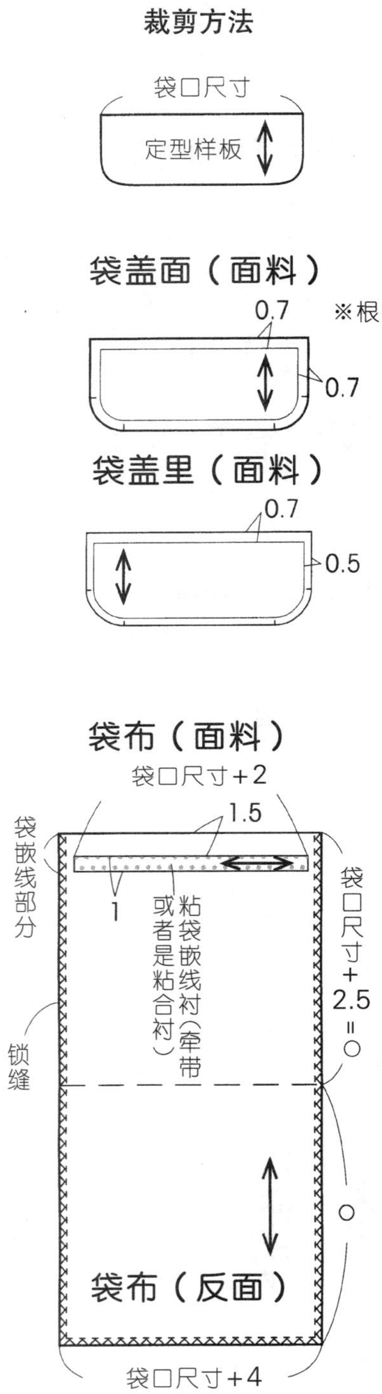

1 做袋盖

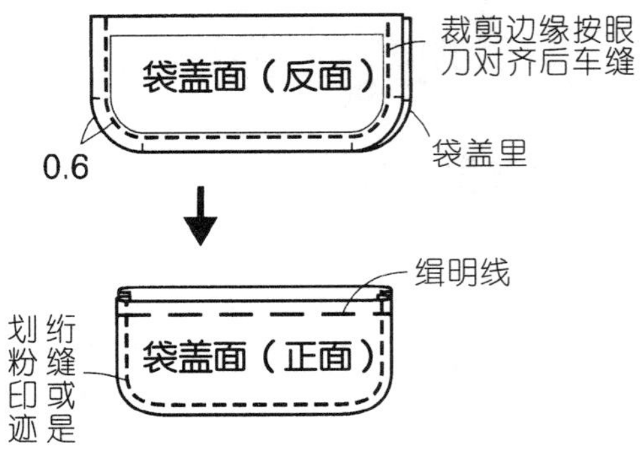

2 衣身反面装袋盖位置处贴力布

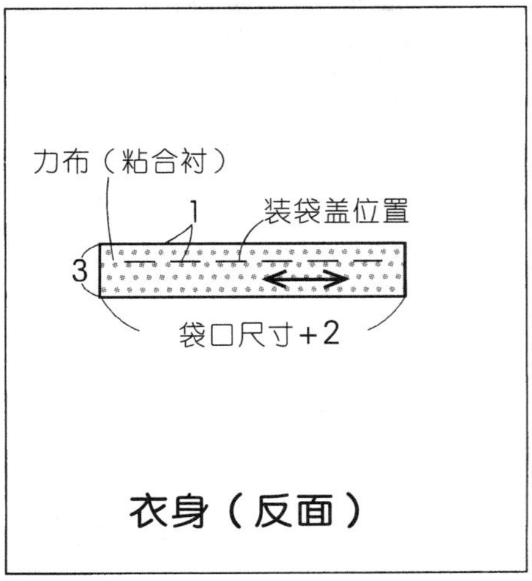

3 衣身和袋布对齐，在袋嵌线部分车缝拼合

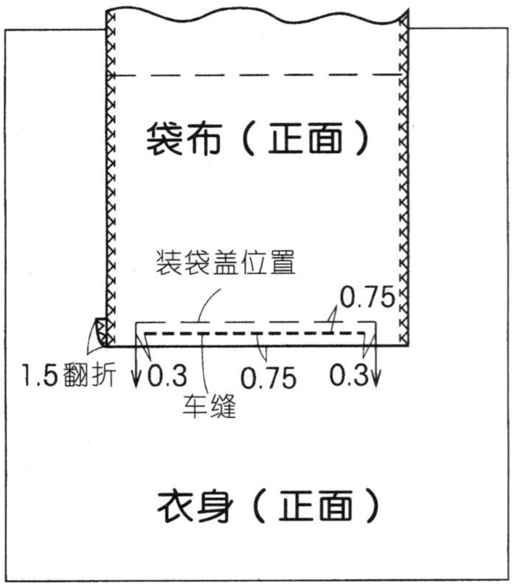

4 在衣身上装袋盖

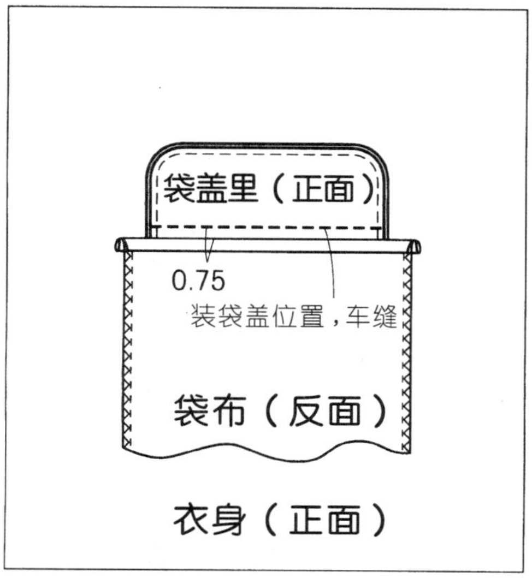

5 避开袋盖和嵌线布的缝份，剪袋口

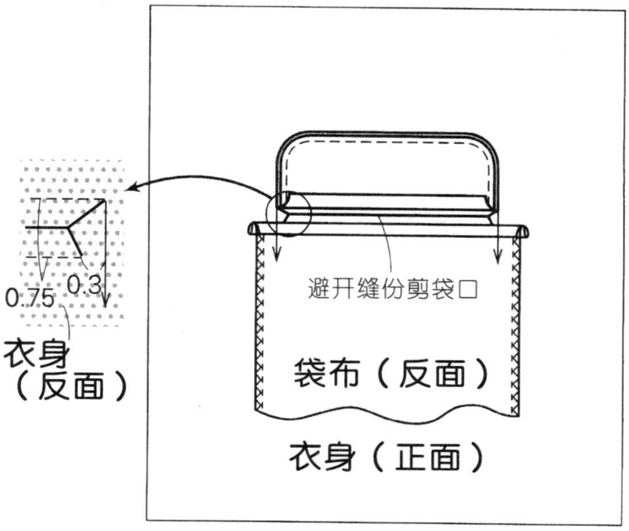

6 袋布对折，固定车缝

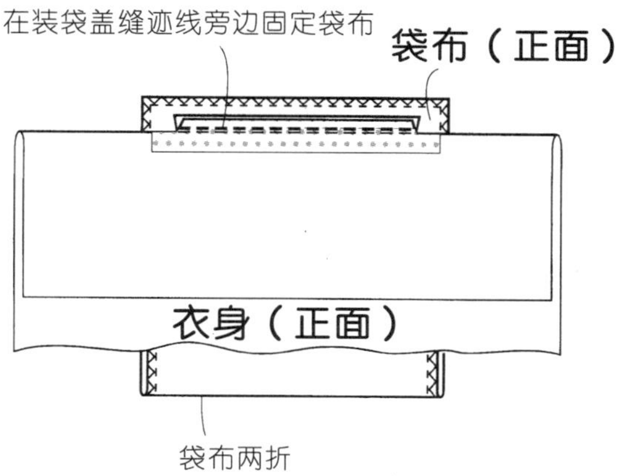

7 车缝袋布两端两道

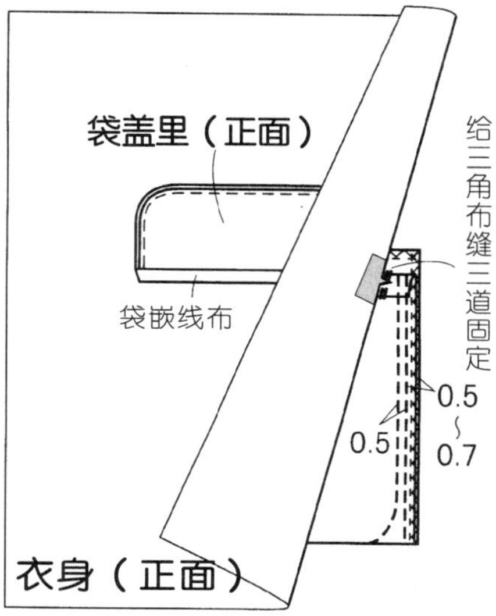

8 在装袋盖位置旁缉明线

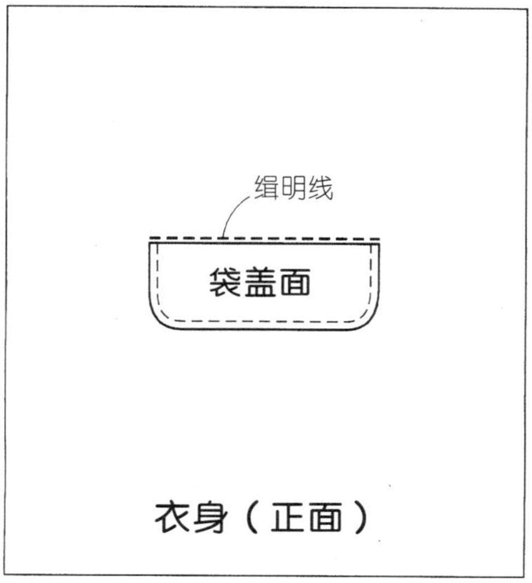

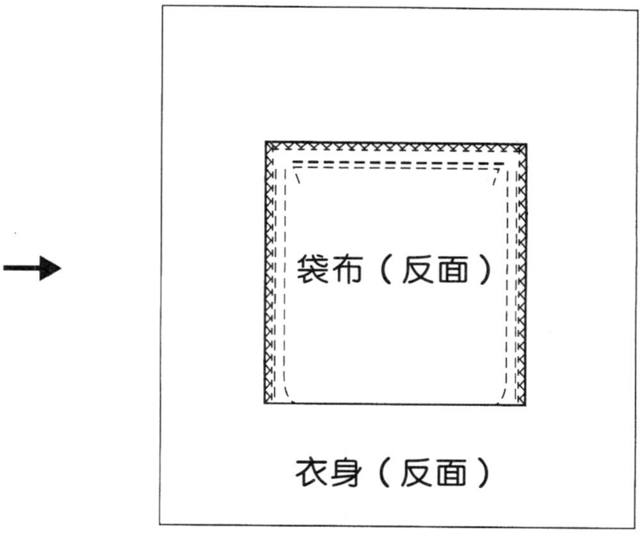

有袋盖口袋（C）

袋布一片，在衣身处缉明线的装饰口袋。无夹里春秋上装和衬衫的胸袋经常使用。

裁剪方法

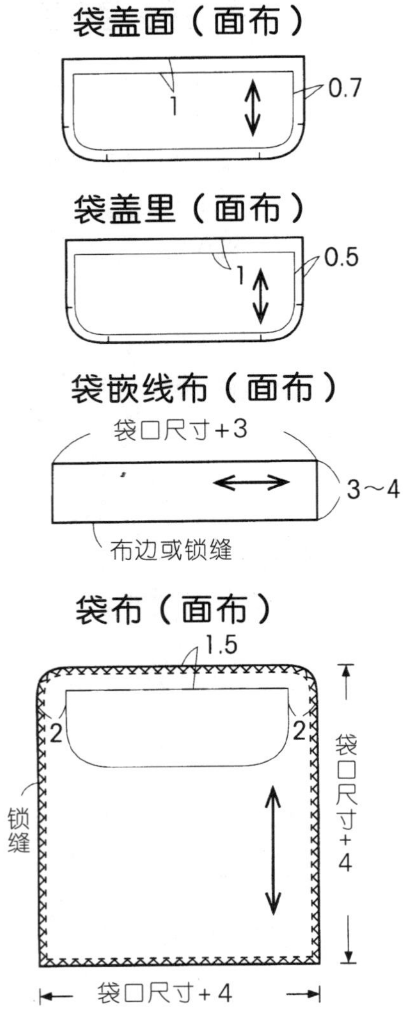

1 在衣身反面装袋盖处贴力布

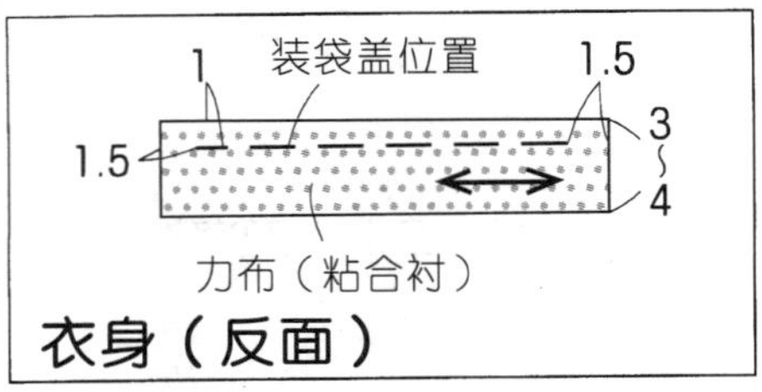

2 在衣身处装袋嵌线布

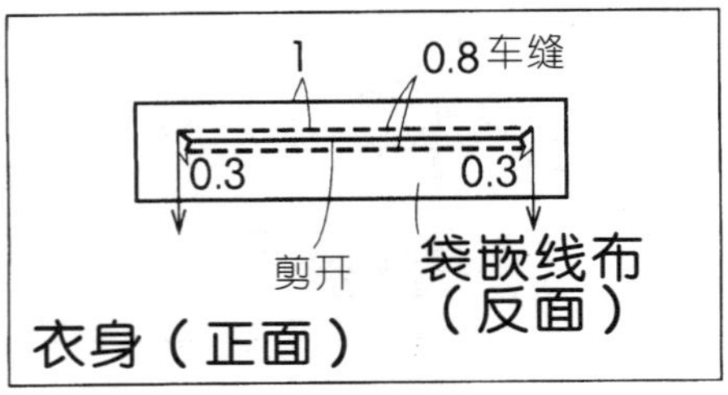

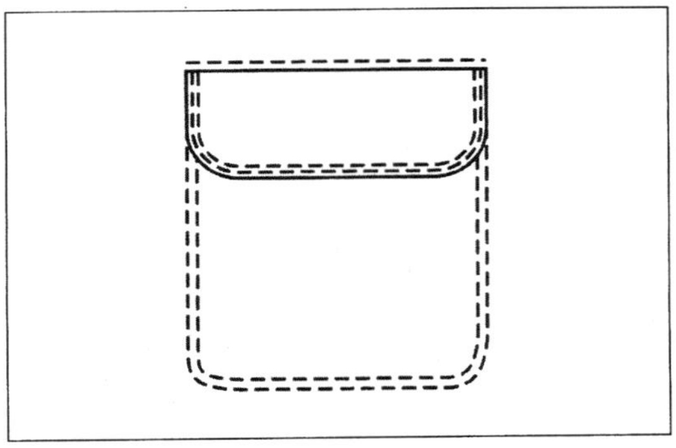

3 在反面拉出袋嵌线布，在正面缉明线

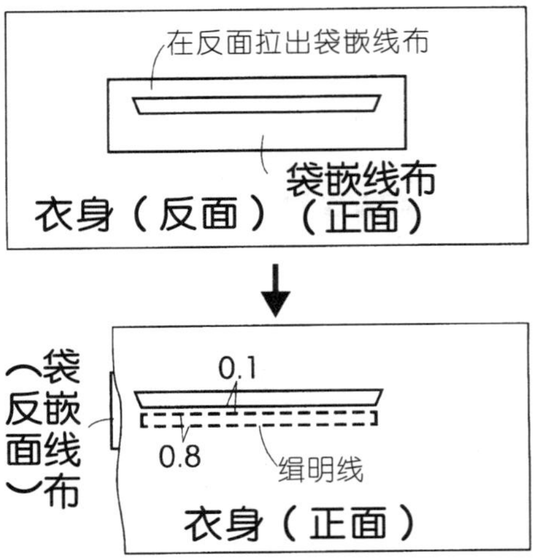

4 装袋盖和袋布

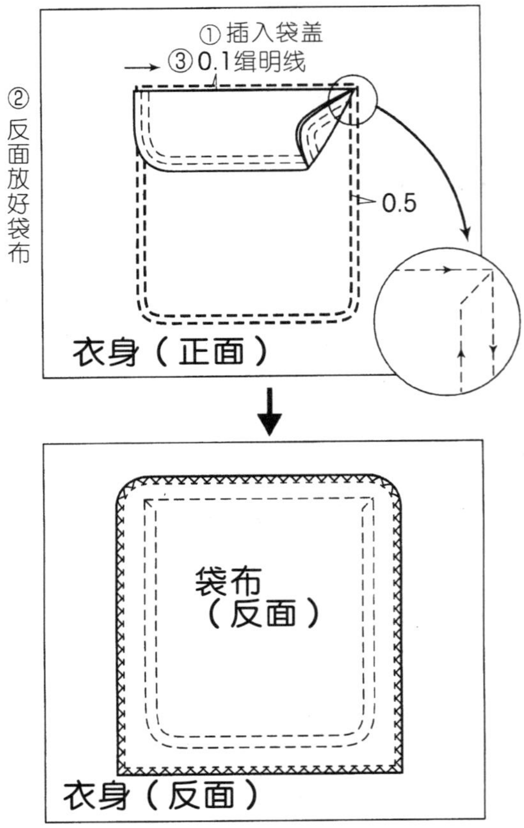

有袋盖口袋（D）

做比较细窄的双嵌线口袋，嵌线间插入袋盖的牢固处理方法，比较适合薄型、中厚型的材料。

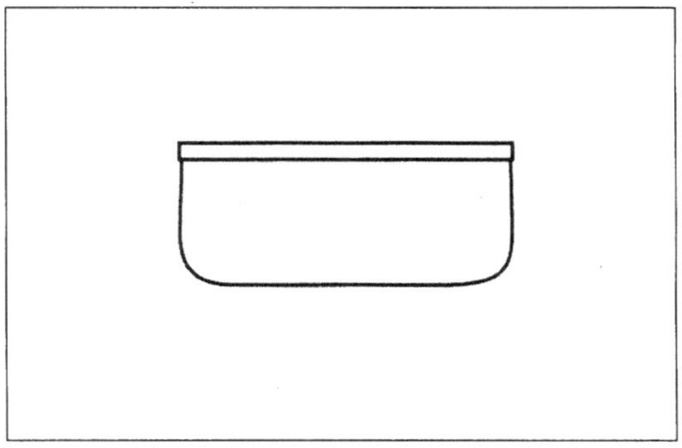

裁剪方法

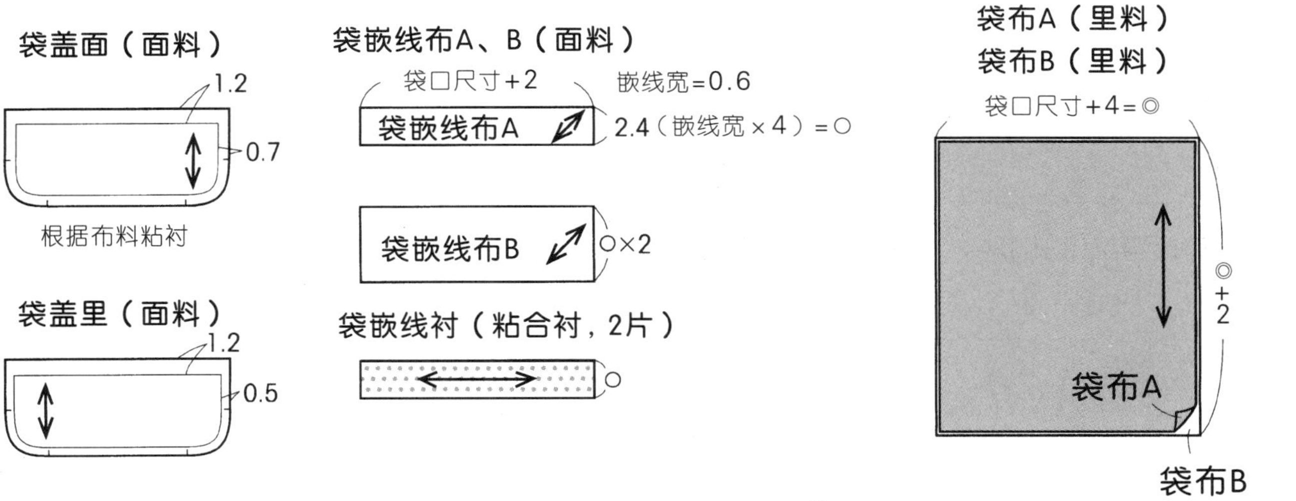

1 在袋嵌线布上贴袋嵌线衬

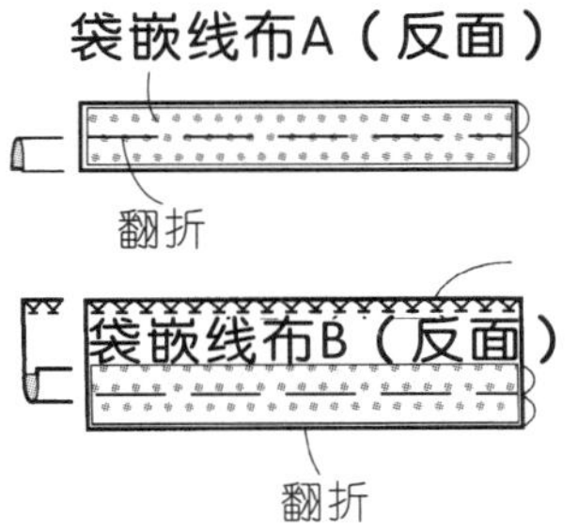

2 做袋盖

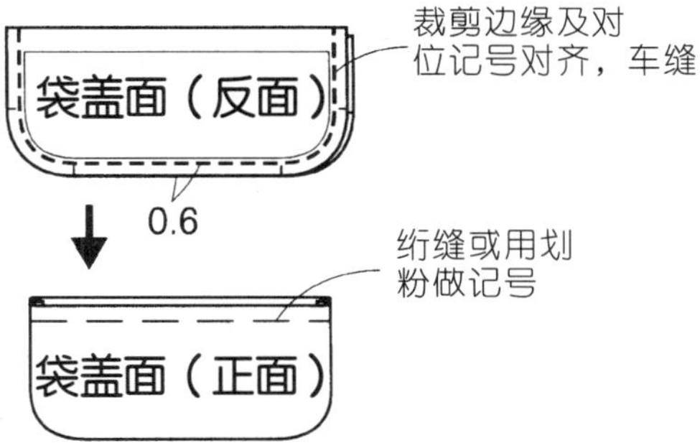

3 衣身反面袋布A固定

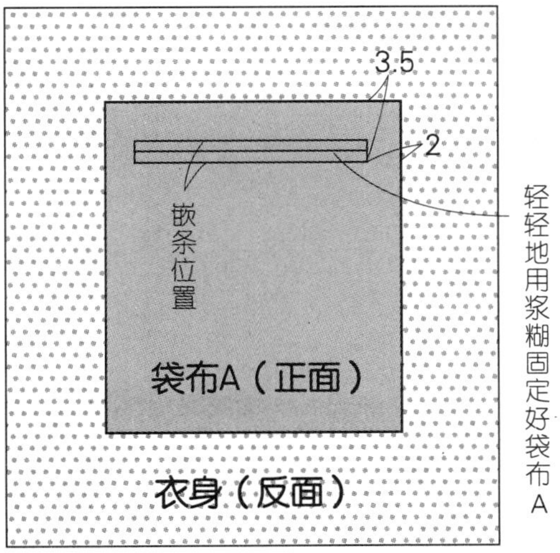

4 在衣身上装袋嵌线布

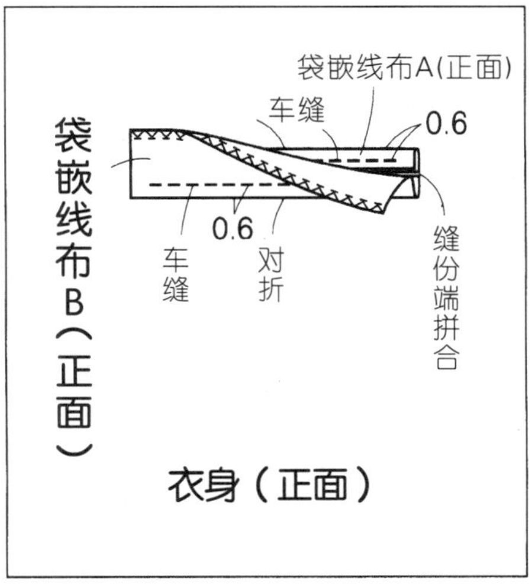

5 避开缝份剪袋口

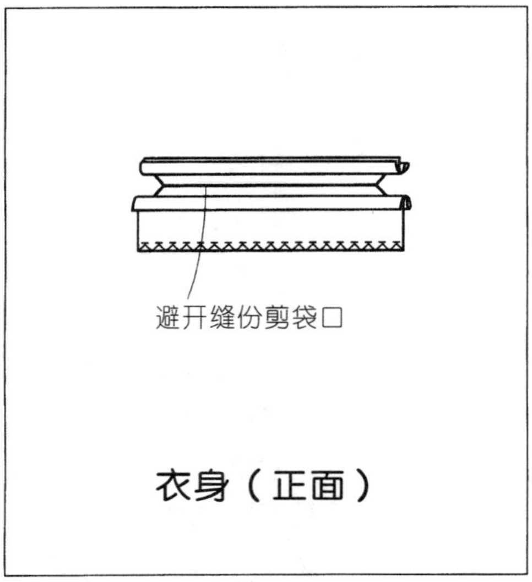

6 袋嵌线布翻到反面，袋嵌线布B端固定在袋布上

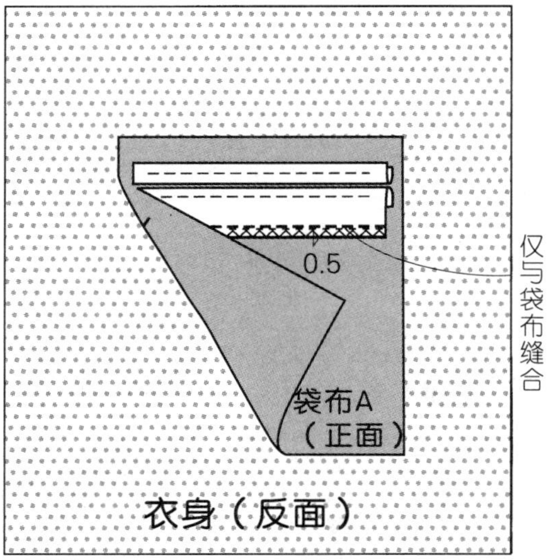

7 在衣身正面拉出袋布A，与袋布B正面朝上合并，车缝

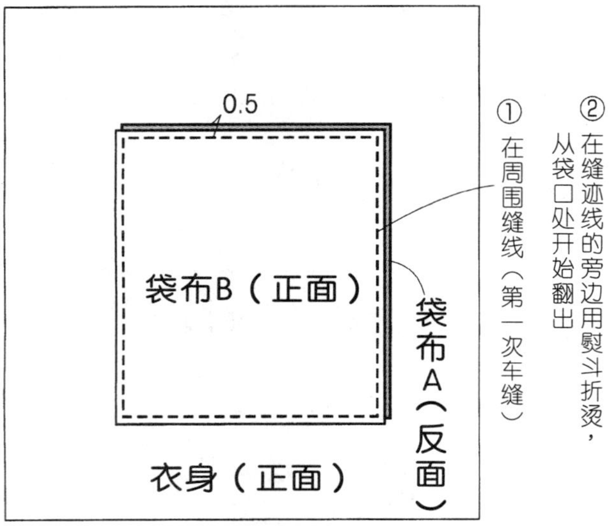

8 袋盖插入袋口，漏落针绗缝

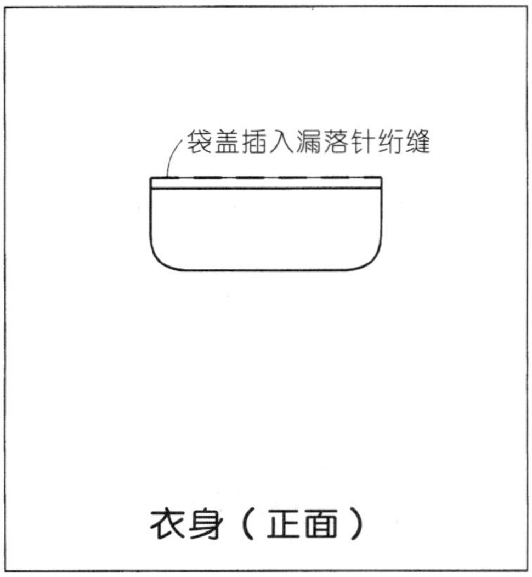

9 在落针旁车缝固定袋盖

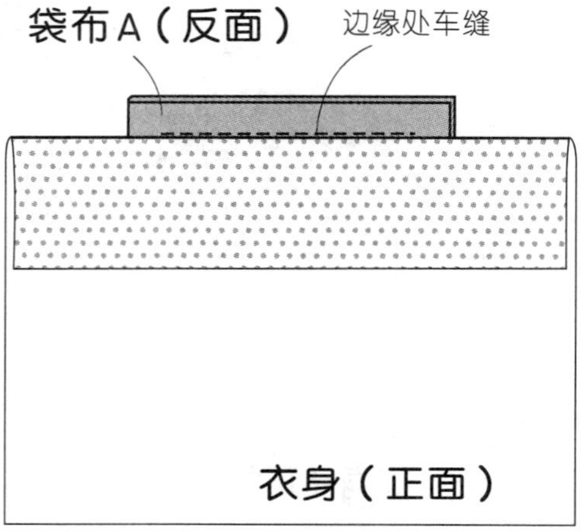

10 车缝袋布四周

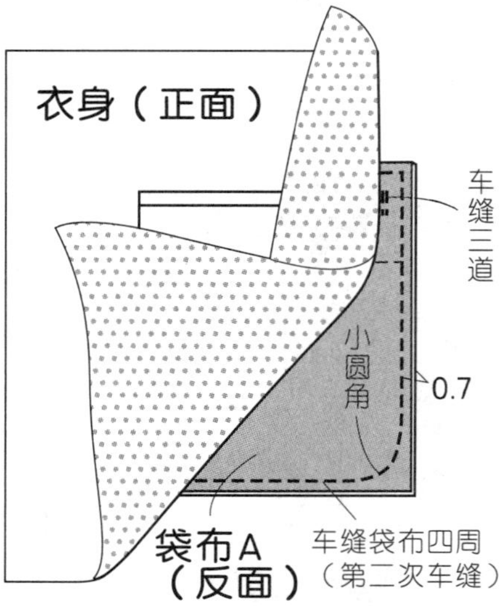

宽嵌线口袋（第32页中款式）

用在套装、大衣、背心的胸部、腰部的箱形口袋，使用的材料有厚型、薄型、松结构面料，应进行合理挑选。

宽嵌线口袋（A）

适合于厚型、织造致密的面料的方法，装袋嵌线布的位置缝份不重合的处理方法。

对格子

对条对格时，一般情况袋嵌线布和衣身相同。如果在袋嵌线倾斜时，制作带有缝份的样板之后再裁剪比较好。

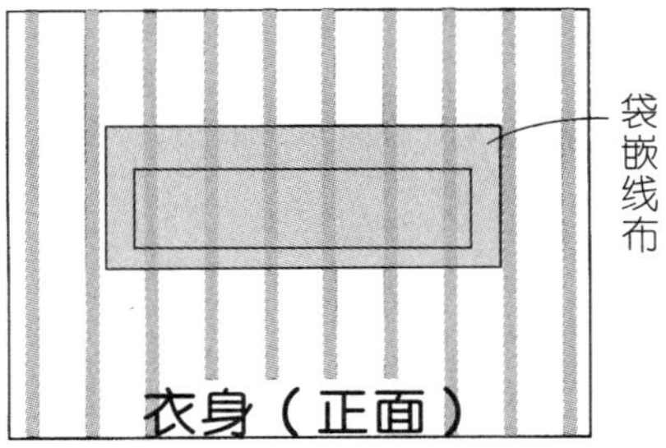

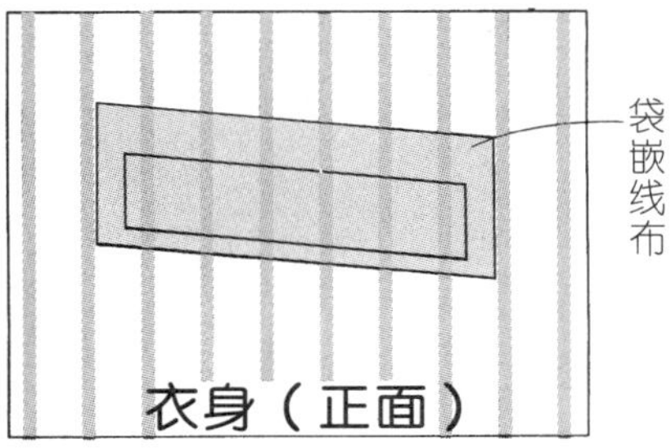

裁剪方法

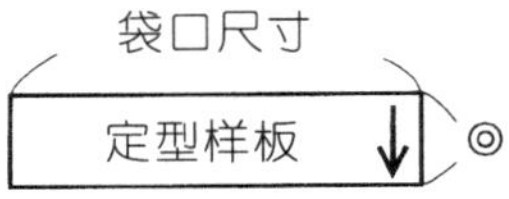

袋嵌线布（面布）

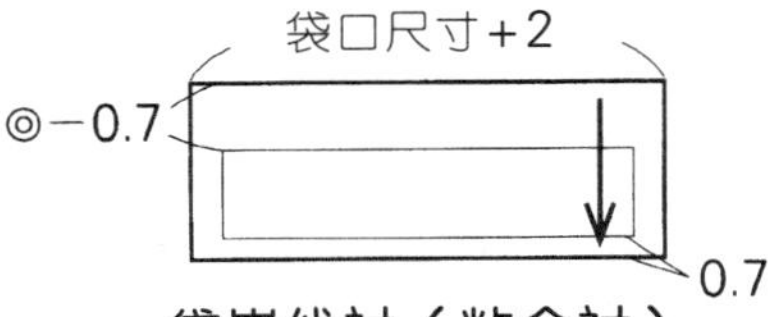

袋嵌线衬（粘合衬）

垫袋布（面布）

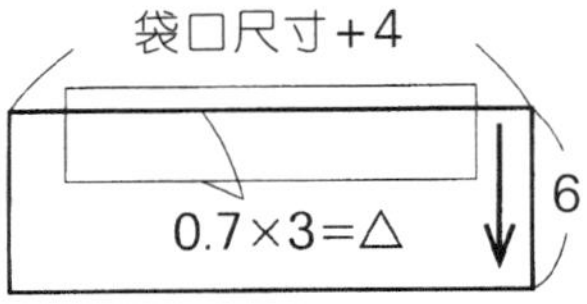

袋布A、B（里料或专用口袋布，各一片）

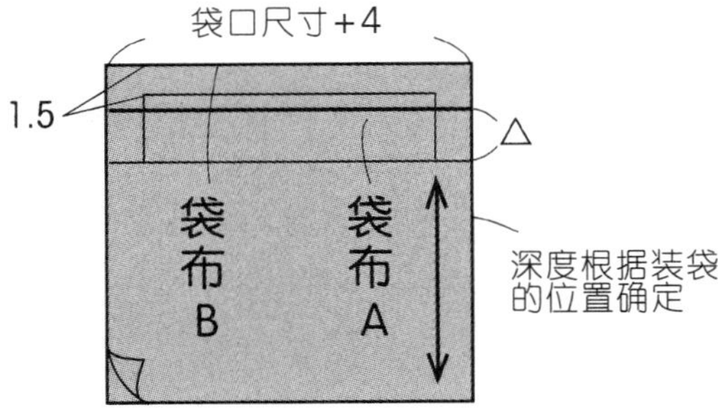

< 倾斜的时候 >

袋嵌线布

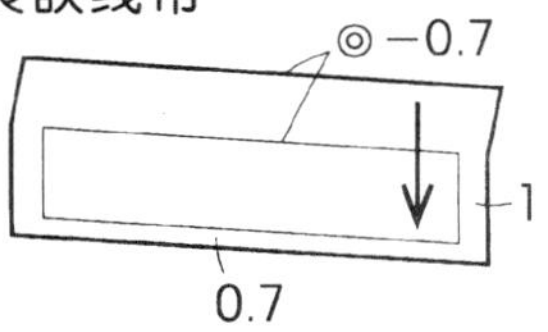

● 袋嵌线衬与袋嵌线布相同

垫袋布

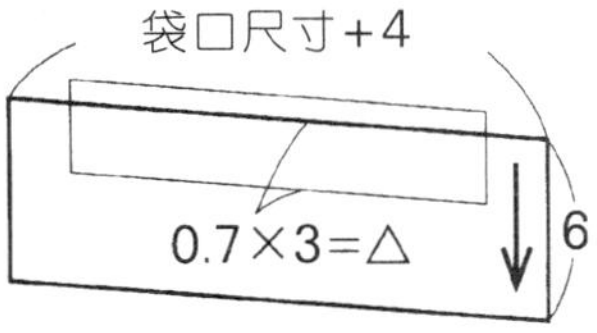

袋布A、B（里料或专用口袋布，各一片）

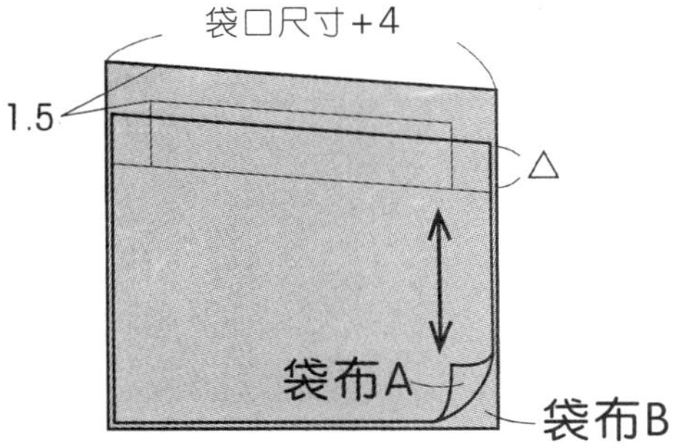

1 袋嵌线布贴衬，用熨斗熨烫，按净缝翻折成型

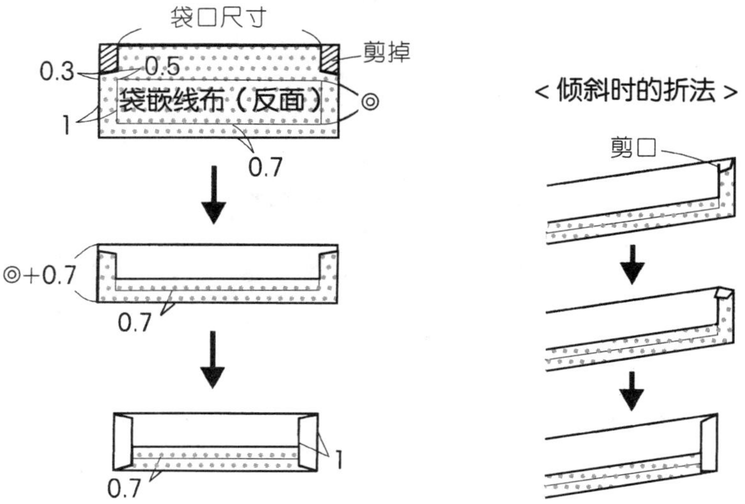

2 袋嵌线布和袋布A缝合，锁缝垫袋布

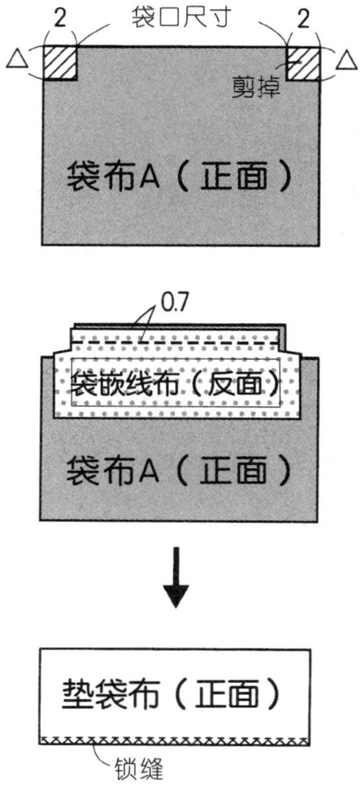

3 在衣身上装袋嵌线布和垫袋布

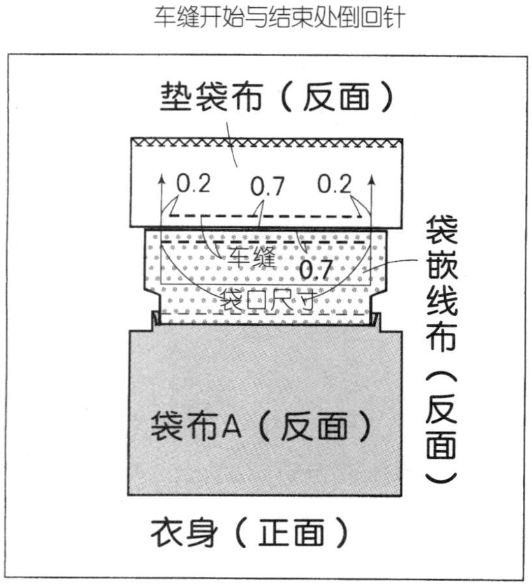

4 避开缝份在衣身上剪袋口

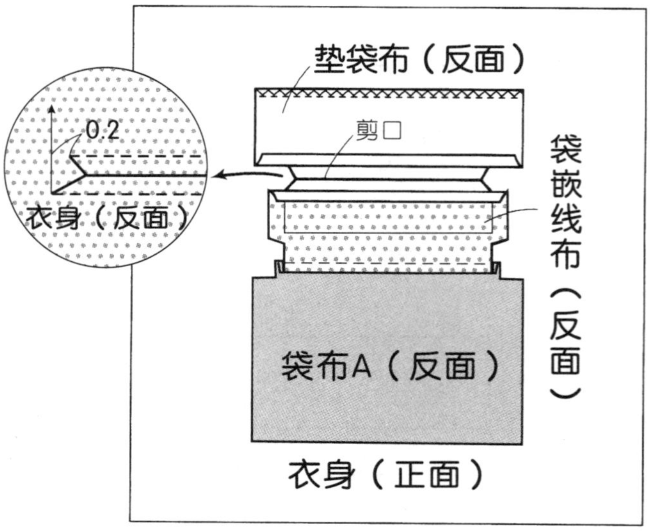

5 在反面拉出袋嵌线布，整理

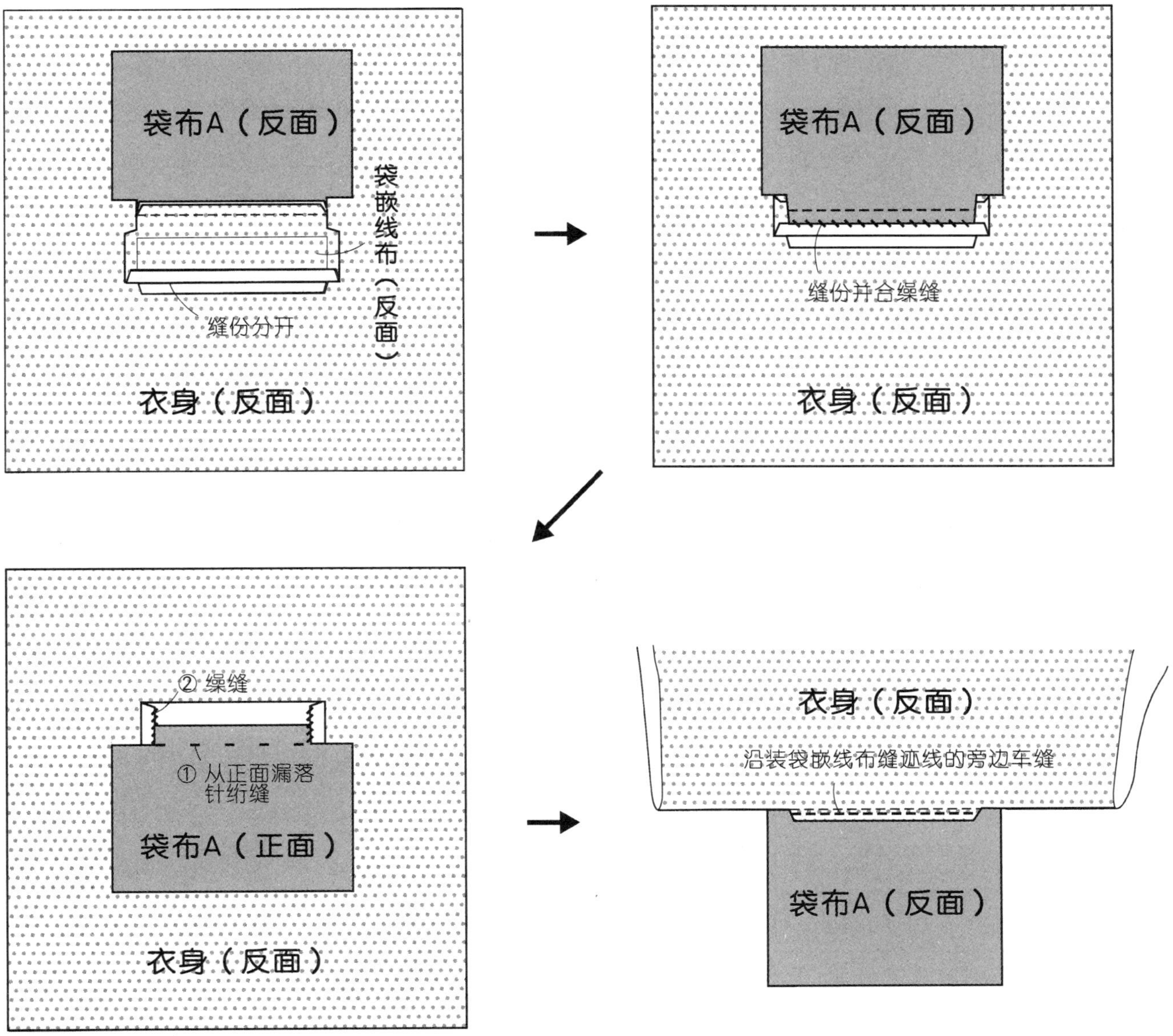

6 在反面拉出垫袋布，缝份分烫

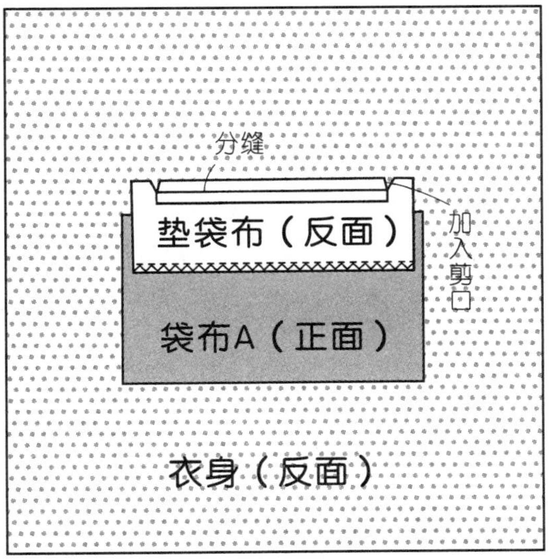

7 合并袋布B，从正面开始漏落针缝住

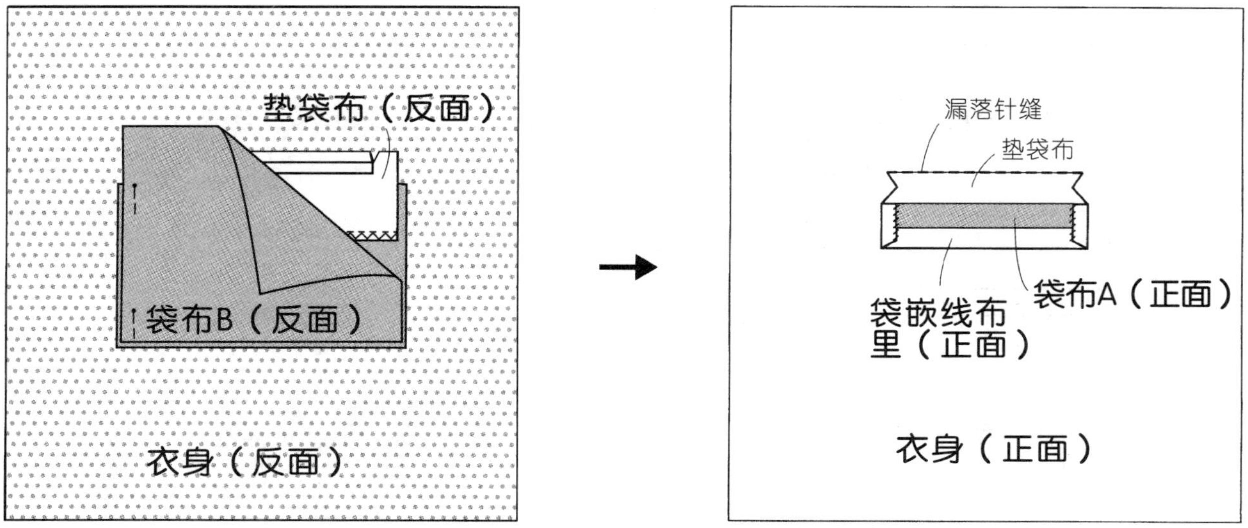

8 把垫袋布固定在袋布B上

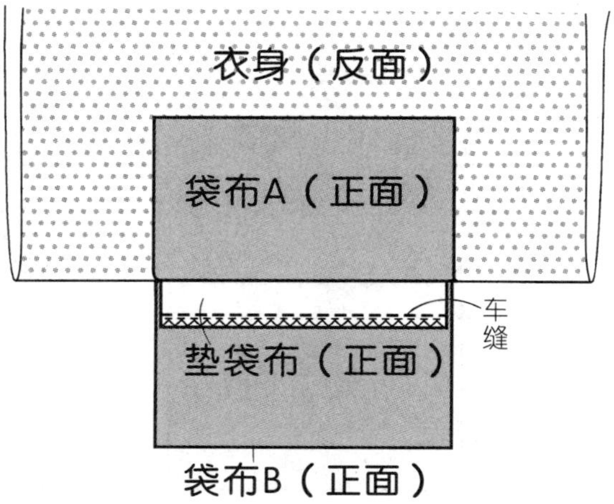

9 固定袋嵌线布的两端

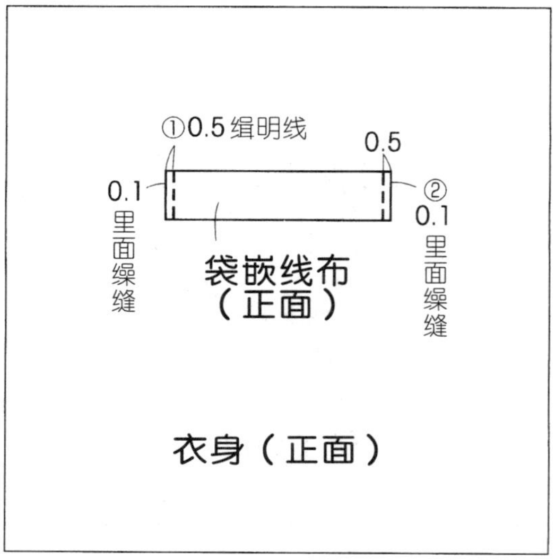

10 车缝袋布周围两道

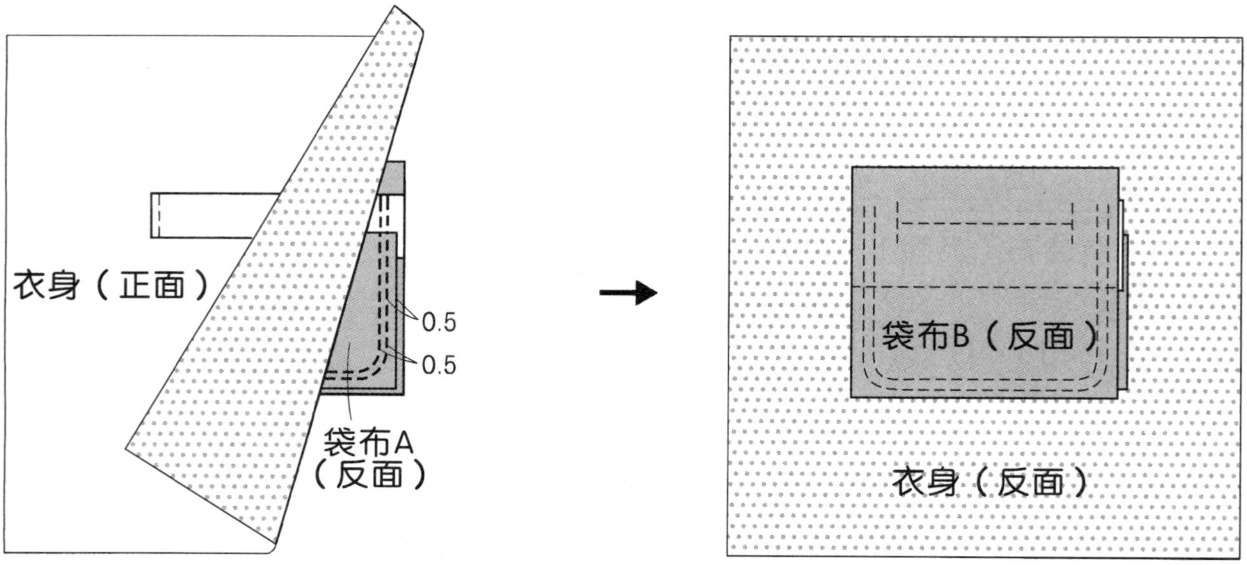

宽嵌线口袋（B）

适合中厚、薄型面料的方法，嵌线部分要用来回针制作处理。

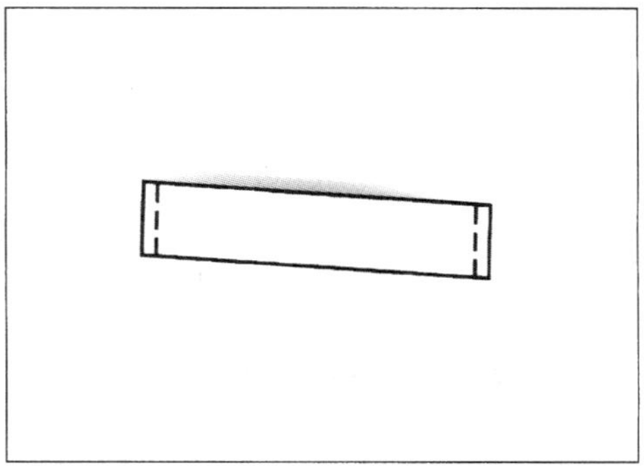

裁剪方法

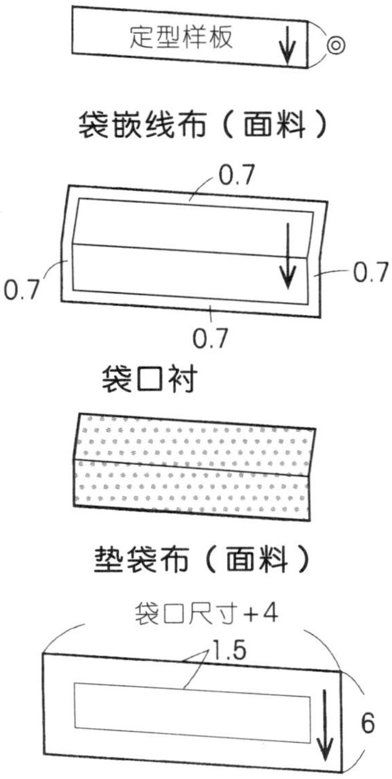

袋布A、B（里料或专用袋布各1片）

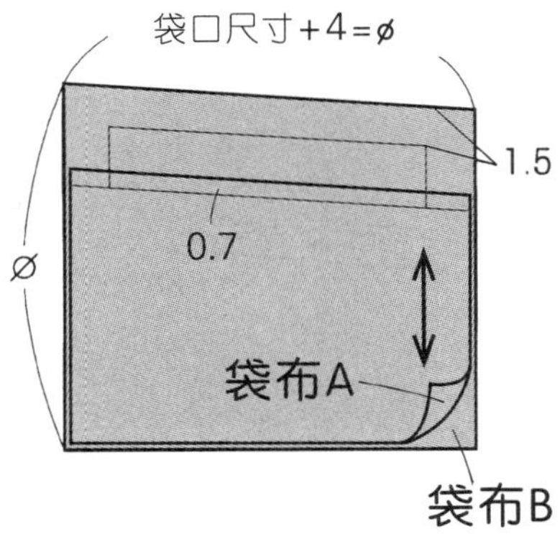

ø=深度，根据安装位置来决定

1 袋嵌线布粘衬，来回缝

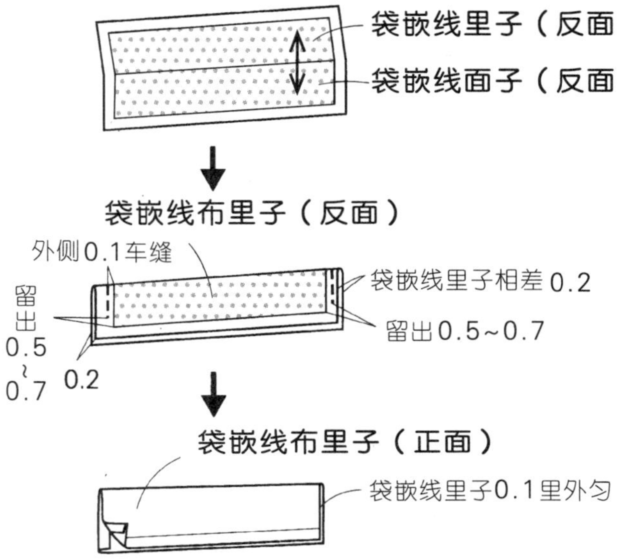

2 袋嵌线布和袋布A缝合

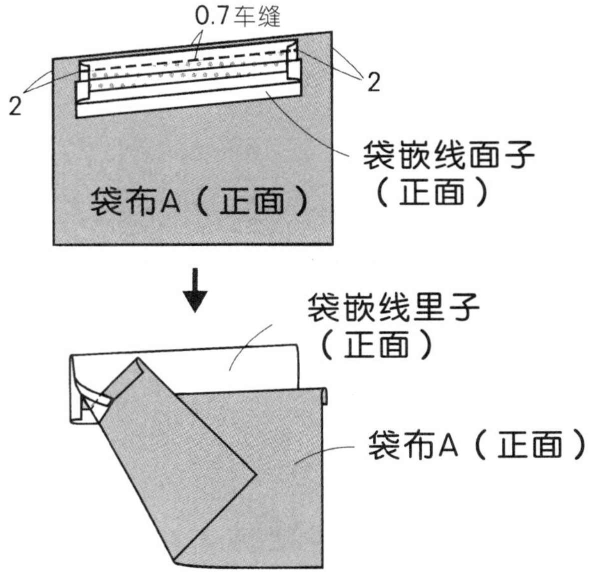

3 锁缝垫袋布

4 在衣身上装袋嵌线布

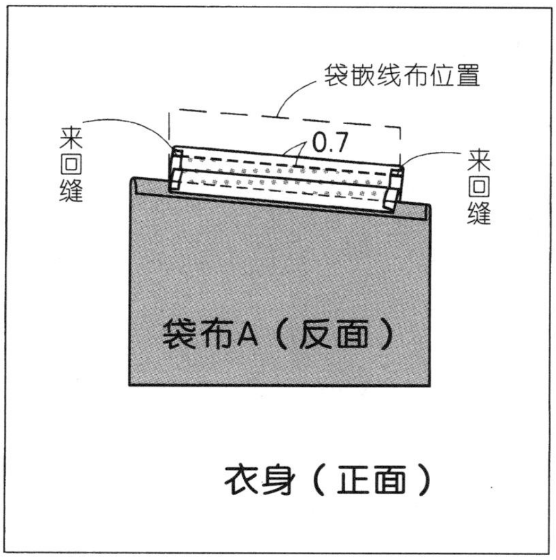

5 装垫袋布，并剪出袋口

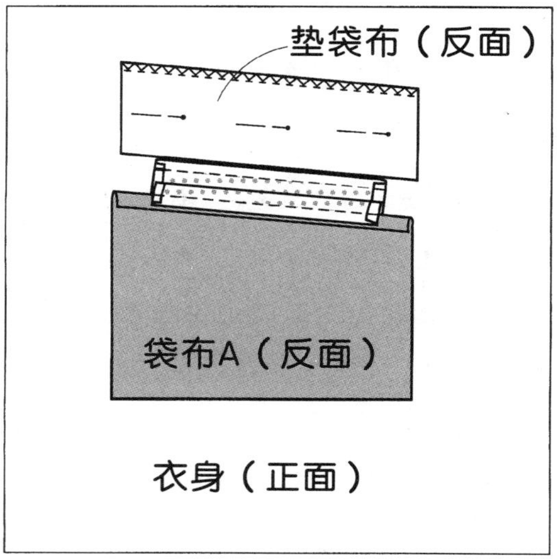

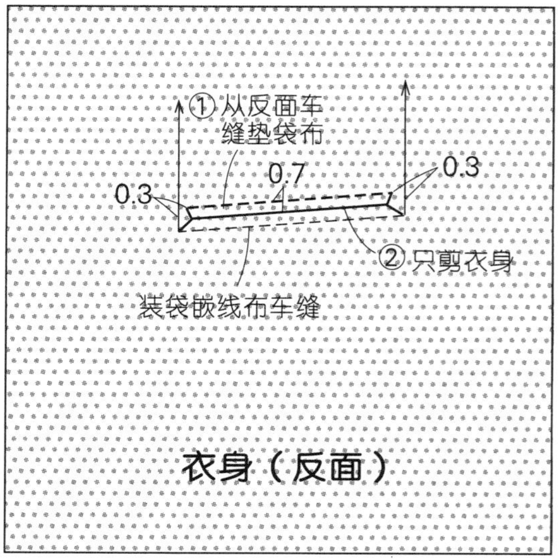

6 垫袋布拉到反面，缝份分缝

7 把袋布A拉到反面，缝份分开

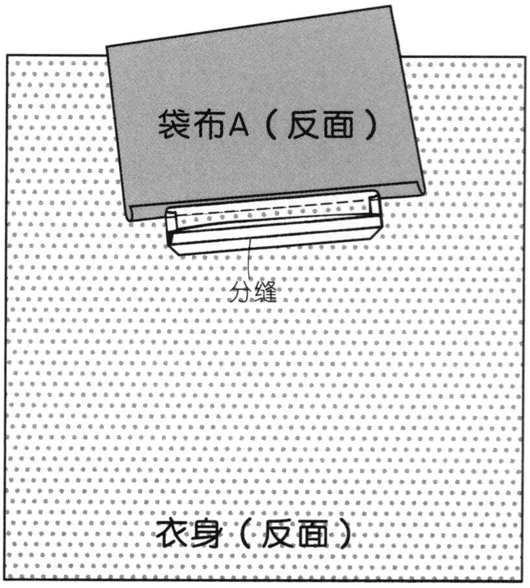

8 整理袋嵌线布的形状，缲缝未缝住部分缝份

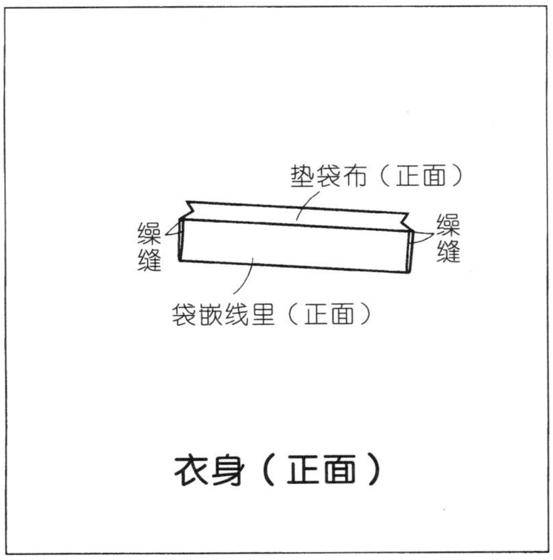

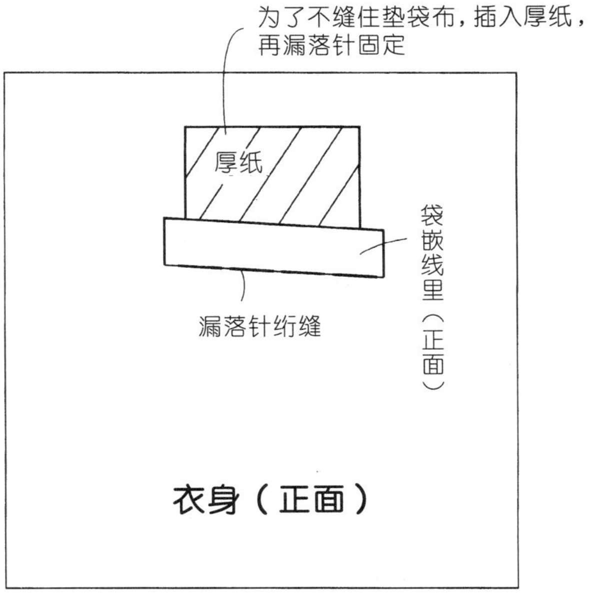

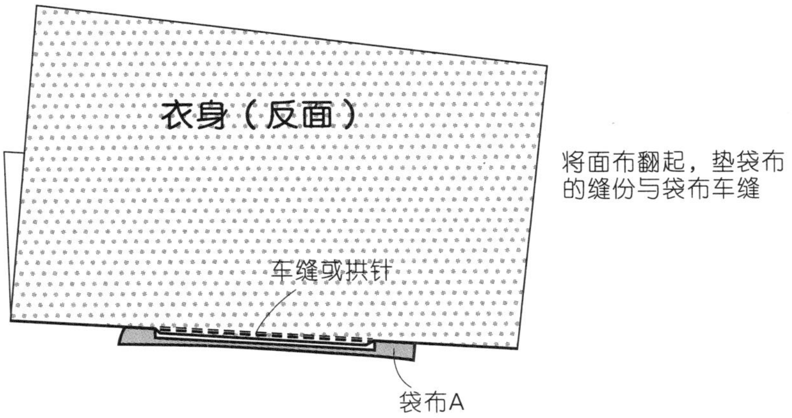

9 对合袋布B，用大头针固定，在正面开始用车缝

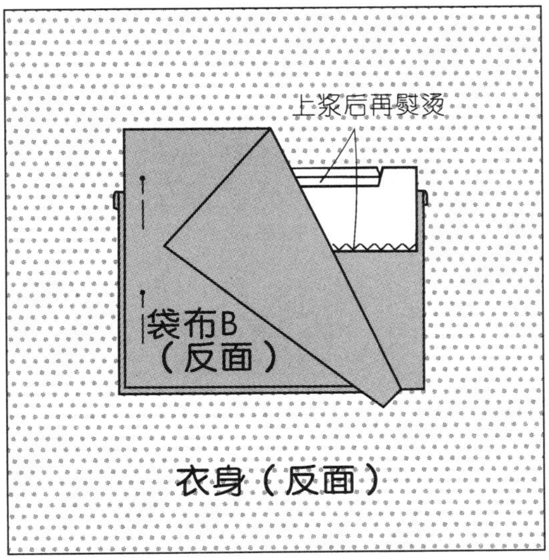

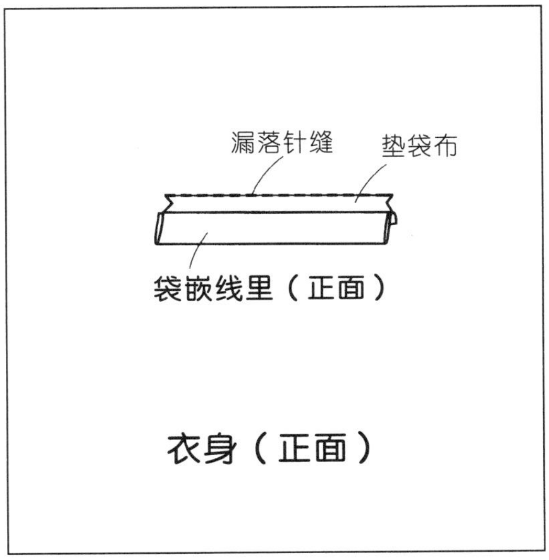

10 垫袋布固定在袋布B上

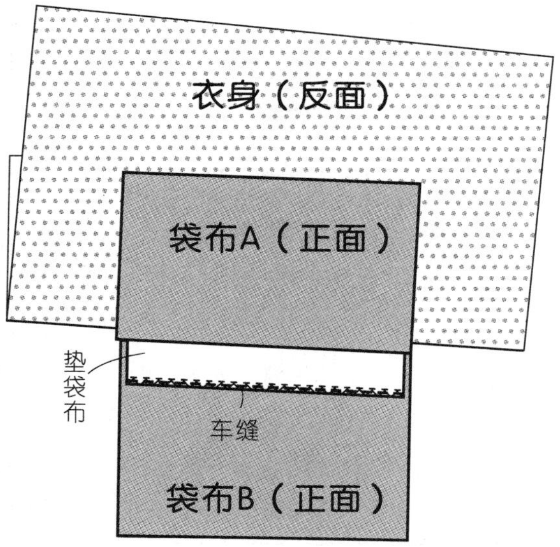

11 袋嵌线布两端固定

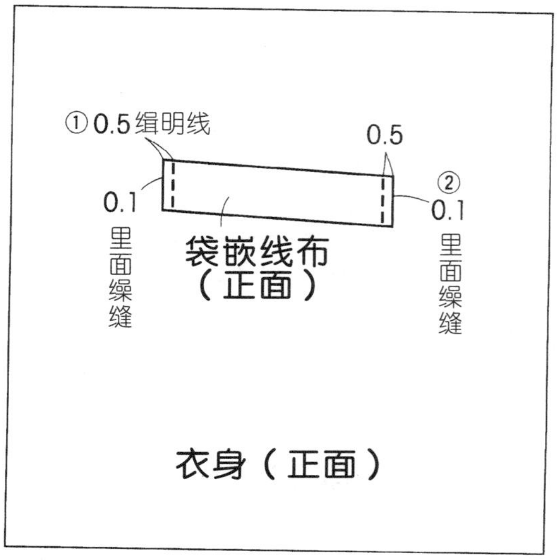

12 车缝袋布四周两道

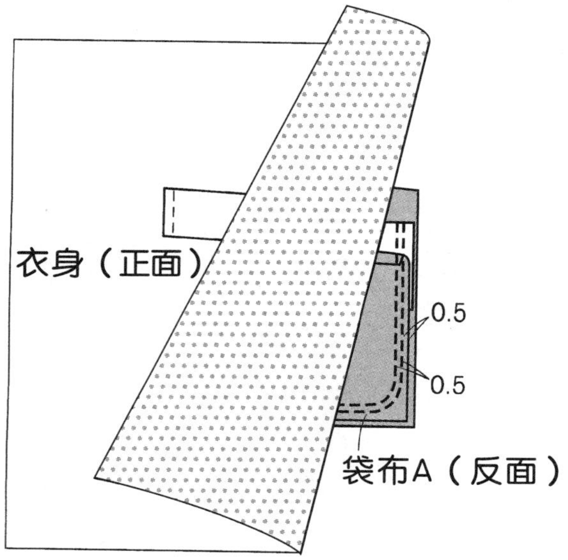

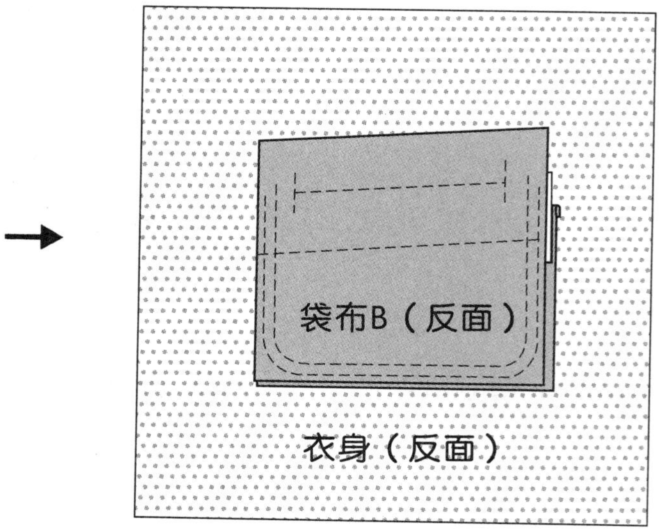

宽嵌线口袋（C）

单层处理的西装类，既要里面美观，又要结实，所以袋布周围要来去车缝处理。

两片袋布，其中一片（在外侧看到的袋布）采用面料裁剪，袋嵌线布的缝份采用倒缝。比较适合用棉、麻等薄型面料。

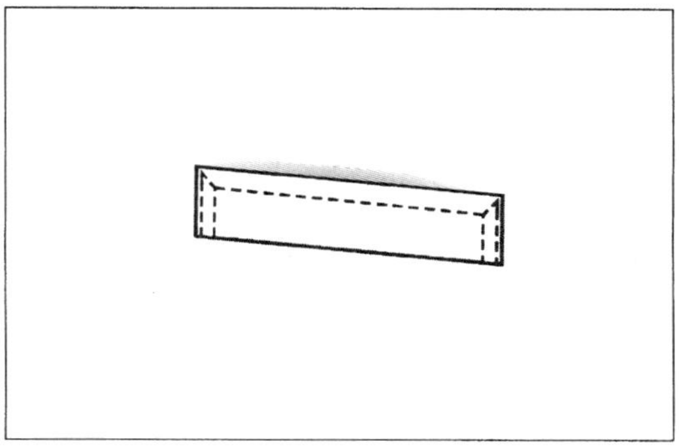

裁剪方法

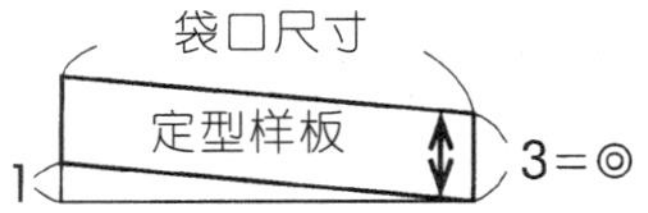

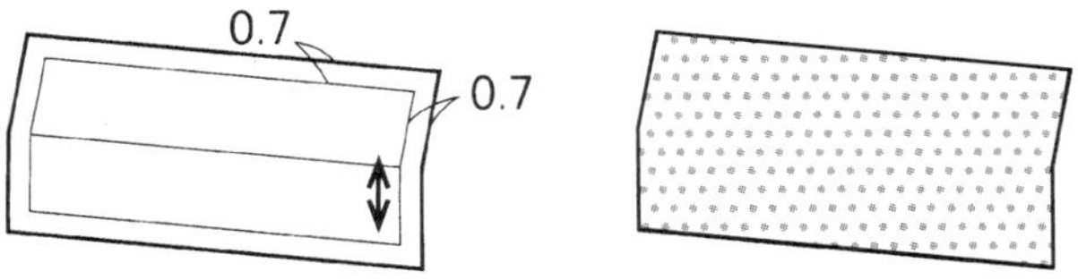

袋布A（专用袋布或里布，1片）

袋布B（面布，1片）

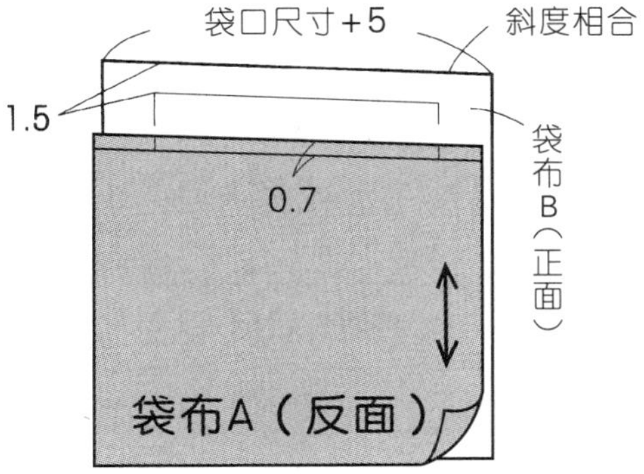

1 在衣身反面的口袋位置处贴粘合衬

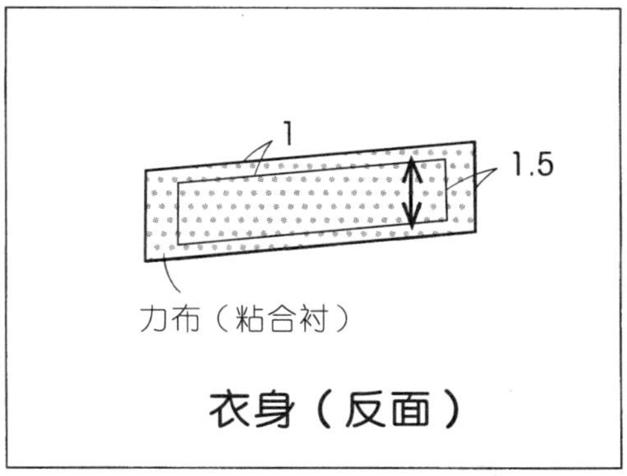

2 袋嵌线布处贴粘合衬，做袋嵌线布

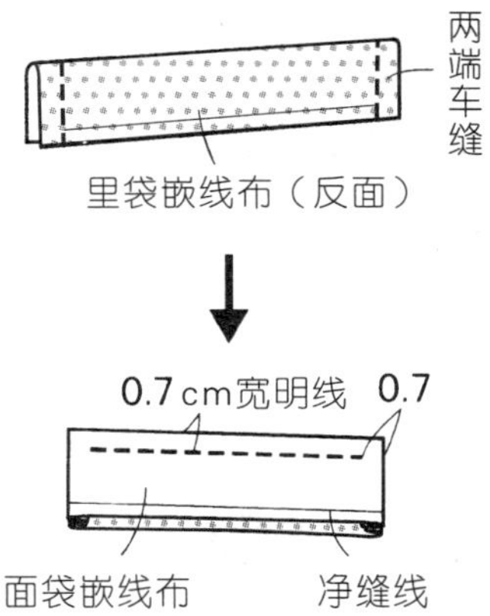

3 在衣身处将嵌线布和袋布A装缝起来

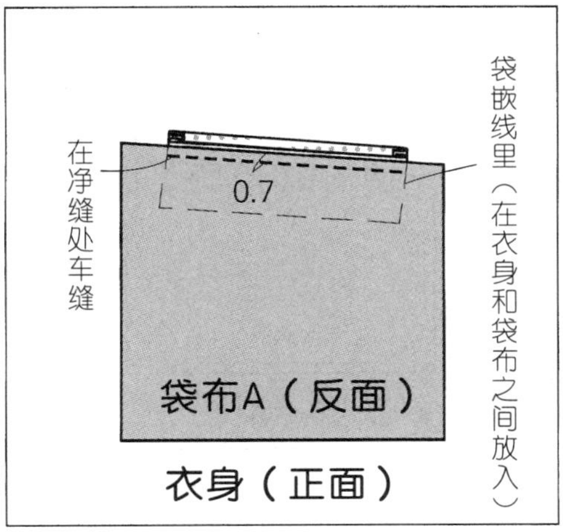

4 袋嵌线布和袋布的缝份让开，剪袋口

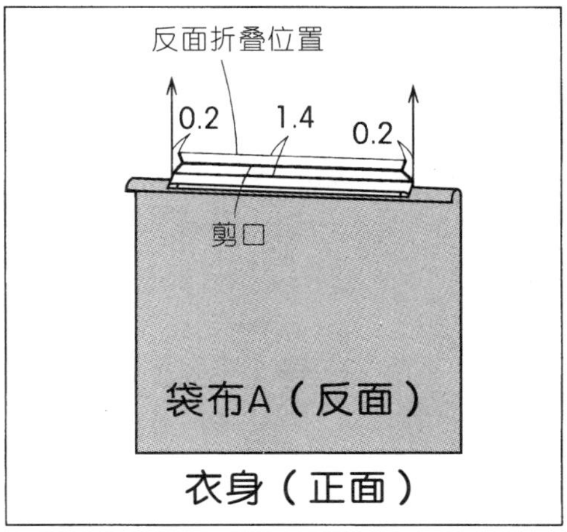

5 袋布翻到反面，袋口剪开处上端缝份向反面折

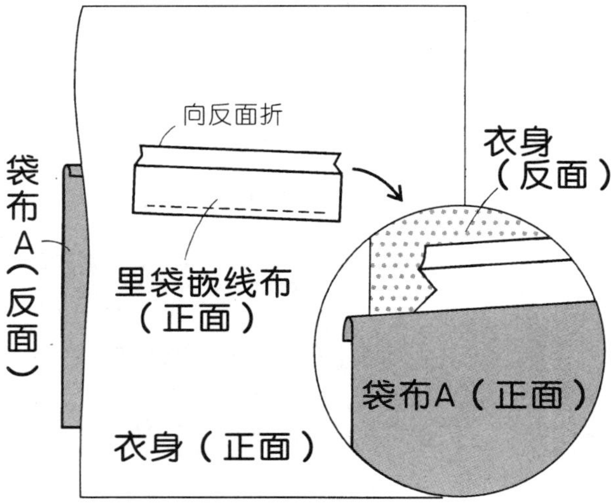

6 把袋布A、B反面相对合，车缝袋布周围

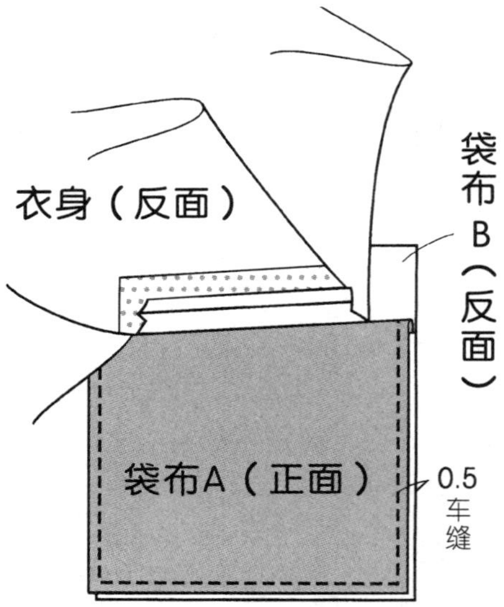

7 将袋布翻正，在袋口处缉明线，缉住袋布B为止

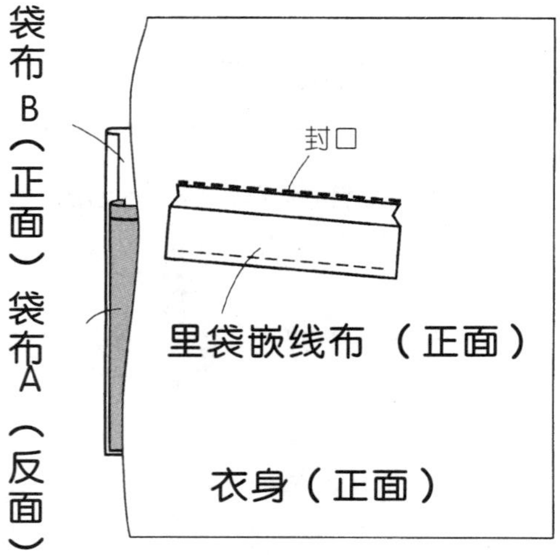

8 袋布B的上端折叠，车缝袋布四周

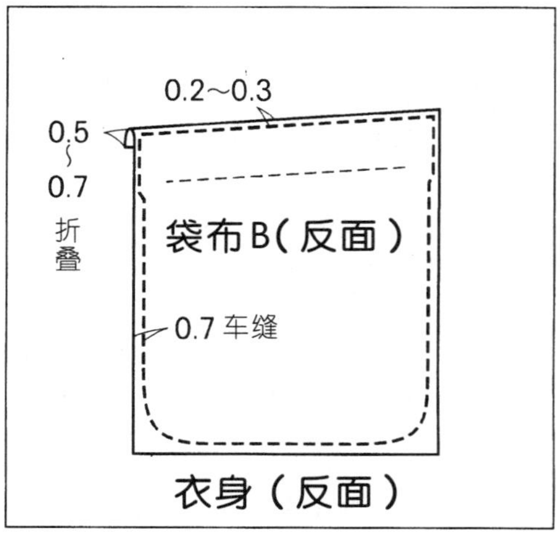

9 袋嵌线布的两端处缉明线

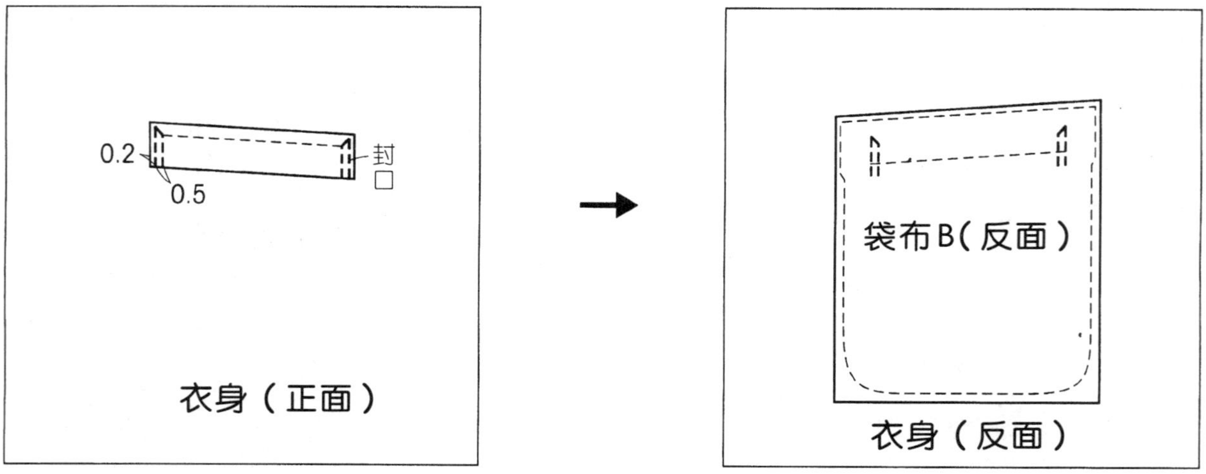

双嵌线口袋（第29页中款式）

袋口处的缝份被细细地卷在嵌线条内的口袋。它被用在套装、大衣上，是应用范围比较广的一种口袋。

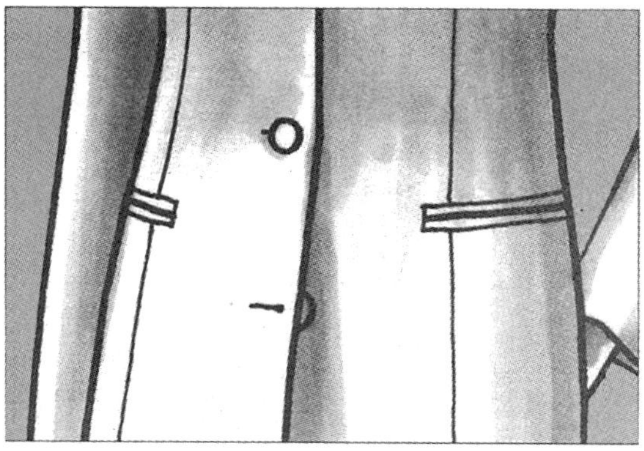

全夹里状态

裁剪方法

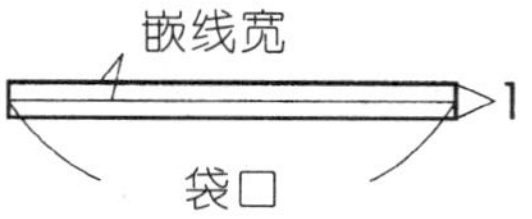

袋嵌线布（面料，2片）

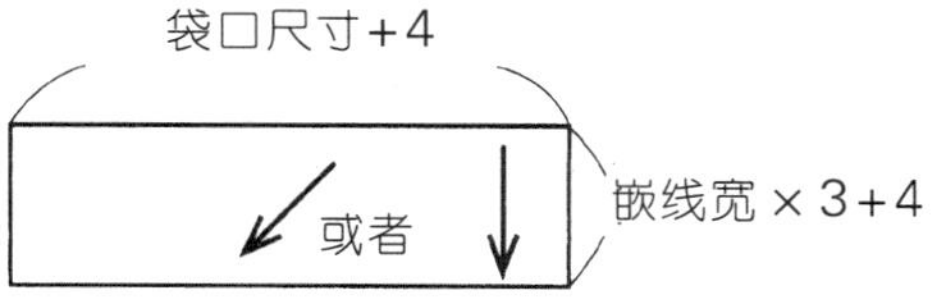

垫袋布（面料，1片）

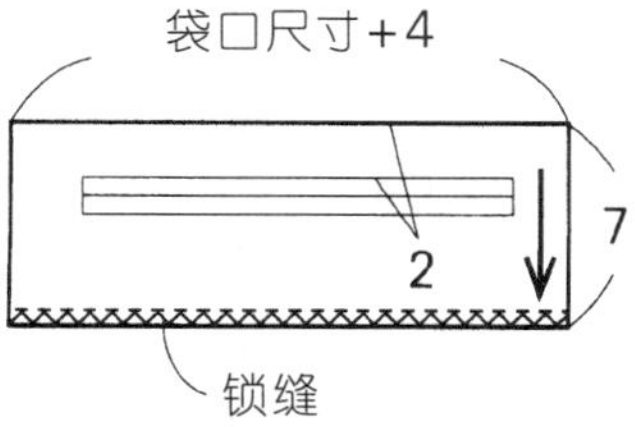

袋嵌线衬（粘合衬，2片）

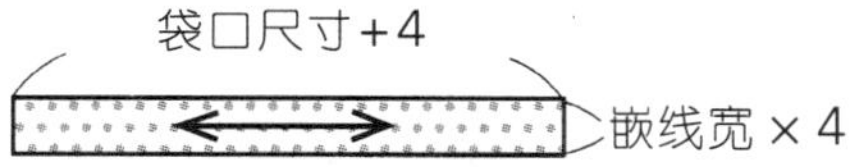

袋布A・B（面料或专用袋布，各1片）

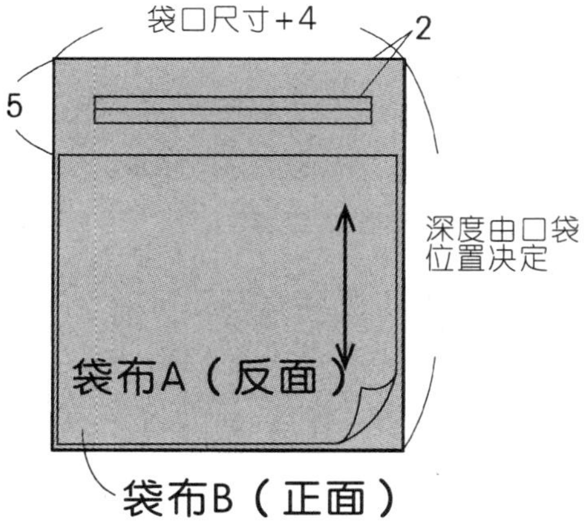

1 在袋嵌线布上贴粘合衬，并与袋布A缝合

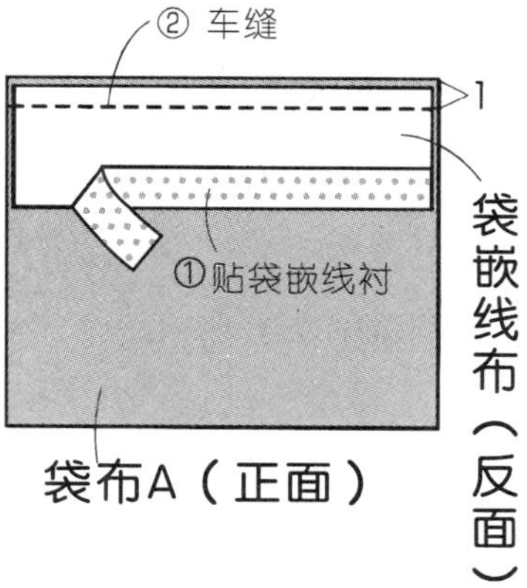

2 在衣身的口袋位置处装袋嵌线布

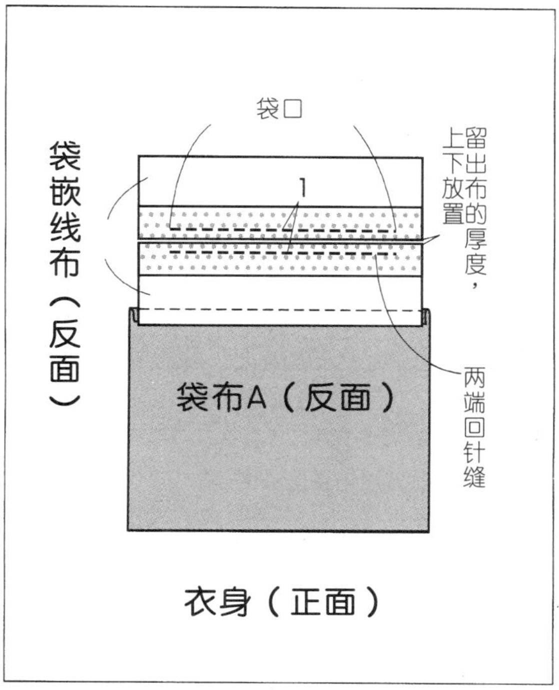

3 避开袋嵌线布的缝份，在衣身处剪袋口

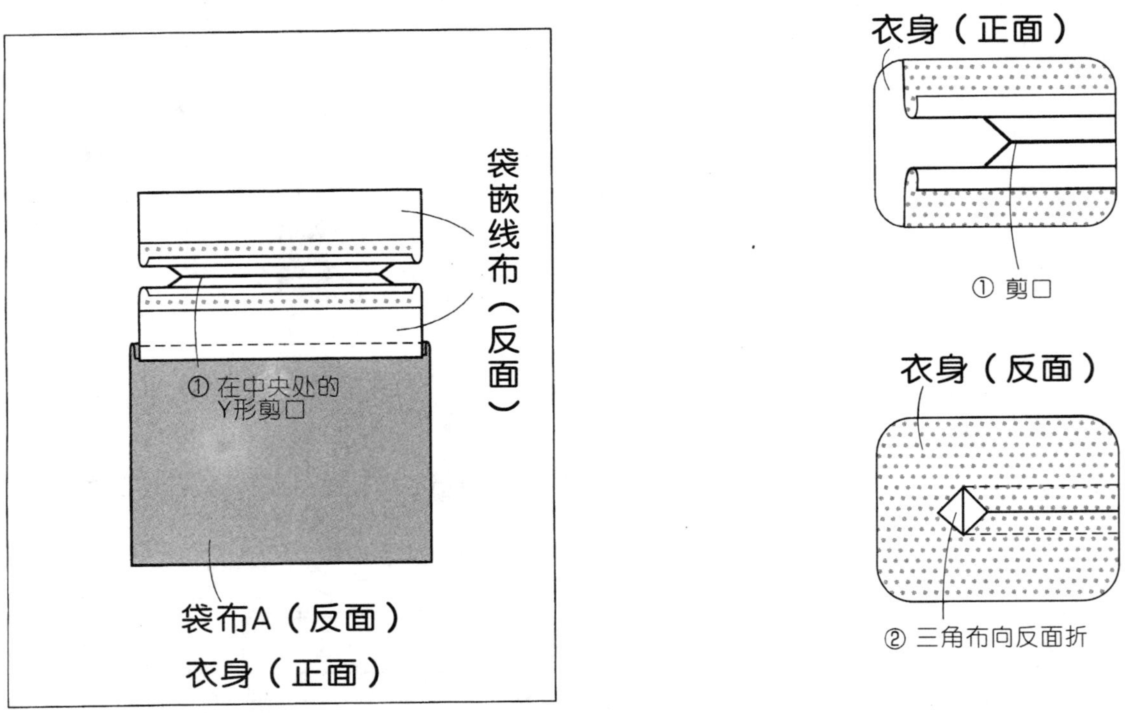

4 袋嵌线布在衣身反面拉出作嵌线

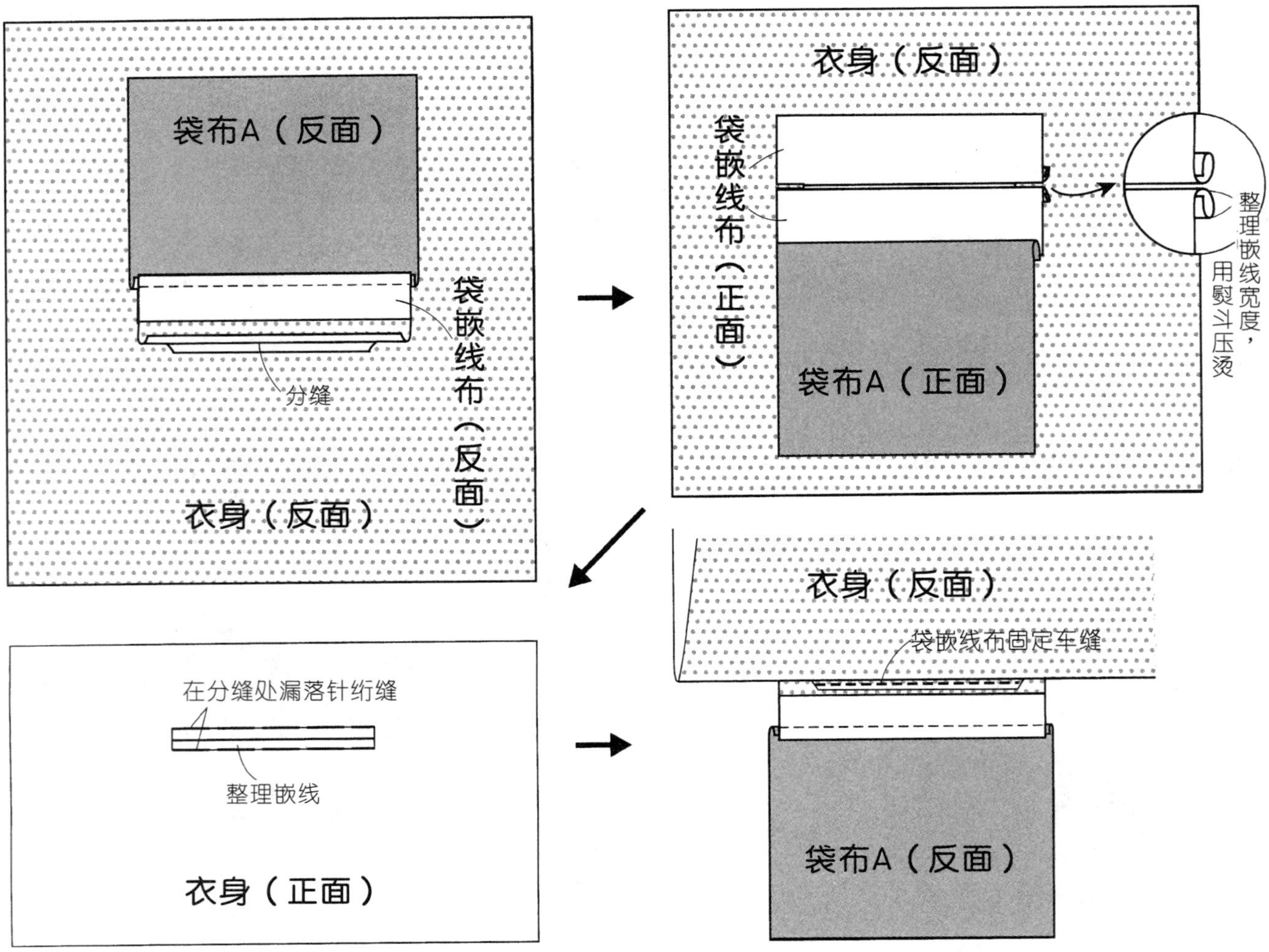

5 垫袋布装在袋布B上

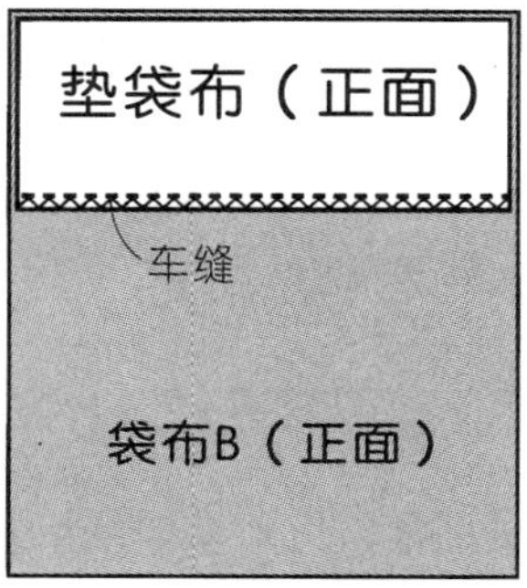

6 袋布A、B正面相对，车缝固定

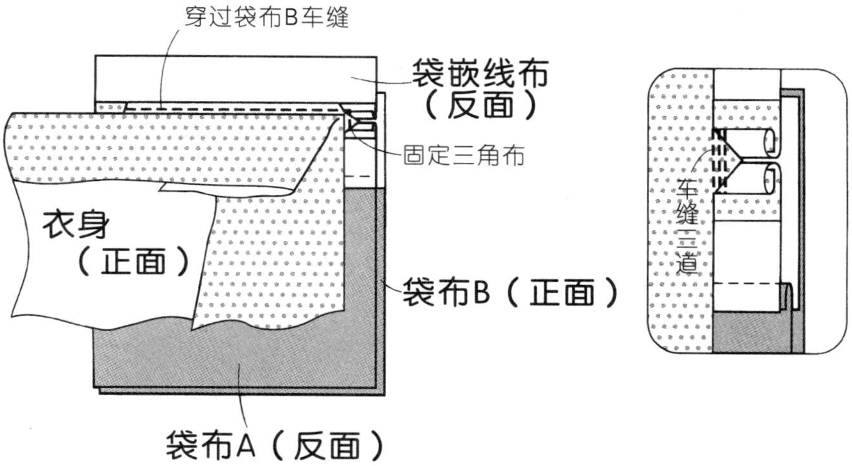

7 车缝袋布周围两道

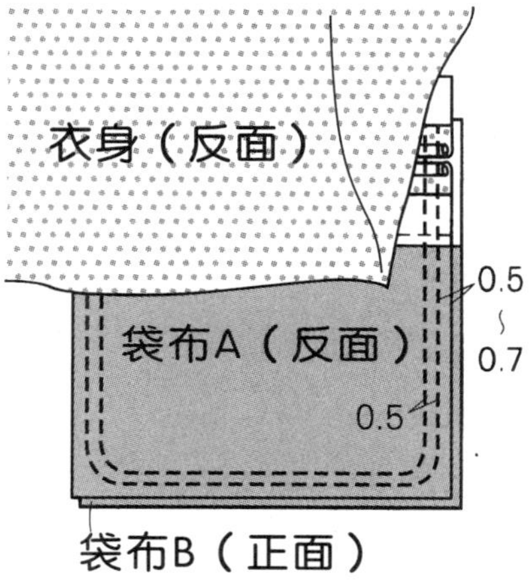

有袋盖的双嵌线口袋

步骤为在袋嵌线布处漏落针绗缝时插入袋盖，袋盖的裁剪方法、做法参照第124、125页。

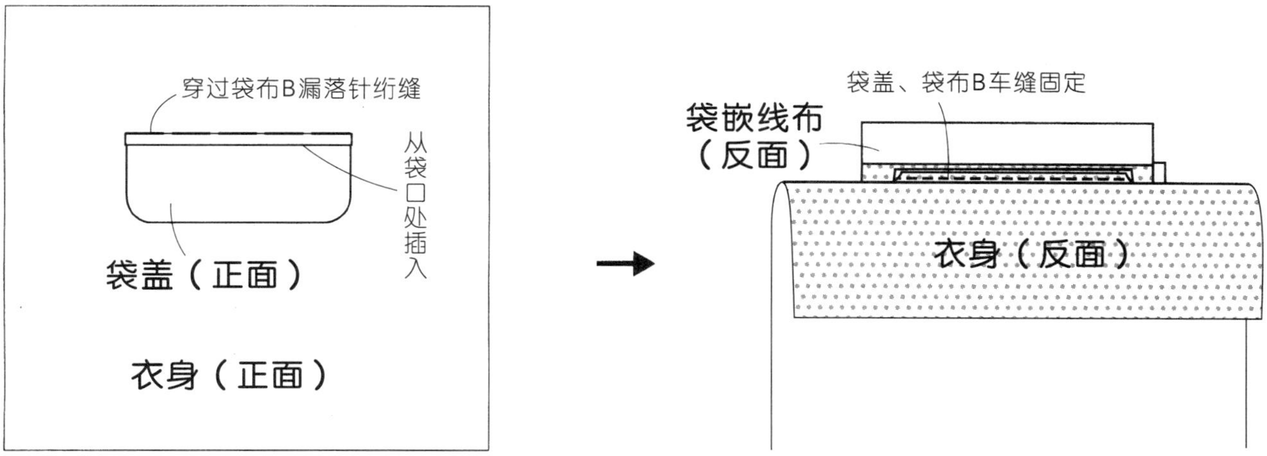

无夹里状态

袋布采用面料、一片连续裁剪，用在无夹里春秋上装及衬衫上。它比较适合用棉、麻等薄型的面料。

裁剪方法

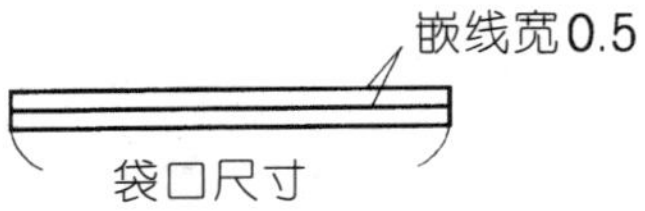

袋嵌线布（面料，2片）

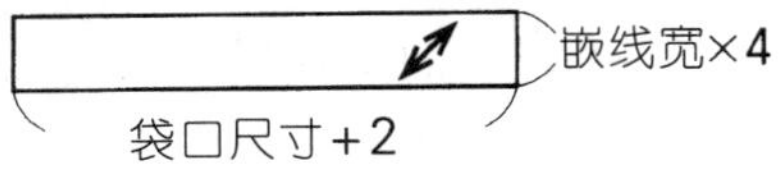

袋嵌线衬（粘合衬，2片）

力布（粘合衬）

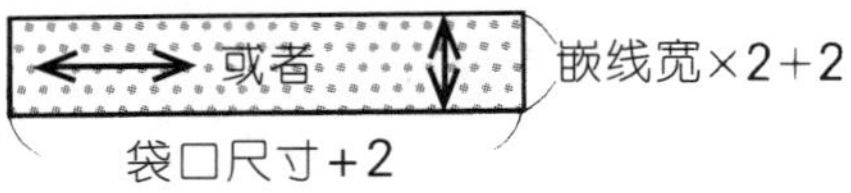

袋布（面料）

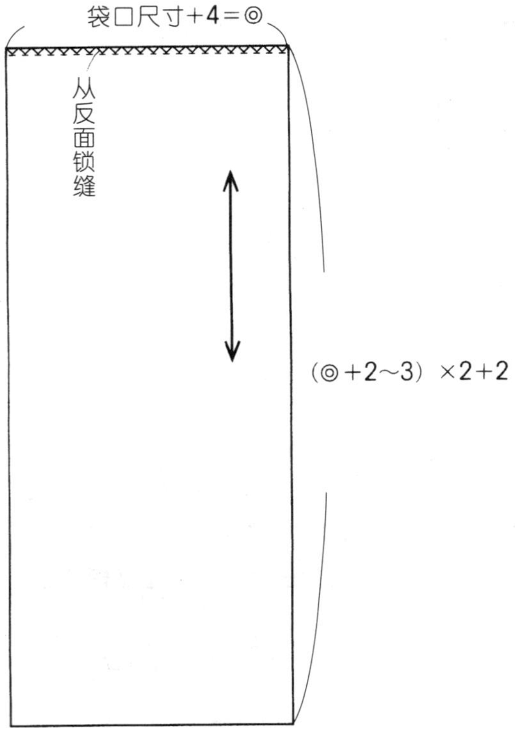

1 在衣身反面的口袋位置贴粘合衬

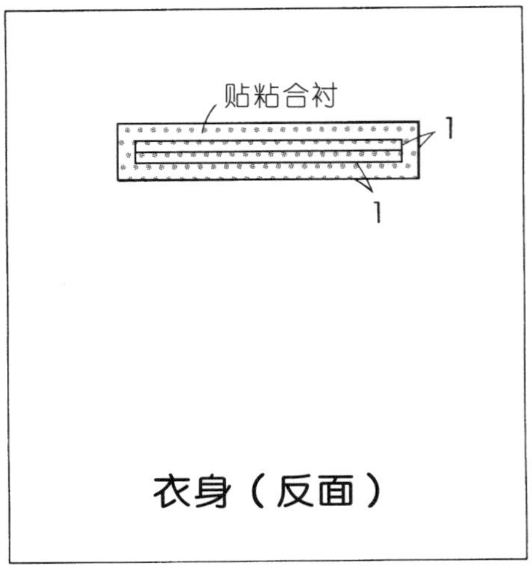

2 袋嵌线粘衬并对折

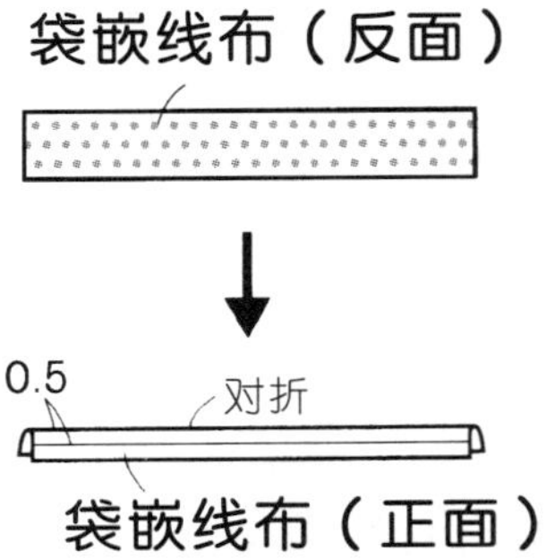

3 将嵌线绗缝在衣身上

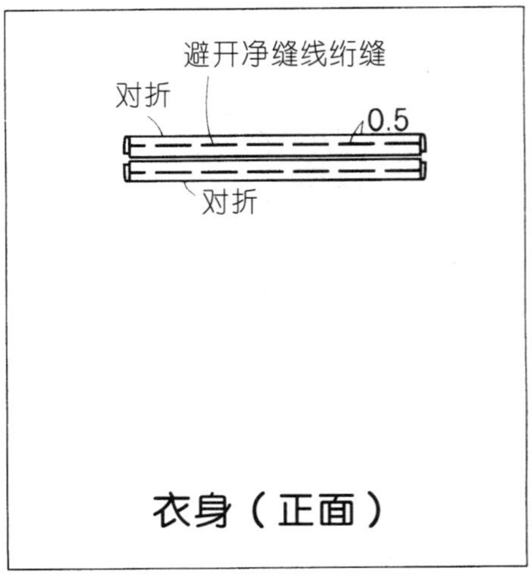

4 放上袋布，车缝袋嵌线布

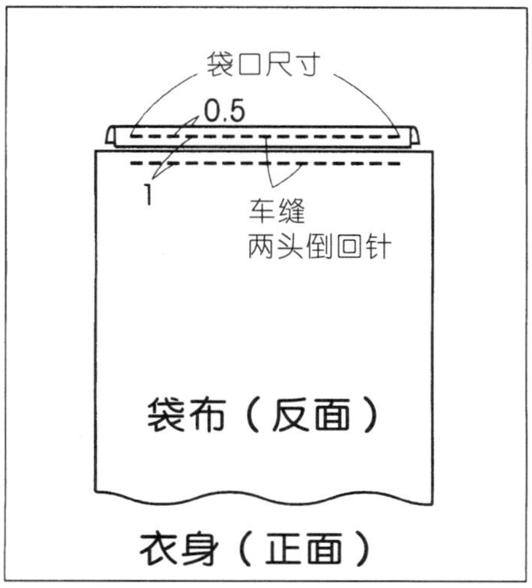

5 避开袋嵌线布的缝份，在衣身上剪袋口

6 在衣身反面拉出袋嵌线布做嵌线

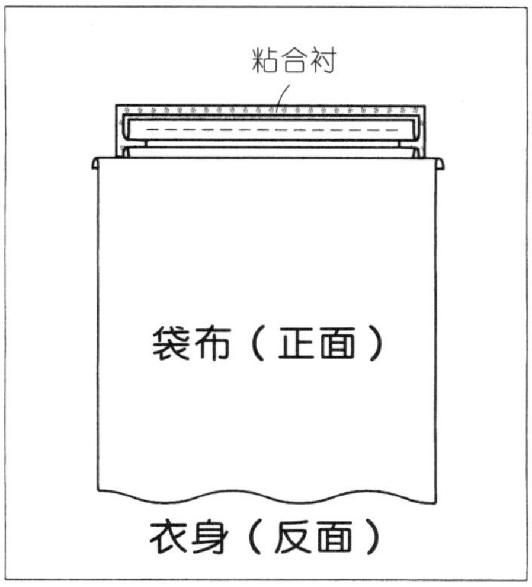

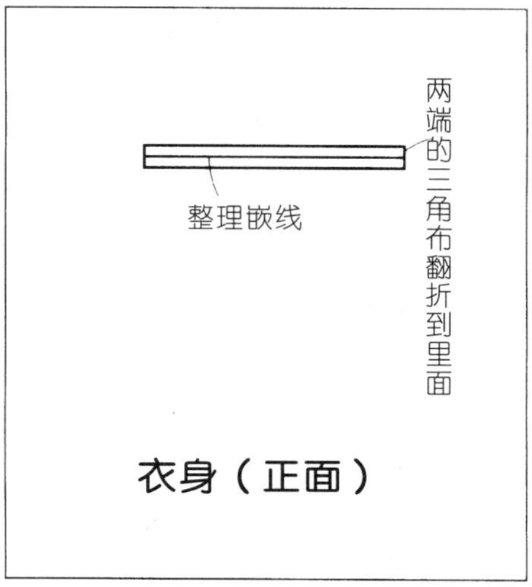

7 将袋布正面对折，车缝固定

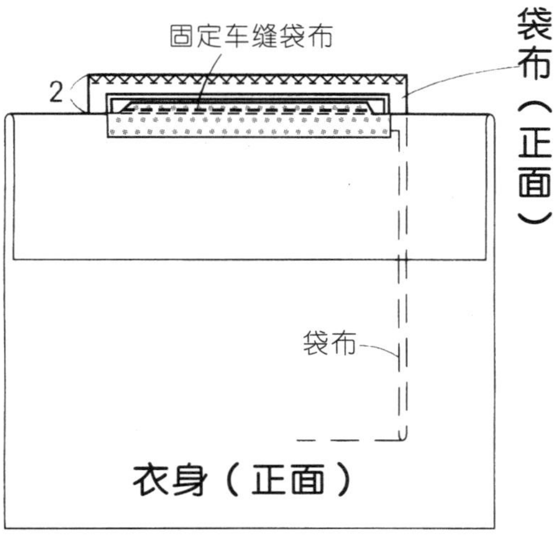

8 车缝袋布的两端三角两次

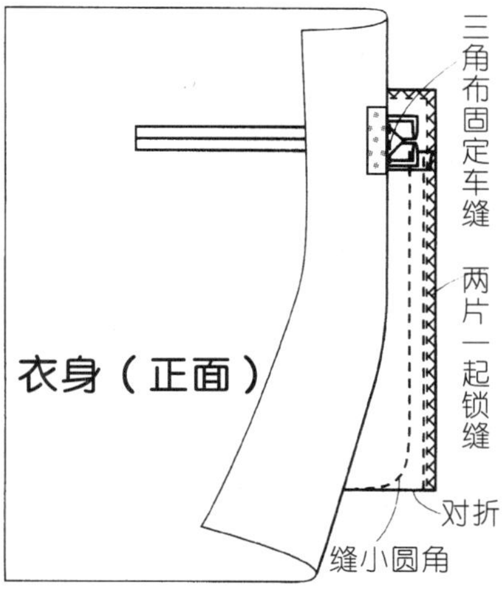

单嵌线口袋

袋嵌线布和袋布连续裁剪的简单方法，用在无夹里春秋上装和衬衫上，若为松结构面料和薄型面料，袋布周围用来去缝。棉、麻等薄型面料比较适合。

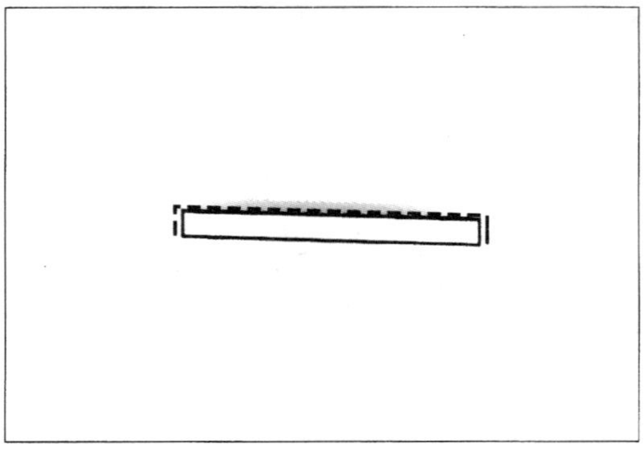

裁剪方法

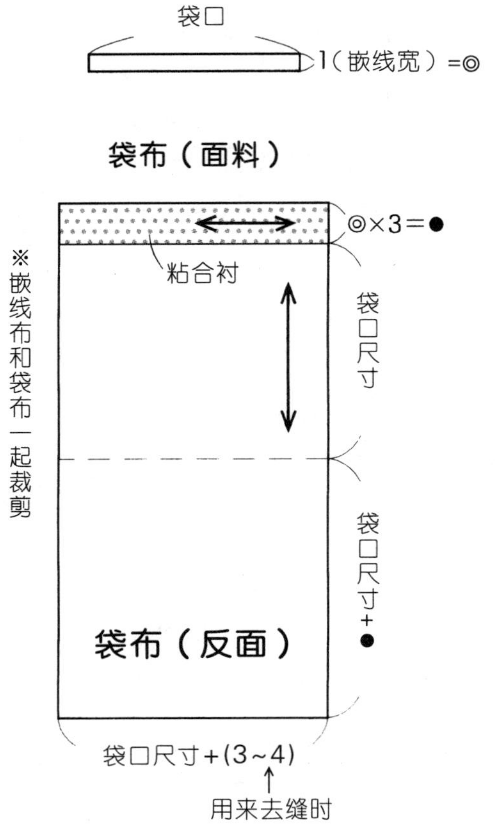

1 袋布锁缝，衣身反面的口袋位置处贴粘合衬

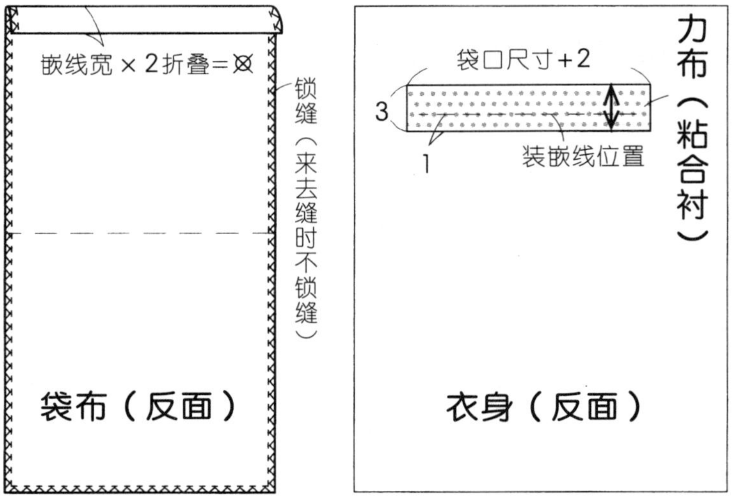

2 在衣身上装袋布（嵌线条）

3 在衣身袋口处剪开，折叠缝份

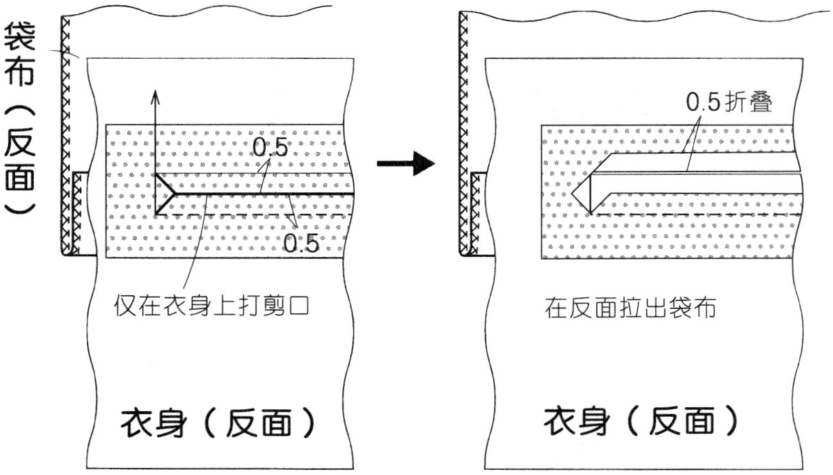

4 整理嵌线，袋布对折

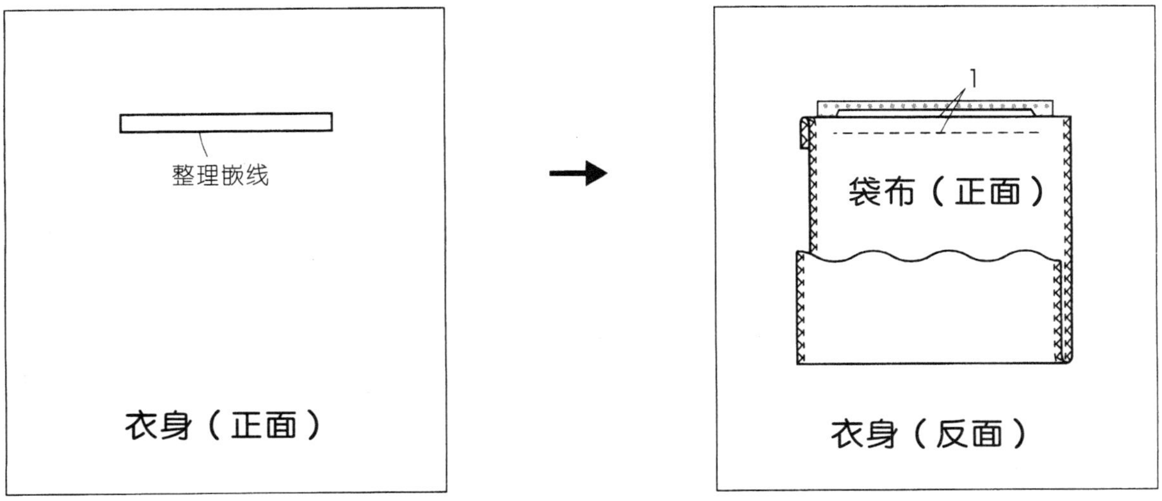

5 从正面开始袋口缉明线，固定袋布

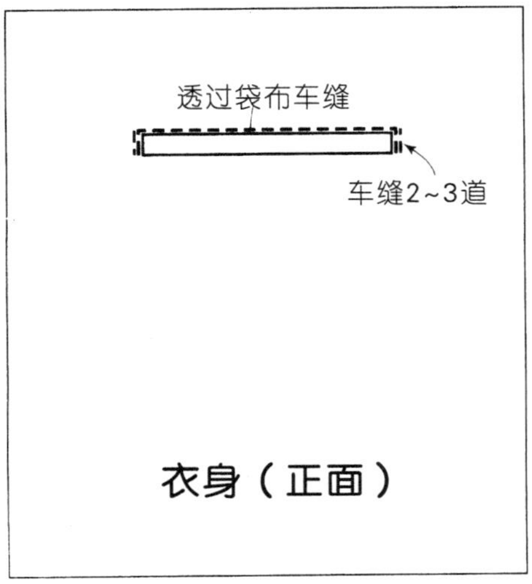

6 车缝袋布两端

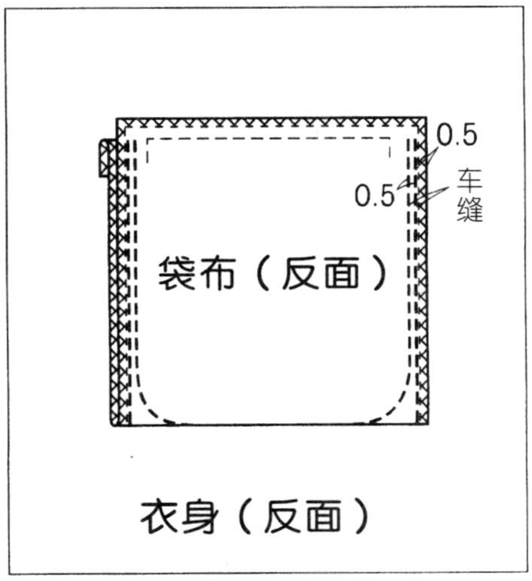

袋布来去缝时

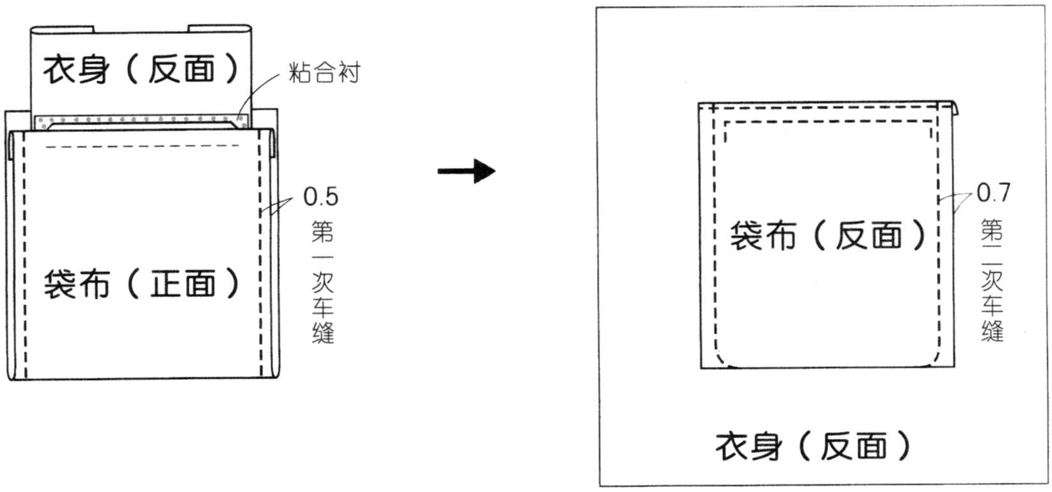

缉明线单嵌线口袋

单嵌线口袋，从反面放入袋布，在正面缉明线固定，用在无夹里春秋上装和衬衫的胸袋上。

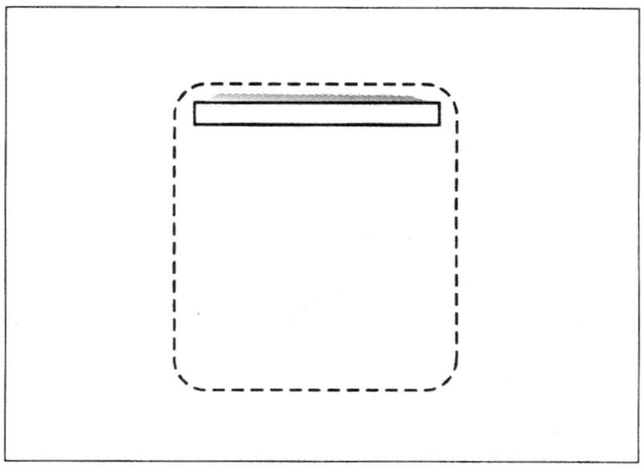

裁剪方法

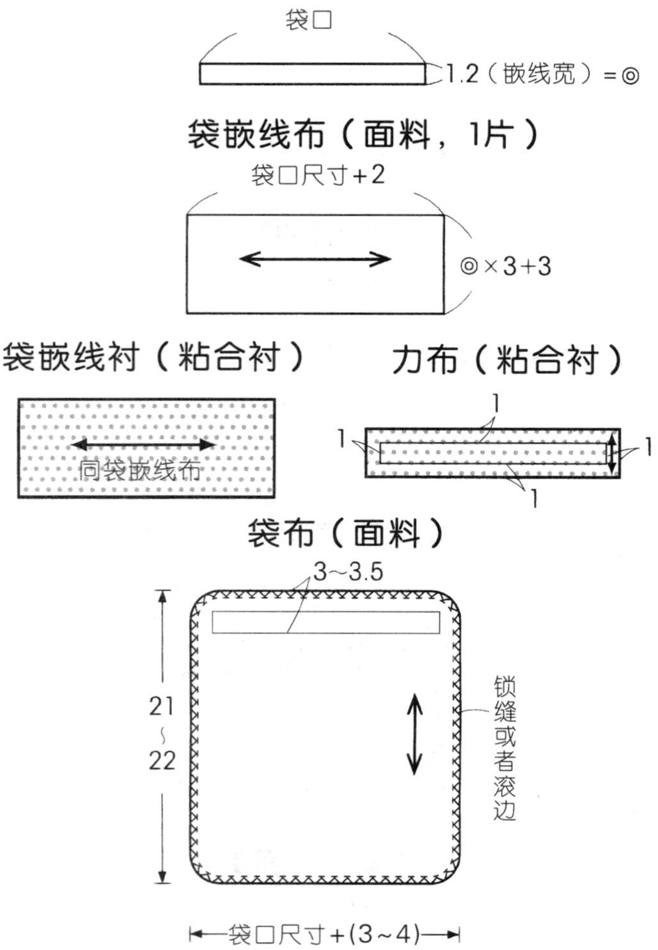

1 衣身反面袋口处贴粘合衬，袋嵌线布粘衬，缝在衣身上

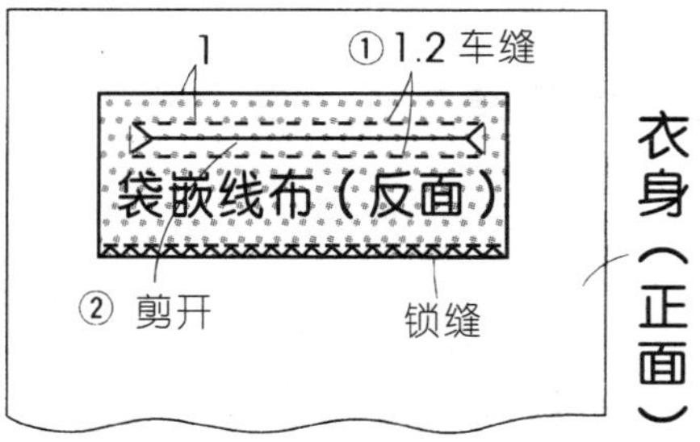

2 做嵌线、整理

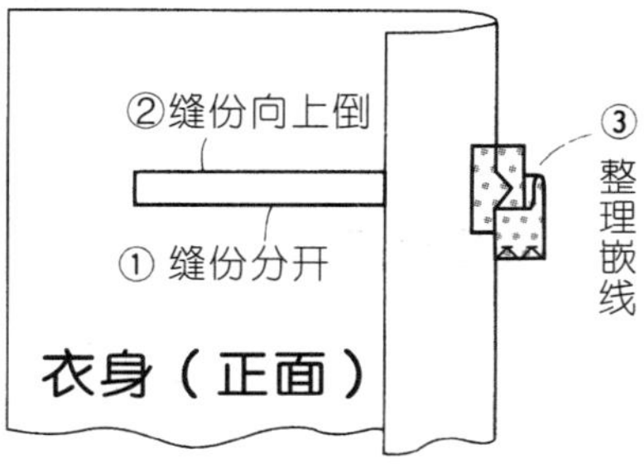

3 袋嵌线布固定缝

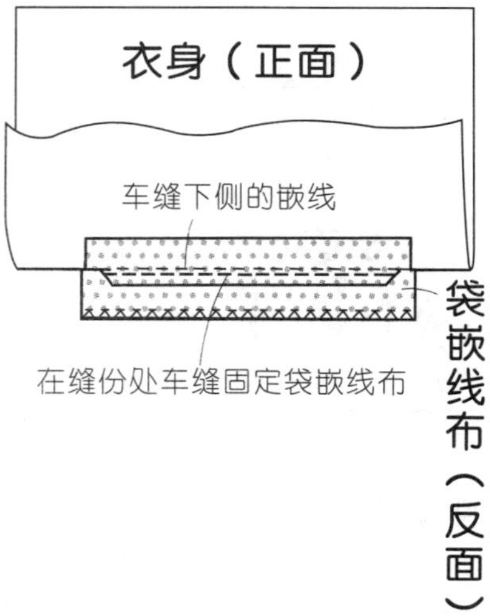

4 固定袋布

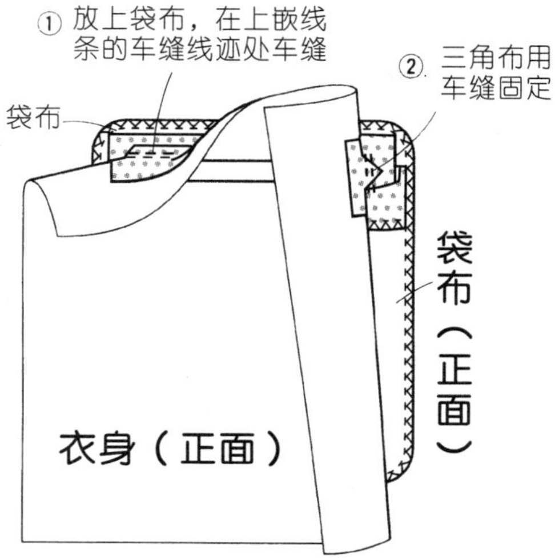

5 在袋布周围绗缝，从正面缉明线

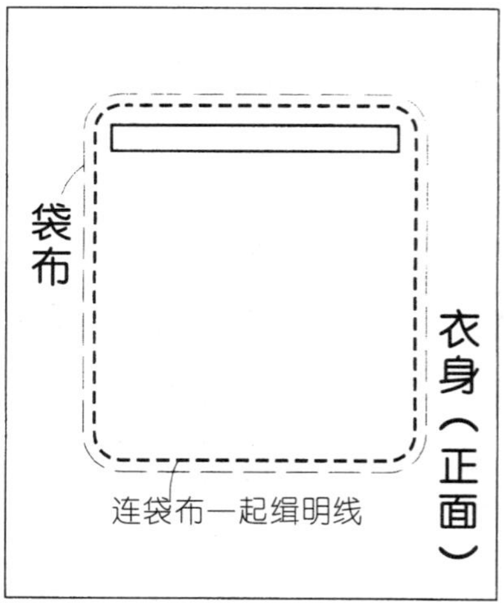

中心衩

西装和大衣下摆处加入的衩，除了表现款式效果外，也加入了运动量。后中心处加入的是中心衩，两侧加入的是侧衩。

衩的做法根据里料的装法有很多种。

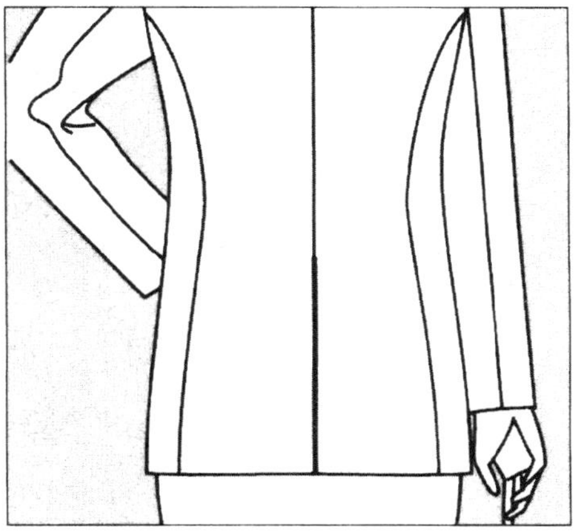

全夹里状态

与裙子的下摆衩相同，开口部分需要叠门和挂面。

面料的裁剪方法和粘衬方法

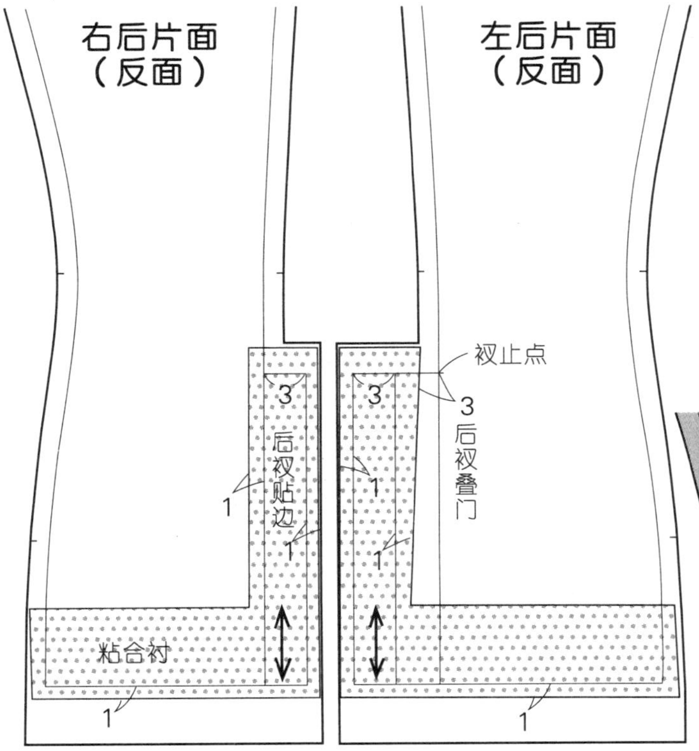

里料的裁剪方法

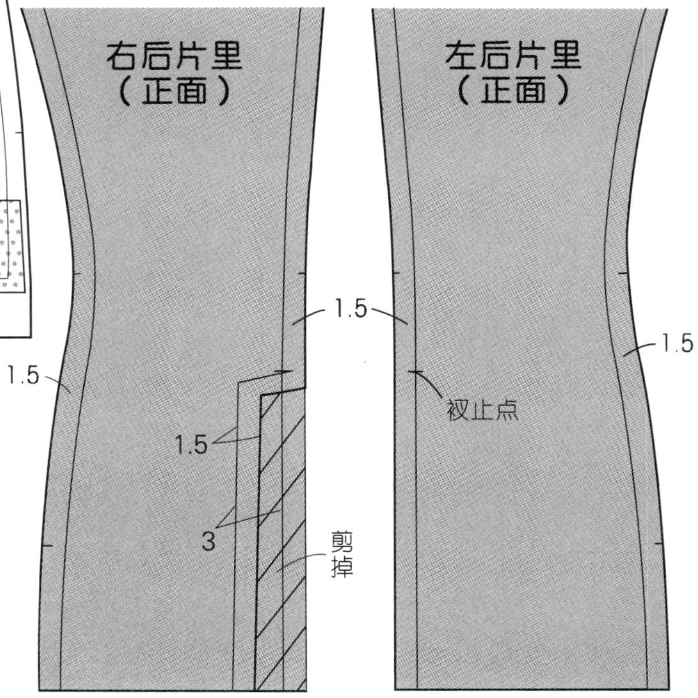

1 车缝后中心，左后衣身的缝止点处打剪口

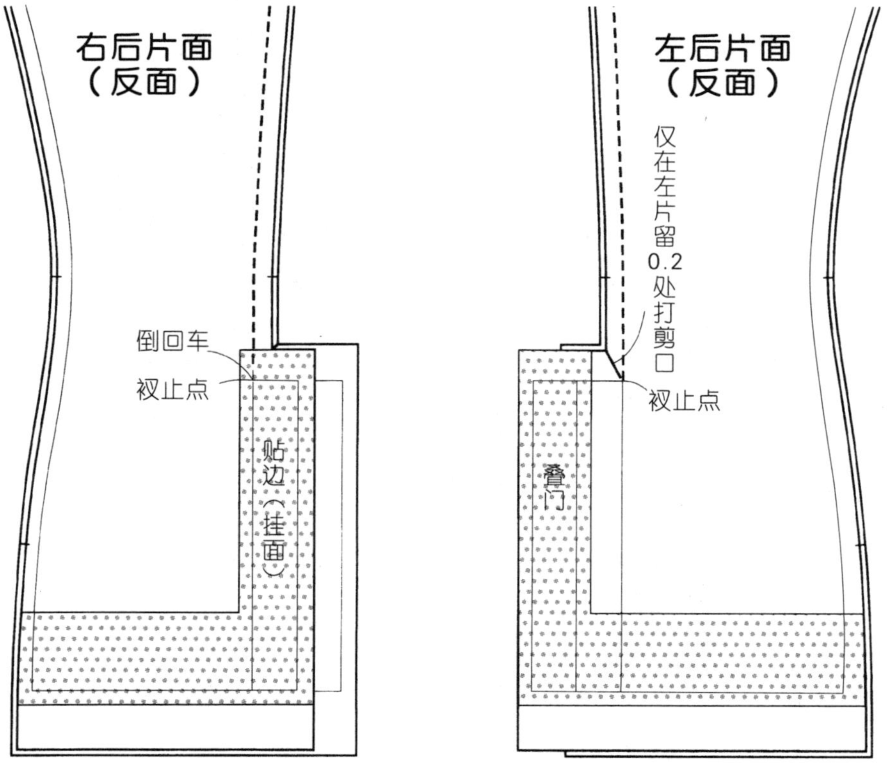

2 车缝叠门和挂面的下摆

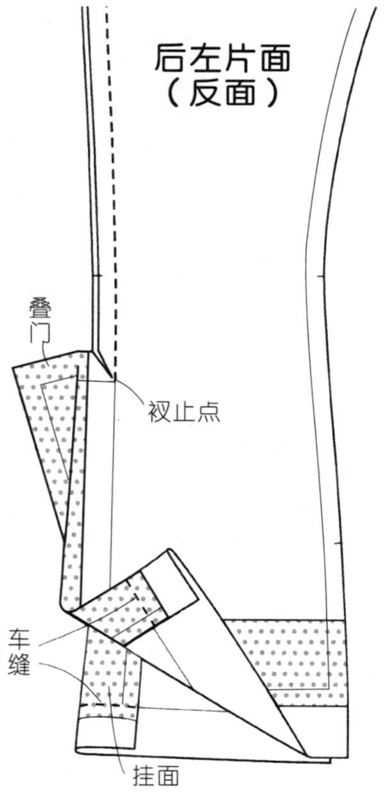

3 折烫下摆，整理后衩

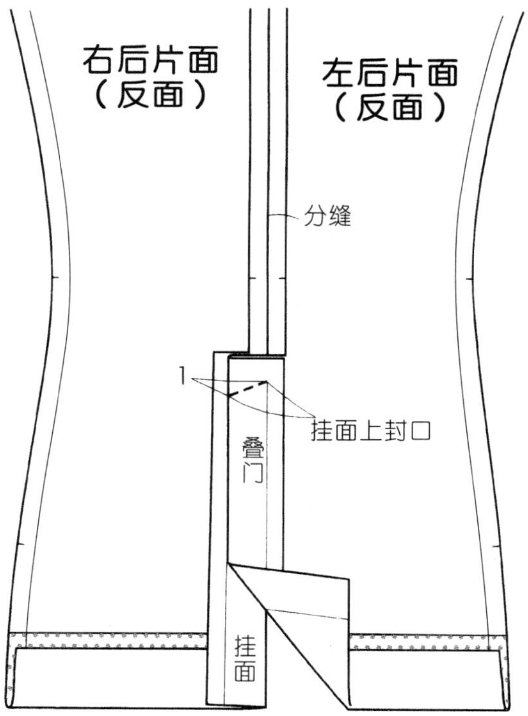

4 车缝里布

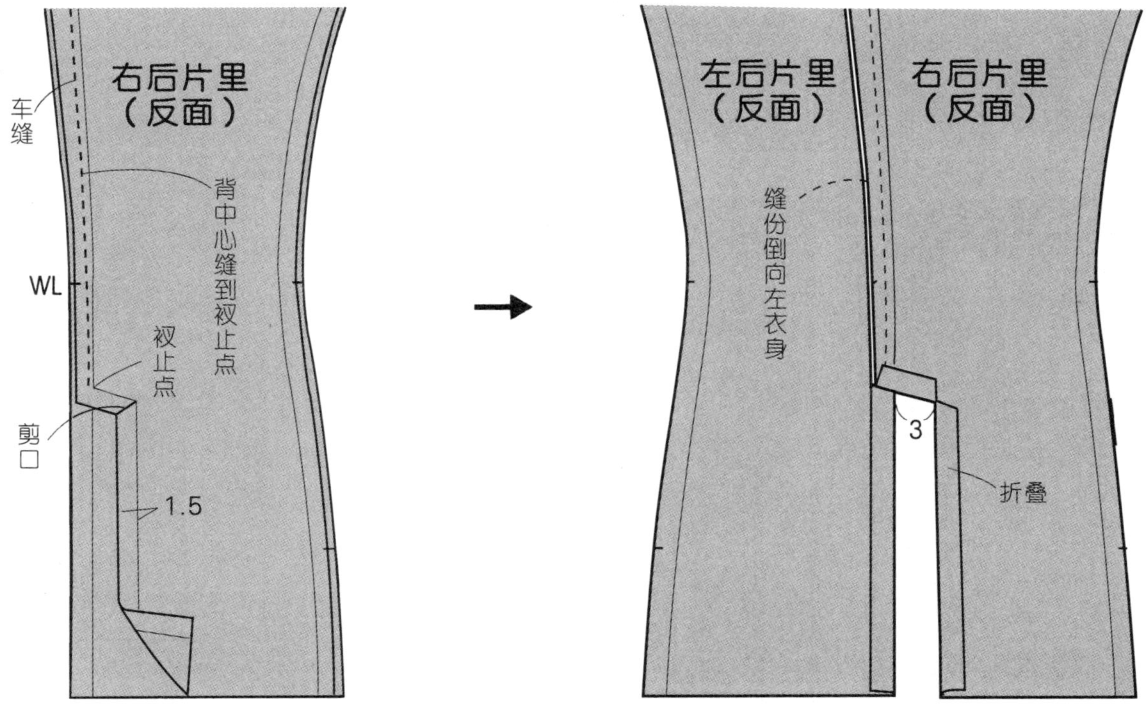

5 里子缲缝

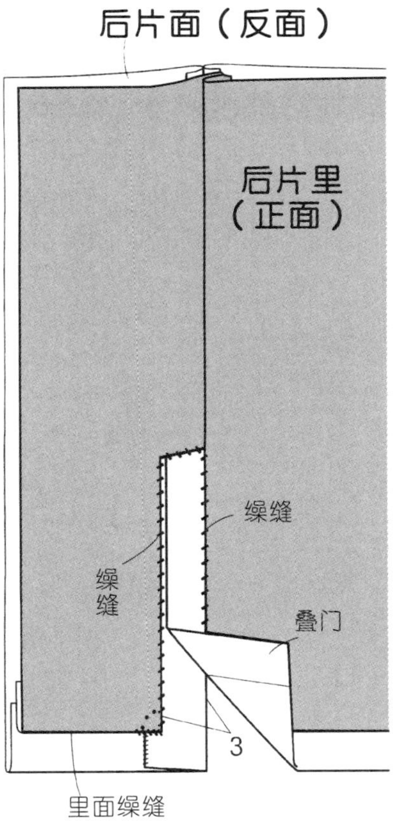

下摆折角的处理

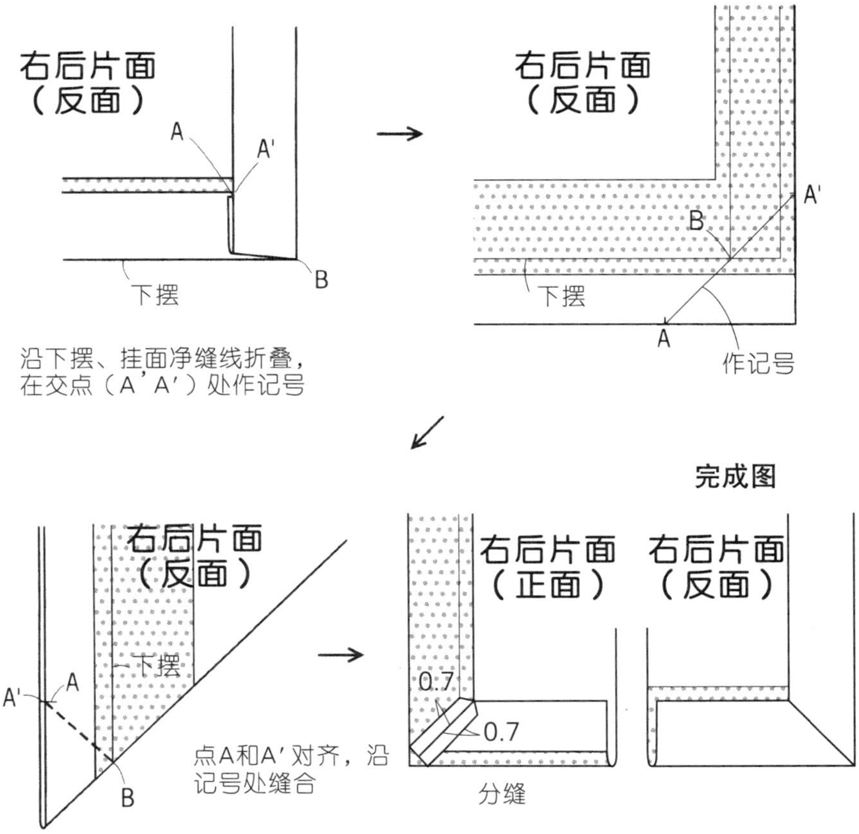

无夹里状态

无夹里状态时，后衩的缝份及折叠量与全夹里的相同，但因无里料，应根据面料选择合适的缝份处理方法。有滚边、折缝、锁边等方法。

1 粘衬、固定、缝份处理

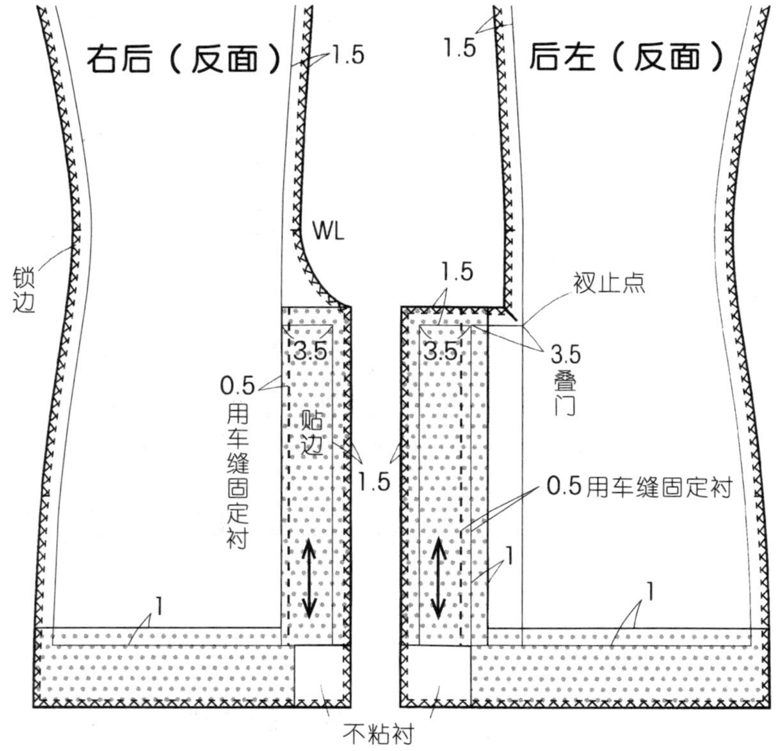

2 车缝后中心，左后的衩止点处剪口

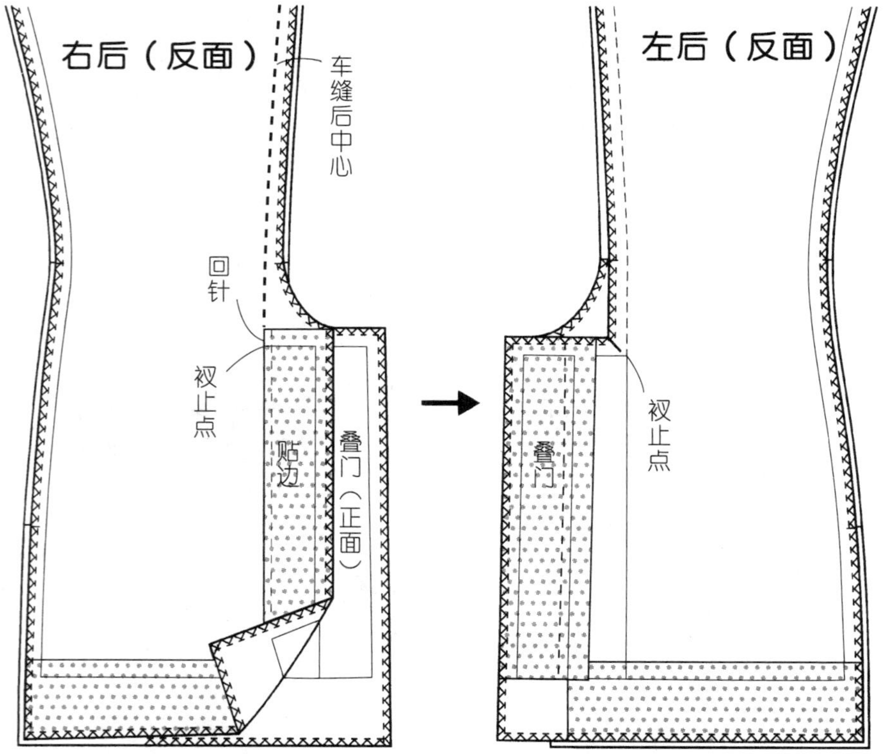

角的锁边方法

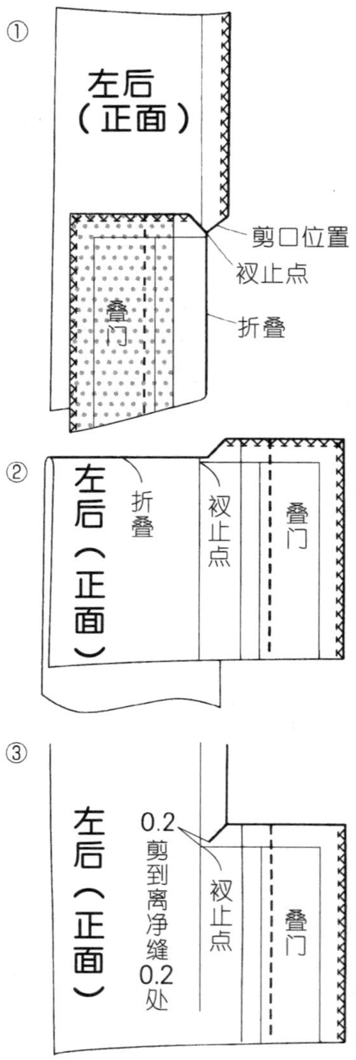

3 叠门、贴边的下摆处理

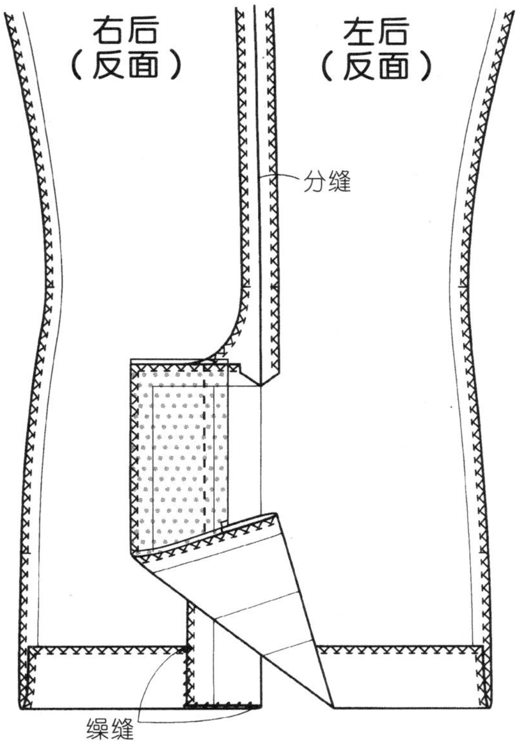

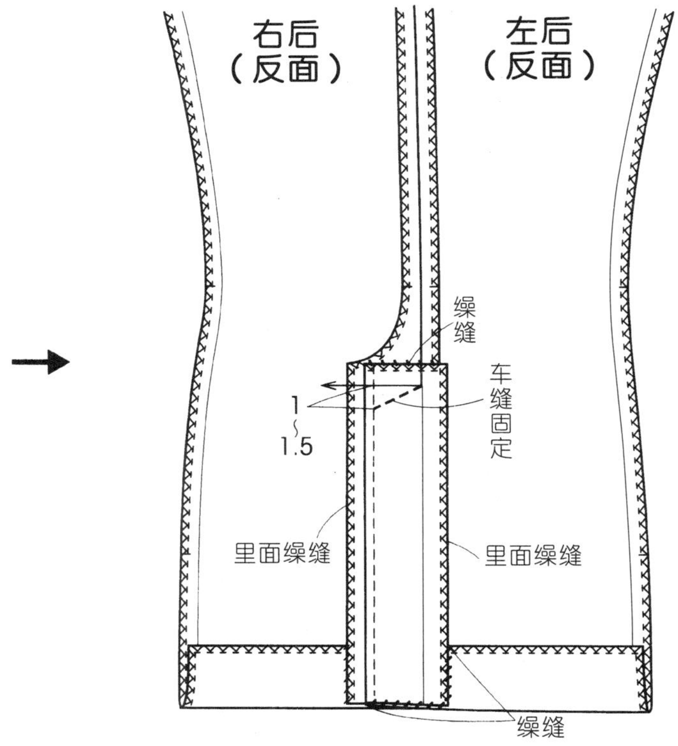

半夹里状态

在半夹里状态中心衩的做法，即衩的贴边使用里料，从而使衩处较薄。

裁剪方法、粘衬方法、缝份处理

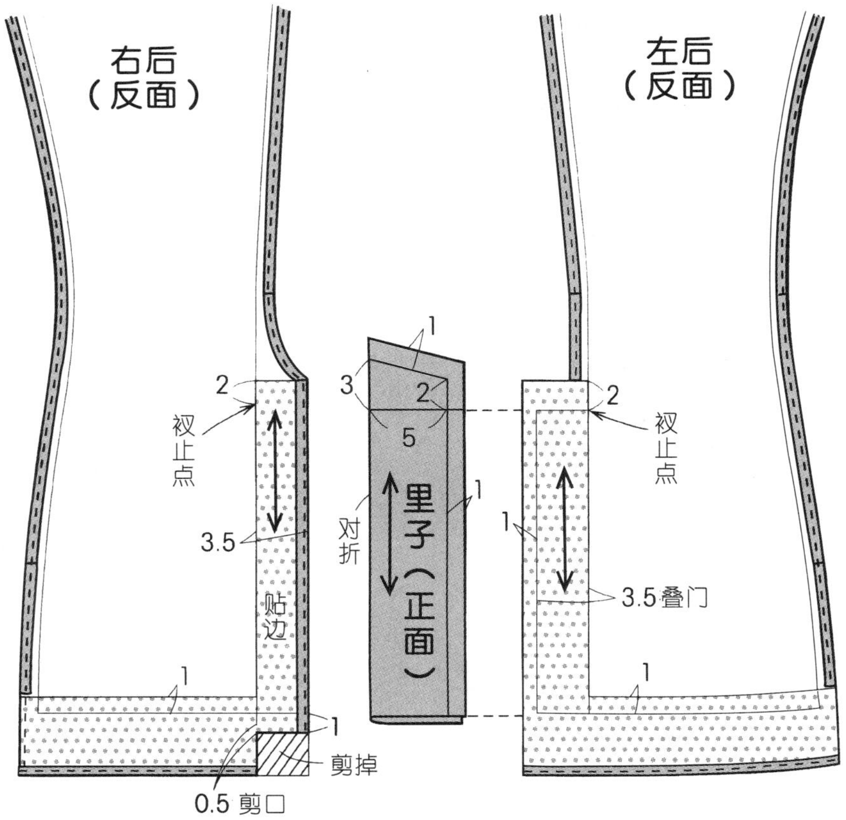

1 里布与叠门缝合

2 后中心从衩止点缝到叠门

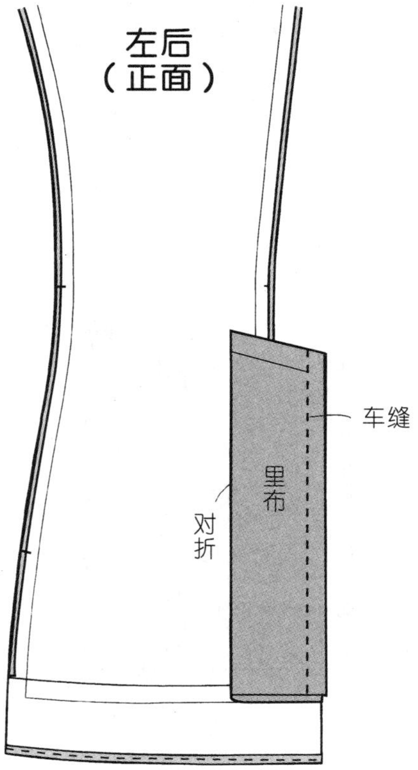

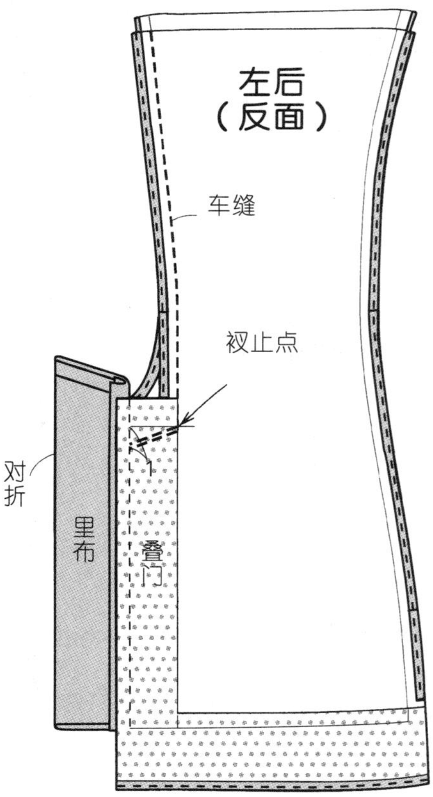

3 打剪口、分缝、折叠里布上端

4 下摆向上折，装叠门里布

右衣身下摆机缝后翻正，左衣身下摆直接翻折后缲缝。

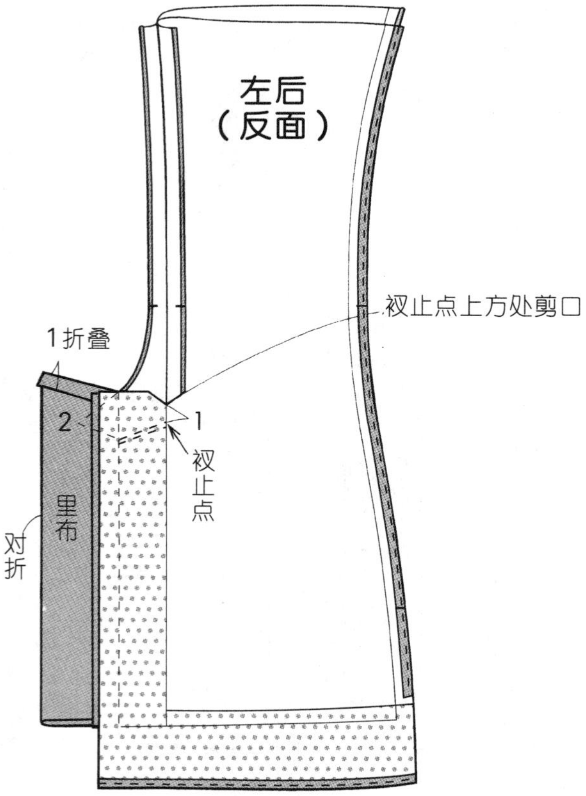

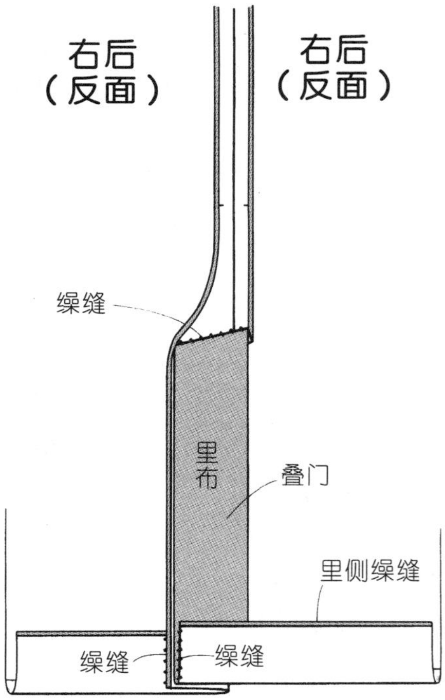

第2章

背 心

vest

1 关于背心

背心的定义

目前所谓的背心是指无袖的服装，一般穿在衬衫外或穿在套装和春秋上装内。

男子三件套中的背心是典型款。其造型大多是后片长至腰围，长度为基本腰长，前片长超过腰围，形成合体的造型款式。它又称为马甲。

背心一词来源于拉丁语中的“vestis”、法语中的“veste”，后又经英语的演变而形成现在这个称谓。英语中也有称其为“waistcoat”的，法语中也有称其为“gilet”的。马甲是日本式的称谓。

背心的变迁

17世纪~18世纪（近代）

裘斯特克造型

外套、背心、及膝裤法国式造型

背心

在17世纪后期，男性穿着的背心开始出现。当时（17世纪~18世纪）是三件套装造型的基本形式（有袖）。在室内一般不穿外套，穿着背心的时候较多。穿着上衣时，钮扣大多不扣，衣服敞开着。另外，背心上的钮扣一般装至下摆或至腰围线，采用高级面料并辅以精致的刺绣，钮扣数很多且用包钮。

18世纪~21世纪（近代~现代）

18世纪后半叶，男子穿在上衣里面的长背心由长至腰部的有领无袖背心取代。此外，仅前片用高档面料制作的背心也开始登场。

这种服装从英国传入，上下是素淡色调，只有中间穿着的背心是明亮色调，非常受欢迎。

19世纪后半叶，西装（三件套）是一般男性广泛穿用的，并被传导到女性服装上，出现了女装男性化现象。

最近，套装（背心、裤子和裙子组合穿着）的穿着方法呈多样化、个性化，包括从传统的服装到户外休闲的服装，都在被广泛地穿用着。

背心

有领背心

单排扣背心

2 背心的种类·款式

根据形态分类

到腰部的背心

长至腰部的背心，单排扣或是双排扣，装有钮扣，有领的或者无领的。

长背心

过腰的长背心。

军用背心

在军队穿用的背心或者与此相似的背心。根据用途设有很多口袋。

钓鱼背心

钓鱼时穿的背心。用防水布制作，为了满足放置必要的钓鱼用品的功能，设计很多口袋。

羽绒背心

里面填充羽绒，用绗缝间隔的背心。用防水布制作，又轻又保暖。20世纪70年代起，逛街、游玩时穿着较多。

3 背心的设计与制图

制图和用料量，以文化服装学院女学生参考尺寸的标准值为基准。

短背心

根据丝绸、毛料、皮革等不同面料以及穿着目的，背心在各个季节都能广泛地被穿用。短背心是基本设计款。

前衣身与后衣身的面料不同，领围、前门襟、下摆根据设计变化而制作。

使用与套装相同的面料，可以三件套穿着。

用料 面料 宽度150cm 用量60cm
里料 宽度90cm 用量80cm
粘合衬 宽度90cm 用量前衣身长+10~15cm

原型省道处理

后衣身

考虑到背心的里面穿着羊毛衫和衬衫，因其有厚度，需要加入松量，将肩省的1/2量作为松量转移到袖窿中。剩下的省道量，作为缩缝量。

前衣身

胸省的1/4量作为袖窿松量。

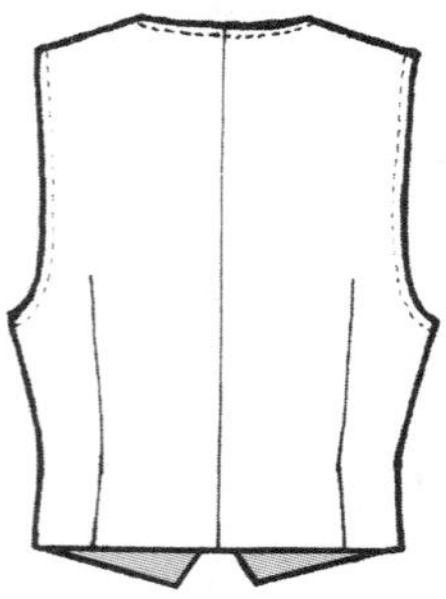

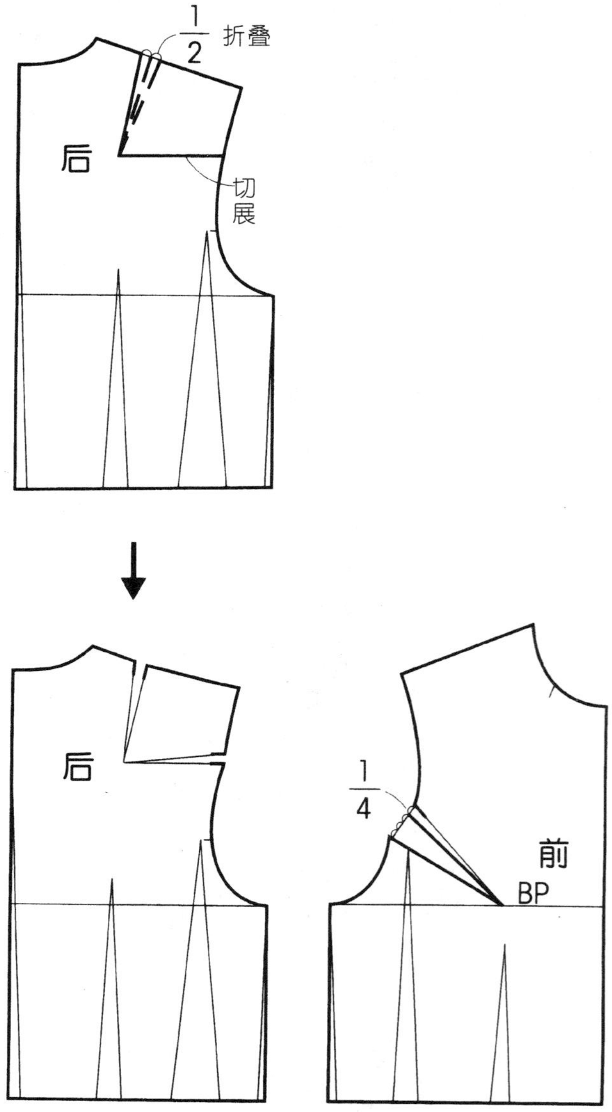

作图要点

● 由前衣身、后衣身两片构成。

● 因衣长短，为避免下摆量不足，制图时在臀围线上加松量。

● 挂面宽度要超过前门襟下摆处的转折点，所以要宽一点。

● 袖窿省转移到腰省处。

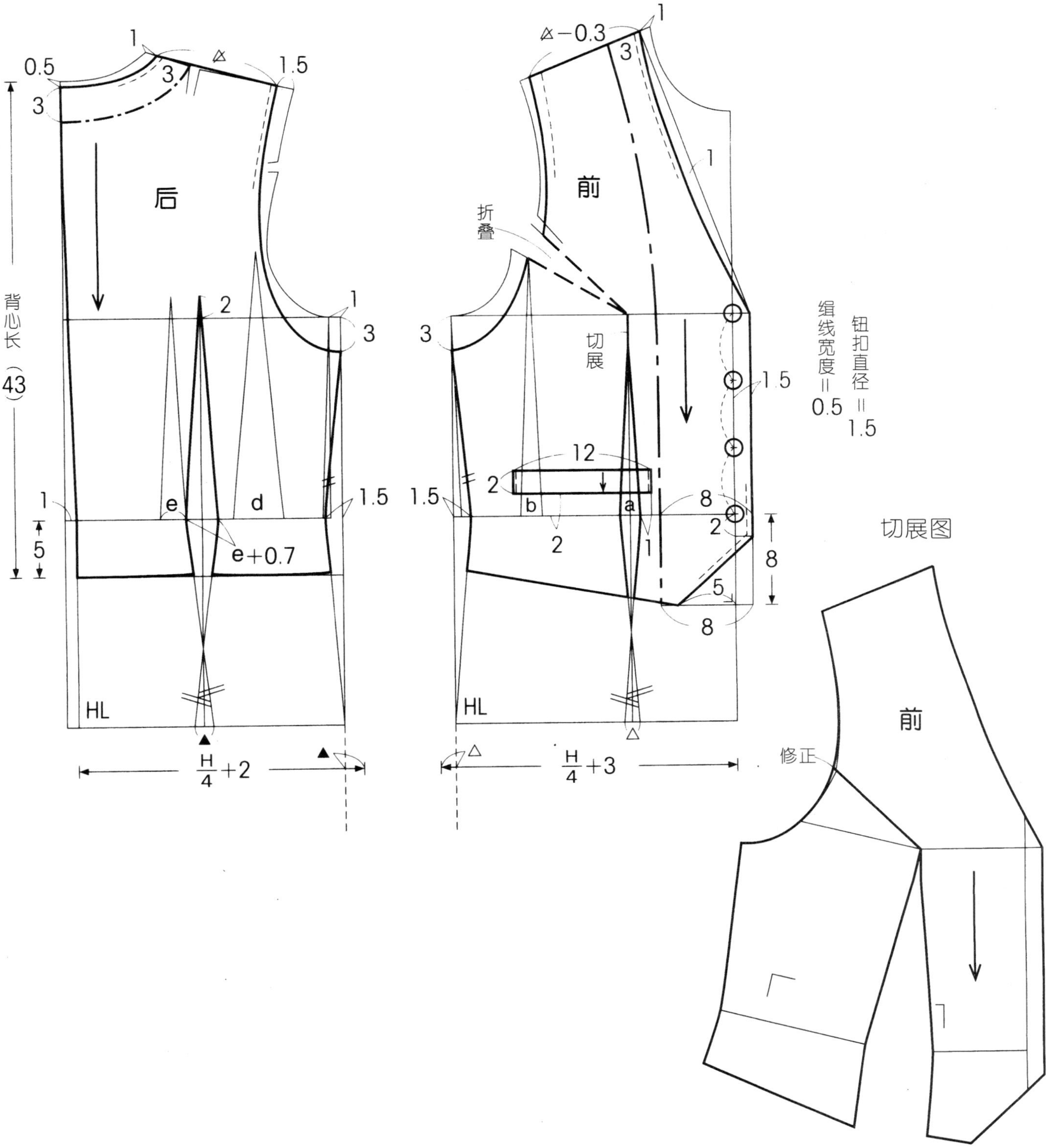

长背心

长度完全遮住臀部的背心，在分割线处做出轮廓造型，非常贴合身体。

后领为高领，从前领连裁过去的。

该款的口袋是利用摆缝制作的缝中插袋。

用料　面料　宽度150cm　用量110cm

　　　里料　宽度90cm　用量170cm

　　　粘合衬　宽度90cm　用量前衣身长+10～15cm

原型省道处理

后衣身

肩省的1/2量作为松量转移到袖窿中，剩下的省道量作为缩缝量在肩宽处分散。

前衣身

胸省1/4量作为袖窿的松量，其余的量转移到肩线处。

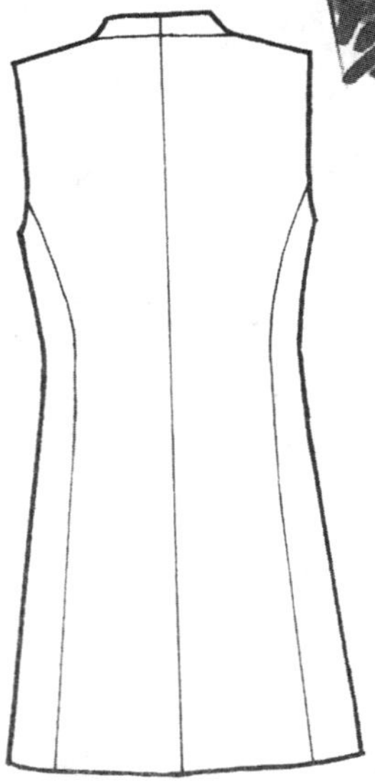

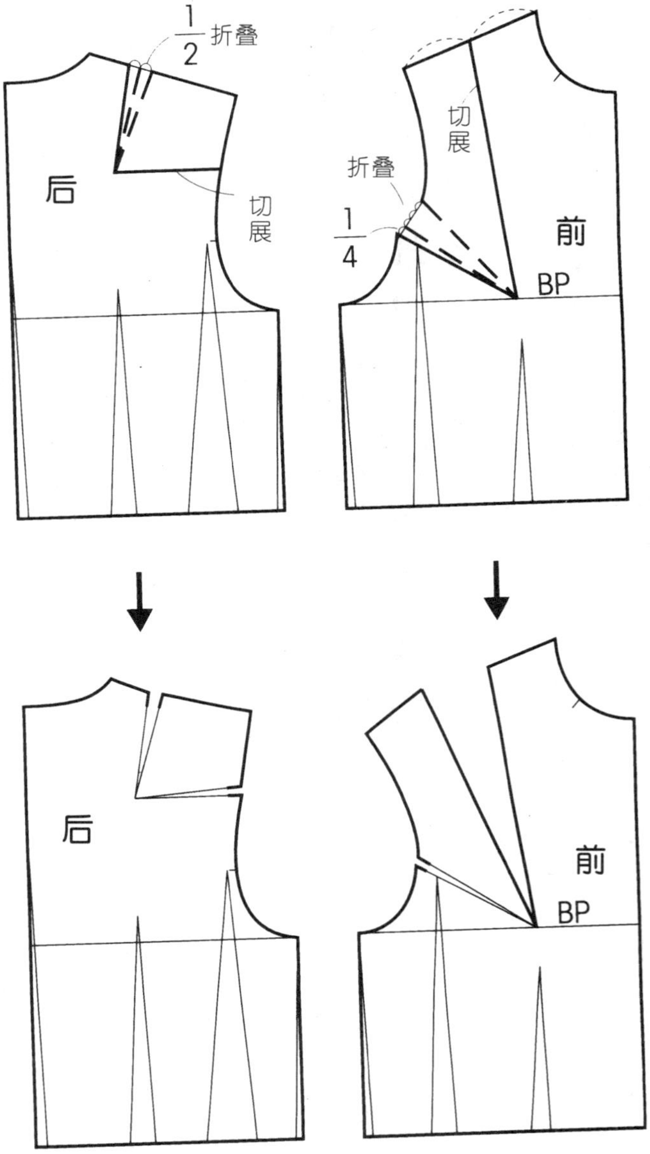

作图要点

● 由分割线切割的四片构成。

● 后领围因为后衣领高出的部分分割，作图时要先从侧颈点开始沿肩线延长1cm，然后从这个位置开始向下量取后领高3cm。

● HL线上加出松量，作出侧缝线。

● 刀背分割线以原型的腰省位置与量为参考线作图。

● 前领围从侧颈点开始先延长肩线1cm，然后从这个点（A）开始直上画出后领部分。

● 转移到肩线的胸省量，转移到分割线中。

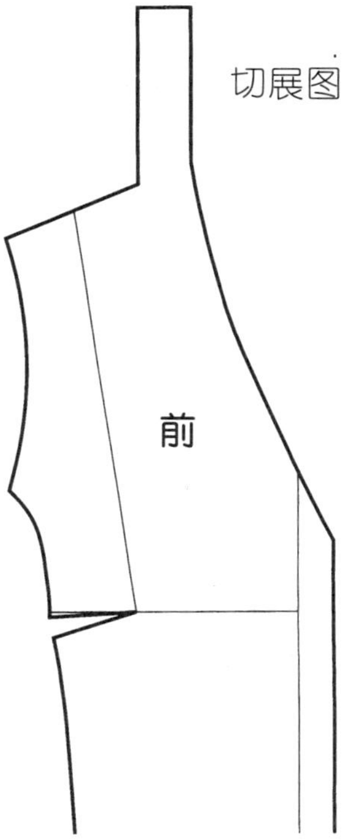

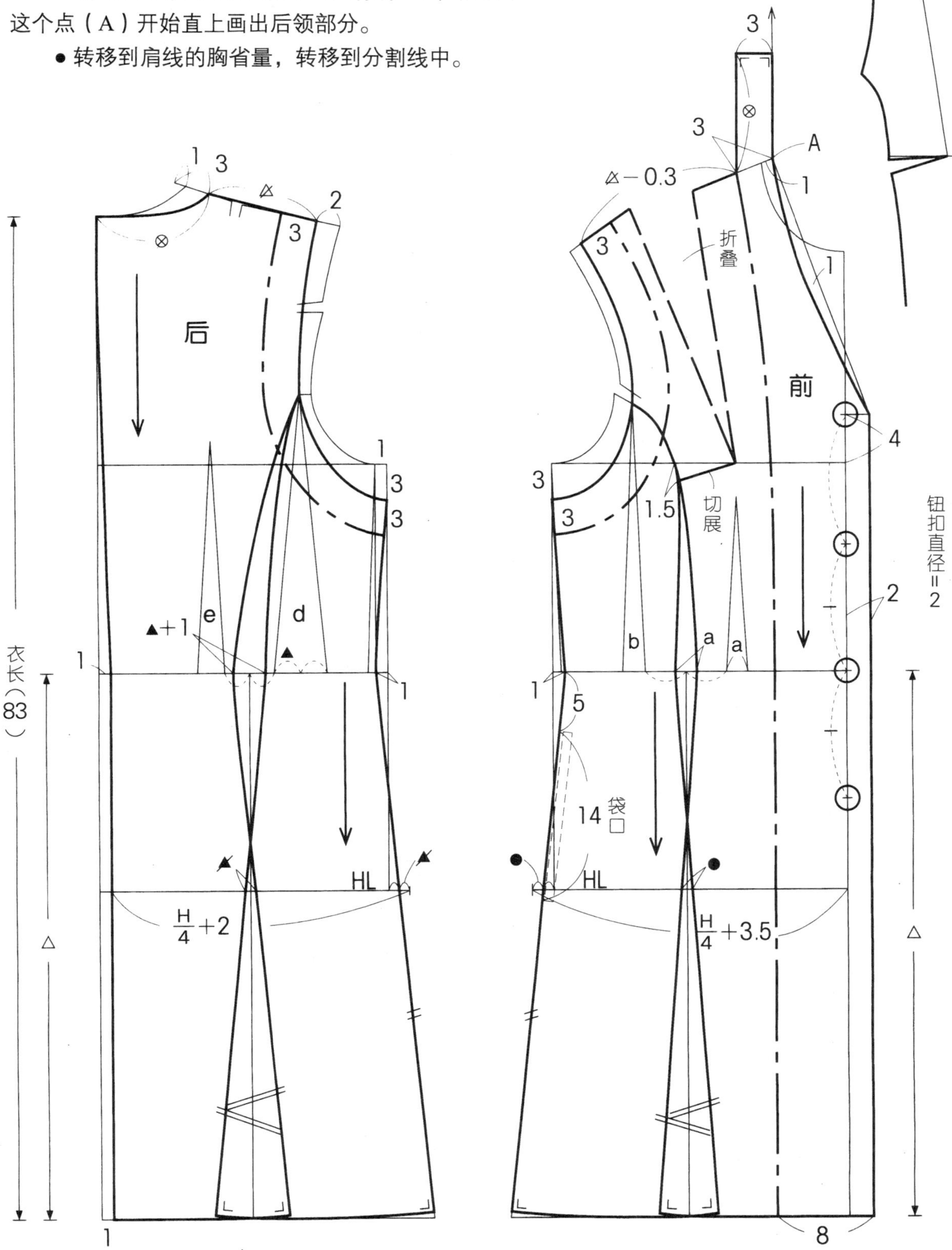

4　背心的缝制方法

短背心（第160页中款式）

样板制作

面料样板

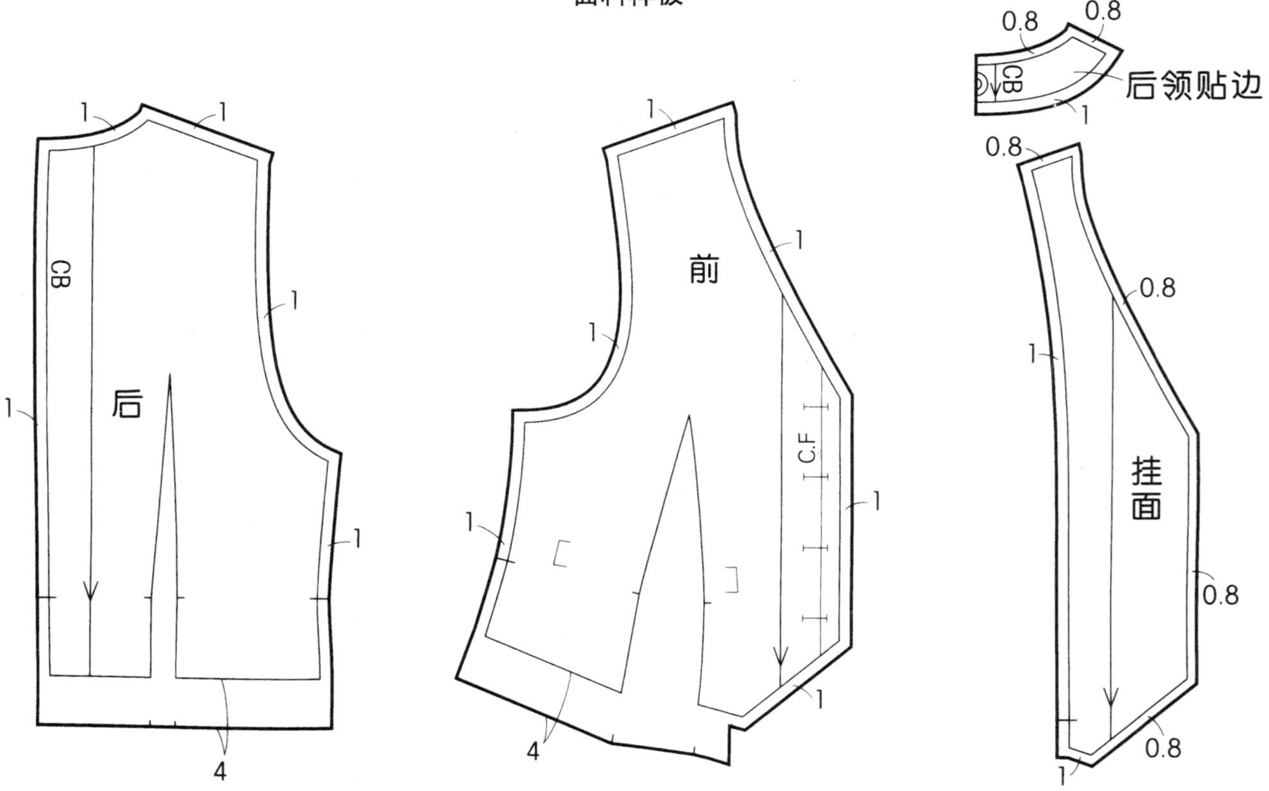

里料样板

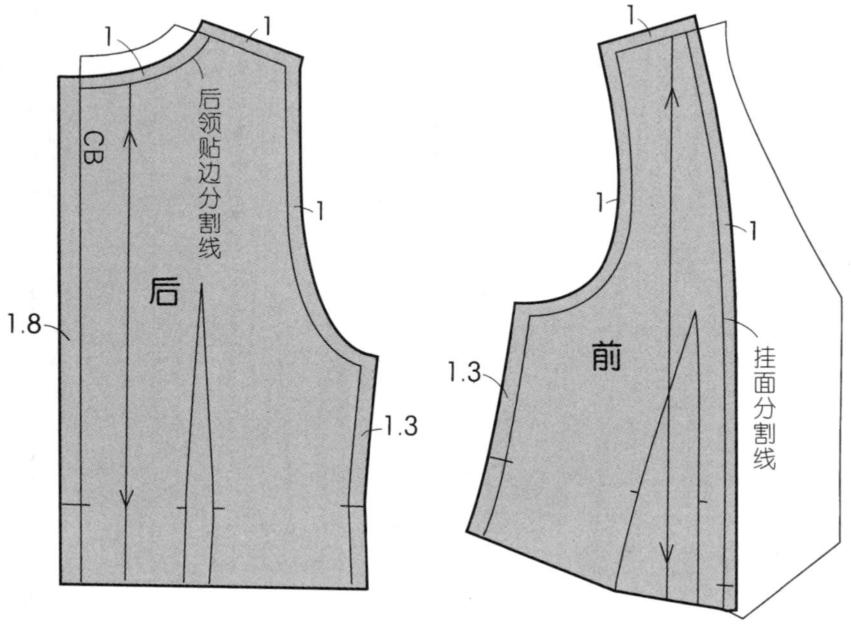

缝制

1 粘衬，前门襟、领围、袖窿处粘防拉伸牵带

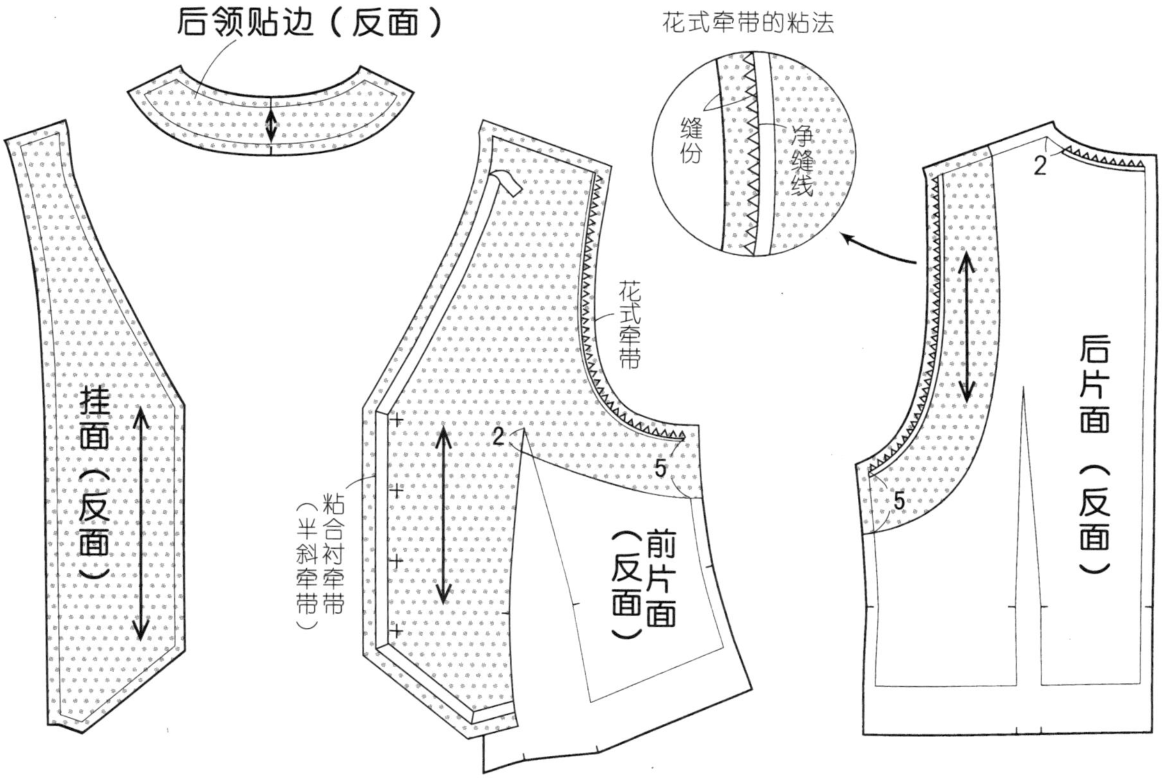

2 车缝省道、后中心

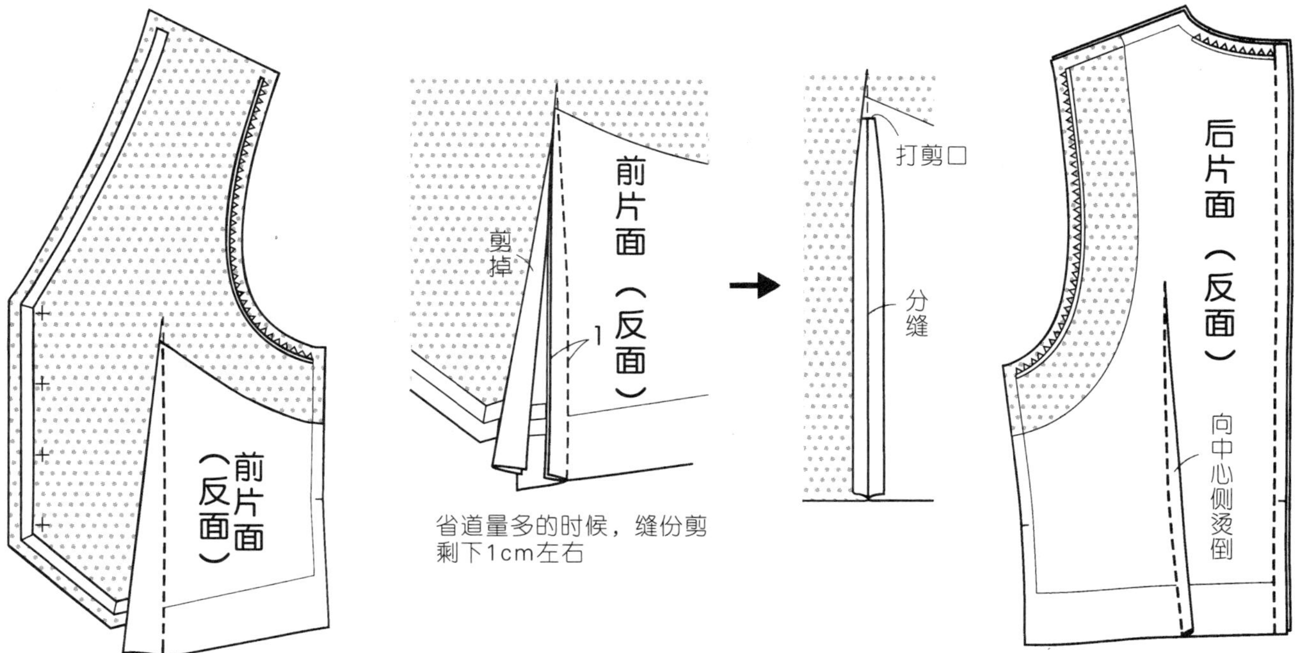

3 做宽嵌线口袋（参照第133页）

4 缝合肩线

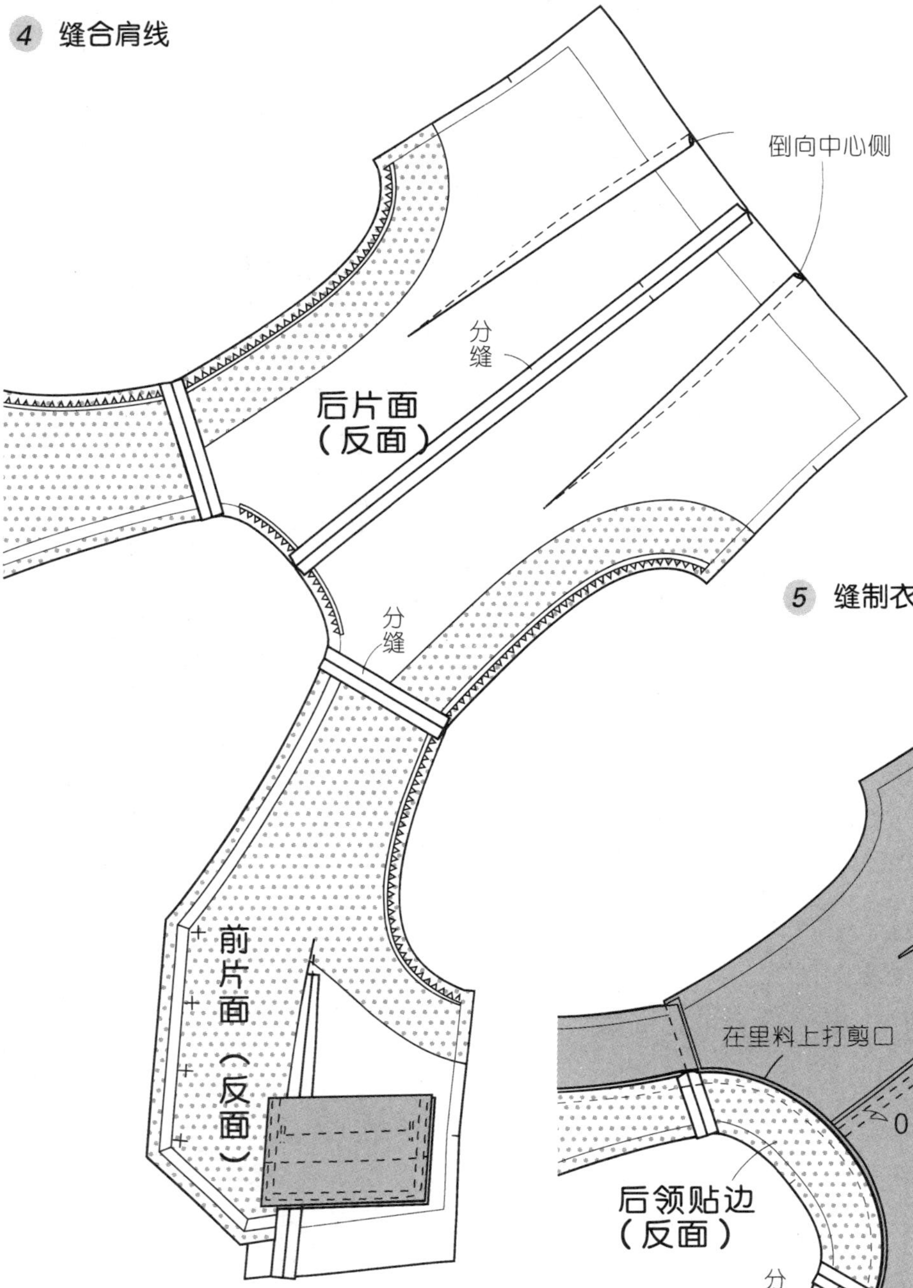

5 缝制衣身里子，并缝合挂面、后领贴边

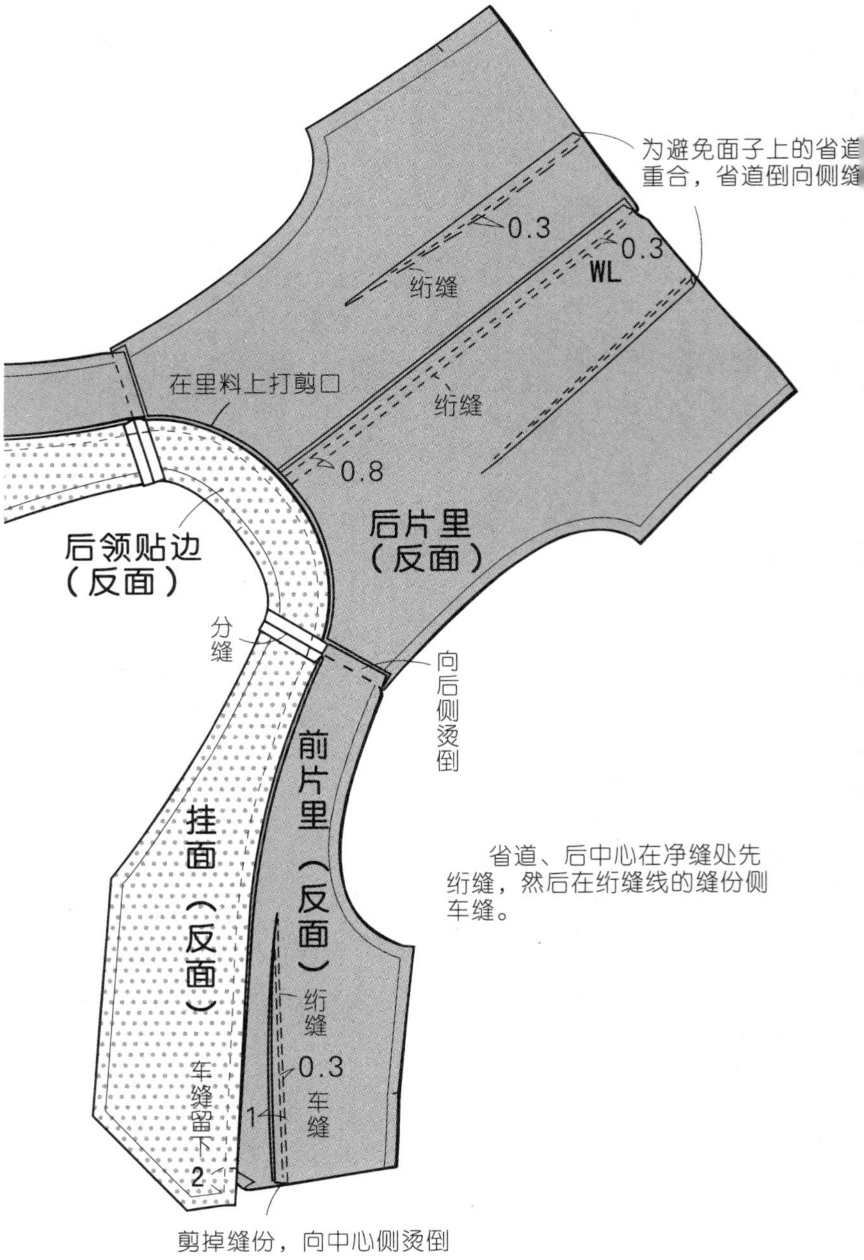

6 衣身面子和衣身里子正面相对，车缝前门襟、领围、袖窿

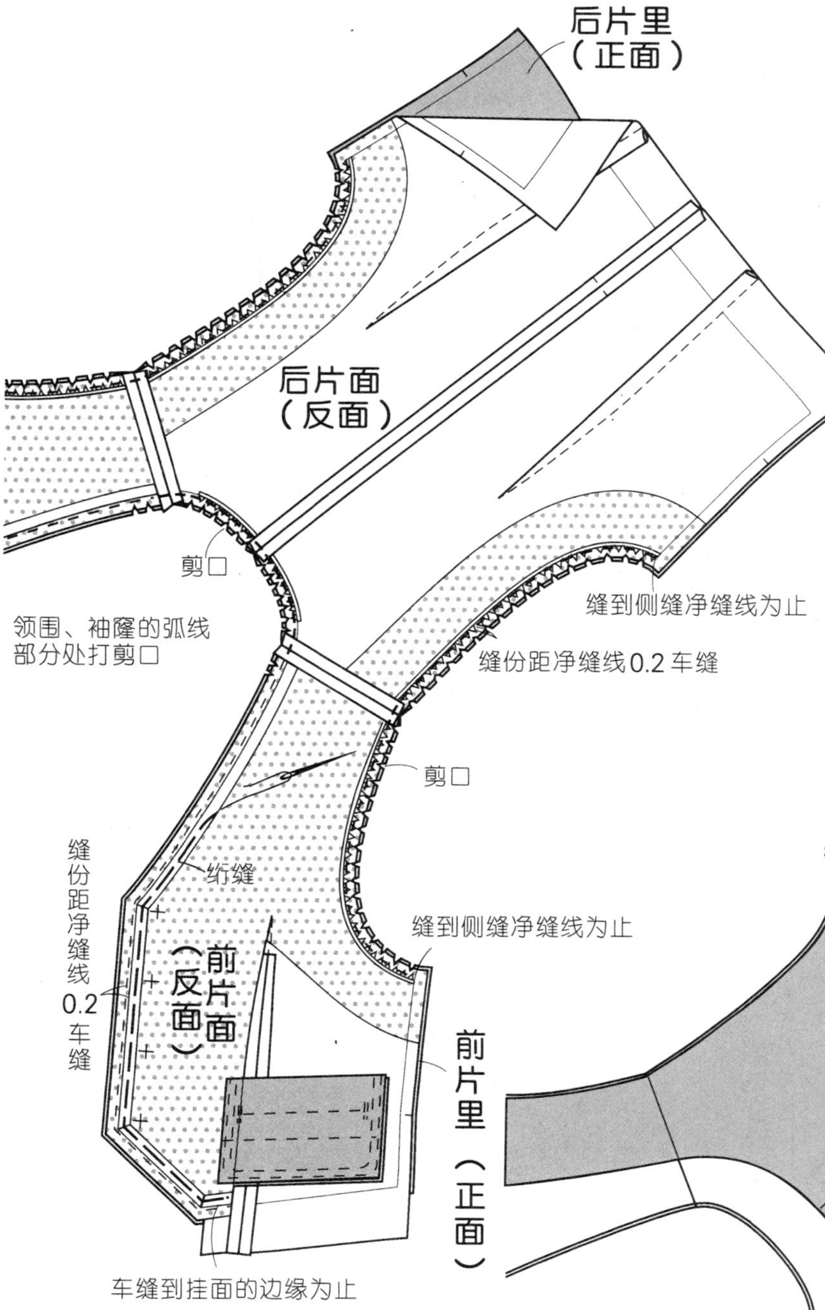

7 翻到正面，整理前门襟、领围、袖窿

从后衣身的面子和里子之间把前衣身从肩线处拉出来，将衣身翻到正面。

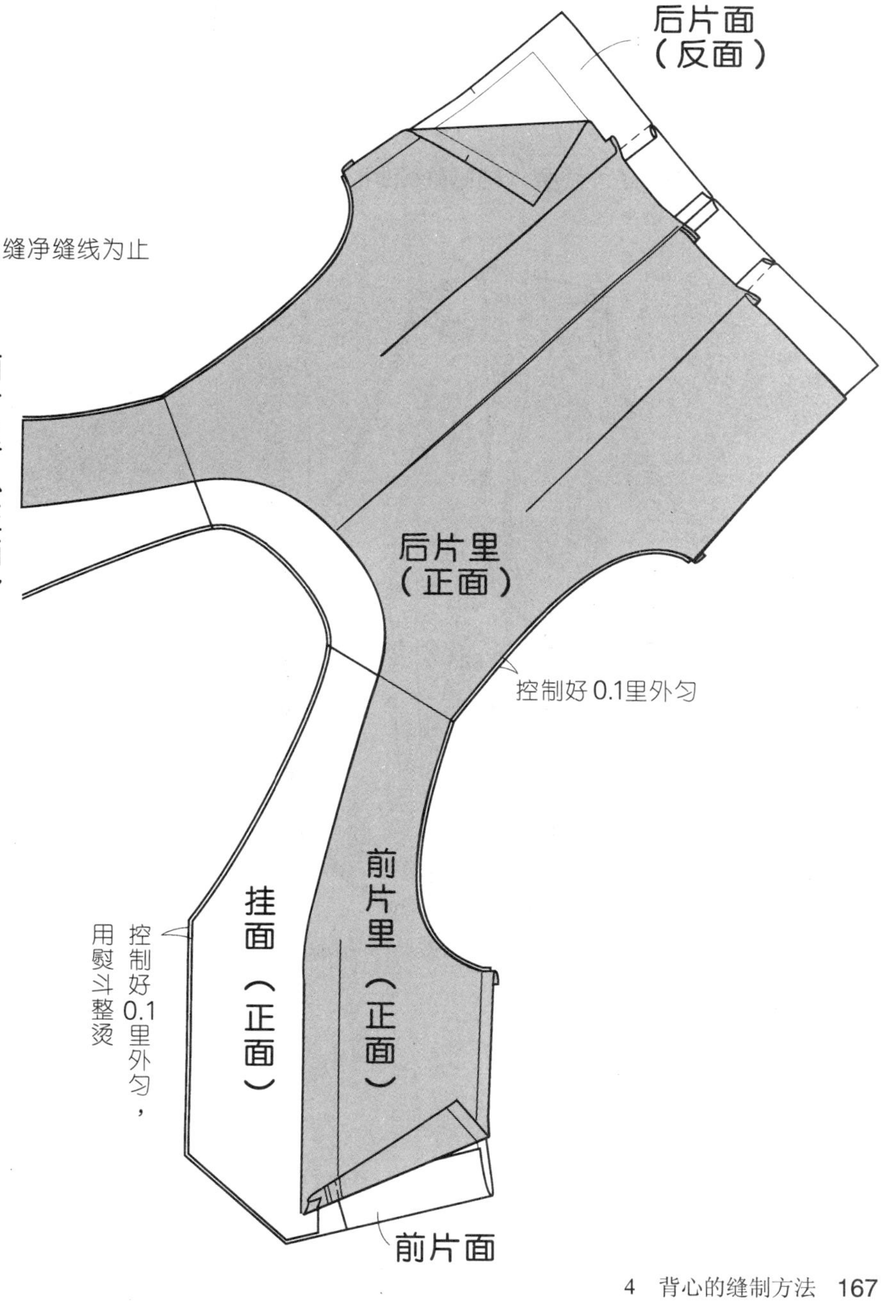

8 绗缝领围、前门襟，车缝侧缝

衣身面子正面相对，车缝侧缝。侧缝的上端为了不使袖窿错位，首先用大头针固定，然后从袖窿净缝线向下摆方向车缝。

接着将衣身里子正面相对，先沿净缝线绗缝，再在缝份距净缝线0.2~0.3cm处车缝，与衣身面子一样从袖窿向下摆方向车缝，缝份向后衣身烫倒。

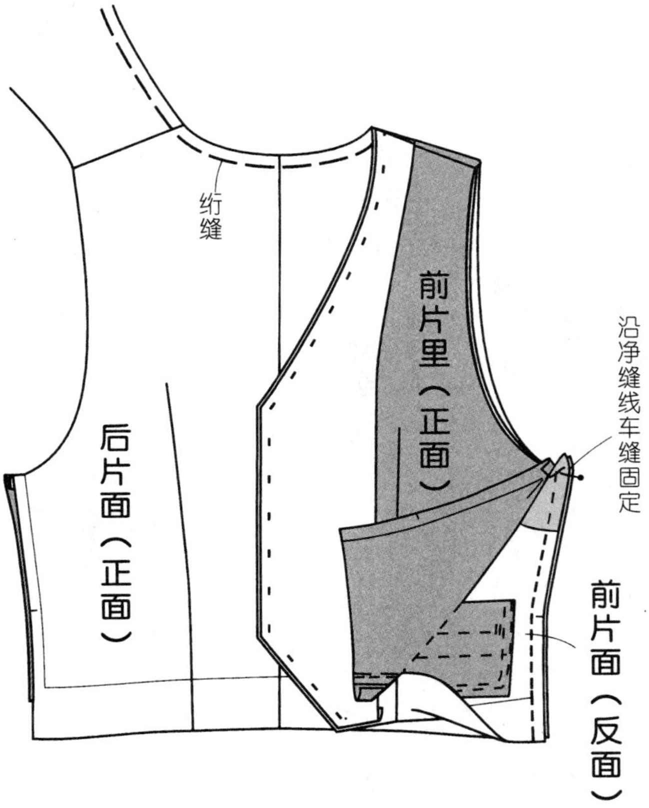

9 处理下摆，前门襟、领围、袖窿处缉明线

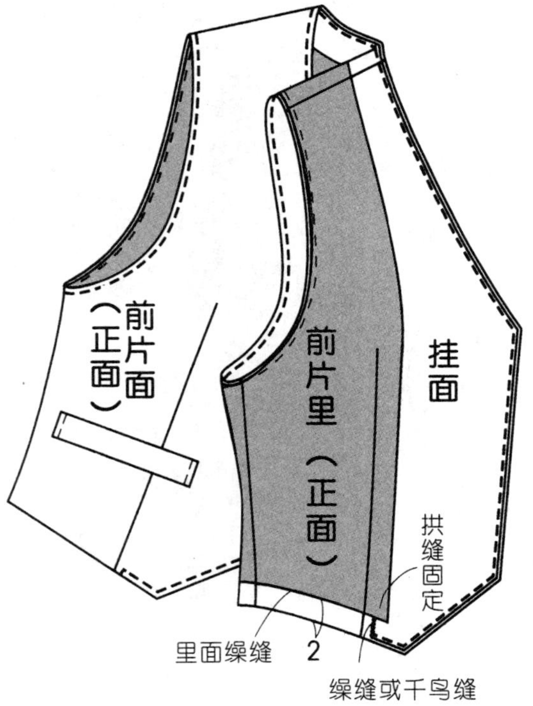

10 锁圆头扣眼，钉钮扣，拆去里布上的绗缝线

长背心（第162页中款式）

面子样板制作

挂面样板制作

● 前挂面。为防止挂面里侧过紧，在腰围线和臀围线处各自切展0.15cm追加长度。

● 后领围的贴边。后中心对合裁剪，肩缝处设置分割线。

● 袖窿贴边。衣身的袖窿分割线对合制作样板，连续裁剪。

面子样板

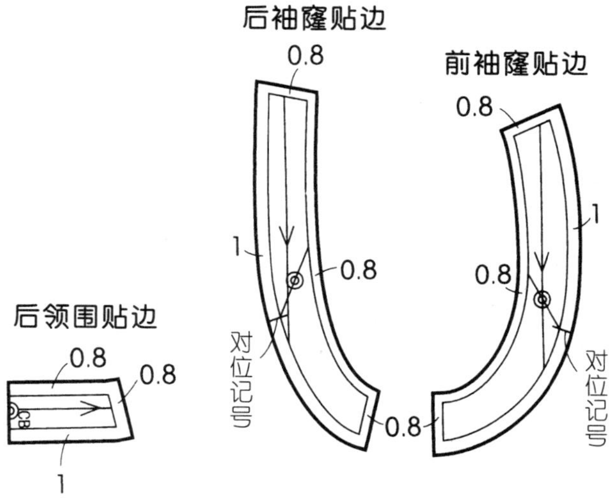

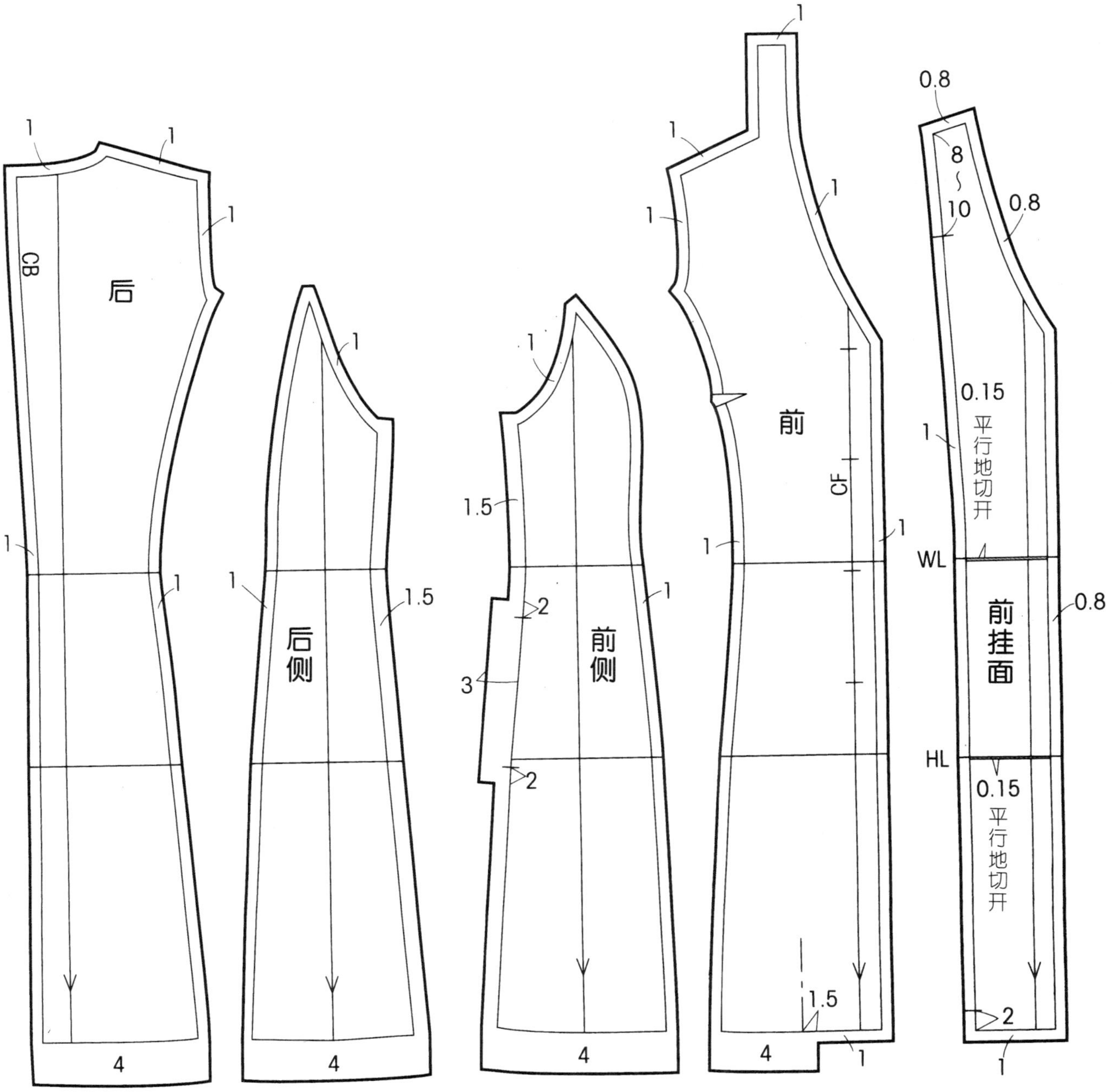

里子样板制作

因下摆处面、里是脱开的，所以仅在前衣身里子的挂面侧切展。

前片里子靠近挂面一侧，在腰围线和臀围线处各自切展0.3cm，以追加长度。

与挂面的长度差，通过缩缝处理。

里料的样板

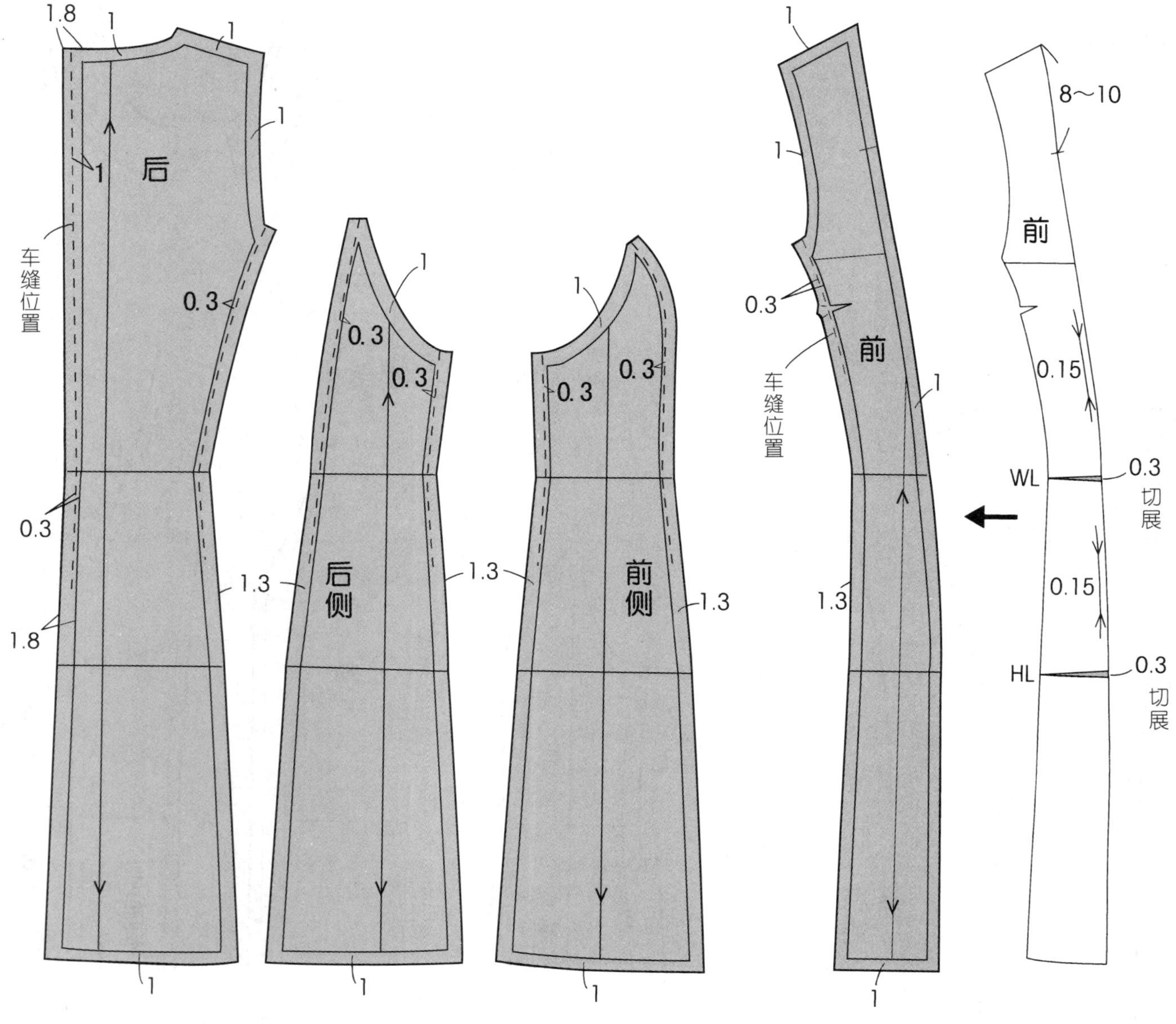

缝制

1 贴衬，前门襟、领围、袖窿处贴防拉伸牵带，缝份锁边。

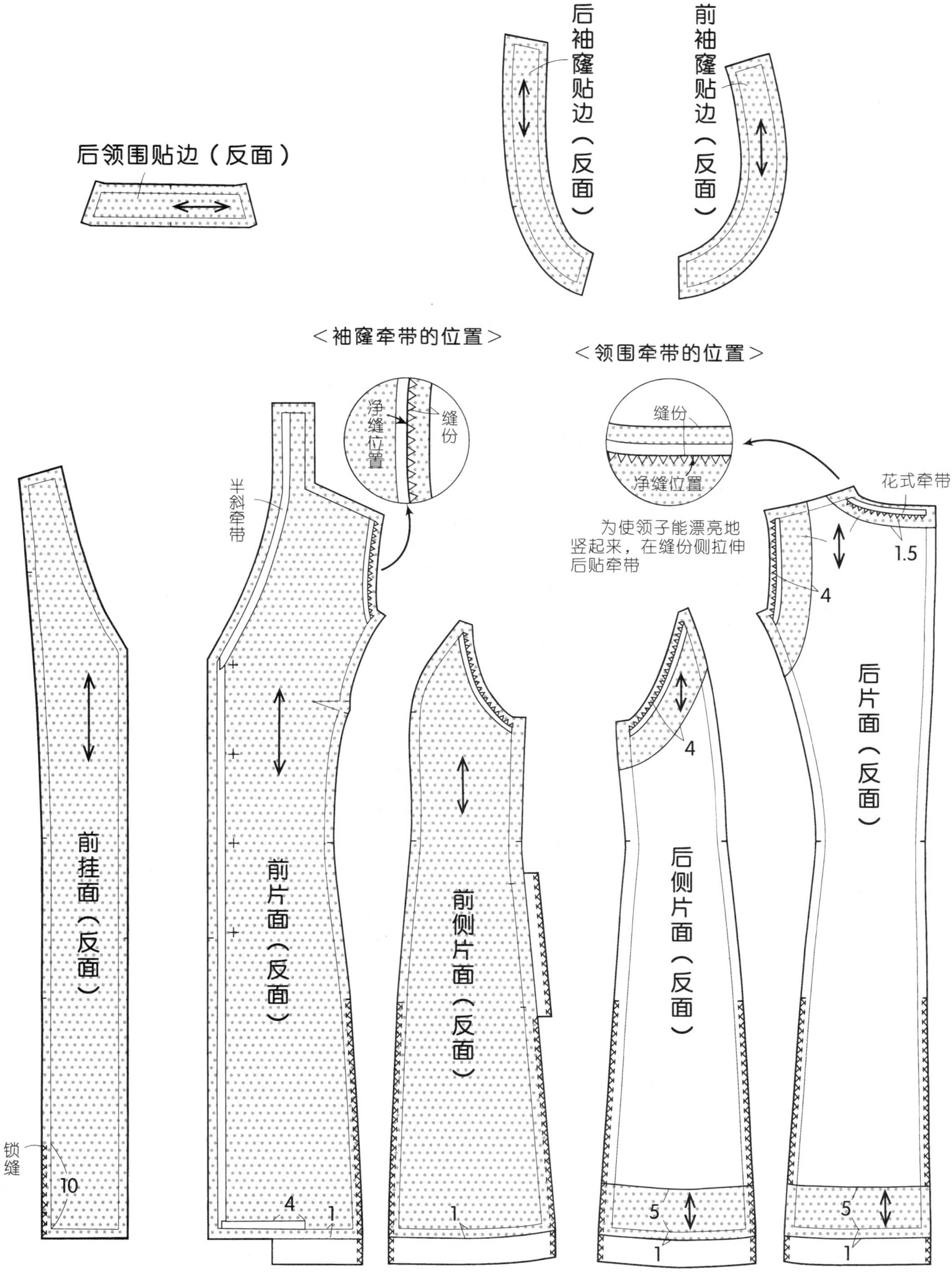

2 缝前后刀背分割缝、后中心缝

3 缝摆缝，做口袋（参照第121页）

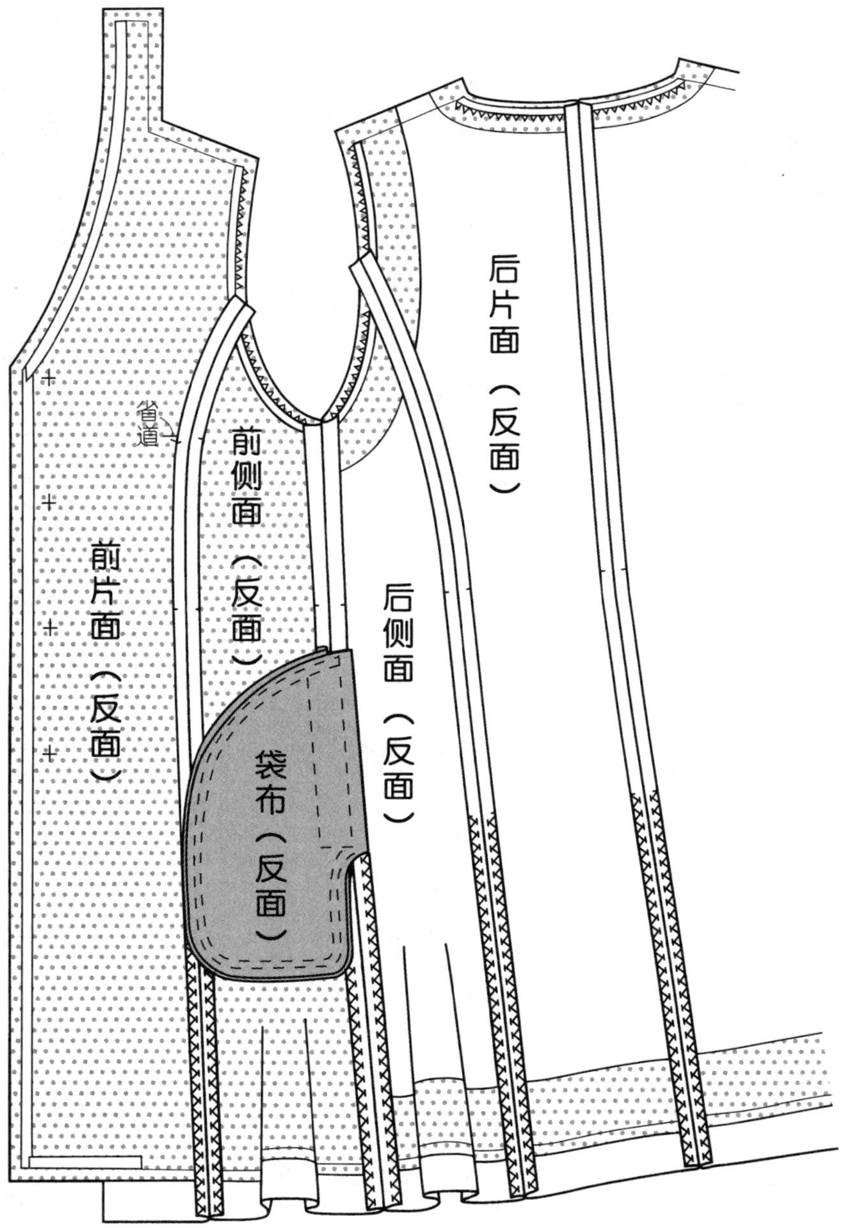

4 缝合领的后中缝，缝合肩缝并继续装领

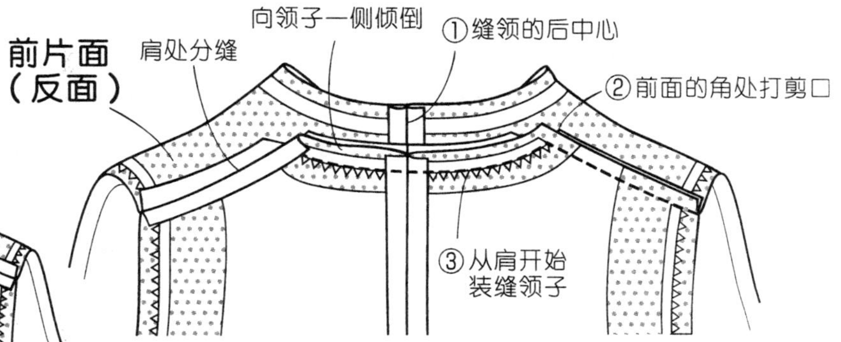

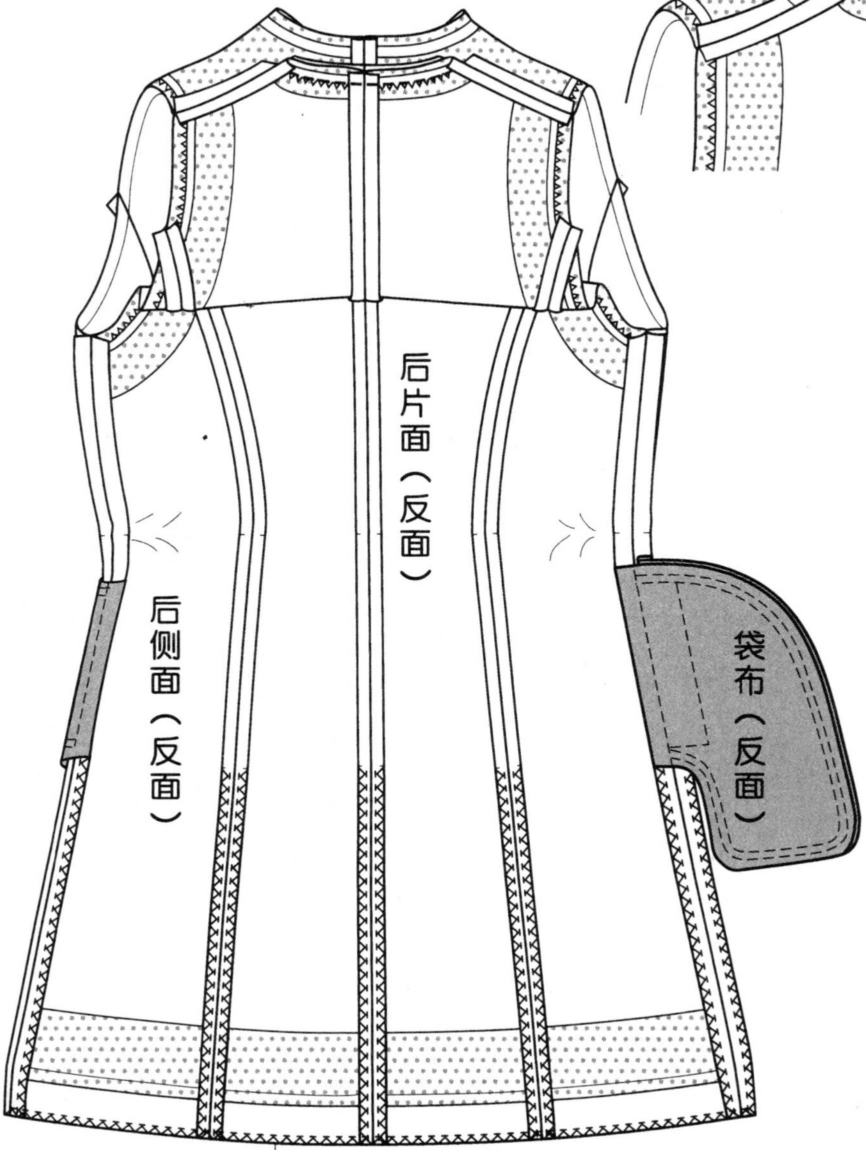

<打剪口的方法>

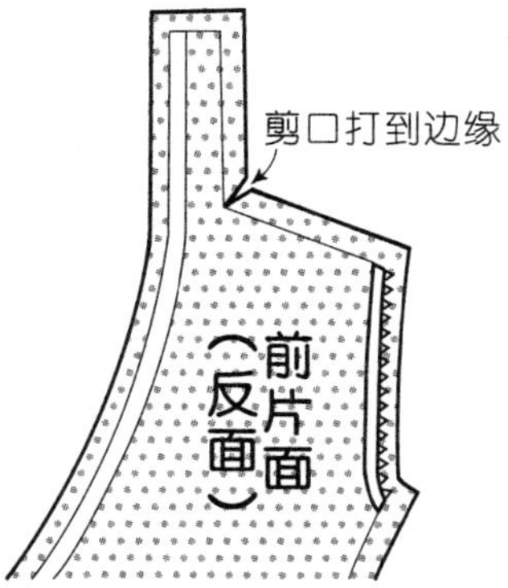

5 缝合衣身和袖窿贴边

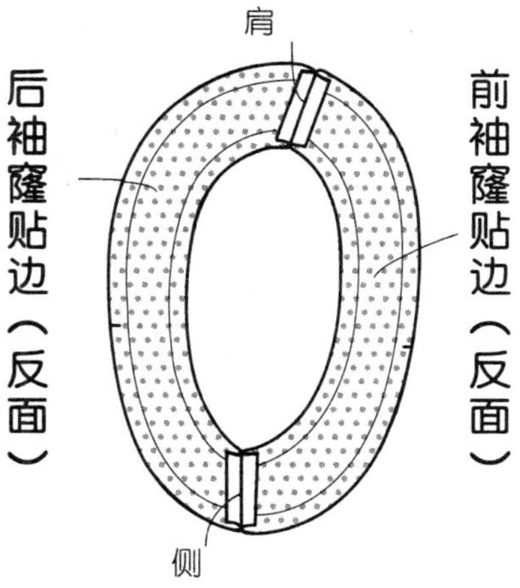

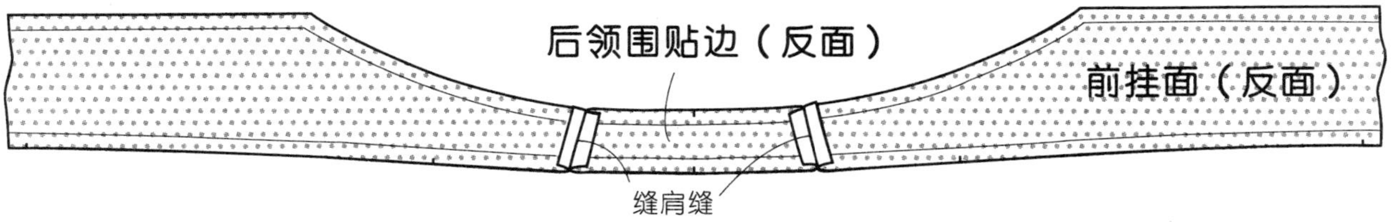

6 装挂面、下摆缲缝

衣身和挂面正面相对，离开净缝线0.2cm往缝份一侧车缝。为使弧线部分平服，缝份上打剪口，挂面翻到正面，控制相差0.1cm里外匀。

下摆在净缝线处翻折，里面缲缝。

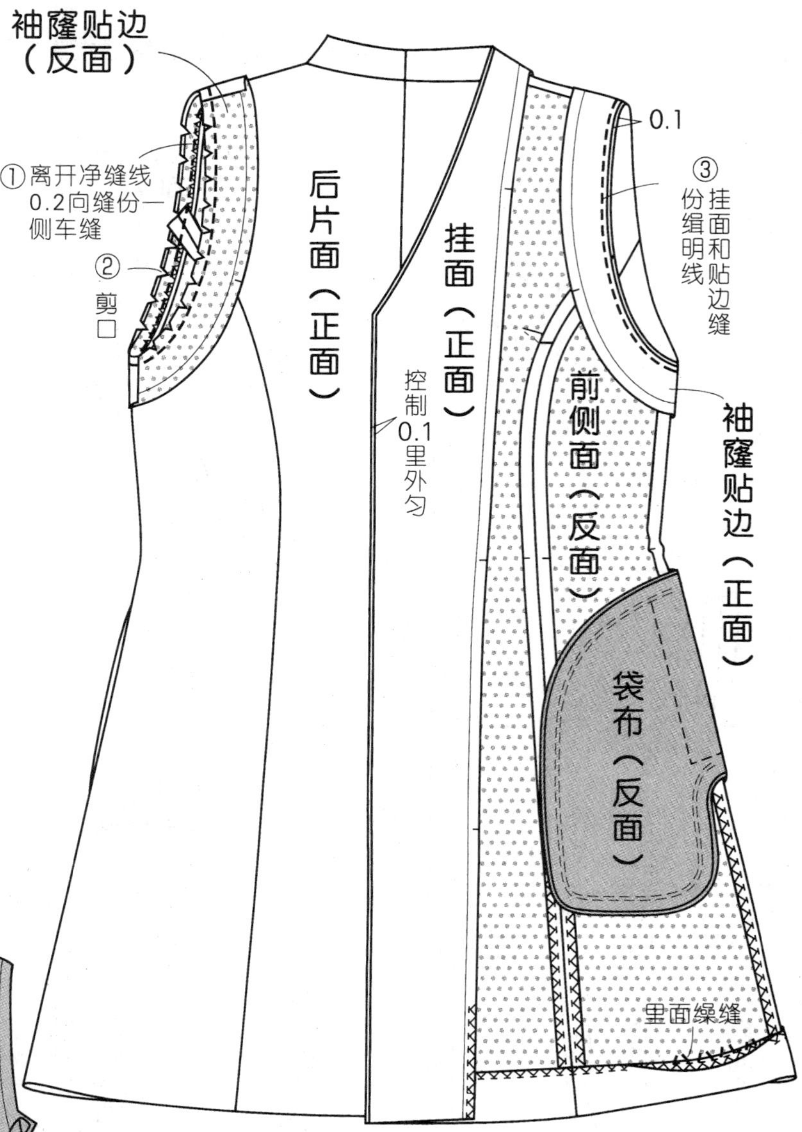

7 缝衣身里子

里料为了吻合面料的拉伸，在反面离开净缝线0.2~0.3cm处车缝，沿着净缝线折烫。

下摆用折边缝型。

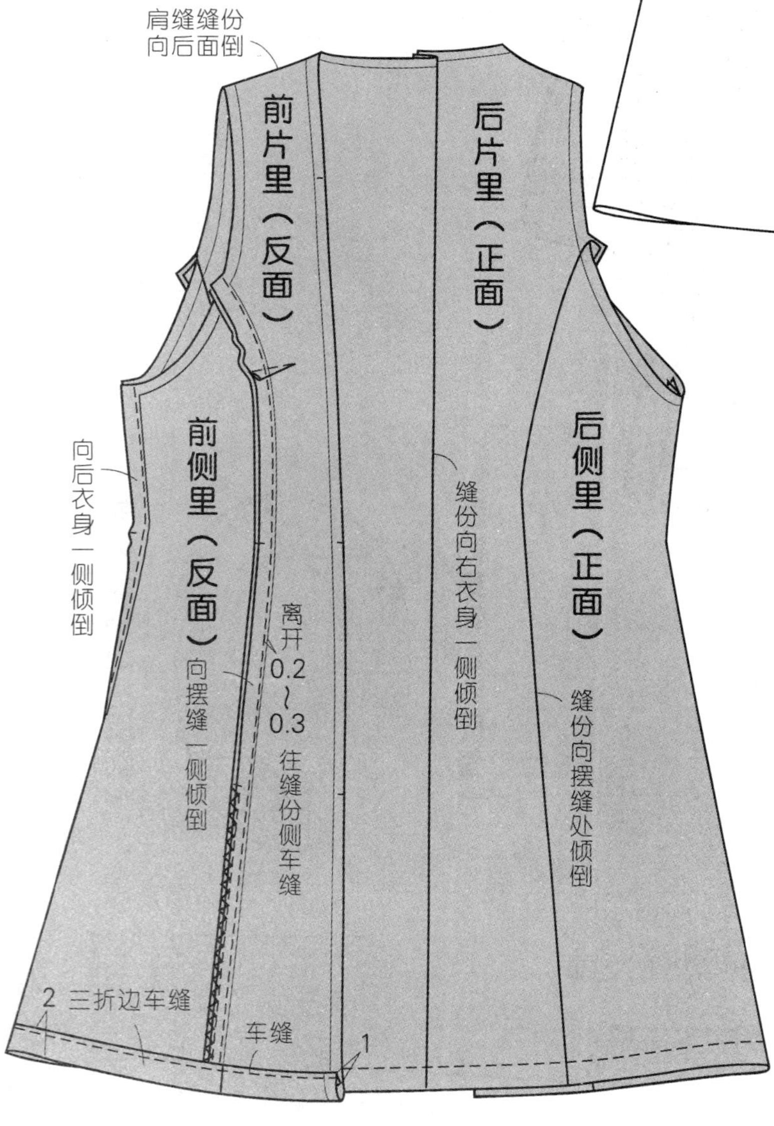

<袖窿贴边缉线的方法>

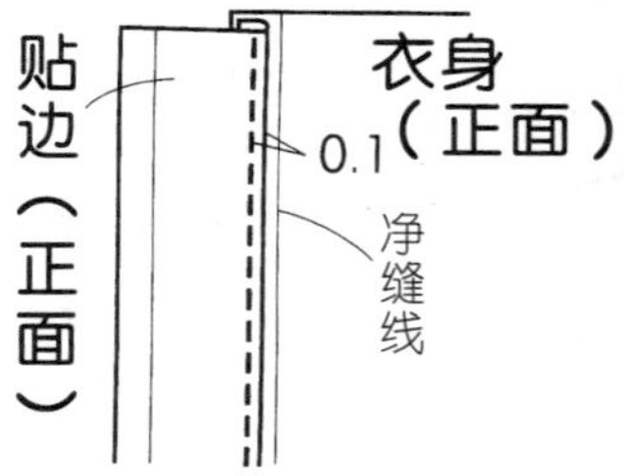

8 袖窿贴边和衣身里子缝合

袖窿贴边和衣身里子正面相对，对齐剪口车缝，缝份向衣身里子一侧倾倒。

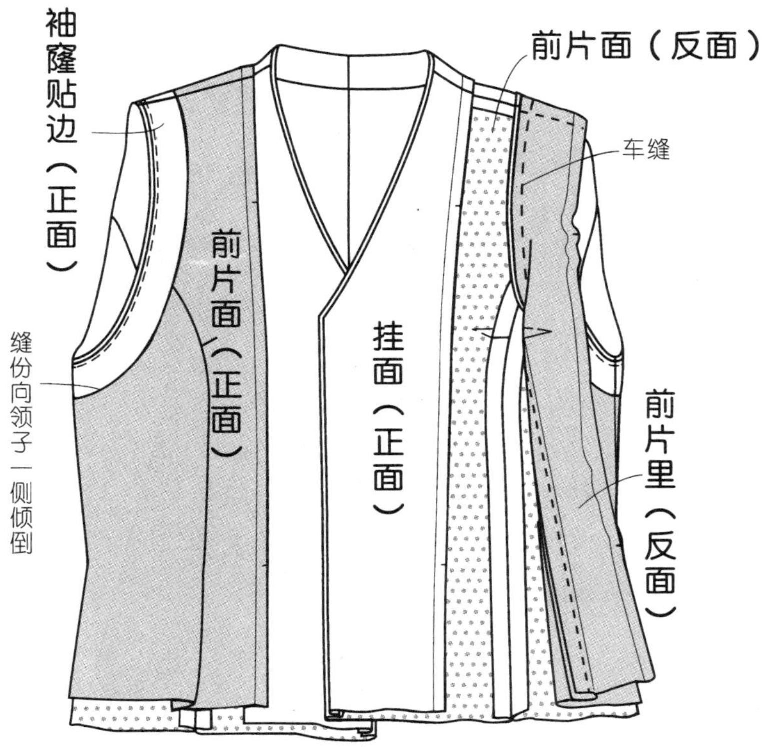

9 领围贴边和衣身里子缝合

前衣身向后衣身一侧拉出，领围贴边和衣身里子正面相对，剪口对合车缝。

缝份在弧线部分打剪口，向衣身里子一侧倾倒。

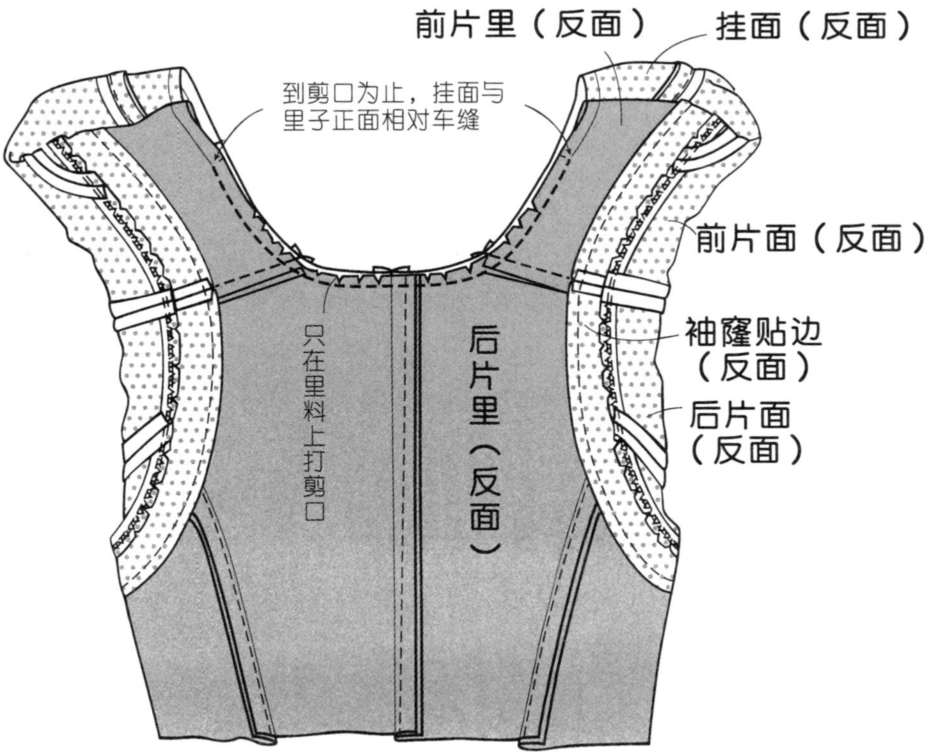

10 前挂面和衣身里子缝合

前门襟的剪口开始到下摆线2cm处车缝，缝份向衣身里子一侧倾倒。

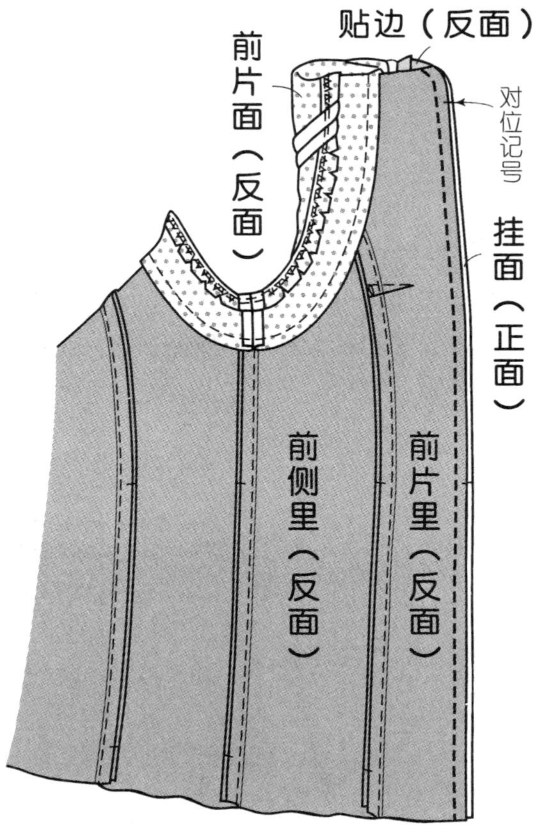

11 衣身面子和衣身里子的侧缝处绗缝固定

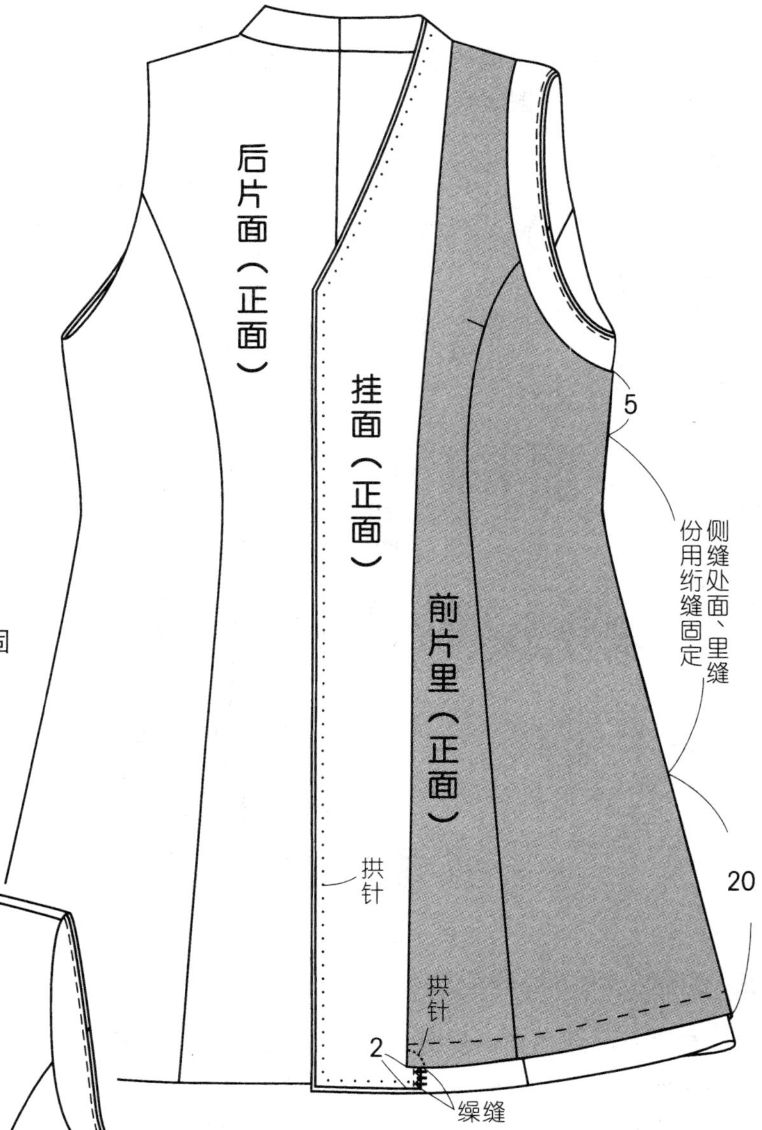

12 小结

后领围的缝份、前门襟止口、前领围用拱针固定，衣身面子和衣身里子的侧缝下摆钉线袢固定。

锁扣眼、钉扣。

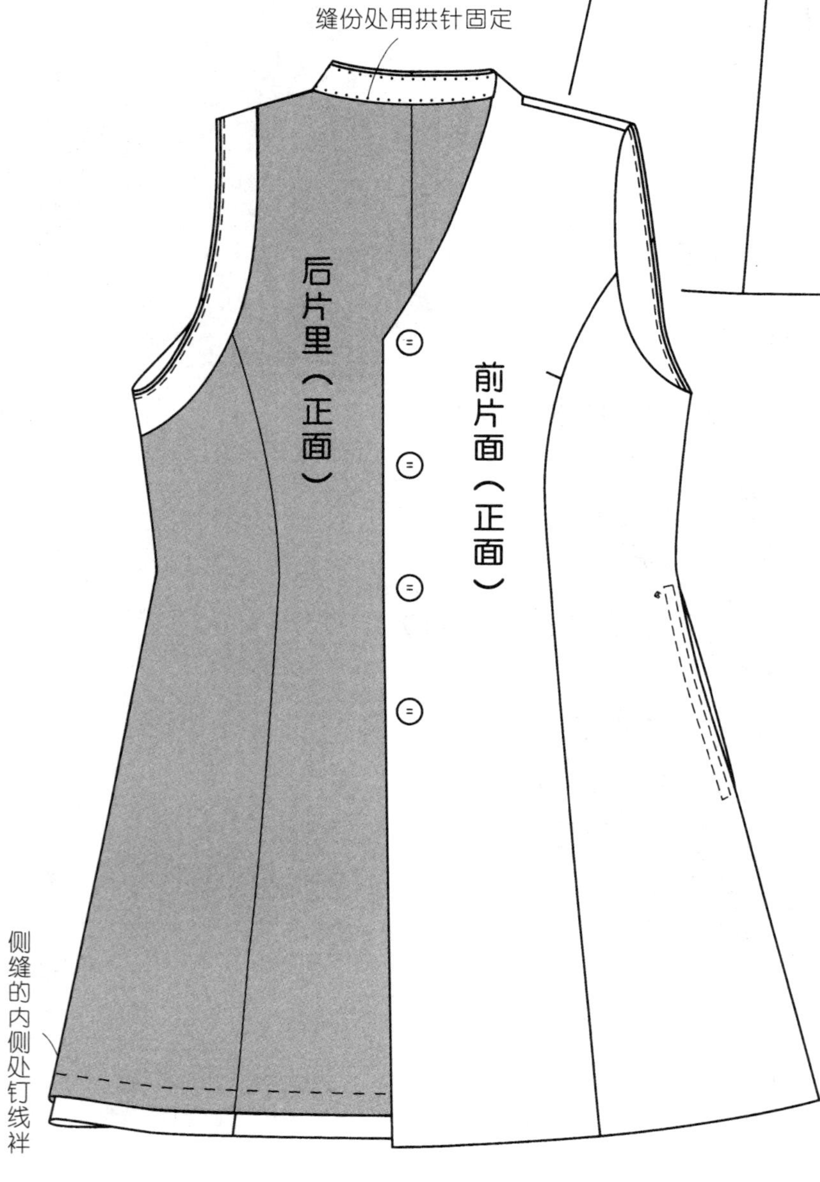

制图符号（文化式）

为便于理解制图中的表达含义而作的规定。

表示事项及表示记号

表示事项	表示记号	摘要	表示事项	表示记号	摘要
基础线	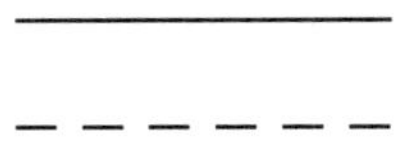	为作目标线而作的引导线。用细实线或虚线表示。	区别线的交叉记号		表示左右线的交叉。用细实线表示。
等分线	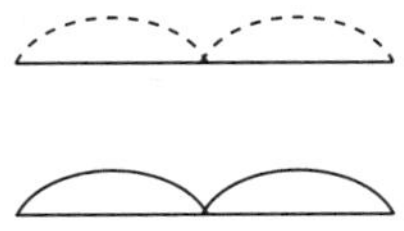	在一段有限长度的线段上分成等长的几段线。用细虚线或实线表示。	布纹线 丝缕线		箭头方向表示布的纵向。用粗实线表示。
完成线 （净缝线）		表示纸样净样轮廓的线。用粗实线或细实线表示。	斜料方向	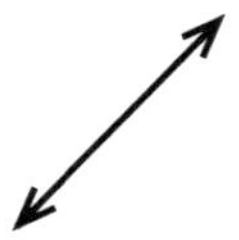	表示布的斜料方向。用粗实线表示。
挂面线		表示挂面安装位置及大小的线。用粗点划线表示。	毛的方向	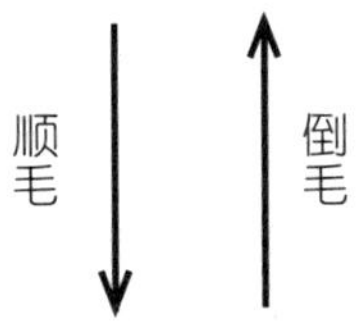	有毛、有光泽的面料，要表示出毛的方向。用粗实线表示。
对折裁剪线		在对折裁剪位置表示的线。用粗虚线表示。	拉伸记号	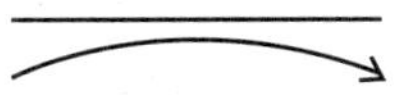	表示拉伸位置。
翻折线 挺缝线		在折痕位置及翻折位置表示的线。用粗虚线或细实线表示。	缝缩记号		表示要缝缩的位置。
缉明线		表示缉明线位置和形状的线。用细虚线表示。仅在缉明线的起点和止点表示也行。	归拢记号		表示需归拢的位置。
胸高点 （BP）		表示胸高点的记号。用虚实线交叉表示。	折叠、切展记号		表示将某处纸样折叠，而另一处则切展。
直角记号		在直角处表示。用细实线表示。	将分开的纸样拼合在一起裁剪的记号	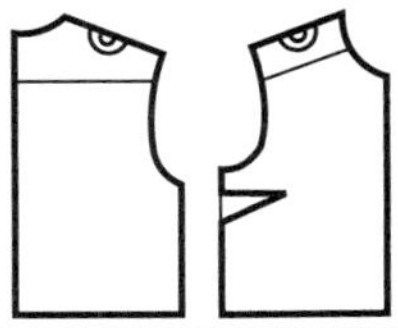	表示裁布时，纸样要连在一起。

表示事项	表示记号	摘要	表示事项	表示记号	摘要
对位标记		对位记号 两块布缝合时,防止错位而作的记号	塔克		下摆方向下面作一根斜线。表示从高到低折叠
单向折裥	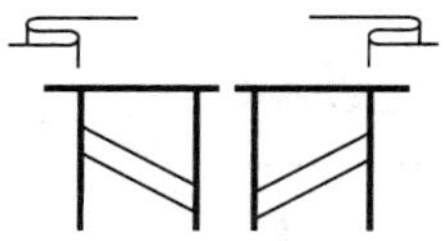	下摆方向下面作两根斜线。表示从高到低折叠。	钮扣记号	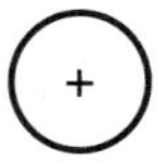	表示钮扣的位置
暗裥	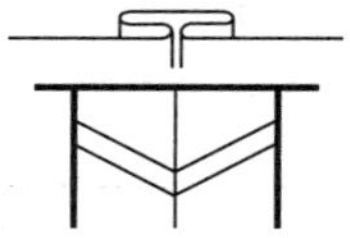	同上	扣眼记号		表示扣眼的位置

作图简称

B	Bust(胸围)的缩写	MHL	Middle Hip Line(中臀围线)的缩写	BNP	Back Neck Point(后颈点)的缩写
UB	Under Bust(下胸围)的缩写	HL	Hip Line(臀围线)的缩写	SP	Shoulder Point(肩点)的缩写
W	Waist (腰围)的缩写	EL	Elbow Line (袖肘线)的缩写	AH	Arm Hole(袖窿线)的缩写
MH	Middle Hip(中臀围)的缩写	KL	Knee Line(膝围线)的缩写	HS	Head Size(头围)的缩写
H	Hip(臀围)的缩写	BP	Bust Point(胸点)的缩写	CF	Center Front(前中心线)的缩写
BL	Bust Line(胸围线)的缩写	SNP	Side Neck Point(侧颈点)的缩写	CB	Center Back(后中心线)的缩写
WL	Waist Line(腰围线)的缩写	FNP	Front Neck Point(前颈点)的缩写		

文化式成年女子衣身原型

基础线

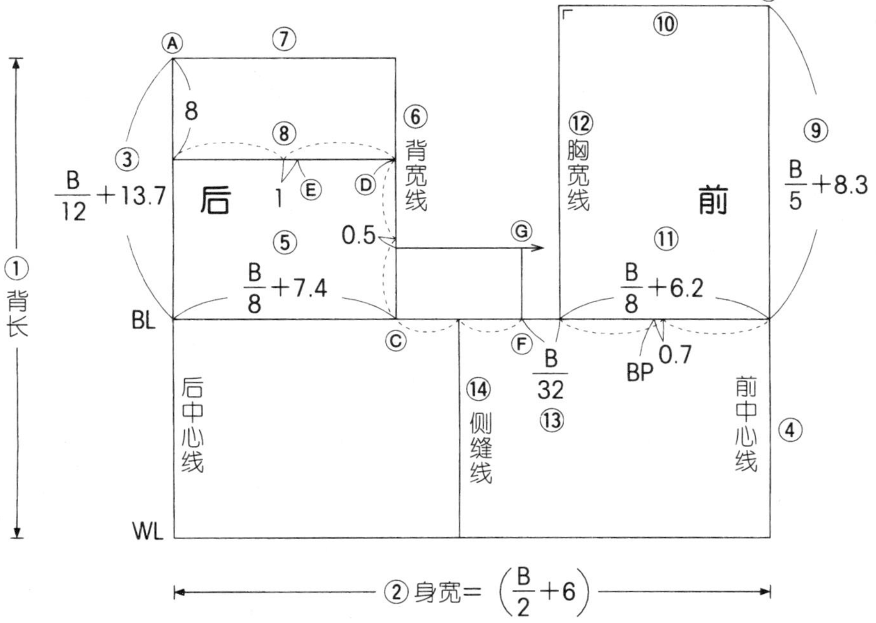

● 图上各部位尺寸计算值参考后面的参照表

● 腰省的各个省量相对于总省量的比率进行计算。总省量=身宽－（$\frac{W}{2}$+3）。

各省道量参考下表。

● 不用量角器作图时的胸省量，若胸围到93cm为止时可以计算，但线需要修正（参照“服饰造型基础”），所以根据后面的参照表的数值作图之后再修正袖窿线。

轮廓线

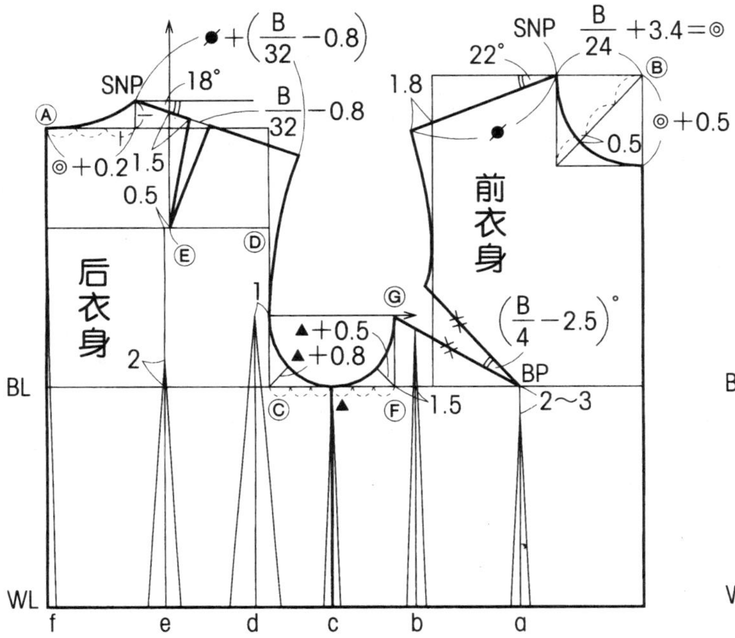

不使用量角器作图时，肩斜与胸省的计算方法

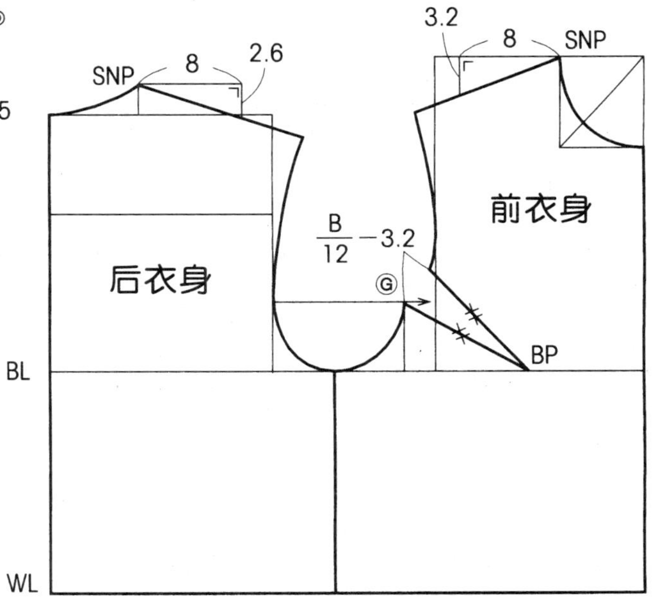

(单位:cm)

总　省　量	f	e	d	c	b	a
100%	7%	18%	35%	11%	15%	14%
9	0.630	1.620	3.150	0.990	1.350	1.260
10	0.700	1.800	3.500	1.100	1.500	1.400
11	0.770	1.980	3.850	1.210	1.650	1.540
12	0.840	2.160	4.200	1.320	1.800	1.680
12.5	0.875	2.250	4.375	1.375	1.875	1.750
13	0.910	2.340	4.550	1.430	1.950	1.820
14	0.980	2.520	4.900	1.540	2.100	1.960
15	1.050	2.700	5.250	1.650	2.250	2.100

各部位尺寸参照表

（单位：cm）

B	身宽	Ⓐ~BL	背宽	BL~Ⓐ	胸宽	$\frac{B}{32}$	前领宽	前领深	胸省		后领宽	后肩省	★
	$\frac{B}{2}+6$	$\frac{B}{12}+13.7$	$\frac{B}{8}+7.4$	$\frac{B}{5}+8.3$	$\frac{B}{8}+6.2$	$\frac{B}{32}$	$\frac{B}{24}+3.4$ =◎	◎+0.5	(°) $(\frac{B}{4}-2.5)^\circ$	(cm) $\frac{B}{12}-3.2$	◎+0.2	$\frac{B}{32}-0.8$	★
77	44.5	20.1	17.0	23.7	15.8	2.4	6.6	7.1	16.8	3.2	6.9	1.6	0.0
78	45.0	20.2	17.2	22.9	16.0	2.4	6.7	7.2	17.0	3.3	6.9	1.6	0.0
79	45.5	20.3	17.3	24.1	16.1	2.5	6.7	7.2	17.5	3.5	6.9	1.7	0.0
80	46.0	20.4	17.4	24.3	16.2	2.5	6.7	7.2	17.5	3.5	6.9	1.7	0.0
81	46.5	20.5	17.5	24.5	16.3	2.5	6.8	7.3	17.8	3.6	7.0	1.7	0.0
82	47.0	20.5	17.7	24.7	16.5	2.6	6.8	7.3	18.0	3.6	7.0	1.8	0.0
83	47.5	20.6	17.8	24.9	16.6	2.6	6.9	7.4	18.3	3.7	7.1	1.8	0.0
84	48.0	20.7	17.9	25.1	16.7	2.6	6.9	7.4	18.5	3.8	7.1	1.8	0.0
85	48.5	20.8	18.0	25.3	16.8	2.7	6.9	7.4	18.8	3.9	7.1	1.9	0.1
86	49.0	20.9	18.2	25.5	17.0	2.7	7.0	7.5	19.0	4.0	7.2	1.9	0.1
87	49.5	21.0	18.3	25.7	17.1	2.7	7.0	7.5	19.3	4.1	7.2	1.9	0.1
88	50.0	21.0	18.4	25.9	17.2	2.8	7.1	7.6	19.5	4.1	7.3	2.0	0.1
89	50.5	21.1	18.5	26.1	17.3	2.8	7.1	7.6	19.8	4.2	7.3	2.0	0.1
90	51.0	21.2	18.7	26.3	17.5	2.8	7.2	7.7	20.0	4.3	7.4	2.0	0.2
91	51.5	21.3	18.8	26.5	17.6	2.8	7.2	7.7	20.3	4.4	7.4	2.0	0.2
92	52.0	21.4	18.9	26.7	17.7	2.9	7.2	7.7	20.5	4.5	7.4	2.1	0.2
93	52.5	21.5	19.0	26.9	17.8	2.9	7.3	7.8	20.8	4.6	7.5	2.1	0.2
94	53.0	21.5	19.2	27.1	18.0	2.9	7.3	7.8	21.0	4.6	7.5	2.1	0.2
95	53.5	21.6	19.3	27.3	18.1	3.0	7.4	7.6	21.3	4.7	7.6	2.2	0.3
96	54.0	21.7	19.4	27.5	18.2	3.0	7.4	7.9	21.5	4.8	7.6	2.2	0.3
97	54.5	21.8	19.5	27.7	18.3	3.0	7.4	7.9	21.8	4.9	7.6	2.2	0.3
98	55.0	21.9	19.7	27.9	18.5	3.1	7.5	8.0	22.0	5.0	7.7	2.3	0.3
99	55.5	22.0	19.8	28.1	18.6	3.1	7.5	8.0	22.3	5.1	7.7	2.3	0.3
100	56.0	22.0	19.9	28.3	18.7	3.1	7.6	8.1	22.5	5.1	7.8	2.3	0.4
101	56.5	22.1	20.0	28.5	18.8	3.2	7.6	8.1	22.8	5.2	7.8	2.4	0.4
102	57.0	22.2	20.2	28.7	19.0	3.2	7.7	8.2	23.0	5.3	7.9	2.4	0.4
103	57.5	22.3	20.3	28.9	19.1	3.2	7.7	8.2	22.3	5.4	7.9	2.4	0.4
104	58.0	22.4	20.4	29.1	19.2	3.3	7.7	8.2	23.5	5.5	7.9	2.5	0.4

文化服装学院女学生参考尺寸

制作衣服的测量项目与标准值(文化服装学院1998年)

(单位：cm)

	测量项目	标准值
围度尺寸	胸围	84.0
	下胸围	70.0
	腰围	64.5
	中臀围	82.5
	臀围	91.0
	臂根围	36.0
	上臂围	26.0
	肘围	22.0
	腕围	15.0
	手掌围	21.0
	头围	56.0
	颈围	37.5
	大腿围	54.0
	小腿围	34.5
宽度尺寸	肩宽	40.5
	背宽	33.5
	胸宽	32.5
	乳间距	16.0
长度尺寸	身长/身高	158.5
	总长	134.0
	背长	38.0
	后腰节长	40.5
	前腰节长	42.0
	乳下距	25.0
	袖长	52.0
	腰线高	97.0
	腰臂距	18.0
	上裆长	25.0
	下裆长	72.0
	中裆长	57.0
其它	股上前后长	68.0
	体重	51.0kg

服装造形讲座4　スーツ・ベスト
本书由日本文化服装学院授权出版
版权登记号：图字09-2004-458号

图书在版编目(CIP)数据

服饰造型讲座.4,套装・背心/日本文化服装学院编;张祖芳等译.—上海:东华大学出版社,2004.12(2011.11重印)
(文化服饰大全)
ISBN 978-7-81038-866-5

Ⅰ.服...　Ⅱ.①日...②张...　Ⅲ.服饰—造型设计
Ⅳ.TS941.2

中国版本图书馆CIP数据核字(2004)第133312号

总 策 划　孙福良
责任编辑　谭　英

文化服饰大全
服饰造型讲座④
套装・背心
(日)文化服装学院编
张祖芳　张道英等译
东华大学出版社出版
上海市延安西路1882号
邮政编码:200051　电话:021—62193056
新华书店上海发行所发行　苏州望电印刷有限公司印刷
2009年10月第1版(修订)　2011年11月第4次印刷
开本:890×1240　1/16　印张:11.5　字数:409千字
ISBN 978-7-81038-866-5/TS・184
定价:38.00元